国家出版基金项目
绿色制造丛书
组织单位 | 中国机械工程学会

国家出版基金项目
NATIONAL PUBLICATION FOUNDATION

报废汽车的回收利用

理论与方法

陈 铭 著

U0280355

机械工业出版社
CHINA MACHINE PRESS

本书是作者近十年来从事汽车产品回收利用研究的成果总结，主要介绍了面向材料效率的汽车产品可持续设计、面向不确定性的报废汽车拆解、不确定条件下的汽车零部件再利用、汽车零部件的高附加值再利用，以及未来汽车产品回收利用产业技术发展趋势展望等内容。

本书可供政府相关行政主管部门、汽车生产商、汽车零部件供应商、汽车售后服务企业、报废汽车回收拆解企业、再制造企业、材料再利用企业及相关研究机构中从事汽车产品回收利用管理、生产、研发的技术人员和研究人员等阅读、参考。

图书在版编目（CIP）数据

报废汽车的回收利用：理论与方法 / 陈铭著 . —北京：机械工业出版社，2021.9

（绿色制造丛书）

国家出版基金项目

ISBN 978-7-111-69555-4

Ⅰ.①报… Ⅱ.①陈… Ⅲ.①废汽车 – 废物回收 Ⅳ.①X734.2

中国版本图书馆 CIP 数据核字（2021）第 228381 号

机械工业出版社（北京市百万庄大街 22 号　邮政编码 100037）

策划编辑：罗晓琪　　　　　　责任编辑：罗晓琪　戴　琳　章承林

责任校对：张　征　刘雅娜　责任印制：李　娜

北京宝昌彩色印刷有限公司印刷

2022 年 5 月第 1 版第 1 次印刷

169mm×239mm · 24 印张 · 426 千字

标准书号：ISBN 978-7-111-69555-4

定价：118.00 元

电话服务　　　　　　　　　网络服务

客服电话：010-88361066　机　工　官　网：www.cmpbook.com

　　　　　010-88379833　机　工　官　博：weibo.com/cmp1952

　　　　　010-68326294　金　书　网：www.golden-book.com

封底无防伪标均为盗版　　机工教育服务网：www.cmpedu.com

"绿色制造丛书" 编撰委员会

主 任
宋天虎　中国机械工程学会
刘　飞　重庆大学

副主任（排名不分先后）
陈学东　中国工程院院士，中国机械工业集团有限公司
单忠德　中国工程院院士，南京航空航天大学
李　奇　机械工业信息研究院，机械工业出版社
陈超志　中国机械工程学会
曹华军　重庆大学

委 员（排名不分先后）
李培根　中国工程院院士，华中科技大学
徐滨士　中国工程院院士，中国人民解放军陆军装甲兵学院
卢秉恒　中国工程院院士，西安交通大学
王玉明　中国工程院院士，清华大学
黄庆学　中国工程院院士，太原理工大学
段广洪　清华大学
刘光复　合肥工业大学
陆大明　中国机械工程学会
方　杰　中国机械工业联合会绿色制造分会
郭　锐　机械工业信息研究院，机械工业出版社
徐格宁　太原科技大学
向　东　北京科技大学
石　勇　机械工业信息研究院，机械工业出版社
王兆华　北京理工大学
左晓卫　中国机械工程学会
朱　胜　再制造技术国家重点实验室
刘志峰　合肥工业大学
朱庆华　上海交通大学

张洪潮 大连理工大学

李方义 山东大学

刘红旗 中机生产力促进中心

李聪波 重庆大学

邱 城 中机生产力促进中心

何 彦 重庆大学

宋守许 合肥工业大学

张超勇 华中科技大学

陈 铭 上海交通大学

姜 涛 工业和信息化部电子第五研究所

姚建华 浙江工业大学

袁松梅 北京航空航天大学

夏绪辉 武汉科技大学

顾新建 浙江大学

黄海鸿 合肥工业大学

符永高 中国电器科学研究院股份有限公司

范志超 合肥通用机械研究院有限公司

张 华 武汉科技大学

张钦红 上海交通大学

江志刚 武汉科技大学

李 涛 大连理工大学

王 蕾 武汉科技大学

邓业林 苏州大学

姚巨坤 再制造技术国家重点实验室

王禹林 南京理工大学

李洪丞 重庆邮电大学

"绿色制造丛书" 编撰委员会办公室

主 任

刘成忠 陈超志

成 员（排名不分先后）

王淑芹 曹 军 孙 翠 郑小光 罗晓琪 李 娜 罗丹青 张 强 赵范心

李 楠 郭英玲 权淑静 钟永刚 张 辉 金 程

丛书序一

制造是改善人类生活质量的重要途径，制造也创造了人类灿烂的物质文明。

也许在远古时代，人类从工具的制作中体会到生存的不易，生命和生活似乎注定就是要和劳作联系在一起的。工具的制作大概真正开启了人类的文明。但即便在农业时代，古代先贤也认识到在某些情况下要慎用工具，如孟子言："数罟不入洿池，鱼鳖不可胜食也；斧斤以时入山林，材木不可胜用也。"可是，我们没能记住古训，直到20世纪后期我国乱砍滥伐的现象比较突出。

到工业时代，制造所产生的丰富物质使人们感受到的更多是愉悦，似乎自然界的一切都可以为人的目的服务。恩格斯告诫过：我们统治自然界，决不像征服者统治异民族一样，决不像站在自然以外的人一样，相反地，我们同我们的肉、血和头脑一起都是属于自然界，存在于自然界的；我们对自然界的整个统治，仅是我们胜于其他一切生物，能够认识和正确运用自然规律而已（《劳动在从猿到人转变过程中的作用》）。遗憾的是，很长时期内我们并没有听从恩格斯的告诫，却陶醉在"人定胜天"的臆想中。

信息时代乃至即将进入的数字智能时代，人们惊叹欣喜，日益增长的自动化、数字化以及智能化将人从本是其生命动力的劳作中逐步解放出来。可是蓦然回首，倏地发现环境退化、气候变化又大大降低了我们不得不依存的自然生态系统的承载力。

不得不承认，人类显然是对地球生态破坏力最大的物种。好在人类毕竟是理性的物种，诚如海德格尔所言：我们就是除了其他可能的存在方式以外还能够对存在发问的存在者。人类存在的本性是要考虑"去存在"，要面向未来的存在。人类必须对自己未来的存在方式、自己依赖的存在环境发问！

1987年，以挪威首相布伦特兰夫人为主席的联合国世界环境与发展委员会发表报告《我们共同的未来》，将可持续发展定义为：既满足当代人的需要，又不对后代人满足其需要的能力构成危害的发展。1991年，由世界自然保护联盟、联合国环境规划署和世界自然基金会出版的《保护地球——可持续生存战略》一书，将可持续发展定义为：在不超出支持它的生态系统承载能力的情况下改善人类的生活质量。很容易看出，可持续发展的理念之要在于环境保护、人的生存和发展。

世界各国正逐步形成应对气候变化的国际共识，绿色低碳转型成为各国实现可持续发展的必由之路。

中国面临的可持续发展的压力尤甚。经过数十年来的发展，2020年我国制造业增加值突破26万亿元，约占国民生产总值的26%，已连续多年成为世界第一制造大国。但我国制造业资源消耗大、污染排放量高的局面并未发生根本性改变。2020年我国碳排放总量惊人，约占全球总碳排放量30%，已经接近排名第2~5位的美国、印度、俄罗斯、日本4个国家的总和。

工业中最重要的部分是制造，而制造施加于自然之上的压力似乎在接近临界点。那么，为了可持续发展，难道舍弃先进的制造？非也！想想庄子笔下的圃畦丈人，宁愿抱瓮舀水，也不愿意使用桔槔那种杠杆装置来灌溉。他曾教训子贡："有机械者必有机事，有机事者必有机心。机心存于胸中，则纯白不备；纯白不备，则神生不定；神生不定者，道之所不载也。"（《庄子·外篇·天地》）单纯守纯朴而弃先进技术，显然不是当代人应守之道。怀旧在现代世界中没有存在价值，只能被当作追逐幻境。

既要保护环境，又要先进的制造，从而维系人类的可持续发展。这才是制造之道！绿色制造之理念如是。

在应对国际金融危机和气候变化的背景下，世界各国无论是发达国家还是新型经济体，都把发展绿色制造作为赢得未来产业竞争的关键领域，纷纷出台国家战略和计划，强化实施手段。欧盟的"未来十年能源绿色战略"、美国的"先进制造伙伴计划2.0"、日本的"绿色发展战略总体规划"、韩国的"低碳绿色增长基本法"、印度的"气候变化国家行动计划"等，都将绿色制造列为国家的发展战略，计划实施绿色发展，打造绿色制造竞争力。我国也高度重视绿色制造，《中国制造2025》中将绿色制造列为五大工程之一。中国承诺在2030年前实现碳达峰，2060年前实现碳中和，国家战略将进一步推动绿色制造科技创新和产业绿色转型发展。

为了助力我国制造业绿色低碳转型升级，推动我国新一代绿色制造技术发展，解决我国长久以来对绿色制造科技创新成果及产业应用总结、凝练和推广不足的问题，中国机械工程学会和机械工业出版社组织国内知名院士和专家编写了"绿色制造丛书"。我很荣幸为本丛书作序，更乐意向广大读者推荐这套丛书。

编委会遴选了国内从事绿色制造研究的权威科研单位、学术带头人及其团队参与编著工作。丛书包含了作者们对绿色制造前沿探索的思考与体会，以及对绿色制造技术创新实践与应用的经验总结，非常具有前沿性、前瞻性和实用性，值得一读。

丛书的作者们不仅是中国制造领域中对人类未来存在方式、人类可持续发展的发问者，更是先行者。希望中国制造业的管理者和技术人员跟随他们的足迹，通过阅读丛书，深入推进绿色制造！

华中科技大学　李培根

2021 年 9 月 9 日于武汉

在全球碳排放量激增、气候加速变暖的背景下，资源与环境问题成为人类面临的共同挑战，可持续发展日益成为全球共识。发展绿色经济、抢占未来全球竞争的制高点，通过技术创新、制度创新促进产业结构调整，降低能耗物耗、减少环境压力、促进经济绿色发展，已成为国家重要战略。我国明确将绿色制造列为《中国制造2025》五大工程之一，制造业的"绿色特性"对整个国民经济的可持续发展具有重大意义。

随着科技的发展和人们对绿色制造研究的深入，绿色制造的内涵不断丰富，绿色制造是一种综合考虑环境影响和资源消耗的现代制造业可持续发展模式，涉及整个制造业，涵盖产品整个生命周期，是制造、环境、资源三大领域的交叉与集成，正成为全球新一轮工业革命和科技竞争的重要新兴领域。

在绿色制造技术研究与应用方面，围绕量大面广的汽车、工程机械、机床、家电产品、石化装备、大型矿山机械、大型流体机械、船用柴油机等领域，重点开展绿色设计、绿色生产工艺、高耗能产品节能技术、工业废弃物回收拆解与资源化等共性关键技术研究，开发出成套工艺装备以及相关试验平台，制定了一批绿色制造国家和行业技术标准，开展了行业与区域示范应用。

在绿色产业推进方面，开发绿色产品，推行生态设计，提升产品节能环保低碳水平，引导绿色生产和绿色消费。建设绿色工厂，实现厂房集约化、原料无害化、生产洁净化、废物资源化、能源低碳化。打造绿色供应链，建立以资源节约、环境友好为导向的采购、生产、营销、回收及物流体系，落实生产者责任延伸制度。壮大绿色企业，引导企业实施绿色战略、绿色标准、绿色管理和绿色生产。强化绿色监管，健全节能环保法规、标准体系，加强节能环保监察，推行企业社会责任报告制度。制定绿色产品、绿色工厂、绿色园区标准，构建企业绿色发展标准体系，开展绿色评价。一批重要企业实施了绿色制造系统集成项目，以绿色产品、绿色工厂、绿色园区、绿色供应链为代表的绿色制造工业体系基本建立。我国在绿色制造基础与共性技术研究、离散制造业传统工艺绿色生产技术、流程工业新型绿色制造工艺技术与设备、典型机电产品节能减排技术、退役机电产品拆解与再制造技术等方面取得了较好的成果。

但是作为制造大国，我国仍未摆脱高投入、高消耗、高排放的发展方式，资源能源消耗和污染排放与国际先进水平仍存在差距，制造业绿色发展的目标尚未完成，社会技术创新仍以政府投入主导为主；人们虽然就绿色制造理念形成共识，但绿色制造技术创新与我国制造业绿色发展战略需求还有很大差距，一些亟待解决的主要问题依然突出。绿色制造基础理论研究仍主要以跟踪为主，原创性的基础研究仍较少；在先进绿色新工艺、新材料研究方面部分研究领域有一定进展，但颠覆性和引领性绿色制造技术创新不足；绿色制造的相关产业还处于孕育和初期发展阶段。制造业绿色发展仍然任重道远。

本丛书面向构建未来经济竞争优势，进一步阐述了深化绿色制造前沿技术研究，全面推动绿色制造基础理论、共性关键技术与智能制造、大数据等技术深度融合，构建我国绿色制造先发优势，培育持续创新能力。加强基础原材料的绿色制备和加工技术研究，推动实现功能材料特性的调控与设计和绿色制造工艺，大幅度地提高资源生产率水平，提高关键基础件的寿命、高分子材料回收利用率以及可再生材料利用率。加强基础制造工艺和过程绿色化技术研究，形成一批高效、节能、环保和可循环的新型制造工艺，降低生产过程的资源能源消耗强度，加速主要污染排放总量与经济增长脱钩。加强机械制造系统能量效率研究，攻克离散制造系统的能量效率建模、产品能耗预测、能量效率精细评价、产品能耗定额的科学制定以及高能效多目标优化等关键技术问题，在机械制造系统能量效率研究方面率先取得突破，实现国际领先。开展以提高装备运行能效为目标的大数据支撑设计平台、基于环境的材料数据库、工业装备与过程匹配自适应设计技术、工业性试验技术与验证技术研究，夯实绿色制造技术发展基础。

在服务当前产业动力转换方面，持续深入细致地开展基础制造工艺和过程的绿色优化技术、绿色产品技术、再制造关键技术和资源化技术核心研究，研究开发一批经济性好的绿色制造技术，服务经济建设主战场，为绿色发展做出应有的贡献。开展铸造、锻压、焊接、表面处理、切削等基础制造工艺和生产过程绿色优化技术研究，大幅降低能耗、物耗和污染物排放水平，为实现绿色生产方式提供技术支持。开展在役再设计再制造技术关键技术研究，掌握重大装备与生产过程匹配的核心技术，提高其健康、能效和智能化水平，降低生产过程的资源能源消耗强度，助推传统制造业转型升级。积极发展绿色产品技术，研究开发轻量化、低功耗、易回收等技术工艺，研究开发高效能电机、锅炉、内燃机及电器等终端用能产品，研究开发绿色电子信息产品，引导绿色消费。开展新型过程绿色化技术研究，全面推进钢铁、化工、建材、轻工、印染等行业绿色制造流程技术创新，新型化工过程强化技术节能环保集成优化技术创新。开展再制造与资源化技术研究，研究开发新一代再制造技术与装备，深入推进废旧汽车（含新能源汽车）零部件和退役机电产品回收逆向物流系统、拆解/破碎/分离、高附加值资源化等关键技术与装备研究并应用示范，实现机电、汽车等产品的可拆卸和易回收。研究开发钢铁、冶金、石化、轻工等制造流程副产品绿色协同处理与循环利用技术，提高流程制造资源高效利用绿色产业链技术创新能力。

在培育绿色新兴产业过程中，加强绿色制造基础共性技术研究，提升绿色制造科技创新与保障能力，培育形成新的经济增长点。持续开展绿色设计、产品全生命周期评价方法与工具的研究开发，加强绿色制造标准法规和合格评判程序与范式研究，针对不同行业形成方法体系。建设绿色数据中心、绿色基站、绿色制造技术服务平台，建立健全绿色制造技术创新服务体系。探索绿色材料制备技术，培育形成新的经济增长点。开展战略新兴产业市场需求的绿色评价研究，积极引领新兴产业高起点绿色发展，大力促进新材料、新能源、高端装备、生物产业绿色低碳发展。推动绿色制造技术与信息的深度融合，积极发展绿色车间、绿色工厂系统、绿色制造技术服务业。

非常高兴为本丛书作序。我们既面临赶超跨越的难得历史机遇，也面临差距拉大的严峻挑战，唯有勇立世界技术创新潮头，才能赢得发展主动权，为人类文明进步做出更大贡献。相信这套丛书的出版能够推动我国绿色科技创新，实现绿色产业引领式发展。绿色制造从概念提出至今，取得了长足进步，希望未来有更多青年人才积极参与到国家制造业绿色发展与转型中，推动国家绿色制造产业发展，实现制造强国战略。

中国机械工业集团有限公司　陈学东

2021 年 7 月 5 日于北京

丛书序三

绿色制造是绿色科技创新与制造业转型发展深度融合而形成的新技术、新产业、新业态、新模式，是绿色发展理念在制造业的具体体现，是全球新一轮工业革命和科技竞争的重要新兴领域。

我国自 20 世纪 90 年代正式提出绿色制造以来，科学技术部、工业和信息化部、国家自然科学基金委员会等在"十一五""十二五""十三五"期间先后对绿色制造给予了大力支持，绿色制造已经成为我国制造业科技创新的一面重要旗帜。多年来我国在绿色制造模式、绿色制造共性基础理论与技术、绿色设计、绿色制造工艺与装备、绿色工厂和绿色再制造等关键技术方面形成了大量优秀的科技创新成果，建立了一批绿色制造科技创新研发机构，培育了一批绿色制造创新企业，推动了全国绿色产品、绿色工厂、绿色示范园区的蓬勃发展。

为促进我国绿色制造科技创新发展，加快我国制造企业绿色转型及绿色产业进步，中国机械工程学会和机械工业出版社联合中国机械工程学会环境保护与绿色制造技术分会、中国机械工业联合会绿色制造分会，组织高校、科研院所及企业共同策划了"绿色制造丛书"。

丛书成立了包括李培根院士、徐滨士院士、卢秉恒院士、王玉明院士、黄庆学院士等 50 多位顶级专家在内的编委会团队，他们确定选题方向，规划丛书内容，审核学术质量，为丛书的高水平出版发挥了重要作用。作者团队由国内绿色制造重要创导者与开拓者刘飞教授牵头，陈学东院士、单忠德院士等 100 余位专家学者参与编写，涉及 20 多家科研单位。

丛书共计 32 册，分三大部分：① 总论，1 册；② 绿色制造专题技术系列，25 册，包括绿色制造基础共性技术、绿色设计理论与方法、绿色制造工艺与装备、绿色供应链管理、绿色再制造工程 5 大专题技术；③ 绿色制造典型行业系列，6 册，涉及压力容器行业、电子电器行业、汽车行业、机床行业、工程机械行业、冶金设备行业等 6 大典型行业应用案例。

丛书获得了 2020 年度国家出版基金项目资助。

丛书系统总结了"十一五""十二五""十三五"期间，绿色制造关键技术与装备、国家绿色制造科技重点专项等重大项目取得的基础理论、关键技术和装备成果，凝结了广大绿色制造科技创新研究人员的心血，也包含了作者对绿色制造前沿探索的思考与体会，为我国绿色制造发展提供了一套具有前瞻性、系统性、实用性、引领性的高品质专著。丛书可为广大高等院校师生、科研院所研发人员以及企业工程技术人员提供参考，对加快绿色制造创新科技在制造业中的推广、应用，促进制造业绿色、高质量发展具有重要意义。

当前我国提出了 2030 年前碳排放达峰目标以及 2060 年前实现碳中和的目标，绿色制造是实现碳达峰和碳中和的重要抓手，可以驱动我国制造产业升级、工艺装备升级、重大技术革新等。因此，丛书的出版非常及时。

绿色制造是一个需要持续实现的目标。相信未来在绿色制造领域我国会形成更多具有颠覆性、突破性、全球引领性的科技创新成果，丛书也将持续更新，不断完善，及时为产业绿色发展建言献策，为实现我国制造强国目标贡献力量。

中国机械工程学会　宋天虎

2021 年 6 月 23 日于北京

前　言

2020 年 9 月，习近平主席在第七十五届联合国大会一般性辩论上宣布了我国力争于 2030 年前二氧化碳排放达到峰值，努力争取 2060 年前实现碳中和的目标与愿景，对国内疫情后加速绿色低碳转型和长期低碳战略的实施，以及推进全球气候治理进程都将发挥重要的指引作用。我国汽车工业可持续发展面临着资源、能源与环境的约束，实现长期深度脱碳路径，需要发展方式的根本性转变和科技创新的支撑。报废汽车是"城市矿产"的重要组成部分，对其进行合理回收和处理能带来巨大的经济和社会效益。然而，从材料效率视角审视，我国报废汽车的回收处理依然面临一些难题，需要开发新的回收利用策略来应对挑战。

本书作为一本汽车回收利用方面的专著，是我和我指导的研究生近十年来从事汽车产品回收利用技术研究的成果总结。面向材料效率的汽车产品可持续设计、面向不确定性的报废汽车拆解、不确定条件下的汽车零部件再利用、汽车零部件的高附加值再利用等方面取得的工作成果，是本书的重要内容。其中，田进、张春亮、余林峰先后参与了面向材料效率的汽车产品可持续设计、面向不确定性的报废汽车拆解等方面的研究工作，提出了基于 Logistics 模型的汽车报废量预测方法、考虑经济性和环境属性的报废车用材料聚类方法、不确定条件下退役乘用车拆解深度决策的多目标优化算法，为拆解企业寻求经济、环境效益最大化的拆解深度决策提供了理论依据；王俊军、张吉浩先后参与了车控电子部件、共轨喷油器的高附加值再利用研究工作，提出了退役车控电子部件老化状态的测评方法、共轨喷油器零件可再利用性评判方法及其组件稳定性匹配模式，为提高零部件的再利用率及第三方再制造提供了技术基础。此外，倪飞箭、杨斌、王博翰等先后参与了汽车破碎残余物的能量回收利用技术方面的研究工作，朱凌云参与了动力电池的逆向物流、拆解与异构兼容利用技术的工作，任伟、张恒玮先后参与了动力电池智能化拆解研究工作，这几方面的工作目前仍在继续，相关研究成果待今后有机会再结集出版。

需要说明的是，本书部分研究案例援引的公开数据相对较早，如生命周期评价采用了《2012 年中国投入产出表》进行投入产出分析（本书出版时，已可获得《2017 年中国投入产出表》），然而，并不影响我们对于所涉及方法的讨论。

　　由于本人学识有限，疏漏之处在所难免，还请同行和读者朋友们给予批评指正！

作　者
2021 年 2 月

目录 CONTENTS

第 1 章

——

绪　　论

随着中国汽车工业的不断发展以及人民生活水平的不断提高，汽车已从当年的奢侈品转变为千家万户的必需品。据公安部统计，截至2020年年底，全国机动车保有量为3.72亿辆，其中汽车保有量达2.81亿辆。根据中国汽车工业协会的统计数据，2020年我国汽车产销量双超2520万辆，继续保持世界第一。报废是汽车生命周期中的最后阶段，当前，报废汽车的数量已呈井喷式增长。据估计，我国每年的汽车报废量为500万~700万辆，与整个欧盟相当，到2025年，报废汽车数量将达到2500万辆。

2015年9月，联合国通过了2015年后发展议程的成果文件《改变我们的世界：2030年可持续发展议程》，应对未来15年世界发展的经济增长性、社会包容性和环境可持续性挑战。我国制造业可持续发展面临着资源、能源与环境的约束，我国政府将"生态文明建设"纳入中国特色社会主义事业"五位一体"总体布局，对生态环境及国民经济可持续发展提出了新的要求，并且明确提出了碳达峰和碳中和的时间表。实现汽车工业的可持续发展，首先要在全产业链上考虑促进汽车工业的协调发展，通过推行汽车产品的低碳措施，推动汽车可持续消费，将汽车对全球环境的影响减小到最低的程度，构建和谐的汽车社会。回收利用既是汽车产品的低碳措施，也是提高能源和材料效率、落实汽车工业可持续发展战略的重要途径。

过去，由于报废汽车的总量有限，并且其产生的直接经济价值较不明显，报废汽车产业并未引起足够的重视。截至2021年年底，我国有资质的报废汽车拆解企业900余家，报废汽车拆解企业的技术水平和规模差异很大，普遍存在技术及专业化水平较低、环保措施不完善等问题。拆解企业以获取报废车辆的废金属为主要目的，一部分中小企业拆解工艺粗糙，以露天作业、氧炬切割为主要作业方式，切割产生的有害气体不仅伤害操作人员健康，而且污染环境；缺乏环保预处理专用设备，废油液等作为废弃物被随意丢弃，拆解过程中的二次污染严重，无法回收利用的零部件只能作为垃圾进行填埋或焚烧处理，占用土地空间的同时依然污染环境，这些均对报废汽车拆解产业产生严重影响。

我国是世界上自然资源较为丰富的国家之一，各种矿产资源种类较为齐全，稀土的探明储量更居世界之首。但由于我国人口众多，人均资源占有率并不高，加之生产技术及水平与国外先进国家相比还有一定差距，因而我国矿产资源的开采及综合利用已成为国家发展战略问题。在世界范围内，随着人类对矿产资源的不断开采及加工，可选择的材料种类将越来越少。对于大多数材料而言，目前全球所探明的储量还足够供给。但在40年后，材料的需求量将是目前的两倍，届时材料短缺将严重危及世界经济的安全。同时从环保角度出发，材料的生产和加工对环境有着极强的负面影响，这样的影响虽然可以通过现有流程效率的提高加以改善，可终究不是根治之法。所以，降低材料生产和加工的总量将成为解决问题的根本。针对这一情形，有学者提出了"材料效率"的理念，即在减少材料生产和加工的同时提供相同的材料服务。

材料效率的源头在于减少原材料的生产及使用，从而减少能源消耗及环境排放。而汽车产品拥有上万个零部件，覆盖的材料种类超过 4000 种，世界上每年钢材产量的 1/4、橡胶产量的 1/2 以及石油产量的 1/2 均被用于汽车及相关工业。若以每辆报废汽车平均车重 1.2t 计算，那么目前我国的报废汽车每年能直接提供约 840 万 t 的材料。值得注意的是，这些材料大多以发动机、变速器等高附加值零部件的形式存在，而非单纯的原材料。报废汽车是"城市矿产"的重要组成部分，合理处理报废汽车能带来巨大的经济和社会效益。

然而，关于材料效率的各类研究仅考虑了产品的环境性（即能源消耗和环境排放），尚未注重产品的经济性。材料效率的执行主体是企业，获取利润是企业的经济责任，如果不考虑经济性，材料效率的理念只是空谈。从材料效率的视角审视，目前我国报废汽车回收处理行业依然面临一些难题。首先，汽车设计对提高回收利用率的作用不明显，汽车制造商对汽车产品进行设计时，依然沿袭着传统的设计思路，尚未彻底贯彻可持续设计思想，在绿色材料的选择、可拆解性、可回收性、生命周期评价等方面尚需完善。其次，我国汽车拆解企业仍以获取废金属材料为目标，在拆解过程中存在着不确定性和随意性等问题，并未形成科学的深度拆解策略。同时，目前的作业过程不能满足未来大规模拆解和回收的要求。此外，拆解、破碎产生的废弃物给后续处置带来沉重负担，在传统的填埋或焚烧等手段逐渐被摒弃的情况下，应开发新的环保、经济处理手段，实现汽车高速增长与环境的协调发展，在提高企业经济性的同时，减少能源消耗及废弃物排放。

1.1 材料效率的研究基础

▶▶ 1.1.1 绿色制造与材料效率

我国是制造大国，但尚未成为制造强国。现代制造业在产品的制造和使用过程中，消耗了大量的自然及社会资源，并对环境造成了严重污染。我国制造业绿色发展水平与发达国家相比有一定差距。制造业仍是我国碳排放的主要领域，二氧化硫、氮氧化物、烟粉尘排放量分别占全国污染物排放总量的 88%、

67%和86%左右。面对低碳化、循环化和集约化的要求，我国制造业首先需要进行产业结构调整和转型升级，绿色制造概念应运而生。

绿色制造是可持续发展在现代制造业中的集中体现，综合了经济效益、资源节约及环境影响等现代特征。绿色制造的目标是使产品在全生命周期中，资源节约效果最好，环境影响最小，并使企业保持优良的经济增长性。《中国制造2025》将"绿色制造工程"列为重点实施的五大工程之一，努力构建低碳、循环的绿色制造体系。

20世纪50年代，诺贝尔经济学奖获得者、经济学家库兹涅茨（Kuznets）提出了用来分析人均收入水平与分配公平程度之间关系的库兹涅茨曲线。在此基础上，哈佛大学教授潘纳约托（Panayotou）于1996年首次将人均收入与环境质量相关联，提出了环境库兹涅茨曲线（EKC），如图1-1所示。EKC揭示出发展水平与资源环境水平呈倒U形关系。EKC同样可解释传统制造和绿色制造的区别。工业化初期，两种制造模式并无明显区别，均需消耗大量的自然资源并对环境造成负担；后工业化时期，两种制造模式依然无明显区别，资源消耗及环境负担回落；但在漫长的工业化中期，两种模式呈现巨大差异。传统制造带来的经济增速持续下滑，投资和出口持续放缓，资本流入逐渐回落，经济发展进入中高速增长的"新常态"阶段。"新常态"下，我国高投入、高消耗和高排

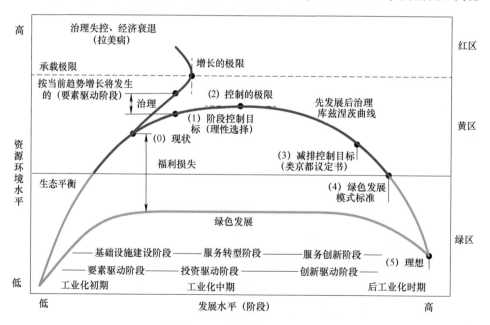

图1-1　环境库兹涅茨曲线

放的粗放型工业发展模式对资源和环境造成的压力已经达到极限。反观绿色制造，通过运用绿色的理念、资本、技术和制度来实现制造业高效率、高水平的发展，不仅能大大缓解资源、能源和产能过剩的压力，有效改善供给侧结构，而且能创造出新的市场需求，培育壮大新的增长点，显著提升工业经济增长活力。

绿色制造是面向能量和材料效率的制造模式。随着人口和财富的增长，未来 40 年材料的需求量将比当今增加一倍。材料的生产和加工过程中需要消耗大量的能源，而能源主要由化石燃料提供，因此，材料生产本质上与节能减排呈矛盾对立关系。目前，我国的绿色制造集中于传统制造业的绿色化改造、推进资源循环利用与再制造产业的发展、着力大幅度降低产品能耗（提高能量效率），尚未兼顾并深入探讨提高材料效率的关键技术。绿色制造的目的是尽可能提高能量效率和材料效率，由于能量效率在诸多领域的技术增长已接近极限，所以，未被广泛研究的材料效率在减缓全球变暖方面具有更大的潜力。

在绿色制造产业中，汽车工业占有重要位置。近年来，我国汽车产品的能量效率得到极大提升，各项节能技术和新能源技术应运而生。然而，与绿色制造中其他产业一样，汽车工业尚未将提高材料效率方法运用在汽车产品的全生命周期内。依据生产者责任延伸制的要求，汽车制造商需要对汽车产品生命周期内的各环节承担责任（图 1-2）。开展面向材料效率的报废汽车回收利用研究，将在保证企业经济效益的同时，极大程度地降低能源消耗及环境排放。因此，有必要对绿色汽车工业中的材料效率进行深入探讨。

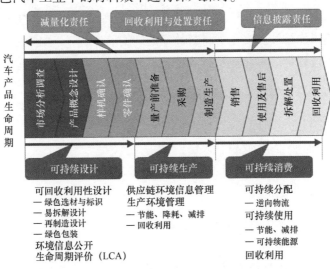

图 1-2 汽车产品生命周期中的生产者责任延伸

▶▶ 1.1.1.1 材料效率的定义

剑桥大学 Allwood 博士于 2010 年首次提出材料效率的理念，并于 2011 年在《材料效率白皮书》中对材料效率进行了定义，即在减少材料生产和加工的同时提供同样的材料服务。现在材料生产虽然已经尽可能节省能源，但其本质还是高耗能产业。减少新材料的生产需求，意味着可减少自然资源开采，降低能源需求，减少温室气体排放，降低对进口大宗商品的依赖，进而保障国家资源安全。

材料效率的核心目标是减少温室气体的排放。基于绿色制造依然依托于能源密集型产业的现实，材料效率和能量效率密不可分。受技术高度发展及增长极限的限制，虽然目前生产仍有提升能源效率的空间，但已不能满足《巴黎气候协定》各方达成的"全球将尽快实现温室气体排放达峰，21 世纪下半叶实现温室气体净零排放"的长远目标的要求。2016 年签署的《巴黎气候协定》明确了全球共同追求的"硬指标"，即各国应加强对气候变化威胁的全球应对，把全球平均气温较工业化前水平升高控制在 2℃ 以内，并为把升温控制在 1.5℃ 之内而努力。我国政府早在 2014 年 APEC 会议上就已经承诺于 2030 年使碳排放达到峰值；2020 年进一步明确提出，将提高国家自主贡献力度，采取更有力的政策和举措，二氧化碳排放力争于 2030 年前达到峰值，努力争取 2060 年前实现碳中和。因此，除非现存的二氧化碳密集型替代材料具有很强的竞争力，或者出现新型的低碳能源能取代传统的化石燃料，或者二氧化碳能被安全捕捉及收集，否则降低工业制造中的温室气体排放可直接被解读为降低材料生产的需求量，即提高材料效率。Gutowski 等对材料的初级及二级工艺生产方法研究后发现，通过再利用等材料效率方法，可使未来生产潜力提高 50%。这将使全球材料产量翻一番，而不增加排放，突显了材料效率的广阔前景。

材料生产过程中的总能耗及排放可表示为

$$C = D \times \frac{M_p}{D} \times \frac{M_s}{M_p} \times \frac{C}{M_s} \tag{1-1}$$

式中　C——材料总能耗及排放；

　　　D——产品所需求的材料；

　　　M_p——产品中材料的质量；

　　　M_s——材料供给的质量；

　　　$\dfrac{M_p}{D}$——单位产品中材料的平均质量；

　　　$\dfrac{M_s}{M_p}$——材料供给与最终成为产品材料的比值；

$\dfrac{C}{M_s}$——单位材料的平均排放。

式（1-1）可以扩展为

$$C = \left(N + \frac{S}{L}\right) \times \frac{M_p}{D} \times \frac{M_s}{M_p} \times \left(\frac{M_0}{M_s} \times \frac{C_0}{M_0} + \frac{M_u}{M_s} \times \frac{C_u}{M_u} + \frac{M_m}{M_s} \times \frac{C_m}{M_m} + \frac{M_r}{M_s} \times \frac{C_r}{M_r}\right)$$

(1-2)

式中　C——材料总能耗及排放；

　　　N——新需求量；

　　　S——现有库存量；

　　　L——平均寿命；

　　　M_p——产品中材料的质量；

　　　D——产品所需求的材料；

　　　M_s——材料供给的质量，$M_s = M_0 + M_u + M_m + M_r$；

M_0、C_0——初级矿石供给的材料质量及排放；

M_u、C_u——再使用产品供给的材料质量及排放；

M_m、C_m——再制造产品供给的材料质量及排放；

M_r、C_r——再利用产品供给的材料质量及排放。

根据式（1-2），可得降低能耗及排放的措施如下：

1）降低 N——对发展中国家而言，降低需求量显得不公平。材料效率并不意味着降低发展中国家工业的发展速度，而是可以考虑不通过材料密集型发展来实现工业繁荣。

2）降低 C_0 或 C_r——提高能量效率，在生产过程中进行碳捕集，推行脱碳工艺。

3）降低 M_p/D——通过轻量化设计等可持续设计方法降低材料输入。

4）降低 M_s/M_p——降低生产过程中的材料损失率。

5）提高 M_u/M_s——提高材料再使用率。

6）提高 M_m/M_s——提高材料再制造率。

7）提高 M_r/M_s——提高材料再利用率。

▶▶ 1.1.1.2　材料在加工过程中的损失

如何提高材料生产率？最直接的答案就是减少材料生产过程中的质量损失。大多数原材料都要经历从开采到成为商品的全过程。在材料的生命周期里，原材料的加工及处理过程不仅能耗最高，材料损失也最高。如在生产钣金件时，会有高达 50% 的生铁在钢锭扒皮、剪切、冲压等过程中被弃用。Milford 等在其研究中指出，在全球范围内的钢铁及铝产品制造中，有26%的钢液及41%的铝液最后无法变成产品，换句话说，这部分材料在制造产品的过程中已经损失。随着科技水平的提高，材料在冶炼及提纯过程中的转化率越来越高，而近净成形等技术的运用也使得材料被废弃的部分越来越少。然而，任何材料都很难在其加工过程中保持100%的完整度。在材料成为产品的过程中，由于人为失误导致的废品率也很难得到彻底消除。尽管企业经营者对他们的材料损失管理很有信心（通常的检测方法是比较采购的原料质量与最终产品的质量），然而研究显示，大量的原材料消失在了整个供应链中，特别是在钢铁等金属行业。

在材料生命周期的每一阶段，都很难避免其质量损失，虽然可以尽量减少它们的损失，"零损失"仅仅只是理论概念而无法实现。对于某些贵重金属，如黄金或者铂，人们在使用过程中异常小心，因而，在使用及回收阶段几乎不产生任何损失。然而，大多数金属在其生命周期阶段会有高达20%~50%的质量损失。新技术的使用或许可以缓解这种情况，例如，采用一种新的轧制技术制成的可变截面工字梁与标准工字梁相比，材料使用减少了1/3，在提供相同品质的同时没有产生额外的材料损失。然而，新技术在得到验证后还需要相对长的时间才能被市场所接受。

在原材料提取及加工阶段，材料损失可以用资源效率来衡量，即生产过程中产出物占所投入原料总量的百分比。翁端等列出了生产1t纯金属材料的资源效率，见表1-1。这几种金属中，铁的资源效率最高，为12.7%，即7.9t原料才能生产1t铁，剩下的6.9t原料如果不能综合利用，将会成为巨大的环境负担。与国外相比，我国目前原材料生产的资源消耗依然很高。表1-2中所列为假设国际平均水平为1，我国的各项资源消耗。其中，我国矿产资源的开发总回收率比发达国家平均低20%左右，每万元国民收入的能耗为0.925t标准煤，为发达国家的3~8倍。

表1-1 生产1t纯金属材料的资源效率

类　　别	铁	钢	铝	铑
资源消耗量/t	7.9	10.3	15.5	540000
资源效率（%）	12.7	10.4	6.45	1.85×10^{-4}

表1-2 我国原材料生产的资源消耗与国际平均水平比较

类　　别	能源	钢铁	木材	水泥	橡胶	塑料	化纤	铜	铝	铅	锌
国际平均水平	1	1	1	1	1	1	1	1	1	1	1
中　国	2.4	3.6	5.0	12.0	6.0	1.5	9.0	3.7	2.4	2.7	2.2

▶▶ 1.1.1.3　材料在加工过程中的能耗

制造的主要目的就是将材料转变为有用的产品。在此过程中，伴随着有用材料的转变，大量的能源也被消耗。而当大规模生产时，这样的消耗尤为明显。早期的材料加工相对简单，只需开采或收割即可，如石头或木材。稍微复杂点的工序有烧制砖块或者搅拌混凝土。这些材料今天依然在使用，并且相对于以前，生产及加工的效率更高，其能源强度为 1～5MJ/kg。而从矿物中提取的新材料，则具有更高的能源强度。

能源强度（或称为体现能），被定义为从原材料中加工单位质量的材料所消耗的能量。能量通常由低热值的燃料及其他能源来标定。这些能量的消耗主要体现在开采和提炼两个环节。如从矿石中得到金属，矿石的处理包括采矿、粉碎、洗涤及分选，而在金属冶炼过程中，则需将材料从矿石中进行提炼。Gutowski等给出了世界范围内各种材料的产量与能源强度分布，如图 1-3 所示。从图中可看到，许多产量巨大的材料都是低能源强度的材料。在钢、铝、塑料、纸和水泥五种材料中，钢、纸和水泥靠近能源强度的底部。而铂等贵重金属，则处于能源强度的顶端。

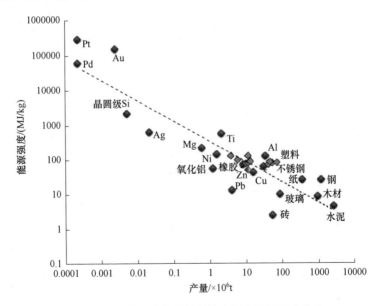

图1-3　世界范围内各种材料的产量与能源强度分布

生产方式越先进，或许消耗的能量就越高。Gutowski 等综合了多人的研究成果，列出了 20 种制造方法的电能需求，如图 1-4 所示。所有方法消耗的电能分布形如曲棍球杆，在球杆底部，分布的几乎都是传统制造方法，如机加工、注塑模及用于铸造的金属熔化。而在球杆顶部，看到的几乎都是新的方法，这些方法需要消耗大量的电能。以氧化法为例，该方法能为半导体元器件生产出极薄的氧化硅。整个生产过程需要在高温下进行，因为氧气需要扩散，所以加工过程极其缓慢。顶部另一个高耗能的方法为电火花打孔加工，它通过火花放电的方式进行切割，能为涡轮机叶片制造非常细的冷却通道。球杆中部主要是半导体制造的相关制造工艺，包括溅射法、干蚀刻以及化学气相沉积（CVD）等工艺。虽然不是最常用的方法，但这些方法每年依然处理数量相当可观的材料。例如，对于电子级硅（EGS）而言，CVD 是最重要的生产步骤，每生产 1kg 的电子级硅，CVD 需消耗 1GJ 的电能。世界年产电子级硅已经突破 2 万 t，这意味着 CVD 将至少消耗 20PJ 的电能。

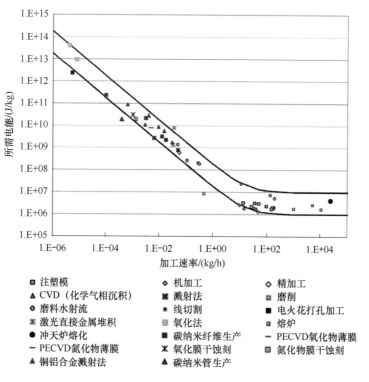

图 1-4　各种制造方法制造单位材料所消耗的电能

制造过程由一系列子过程组成。对于先进制造来说，这些过程常常具有自动化、智能化、多功能等特性，最终许多工艺步骤又集成到一台设备来完成。以铣床为例，其加工过程不仅包括最基本的切削金属，还包括了润滑、排屑、换刀以及刀具损坏检测等过程。结果就是，这些附加的功能常常占机器耗能的主体，而加工最核心的功能耗能却并非最多。表1-3所列为某日本汽车生产线的电能消耗分布。可以看出，其核心功能（机加工）的能耗占比仅为14.8%，在低生产率的状况下机加工的能耗占比会更小。值得注意的是，即使生产中使用的机械设备在"休息"时，大部分能量依然在消耗。而且大部分能量消耗所使用的冷却剂、润滑剂、液压油等都将被作为废弃物处理，与材料生产中产生的废弃物类似，都会带来沉重的环境负担。

表1-3 某日本汽车生产线的电能消耗分布

分　类	机　加　工	离　心　机	冷　却　剂	液　压　泵	冷却器、集雾器等
能耗占比（%）	14.8	10.8	31.8	24.4	15.2

1.1.1.4 提高材料效率的基本方法

1. 延长服役时间、 提高产品使用率、 鼓励二手商品

科技发展在一定程度上缩短了产品使用寿命，例如对全美所有大学计算机使用寿命进行调查发现，在1985—2000年间，计算机的使用寿命从10.7年降至5.5年。然而当今产品更迭更多取决于消费者的"情感因素"。Van Nes和Cramer指出，产品自身损坏、期望提高产品性能、新的需求是消费者置换产品的三个重要原因，后两者直接由消费者的情感需求所决定。拥有某些产品可以帮助消费者建立一定的身份地位。如果某种产品被认为具有更好的可靠性，并被融入更多的个性化因素，那么这样的产品则难以被取代或置换。Cooper总结了几点关于延迟产品更新换代的方法，如在产品生命周期内增加其自身价值、以租代买、完善产品服务、实现共享所有权等。

通过共享所有权等方法还可以提高产品使用率，其中最著名的例子是"汽车共享组织"的发展。有学者对奥地利198个汽车共享组织进行调研了解发现，通过汽车共享方式，汽车的使用率迅速提高。同时通过共享汽车，汽车共享成员减少了他们的行驶里程。若每年行驶里程少于15000km，还可另外节省成本。

由于发达经济体的劳动力成本过高，所以通过产品修复延长寿命的方法在此并不流行。然而，二手商品经济存在于各经济体中。售卖二手商品，除商品质量之外，销售量和销售时机是关键。通过稳定的质量和供应量，并确保价格透明度，可保证二手商品需求量。由于二手商品的卖家比买家更了解产品质量，所以需防止信息不对称问题的发生。

2. 产品升级改造、 再制造

报废产品通过升级改造可以给予材料二次生命。学术界以"再制造"之名

做了大量工作，但大多只是理论研究而未被应用在生产实际中，例如在逆向物流系统中努力推行优化模型。然而，企业界开展了再制造的有益探索，这其中包括施乐公司复印机中模块的再使用，柯达一次性相机的再使用，卡特彼勒发动机及相关组件的再制造，以及米其林轮胎的再制造。在成熟产品的生命周期末端，使用再制造技术更易成功。再制造前的旧品价格为新品价格的 0% ~ 20%，再制造品价格为新品价格的 40% ~ 60%。商业行为中，再制造似乎比延长寿命更具吸引力，因为制造商可以使废品重新增加价值。其成功取决于以低价购买旧品，通过低成本操作，经过升级后以低于新品的价格进行二次售卖，而不干扰新品市场。

虽然环境影响并不是再制造技术发展的最初目的，但是该方法在节能减排方面表现显著，相比于制造新品，再制造能减少 30% ~ 90% 的能耗和排放。如果能替代传统的材料加工，再制造可迅速发展，并提高就业率。

》3. 零部件再使用

上文中提到的延长服役时间和再制造等方法可以延长产品中原始材料的寿命，但长远考虑，更有效率的方法是将产品分解成各个零部件，然后将这些零部件再用于新品之中。再使用在某种范围内可被看作"非破坏性再利用"，见表1-4。

表1-4 再使用的不同类型

结构改变	再使用过程描述及示例	再使用类型
没有改变	产品从某种应用转变为另一种应用 示例：玻璃瓶的再使用，二手衣物、书本的买卖	直接再使用
表面处理	仅对产品表面进行改变 示例：去除纸张的有机溶剂，清洁纸箱，熔盐或热清洁	
变形处理	对产品的外形进行改变，而不增加或减少材料 示例：弯曲金属梁，钢柱变形，再折叠纸箱，再轧钢板	非破坏性再利用
减法处理	材料从原始产品中移除 示例：去除氧化层，切割钢板	
加法处理	产品通过焊接、胶粘等手段结合在一起 示例：铝的冷粘，焊接工艺，塑料/纸张的胶粘	
破坏性处理	对材料进行分解，使其用于传统制造中 示例：将塑料和金属熔化，对纸张进行重新制浆	传统再利用

对大型产品进行分解，其零部件再使用环境性表现突出。再使用过程几乎

不需要能耗，只有当需要特别维护时，才会产生额外的排放。从经济性方面看，由于劳动力成本低廉的原因，再使用在发展中国家尤其受欢迎。但即使在发达国家，拆解费用也可通过二次销售中产生的利润进行抵消，从而避免产生废品处置费。

▶ 4. 提高生产率（近净成形）

近净成形是指仅需少量加工或不再加工，就可在零部件成形后用作机械构件的成形技术。近净成形技术将材料的合成和加工两种不同的工艺经简化和合并，在一道工序中完成，如等静压成形、挤压成形、超塑成形、金属注射成形、喷射沉积成形、喷涂成形、激光熔化成形等。它一般用于钛合金、镍合金、钨合金等难加工材料的零部件生产，通过简化工序，克服材料难加工的问题，提高生产率、材料利用率，降低生产成本。然而，任何材料都很难在其加工过程中保持100%的完整度，而且由于人为失误导致的废品率也很难得到彻底消除。即便如此，近净成形技术在产品制造中的表现依旧突出，其克服了传统毛坯成形中的若干缺点，是建立在各类新工艺、新装备、新材料技术成果基础上的综合集成技术。

▶ 1.1.2 汽车产品绿色制造中的材料效率

传统汽车制造重视正向制造过程（原料制备、加工制造、装配），常常有意或无意忽略逆向过程（汽车报废、二次资源回收利用）。汽车产品绿色制造则是一个闭环系统（图1-5），有效兼顾了制造的正向和逆向过程。其综合考虑了汽车产品从设计到报废的全生命周期内对自然环境的影响，做到对自然生态无害或危害极小，使资源循环利用程度最高，能耗及排放降到最低。

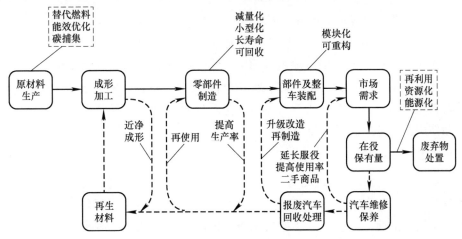

图1-5 汽车产品绿色制造闭环系统

图 1-5 中，实线箭头部分为正向过程，其中虚线方框代表能量效率关注的领域。国际能源署于 2008 年对钢、铝、纸、水泥、塑料五种材料进行能量效率分析，结果显示，若全球所有工厂能采用最佳节能减排技术和标准，单位钢产量可减少 34% 的 CO_2 排放量，生产铝、纸、水泥和塑料过程中的 CO_2 排放量可分别减少 24%、38%、40% 和 22%。通过改进工艺、升级改造设备，材料生产中可进一步减少 23%~40% 的 CO_2 排放量。然而，表 1-5 的结果显示，相比一些稀有材料（例如钛），铁和铝材料生产的现有能量需求已逼近其热动力学的极限，因此，对于这些金属而言，已很难通过改善工艺过程的方式大幅度提高能量效率。

表 1-5　某些金属元素理论与现有能量需求比较

元　素	标准化学㶲[①]		预计内能/（MJ/kg）	占比（%）
	kJ/mol	MJ/kg		
铝	795.7	29.5	190~230	14
铜	134.2	2.1	60~150	2
铁	374.3	6.7	20~25	30
镁	626.1	25.8	356~394	7
镍	232.7	4.0	135~150	3
铅	232.8	1.1	30~50	3
锡	558.7	4.71	40	12
钛	907.2	18.9	600~1000	2
锌	339.2	5.2	70~75	7

[①] 标准化学㶲是指在标准温度和压力下由其参考组合物生产纯材料所需的最小可逆功。

图 1-5 中，虚线箭头部分则体现了汽车产品中的材料效率环节，包括汽车绿色设计、汽车产品回收利用，以及绿色制造中关于提高材料效率的基本方法等。

作为"城市矿产"的重要组成部分，汽车报废后可以为社会提供巨大的资源。汽车由 2 万~3 万个零部件组成，材料种类超过百种，涵盖了几乎所有的基础材料。使用材料效率方法对报废汽车进行绿色处理，将显著减少原材料的生产和使用，充分提高材料使用率。

▶▶ 1.1.2.1　材料效率的再定义

Allwood 将材料效率定义为"在减少材料生产和加工的同时提供同样的材料服务"。该定义明确了材料效率的主旨为节能减排，充分考虑了环境性，但并未考虑包括经济性、社会性、法律法规等在内的其他属性。材料效率的执行主体为企业。企业通过技术创新，提高单位再使用/再制造产品、单位再利用材料的产值和利润，促进汽车产品再使用率、再利用率、回收利用率的提高，降低汽车产品再利用或能量回收利用过程中的排放强度，这也是企业实现可持续发展的动力。所以，材料效率不仅应考虑环境性，还应将经济性纳入其中。

材料效率的再定义：提高再使用、再利用、回收利用的经济效益和降低排放强度，在减少材料生产和加工的同时提供相同的材料服务。

根据式（1-2）及材料效率的再定义，对材料效率进行数学表达如下

$$C = \left(N + \frac{S}{L}\right) \times \frac{M_p}{D} \times \frac{M_s}{M_p} \times \left(\frac{M_0}{M_s} \times \frac{P_0}{M_0} \times \frac{C_0}{P_0} + \frac{M_u}{M_s} \times \frac{P_u}{M_u} \times \frac{C_u}{P_u} + \frac{M_m}{M_s} \times \frac{P_m}{M_m} \times \frac{C_m}{P_m} + \right.$$

$$\left. \frac{M_r}{M_s} \times \frac{P_r}{M_r} \times \frac{C_r}{P_r} + \frac{M_{rov}}{M_s} \times \frac{P_{rov}}{M_{rov}} \times \frac{C_{rov}}{P_{rov}}\right)$$

$$(1\text{-}3)$$

式中　　　　　C——材料总能耗及排放；

　　　　　　　N——新需求量；

　　　　　　　S——现有库存量；

　　　　　　　L——平均寿命；

　　　　　　　M_p——产品中材料的质量；

　　　　　　　D——产品所需求的材料；

　　　　　　　M_s——材料供给的质量，$M_s = M_0 + M_u + M_m + M_r + M_{rov}$；

M_0、P_0、C_0——初级矿石供给的材料质量、产值（利润）和排放；

M_u、P_u、C_u——再使用产品供给的材料质量、产值（利润）和排放；

M_m、P_m、C_m——再制造产品供给的材料质量、产值（利润）和排放；

M_r、P_r、C_r——再利用供给的材料质量、产值（利润）和排放；

M_{rov}、P_{rov}、C_{rov}——能量回收利用供给的材料质量、产值（利润）和排放。

因此，根据式（1-3），得到提高产品材料效率的主要措施如下：

1）降低 N——通过产业结构调整，降低对钢铁、有色金属、化工、造纸、建材等材料密集型产业的依赖，实现工业的持续繁荣。

2）提高 L——通过提高使用寿命，降低对产品的需求。

3）降低 C_0、C_r 或 C_{rov}——提高能量效率，在生产、再利用或能量回收利用过程中进行碳捕集，推行脱碳工艺。

4）降低 M_p/D——通过轻量化设计等可持续设计方法降低材料输入。

5）降低 M_s/M_p——降低生产过程中的材料损失率。

6）提高 M_u/M_s——提高产品再使用率。

7）提高 M_m/M_s——提高产品再制造率。

8）提高 M_r/M_s——提高材料再利用率。

9）提高 M_{rov}/M_s——提高能量回收利用率。

10）提高 P_u/M_u——提高单位再使用产品的产值（利润）。

11）提高 P_m/M_m——提高单位再制造产品的产值（利润）。

12）提高 P_r/M_r——提高单位再利用材料的产值（利润）。

13）提高 P_{rov}/M_{rov}——提高单位能量回收利用材料的产值（利润）。

14）降低 C_0/P_0、C_r/P_r、C_{rov}/P_{rov}——降低生产、再利用或能量回收利用过程中的排放强度（单位产值的平均排放）。

报废汽车的处理方法，在一定程度上体现了汽车产品中材料效率的具体运用。汽车材料，尤其是各种合金材料、非金属材料、复合材料和新型材料的大量使用，加大了报废汽车材料的识别分选难度。虽然我国报废汽车拆解行业经过技术升级改造后整体水平有所提升，但与发达国家相比，行业的整体拆解水平仍较低，大规模机械化拆解、破碎、分选工艺在国内尚处于起步阶段。

在此基础上，参考式（1-3），得到汽车报废环节中提高材料效率的主要措施如下：

1）降低 M_p/D——通过轻量化设计等可持续设计方法降低材料输入。

2）提高 M_u/M_s、M_m/M_s——通过优化拆解策略、研究深度拆解工艺、开发再制造技术，提高汽车产品再使用率、再制造率。

3）提高 M_r/M_s——通过研究机械化破碎、分选工艺，开发高附加值再利用技术，提高汽车产品材料再利用率。

4）提高 M_{rov}/M_s——通过开发能量回收利用技术，提高汽车产品回收利用率。

5）提高 P_u/M_u、P_m/M_m、P_r/M_r、P_{rov}/M_{rov}——通过技术创新，提高单位再使用、再制造产品，以及单位再利用、回收利用材料的产值（利润），促进汽车产品再使用率、再利用率、回收利用率的提高。

6）降低 C_r/P_r、C_{rov}/P_{rov}——通过技术进步，降低汽车产品再利用或能量回收利用过程中单位产值的平均排放。

▶▶ 1.1.2.2　报废汽车经济性和环境性评价指标

报废汽车经济性和环境性评价指标是构建面向材料效率的评价体系的基本构成，在选取时应遵循系统性、可操作性原则。选取指标时应围绕材料效率这一核心展开，从经济、环境两方面系统阐述报废汽车处理中的材料效率内涵，并根据指标内在的逻辑关系划分层次，建立不同层级指标。

根据材料效率再定义以及汽车产品报废处理环节的回收处理技术，确定报废汽车处理的经济性和环境性评价指标体系，如图1-6所示。

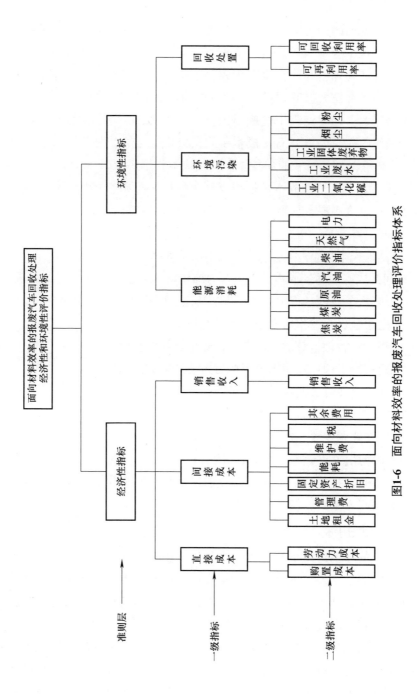

图1-6 面向材料效率的报废汽车回收处理评价指标体系

1. 经济性指标

企业以赢取利润作为天然目标。在满足环境性要求的同时，企业在报废汽车回收处理过程中会最大程度地节省成本、提高销售收入。在报废汽车材料效率评价中，经济性评价是一个重要因素，也是与原始材料效率区别的标志。一般使用经济性指标作为拆解策略经济性分析的评价指标。

根据报废汽车处理流程中的成本预算，企业从二手零部件或材料中获取的利润等于销售收入与成本（直接成本＋间接成本）之差。所以，经济性评价指标可以设立三个一级指标：直接成本、间接成本和销售收入。

（1）直接成本　直接成本是指报废汽车处理过程中直接发生的费用。直接成本是负指标，直接成本越高，报废汽车的经济性越差。

1）购置成本：每辆报废汽车的购置费用。

2）劳动力成本：企业直接支付给操作人员的费用。

（2）间接成本　间接成本是指企业为维持日常运营而每年支付的各项费用，不包括在报废汽车处理过程中直接产生的费用。间接成本也是负指标。

1）土地租金：企业租用土地所支付的费用。

2）管理费：管理人员的基本工资、奖金及社保费用。

3）固定资产折旧：购买固定资产后每年产生的折旧费用。

4）能耗：企业办公及设备的各种能耗费用。

5）维护费：各种设备日常的维护费用。

6）税：企业营业税、所得税、财产税和印花税等。

7）其余费用：广告费、交通费、清洁费等。

（3）销售收入　销售收入是指企业的产品或材料售出收入。销售收入是正指标，即销售收入越高，经济性越好。

2. 环境性指标

材料效率的环境性评价涉及汽车产品的全生命周期，所以，环境性指标需要考虑的是能源消耗、环境污染以及报废件的回收处置。能源消耗和环境污染主要集中于汽车设计中的原材料选取及零部件再制造阶段。回收处置阶段则考虑报废汽车是否容易被拆解，是否可以再使用或再利用。

综合考虑汽车产品全生命周期的环境影响，结合国家标准及国家统计年鉴的相关数据，确定材料效率环境性指标中的一级指标为能源消耗、环境污染和回收处置。能源消耗中的二级指标包括焦炭、煤炭、原油、汽油、柴油、电力和天然气的消耗量；环境污染中的二级指标包括工业二氧化硫、工业废水、工业固体废弃物、粉尘和烟尘的排放量；回收处置中的二级指标包括可再利用率和可回收利用率。

可再利用率和可回收利用率的计算是以供应商提供的材料数据为基础，按照 GB/T 19515—2015/ISO 22628：2002 产品中的各个阶段定义整理部件明细，汇总质量，再按公式计算。

可再利用率和可回收利用率按照 GB/T 19515—2015 规定的预处理、拆解、金属分离和非金属残余物处理四个步骤进行计算。其中：

可再利用率 R_{cyc}（用质量百分数表示）的计算公式为

$$R_{cyc} = \frac{m_P + m_D + m_M + m_{Tr}}{m_V} \times 100\% \tag{1-4}$$

可回收利用率 R_{cov}（用质量百分数表示）的计算公式为

$$R_{cov} = \frac{m_P + m_D + m_M + m_{Tr} + m_{Te}}{m_V} \times 100\% \tag{1-5}$$

式中　m_P——在预处理阶段考虑的材料的质量；

m_D——在拆解阶段考虑的材料的质量；

m_M——在金属分离阶段考虑的金属的质量；

m_{Tr}——在非金属残余物处理阶段被认为是可再利用的材料的质量；

m_{Te}——在非金属残余物处理阶段被认为是可进行能量回收的材料的质量；

m_V——车辆质量。

1.2　面向材料效率的汽车产品回收利用

▶▶ 1.2.1　汽车产品回收处理环节中的材料效率

虽然各国每年产生的报废汽车数量各不相同，经济及科技水平也相差很大，但是对报废汽车产品的回收处理方式却基本一致，即按照 Gerrard 和 Kandlikar 提出的金字塔模型进行处理，如图 1-7 所示。

回收处理方式自顶向下依次为：再使用（Reuse）、再制造（Remanufacture）、再利用（Recycle）、回收利用（Recovery）以及填埋或焚烧（Landfill／Incinerate）。根据我国相关标准，这些术语的定义如下：

1）再使用：对报废车辆零部件进行的任何针对其设计目的的使用。再使用处于金字塔的顶端，无论从材料效率还是能源效率考虑，该方式都是最好的选择。

2）再制造：对零部件进行专业修复或改造，使质量不低于原型新品的过程。再制造不是简单的修复处理，而是使产品达到或超过原始标准。再制造的目的就是赋予产品二次生命。

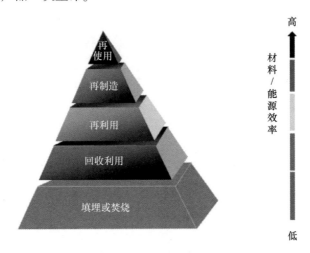

图 1-7　回收处理的金字塔模型

3）再利用：将废料转化为新材料的过程，在此过程中不改变材料的化学特性。再利用不包括能量回收的过程。

4）回收利用：将废料转化为新材料的过程，在此过程中可以改变材料的化学特性。回收利用包括能量回收的过程。

5）填埋或焚烧：填埋是指将垃圾填埋入地下的过程，焚烧是指焚化燃烧危险废物使之分解并无害化的过程。填埋或焚烧是最后的处理手段。

Allwood 指出，目前英国政府力推的"3R（Reduce、Reuse、Recycle）原则"和中国主导的"循环经济"最能诠释该金字塔结构。3R 原则首先要求减少废弃物的产生，并且在源头阶段就考虑可回收性设计，从而为再使用提高材料的品质。那些无法被减少的部分则应尽可能再使用，既无法减量又不能再使用的零部件，则应进行再利用，特别是对金属和纸等二次再利用。近年来，随着能量回收以及焚烧污染控制技术逐步成熟，3R 逐渐演变成 4R，即增加了回收利用（Recovery）环节。循环经济是指将传统的依靠资源消耗的线性增长的经济，转变为依靠资源循环发展的经济。左铁镛和冯之浚从资源综合利用角度出发，将循环经济定性为：以 3R 为原则，以"两低一高"为特征，符合可持续发展的经济增长模式，是对传统依赖资源消耗的增长模式的根本变革。3R 侧重于具体技术手段，循环经济更强调低排放所带来的环境和社会效益，材料效率则集两种方法于一体，在减少材料生产和加工的同时减少能耗及排放，从材料角度出发，强调在生命周期内，通过 3R 等手段减少资源消耗，实现可持续发展。

根据国内外报废汽车回收利用方式、提高材料效率的基本方法以及面向材料效率的报废汽车处理评价体系，确定基于材料效率的报废汽车回收处理输入输出分析框架，如图1-8所示。其中，代表回收利用提高材料效率的关键技术包括可持续设计、深度拆解策略、再使用、再制造、再利用以及能量回收利用六大类。

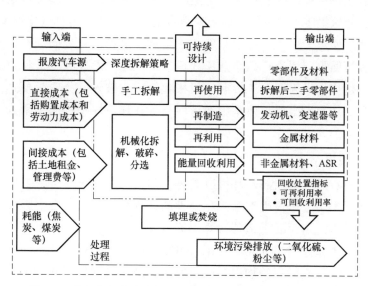

图1-8 基于材料效率的报废汽车回收处理输入输出分析框架

▶ 1. 可持续设计

可持续设计是指生产者在产品设计阶段就考虑产品在整个生命周期（特别是产品售后及回收处置阶段）的可持续发展问题，使产品满足社会、经济及生态的可持续性要求。可持续设计包括可拆解性设计、可回收性设计、绿色模块化设计、减类化设计、轻量化设计和生命周期评价等。

设计是汽车的灵魂，每一处微小设计都将影响汽车实际性能，也影响报废汽车的回收处理。可持续设计能极大提高报废汽车材料效率，然而目前汽车生产企业重视能量效率，而尚未意识到材料效率的潜力。所以，除了一些共通方法（如轻量化设计），诸多体现材料效率的设计方法并未被广泛使用。即便如轻量化设计，生产企业也只是重视材料的替代性所产生的成本优势，而没有意识到轻量化在节能减排方面的重要作用。从材料效率的经济性考虑，大部分可持续设计方法难以直接体现出经济利益，有些甚至需要增加成本。生产者责任延伸制的推行，促使汽车生产企业参与汽车报废拆解、回收处置等末端环节，并需要在整个汽车产品生命周期中增加减量化责任、环境信息披露责任、回收利用与处置责任等工作。

▶▶ 2. 深度拆解策略

我国报废汽车拆解企业以获取金属材料为目标，在拆解过程中存在着拆解不确定性的问题。拆解行业尚未有科学的深度拆解策略。手工拆解可以保证较高的可再利用率和可回收利用率，但随着劳动力成本的增加以及对处理速度要求的提高，我国报废汽车拆解企业未来必将主动或被动采用机械化拆解、破碎、分选的模式。面对未来 ASR（汽车粉碎残余物）规模化处理问题，如何提高可再利用率和可回收利用率也是企业所要面对的问题。发挥纯手工和纯机械拆解两种模式的优势，采用"手工拆解 + 机械化拆解、破碎、分选"模式，并对策略进行优化，从而找出材料效率中经济性指标和环境性指标的平衡点，将是企业考虑的方向。

▶▶ 3. 再使用

理论上所有的汽车零部件都可以被再使用，汽车零部件经手工拆解后可以完整地保留下来。考虑报废汽车产品处理的评价指标，在所有报废汽车零部件处理方法中，再使用无疑是最佳选择。值得注意的是，针对再使用零部件，我国目前还没有类似德国 VDI 4080（Recycling of Cars-Quality of Recycled Car Parts）的标准，更多还只能凭经验加以判断。但随着市场机制的不断完善，未来会有相应的评判标准制定出来。

▶▶ 4. 再制造

再制造不是简单的修复，它是运用失效分析和生命周期评价等先进技术使再制造零部件达到甚至超过新品的质量标准。再制造发动机价格约为新发动机价格的 55%，再制造过程可节能 60%，材料再利用率达到 70%，废气排放减少 80%。大众汽车公司公布的资料显示，与生产新件相比，自 1947 年起，大众汽车公司的零部件再制造业务所带来的节能效果相当于节约 33.7 万 t 钢、4.7 万 t 铝、950GW·h 电能；带来的环保效应相当于减少二氧化碳排放 57 万 t、减少二氧化硫排放 569t、减少氮氧化物排放 662t。

▶▶ 5. 再利用

对于大多数金属零部件，再利用的方法是将其拆解后送至钢厂进行回炉处理。据统计，使用废钢作为炼钢原料可以降低 60% 的能源消耗及 86% 的二氧化碳排放量。对于非金属材料，工业界一般采用两种方法：同等性能再利用和梯级利用。同等性能再利用是指在仅改变物质形态而不改变物质成分的前提下将材料重新投入产品生产中。这一过程注重再利用的最高附加值。对于梯级利用方法，由于其经济性不如同等性能再利用方法，所以一般不是首选方法，但是依然大规模用于工业生产中，如轮胎中的橡胶材料经过破碎后成为铺设塑胶跑道的原材料。

▶▶6. 能量回收利用

能量回收利用（Energy Recovery）从属于回收利用，指对废料进行特殊处理，从而产生能量的处理过程。报废汽车的回收利用是对在预处理、拆解和破碎分选阶段中未考虑的非金属残余物进行处理。可再利用率和可回收利用率的唯一区别，即在于是否将能用于能量回收利用的非金属残余物质量加入计算。

从报废汽车回收处理金字塔模型来看，回收利用是除填埋或焚烧之外材料效率最低的方法。但是大规模机械化破碎必然会产生大量残余物（即 ASR），由于这部分物质难以进行有效分离，所以只能以能量回收利用的方式进行处理。

▶▶ 1.2.2　各国报废汽车法律法规

▶▶ 1. 欧盟

2000 年 9 月 18 日，欧洲议会及欧盟理事会通过关于报废汽车的指令（2000/53/EC），简称 53 指令，并规定在 2001 年成为成员国的法律。该指令是全球范围内首部关于汽车废弃物管理的地区性法规，也是生产者责任延伸制在汽车领域的首次实践，对汽车生产者承担废旧汽车回收利用的责任做出了相应的规定。该指令的最主要目标是减少车辆废弃物的产生，除此之外，它促进并鼓励报废汽车产品再使用、再利用以及回收利用。这样能有效减少废弃物的产生，在车辆的全生命周期内保护环境，同时强调报废汽车拆解企业对报废汽车的处理方式。

53 指令最大的历史意义在于其规定了报废汽车的回收利用率，具体细则如下：

1）在 2006 年 1 月 1 日之前，所有报废汽车每年的再使用及回收利用率需达到 85%，而再使用及再利用率则需达到 80%。对于 1980 年 1 月之前制造的车辆，各成员国可以降低标准，但再使用及回收利用率不得低于 75%，再使用及再利用率不得低于 70%。

2）在 2015 年 1 月 1 日之前，所有报废汽车每年的平均再使用及回收利用率需达到 95%，而再使用及再利用率则需达到 85%。

据此，报废汽车 95% 的回收利用率也普遍成为欧盟各国设定的目标。

2005 年 10 月，欧盟发布了关于车辆型式认证的 64 指令。64 指令重点要求制造商履行生产者产品责任延伸制，例如制造商向认证主管部门提供详细的关于车辆及零部件制造材料特征的技术信息，用于可回收利用率的计算及检查。该指令还要求制造商必须采取合适的方法和程序来正确管理产品的可再使用性、可再利用性及可回收利用性。制造商应提出措施，保证零部件的拆解、再使用及材料的再利用及回收利用。

▶▶ 2. 美国

与欧盟不同，美国并没有全国性的法规对报废汽车进行管理，而是靠市场的竞争机制来促进报废汽车产业的发展。虽然没有直接的法案支撑，美国的报废汽车管理还是受到诸多环境性法案的限制，如资源节约和回收利用法（RCRA）对危险废物的处理和处置有着具体的要求，清洁空气法则规范了空气污染物的排放。

美国阿贡国家实验室等机构于 2001 年发布了《未来报废汽车回收处理路线图》，明确指出美国应在 2020 年前实现报废汽车 95% 的回收利用率目标。该路线图具体目标包括：实现汽车生命周期设计，提高汽车燃油经济性，优化材料使用，并尽量减少垃圾填埋；实现报废汽车零部件及材料生命周期价值最大化；进行汽车环保预处理，去除污染物；通过再使用、再制造和大宗拆卸材料回收利用，实现拆解阶段的最大化再利用；通过破碎和分类阶段的最大化再利用，实现材料的最大价值；实现破碎后残余物填埋最小化。

▶▶ 3. 日本

日本于 2005 年实施《汽车回收利用法》，重点关注 ASR 的填埋问题。日本由于国土面积有限，ASR 填埋量增加后，面临处理费用上升等问题。日本设定在 2015 年，报废汽车回收利用率达到 95%。该法案要求汽车生产商负责对 ASR、氟利昂和安全气囊进行回收处理。若无正当理由，汽车生产商需接收来自拆解回收企业所收集的氟利昂等废弃物，并支付相应费用。

日本环境省对汽车生产商起指导作用，督促各个汽车企业促进塑料的再利用，大量使用再生塑料的新车将作为"环保奖励车"受到鼓励。环境省把易于再利用的材料及设计、先进的再利用技术等放在次要地位，而优先考虑塑料的再利用。

▶▶ 4. 韩国

韩国于 2007 年 4 月发布《资源循环法》，制定了报废汽车回收利用率的目标，即至 2015 年 1 月 1 日，回收利用率达到 95%。该法案要求在新车上市时，生产者需提供车辆拆解信息，在新车上市一个月内，生产者需要发布重金属和再利用率的手册，若政府提出要求，生产者需提供手册信息供政府检查。

▶▶ 5. 中国

我国虽然报废汽车相关法律出台时间较晚，但随着报废汽车产业的不断发展，以及公众环境意识的不断增强，报废汽车相关的法律法规体系日趋完善。我国报废汽车回收处理相关法律法规见表 1-6。

表 1-6　我国报废汽车回收处理相关法律法规

发布年份	我国主要的行政法规、规章和标准	对　　象
2006	《汽车产品回收利用技术政策》（国家发展改革委公告 2006 年第 9 号）	常规燃料汽车
2007	《报废机动车拆解环境保护技术规范》（HJ 348—2007）	常规燃料汽车
2008	《报废汽车回收拆解企业技术规范》（GB 22128—2008）	常规燃料汽车
2012	《机动车强制报废标准规定》（商务部、国家发展改革委、公安部、环境保护部令 2012 年第 12 号）	常规燃料汽车
2016	《报废汽车拆解指导手册编制规范》（GB/T 33460—2016）《新能源汽车废旧动力蓄电池综合利用行业规范条件》和《新能源汽车废旧动力蓄电池综合利用行业规范公告管理暂行办法》（工信部公告 2016 年第 6 号）	常规燃料汽车新能源汽车
2018	《新能源汽车动力蓄电池回收利用管理暂行办法》（工信部联节〔2018〕43 号）	新能源汽车
2019	《报废机动车回收管理办法》（国务院 715 号令）《报废机动车回收拆解企业技术规范》（GB 22128—2019）	常规燃料及新能源汽车
2020	《报废机动车回收管理办法实施细则》（商务部令 2020 年第 2 号）	常规燃料及新能源汽车

2001 年 6 月，国务院颁布了《报废汽车回收管理办法》，简称 307 号令。307 号令对于报废汽车拆解及回收企业的资质有着严格的限定，强调除取得报废汽车回收企业资格认定的企业之外，任何单位和个人不得从事报废汽车回收活动。该令同时强调，"五大总成"（包括发动机、变速器、方向机、前后桥及车架）应当作为废金属，交售给钢铁企业作为冶炼原料，其他零部件可以作为二手件出售，但必须标明"报废汽车回用件"。关于五大总成是否应该被强制销毁，一直被广大专家学者所讨论。

我国应对欧盟 53 指令的措施（中国版 53 指令），《汽车产品回收利用技术政策》于 2006 年 2 月开始实施。该政策从减量化责任、环境信息披露责任及回收利用与处置责任三方面体现出生产者产品责任延伸制度的中国实践。作为中国版 53 指令，该政策同样对报废汽车回收利用有着切实要求，规定自 2017 年起，所有国产及进口汽车的可回收利用率要达到 95% 左右，其中材料的可再利用率不低于85%。

2008年3月，国家发展改革委发出了《国家发展改革委办公厅关于组织开展汽车零部件再制造试点工作的通知》，将发动机、变速器、发电机、起动机、转向器五类产品列为汽车零部件的再制造试点产品。2011年9月，试点范围扩大至传动轴、机油泵、水泵、助力泵等零部件。

2019年4月，国务院颁布了《报废机动车回收管理办法》（国务院715号令），自2019年6月1日起施行，307号令同时废止。2020年7月商务部等七部委公布了《报废机动车回收管理办法实施细则》，自2020年9月1日起施行。《报废机动车回收管理办法》及《报废机动车回收管理办法实施细则》体现了政府管理模式正在深刻转变，通过发挥市场机制作用，鼓励报废机动车回收拆解行业向市场化、专业化、集约化的高质量发展方向发展，推动完善报废机动车回收利用体系，提高服务水平；明确了拆解的"五大总成"具备再制造条件的，可以按照国家有关规定出售给具有再制造能力的企业，提高回收利用率。随着《报废机动车回收管理办法》及《报废机动车回收管理办法实施细则》的正式实施，现有资质企业将面对更多的市场竞争主体和竞争压力，面临更严格的环保要求和市场监管压力，以及更加规范化的再利用零部件监管。只有通过集约化经营、信息化管理、标准化支撑，探索新的业务模式，才能实现经济和环境效益最大化。

▶▶ 1.2.3 报废汽车处理模式

根据报废汽车处理方式的不同，世界范围内处理报废汽车主要分两种模式：一种是以欧美等发达国家为代表的"大规模机械化拆解及破碎"模式，另一种是以我国等发展中国家为代表的"手工拆解 + 机械拆解"模式。

▶▶ 1.2.3.1 "大规模机械化拆解及破碎" 模式

发达国家由于劳动力成本较高，机械化及环保水平也较高，所以普遍采用"大规模机械化拆解及破碎"模式，如图1-9所示。

首先对报废汽车进行环保预处理，如电池、机油和制冷剂等环境危害物被分类收集。在日本，法律规定制冷剂和安全气囊必须强制处理。环保预处理后对车辆进行拆解，一些有再使用价值的零部件被拆卸后进行再使用，如发动机、变速器、发电机、保险杠等。在美国，一些非强制回收的含汞的零部件，如开关、灯泡等，也是在此阶段进行拆解。拆解过程结束后，剩余质量一般占整车质量的60% ~ 90%。

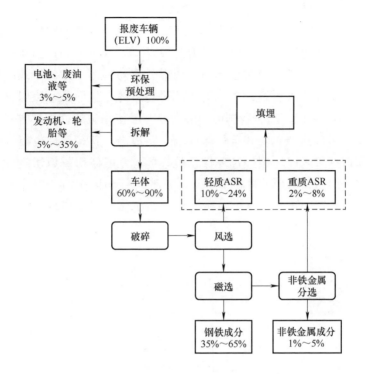

图 1-9 "大规模机械化拆解及破碎"模式

  未拆解的零部件和车体一起被放入破碎机中进行破碎，破碎后首先对破碎物进行风选，一部分轻质 ASR 在此过程中被分离出。接下来，使用磁选或电涡流等手段分离钢铁和有色金属，随后产生重质 ASR。Sakai 等统计，欧洲每辆车的 ASR 含量为 12% ~ 32%，而日本为 17%。根据世界主流观点，报废汽车的 ASR 含量一般为 20% ~ 25%。

  多数发达国家设定在 2015 年实现报废汽车 95% 的回收利用率目标，至今尚无任何国家在"大规模机械化拆解及破碎"模式下完成这一指标。Yi 和 Park 指出，即使是在欧盟内部，各个国家的报废汽车回收利用率也大相径庭。因为是从各回收处理企业得到的相应报告，所以实际回收率比期望值低很多。Gradin 等直接指出，按照现有的破碎处理模式，根本不可能完成欧盟报废汽车指令的相应指标，即达到 95% 的回收利用率。这是因为破碎后产生的 ASR 众多，其本身是由塑料、橡胶、泡棉、金属残余物、纸、纤维、玻璃、沙及灰尘组成，极难处理，一般只能填埋。为了完成欧盟报废汽车指令的相应目标，很多学者将目光拉回到手工拆解中。

▶▶1.2.3.2 "手工拆解+机械拆解" 模式

发展中国家劳动力成本普遍较低，加之科技及环保水平较低，所以普遍采用"手工拆解+机械拆解"模式，如图1-10所示。我国的报废汽车拆解方式分破坏性和非破坏性两种。面对车况不佳或部分重要零部件遭到损毁的状况，操作人员一般采用破坏性拆解的方式对车辆进行解体，从而获取废旧材料。对于车龄超过10年的老旧车型，我国的拆解企业一般使用破坏性拆解方式。由于这些老旧车型大多破损严重，并且环保要求不断提高，其零部件也很难匹配上新的车型，所以这些老旧车型经过环保预处理后，一般使用氧炬切割方式将其分割成块，以废旧材料的形式进行售卖。对于那些车龄少于10年且车况较好的车型，拆解企业主要使用非破坏性拆解方式进行拆解。拆解后除五大总成之外的零部件，以二手零部件的形式进行售卖。

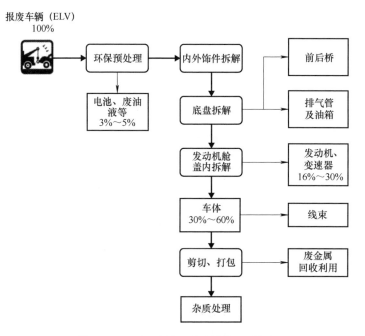

图1-10 "手工拆解+机械拆解"模式

在图1-10所示的报废汽车拆解流程中，首先对报废汽车进行环保预处理，将车内的危险物，例如电池、废油液等移除。随后对车辆的外饰件，如车门、风窗玻璃、保险杠等进行拆除。外饰件拆除后，对包括座椅、仪表板等在内的内饰件进行拆除。内、外饰件拆除后，对底盘进行拆解，包括前后桥、排气管及油箱。当前后桥从车体分离后，操作人员将发动机和变速器与车体整体分离。

发动机分离后，对发动机舱盖内各类零部件进行拆解。最后，去除所有电气线束，留下车体。

▶▶ 1.2.4 我国报废汽车处理产业

截至 2019 年年底，我国报废汽车回收拆解企业数量达到 755 家，回收网点 2271 个，从业人数约 24400 人，企业经营场地总面积 2248 万 m^2，资产总额 268 亿元，历年具体数据如图 1-11 所示。

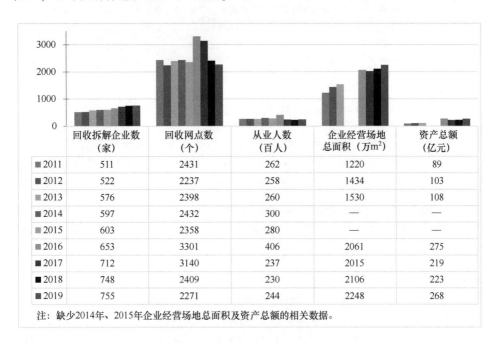

	回收拆解企业数（家）	回收网点数（个）	从业人数（百人）	企业经营场地总面积（万 m^2）	资产总额（亿元）
2011	511	2431	262	1220	89
2012	522	2237	258	1434	103
2013	576	2398	260	1530	108
2014	597	2432	300	—	—
2015	603	2358	280	—	—
2016	653	3301	406	2061	275
2017	712	3140	237	2015	219
2018	748	2409	230	2106	223
2019	755	2271	244	2248	268

注：缺少2014年、2015年企业经营场地总面积及资产总额的相关数据。

图 1-11　我国报废汽车回收拆解行业规模（2011—2019 年）

2011—2019 年数据显示，我国报废汽车回收拆解行业总体呈平稳发展态势，行业发展体现出技术装备和技术水平明显进步、营销模式多样化、环保水平和资源利用效率明显改善等态势。但是，从报废汽车材料效率的经济性和环境性指标来看，我国报废汽车回收拆解行业依然存在着"隐形的问题"，若不能妥善解决，将影响我国报废汽车行业的长远发展。

▶▶ 1. 行业经营能力不强

2016—2019 年，我国报废汽车回收拆解行业经营情况如图 1-12 所示。截至 2019 年年底，报废汽车回收拆解行业销售额达 297.2 亿元，其中回用件销售额达 108.9 亿元，占比 36.6%。纳税额为 20.6 亿元，同比下降 28%。

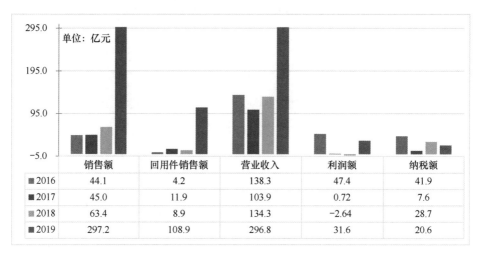

图1-12　我国报废汽车回收拆解行业经营情况

	销售额	回用件销售额	营业收入	利润额	纳税额
■ 2016	44.1	4.2	138.3	47.4	41.9
■ 2017	45.0	11.9	103.9	0.72	7.6
■ 2018	63.4	8.9	134.3	-2.64	28.7
■ 2019	297.2	108.9	296.8	31.6	20.6

目前，我国正规报废汽车回收拆解企业的收入来源主要依靠售卖废钢铁，长期以来，这部分收入占到企业总收入的70%以上。政府每年会给予拆解企业一些政策性补贴，但当报废汽车回收拆解行业发展逐渐成熟，企业的技术水平和技术装备高度发展后，政府势必会减少补贴。所以，从企业的生态及可持续角度考虑，我国报废汽车回收拆解企业不应依赖政策性补贴。针对依赖废钢铁销售的情形，再使用的能量效率和材料效率均高于再利用。然而，基于短期利益考虑，企业以废钢铁回炉作为销售基本途径，无疑是本末倒置。提高可再使用的二手零部件的销售份额，将是各拆解企业的必由之路。

发达国家由于劳动力成本较高，而选择以获取材料为基本导向，但是依然重视拆解后二手零部件的再使用。以日本为例，拆解后二手零部件销售是日本报废汽车拆解企业最主要的收入来源。表1-7显示了日本三家报废汽车回收处理企业业务销售情况，其中最先进的企业有约55%的销售额来自二手零部件的销售。

表1-7　日本三家报废汽车回收处理企业业务销售情况

（单位：万日元）

主要业务	A公司		B公司		C公司		平均比例
	比例	金额	比例	金额	比例	金额	
拆车件销售	40%	3800	50%	2200	55%	4000	48.4%
材料销售	35%	3325	30%	1320	25%	1818	30.0%
拆车费用	5%	475	5%	220	5%	360	5.0%

主 要 业 务	A公司		B公司		C公司		平 均 比 例
	比例	金额	比例	金额	比例	金额	
二手车销售/出口	15%	1425	10%	440	15%	1090	13.3%
其他	5%	475	5%	220	0	0	3.3%
合计	100%	9500	100%	4400	100%	7268	100%

▶▶2. 服务社会的能力有待提高

2016—2018 年，年回收量在 10000 辆以上的报废汽车回收拆解企业占 4% 左右，年回收量在 3000 辆以下的仍超过 80%。这意味着，在行业集中度提升的同时，暴露出的问题是大多数中小型企业"吃不饱"。有限的利润决定了中小型企业不愿将环境保护作为企业的基本责任。因为提高企业环保水平、提升技术装备需要大量的资金，所以依然有大量企业使用人工氧割解体报废汽车，伤害环境的同时也严重影响操作者的身体健康。

2019 年回收的报废汽车为社会提供的再生资源约 470 万 t，直接或间接地减少了材料效率中的能源消耗和环境排放。报废汽车回收基量决定报废汽车材料效率的成效。但是，我国报废汽车年实际回收量仅为汽车保有量的 1% 左右，远低于发达国家水平。2019 年，汽车理论报废量为 456 万辆，实际回收报废汽车量仅为 195.1 万辆，进入正规渠道回收拆解的报废车辆与理论注销量相去甚远。一方面，有一半以上的汽车已经达到报废标准却没有报废；另一方面，有资质的企业回收的报废车辆只占 40%，大量报废车辆通过倒卖零部件、倒卖整车、倒卖拼装车等非法拆解渠道流入市场。由于无资质的拆解企业不承担安全、环保等责任，所以在获取再生资源的同时，不会降低环境排放。假设我国所有报废汽车均被有资质的企业进行回收拆解，那么每年提供的再生资源将达到 1500 万 t，可进一步降低能源消耗和环境排放。

目前，国内报废汽车拆解以手工拆解为主，机械化及精细化程度低。由于废钢市场不景气，粗放式的拆解模式已不能适应市场发展。随着劳动力成本的逐渐升高及环保、排放要求的全面提升，"手工拆解 + 机械化拆解、破碎、分选"的回收利用模式将是企业的必由之路。届时，我国报废汽车拆解企业将面临发达国家目前所面临的问题，即如何处理 ASR。手工拆解可以保证较高的再利用率和回收利用率，可是当拆解模式转型后，如何提高环境性指标中的回收处置指标，进而提高材料效率，将是未来提高环境性问题的重点。

▶ 1.2.5 汽车生产企业的回收利用措施

汽车生产企业除了使用可持续设计方法探讨新车及新产品的节能减排效应之外，近年来，对报废汽车的零部件及材料的再生利用也愈发重视。

▶ 1. 大众公司

除了已有的与 SiCon 公司合作的 VW-SiCon 报废汽车废旧材料处理流程外，大众公司致力于开发如 LithoRec（锂离子电池再利用）、ElmoRel（电动汽车电力电子关键部件再利用）等研究项目的再利用技术。

大众公司旗下的奥迪品牌对动力蓄电池进行再使用研究。这项技术将显著提高锂离子电池的使用寿命，提高环境性并降低电动汽车的成本。MAN 货车公司注册了 MAN Original Teile ® ecoline 品牌，对报废汽车零部件进行再制造并将其用于车辆维修中，可降低 30% 的成本。该品牌为欧洲大部分地区的客户提供广泛的替换备件。

▶ 2. 宝马公司

通过在世界范围内控制生产过程中每辆车的能源消耗及环境排放，2014 年，宝马公司将成本降低了 1580 万欧元。宝马公司从 i3 和 i8 车型中回收部分材料制成碳纤维增强塑料（Carbon-Fibre-Reinforced Plastic，CFRP），然后将 CFRP 制成脚垫、后窗架和装饰板等零件。宝马汽车中的热塑性材料中有多达 20% 的回用材料，这些材料被制成了如中控台、门扶手等零部件的底板。未来，宝马公司打算将电动汽车中的旧电池进行再使用，将其用在 BMW i3 车型中。

▶ 3. 戴姆勒公司

戴姆勒公司认为，在车辆开发期间，就应为车辆的回收利用做好准备，对所有零部件和材料进行检查分析，以使其适用于回收过程的各个阶段。因此，所有梅赛德斯 - 奔驰车型均保证达到 85% 的可再利用率和 95% 的可回收利用率。戴姆勒公司的材料效率关键技术领域有如下几方面：

1）所有拆解后二次销售的零部件必须通过梅赛德斯 - 奔驰二手件中心（GTC）的检测和认证。

2）对部分回收零部件进行再制造。

3）建立车间废弃物再利用管理系统（MeRSy）。

戴姆勒公司的 MeRSy 能回收维护或修理车辆所产生的废弃材料，并对其进行再利用。如果无法再利用，系统则保证对这些材料进行专业化处理。该系统已经运用于包括塑料件、电池、包装材料、催化剂、旧轮胎及各种油液的处理中。2014年已回收并再利用32036t旧件及材料，大约950t制冷剂和749t制动液被再利用。

▶ 4. 菲亚特克莱斯勒公司

菲亚特克莱斯勒（FCA）公司的报废汽车团队为Fiat 500e制订了报废汽车锂离子电池再使用程序，建立了用于处理下一代电动和混合动力汽车电池的策略。FCA公司还致力于通过技术创新促进报废汽车材料的再利用，并研究新兴市场的潜力。例如，2014年PFU（报废轮胎收集）系统从意大利拆解商处100%回收废旧轮胎，总量超过2万t。这项服务对拆解商完全免费，由PFU委员会承担包括收集、管理和回收在内的所有费用。

▶ 5. 雪铁龙标志集团

雪铁龙标志集团（PSA）公布了2012—2014年废弃物的处理情况，见表1-8。其供再利用废金属通常被认为是副产品，在铸造和钢铁工业中被再利用，其中83956t金属被PSA的铸件工厂直接再使用。

表1-8 PSA废弃物处理情况

（单位：t）

种 类	年 份	填 埋	再利用及回收利用	其余处理方式	总 量	现场再利用
铸造废弃物	2014	3316	45550	44	48910	80578
	2013	4251	46892	27	51170	92976
	2012	7118	47235	54	54407	101842
非危害过程废弃物	2014	6636	58786	1745	67167	4017
	2013	10868	73214	1891	85973	5401
	2012	14844	73331	1693	89868	1209
危害过程废弃物	2014	760	18473	15138	34371	0
	2013	1293	16568	18794	36655	0
	2012	1686	17764	17109	36559	0
总计	2014	10712	122809	16927	150448	84595
	2013	16412	136673	20713	173798	98376
	2012	23648	138330	18856	180834	103050

注：本表不包含金属废弃物的再利用情况。

PSA新车的再生材料使用率约为30%，其中主要车型的材料再利用率见表1-9。标致208中，由100%旧聚丙烯材料再利用制成的保险杠与新保险杠相比，自然资源的消耗影响降低了36%。新雪铁龙C4 Picasso约有80种塑料零部件由含量70%的再生材料混合制成，而新雪铁龙C4 Cacuts则有约40种塑料零部件由这种混合材料制成。新标致308中的轮毂罩由再生尼龙制成。

表1-9　PSA主要车型的材料再利用率

车　　型	标致208	新雪铁龙C4 Picasso	新雪铁龙C4 Cacuts	新标致308
再利用率	32%	31%	30%	30%

（1）电池再利用　PSA通过和单一合作商的高效合作，确保欧洲市场销售的电动和混动汽车废旧电池能被高效回收及处理。电池再利用率比监管阈值高出50%。

（2）轮胎再利用　在法国，根据生产者责任延伸制的要求，PSA需要对所有正规报废汽车处理厂中的轮胎进行回收处理。2014年，从报废汽车处理厂获得的3500t轮胎被处理（再使用、造粒等）。其中，超过55%的轮胎在经过集团授权的修理厂进行修理后成为二手件。

（3）零部件再使用及翻新　2014年，PSA对大量零部件进行了再使用和翻新处理，例如有25756件发动机、43559件发电机、300994件离合器、154272件喷油器经过翻新后在欧洲市场进行二次销售。

▶▶ 6. 丰田公司

不同于其他汽车公司，日本丰田公司在其可持续报告中对车辆再利用进行了专题介绍。除车辆的可持续设计之外，还对报废汽车产品的再使用及再利用做了专题详尽介绍。

（1）再使用及再制造　丰田公司的旧件再使用可追溯至2001年，对拆解后的保险杠、电池、发动机、变速器、方向机等进行再使用或再制造。

（2）再利用　丰田车内可再利用的塑料零部件如图1-13所示。根据生产者责任延伸制的要求，除图中所示零部件外，丰田公司还积极从报废汽车中回收制冷剂、安全气囊、ASR等物质，对其进行再利用或其他无害化处理。

图1-13　丰田车内可再利用的塑料零部件

▶▶ 7. 日产公司

日产公司为报废汽车的回收利用设定了长期目标。其中，截至 2013 年年底，计算显示日产公司在日本的可回收利用率达到 99.5%。通过与其他汽车公司合作，截至 2012 年年底，日本项目的报废汽车回收率已达到 99.3%。项目由三部分组成：首先，对日产的报废汽车材料进行普遍意义的再利用，这其中零部件及材料包括钢、铸铝、保险杠、内饰塑料件、安全带及其余稀有金属；其次，如锂离子电池的危化物需经过特殊回收处理；最后，尽量减少拆解过程中 ASR 的产生，对于产生的 ASR 进行回收利用。日产新车型中，塑料件再利用率也不断提高。截至 2013 年年底，日产新车的塑料件再利用率已达到 15.5%。

通过上述公司材料效率关键技术的运用发现，二手件的再使用主要集中在车辆的维护及修理阶段，汽车公司主要使用再利用技术对报废汽车产品进行处理。随着塑料在车内的比例逐渐上升，塑料件的再利用率也不断上升。面对未来电动和混动汽车的发展，动力蓄电池的再使用及再利用是当前各家公司研究的重点。

从地域角度而言，由于高度的市场竞争及发达的汽车零部件再制造业，美系车企（包括通用、福特及克莱斯勒三大车企）在其可持续报告中并未着重强调材料效率关键技术在新车型中的运用。高度发达的市场经济促使美国的报废汽车处理企业间并无明显的业务划分，只要符合法律的要求，企业均有自主选择权。欧洲由于法律法规较为严格（如德国 VDI 标准），拆解后二手零部件再使用需要进行严格的测试及认证，因而汽车生产企业更多进行再利用技术的研究及运用。不同于欧洲和美国，日本既有严格的法律体系（如《汽车回收利用法》规定汽车生产企业负责接收和处理 ASR、氟利昂和安全气囊等废弃物），又有相对自由的市场机制（如二手零部件的再使用），汽车企业在日本报废汽车回收利用系统中扮演主要角色。日本独特的管理体系和成熟的零部件市场对我国报废汽车产业有强烈的启示作用。

1.3 基于材料效率的报废汽车回收再利用潜力

▶▶ 1.3.1 零部件再使用潜力

零部件再使用是报废汽车资源化利用的首个阶段，其经济价值属于报废汽车回收价值体系中价值最大的一部分，同时该阶段也是对报废汽车资源化利用的核心环节。零部件的再使用包含了零部件的直接再使用和零部件的再制造后使用。前者是针对可直接再使用的零部件，后者则会对零部件进行必要的再加工或者升级加工。再使用方式不同，其成本、收益和工艺复杂度有所不同，见表 1-10。

表 1-10 汽车零部件的不同再使用方式

再使用方式	针 对 性	成 本 评 价	收 益 评 价	工艺复杂度
直接 再使用	服役时间较短或破损轻微的 零部件	低或无	一般	简单
再制造	服役时间较长或破损较严重 的零部件	中	高	较复杂
升级 再制造	需要进行旧件改造的零部件	高	高	复杂

零部件再制造是零部件再使用中最主要的方式，也是节约资源的重要手段。通过将不可直接再使用的零部件进行必要的加工处理或维修，剔除并更新损坏严重的部件，形成与新件功能一样或高于普通新件的再制造品。虽然再制造技术有诸多有利之处，但是并不是所有的汽车零部件都适用于再制造。其主要原因是再制造目前仅针对高附加值的零部件。如：汽车发动机就是汽车中的高附加值零部件，原材料的价值只占约 15%，而附加值却高达 85% 左右。部分零部件因其制造工艺简单，附加值较低，再制造的过程相比新件制造效益并不明显。决定再制造件高附加值的原因主要包括：一是被加工的报废汽车零部件本身存在一定的价值，因而再制造产品所需的资源与能源远低于新产品生产所需的资源与能源；二是旧件的服役年限大部分都处于设计寿命内，为再制造高附加值提供了物质基础。

1.3.1.1 零部件再使用的价值模型

1. 零部件的折旧价值算法

产品折旧算法是根据固定资产在整个使用寿命中的磨损、消耗等状态而确定的成本分析方法，其主要包括平均年限法、工作量法、加速折旧法等方法。平均年限法的折旧价值是随着使用时间或消耗程度平均递减的，一般应用于在各个时期使用频率和耗损度等近似平均的产品折旧中。工作量法是通过产品的工作量来衡量折旧价值的算法，多适用于经济效益差异较大的固定资产的折旧价值评估。例如，通过固定资产的工作时间、行驶里程、机器运转圈数等来计算折旧价值的专用设备。双倍余额递减法是加速折旧法的代表方法。双倍的意思是以固定资产使用年数倒数的 2 倍作为年折旧率。在双倍余额递减法中不考虑固定资产的预计残值。由于汽车零部件本身使用寿命的限制，对应不同报废年限的报废汽车，其各个零部件的可再使用性是不同的。

零部件的可再使用性可以理解为，由于汽车整体的报废导致其部分零部件在还可以正常服役的情况下被动地暂时丧失服役功能。因此，零部件的再使用实质上是零部件使用生命周期的再延续或者升级延续。

如图 1-14 所示，某汽车零部件的平均设计寿命是 N 年，该类型汽车的最大报废年限是 K 年。曲线①代表该类型汽车基于 Logistics 分布的报废分布函数 $F(x)$，曲线②近似表示某一零部件的疲劳寿命。如果一辆汽车在 $t(0 < t \leqslant K)$ 年报废，则该零部件的理论可再使用年限为 $N - t$ 年。为了计算不同服役时间的零部件价值，在此将折旧算法应用于报废汽车零部件再使用的价值评估中。不同产品的折旧算法有所不同，一般对零部件的折旧价值采取直线折旧法。

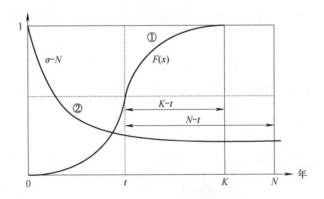

图 1-14 汽车零部件的再使用年限分析

在算法建立前，首先确定零部件的预计残差值 C。为了简化计算过程，在此设定 C 等于我国车用零部件的一般残差值 5%。另设该零部件的新制造价格为 Q，则零部件的年折旧额计算公式为

$$Z_{\text{year}} = \frac{Q - QC}{N} \tag{1-6}$$

式中　Z_{year}——该零部件的年折旧额；

　　　Q——该零部件的新制造价格；

　　　C——该零部件的残差值。

使用 t 年后的报废汽车，其零部件的折旧价值为

$$Q_t = Q - tZ_{\text{year}} \tag{1-7}$$

式中　t——汽车已服役年限；

　　Q_t——服役 t 年的汽车其原本零部件（未更换过）的折旧价值。

▶ 2. 零部件再使用的价值

为了衡量所有报废汽车零部件的再使用价值，需要对不同使用性质的汽车进行分类。在此设共有 n 种不同使用性质的车辆，且总共有 s 种可再使用的零部件。不同类型的汽车其寿命分布函数各不相同，如下所示 $\boldsymbol{F}$ 矩阵的每一行分别表示不同类型车辆的概率矩阵。其中，$F_i(t)$ 表示第 i 种车辆类型的寿命分布函数，K_i 代表不同类型车辆的最大统计寿命，且 $K = \max\{K_1, K_2, \cdots, K_n\}$。

$$\boldsymbol{F} = \begin{bmatrix} F_1(1) - F_1(0) & F_1(2) - F_1(1) & \cdots & F_1(K) - F_1(K-1) \\ F_2(1) - F_2(0) & F_2(2) - F_2(1) & \cdots & F_2(K) - F_2(K-1) \\ \vdots & \vdots & & \vdots \\ F_n(1) - F_n(0) & F_n(2) - F_n(1) & \cdots & F_n(K) - F_n(K-1) \end{bmatrix}$$

$\boldsymbol{P}_j$ 矩阵表示第 j 个可再使用零部件的折旧价值矩阵，Q_t 代表该零部件使用 t 年后的折旧价值。

$$\boldsymbol{P}_j = \begin{bmatrix} Q_1 & Q_2 & \cdots & Q_K \end{bmatrix}^{\mathrm{T}}$$

设任意年限 t 年中报废汽车的回收量为 R_ELV_t，且不同类型车辆的占比为 per_i，$0 < \mathrm{per}_i < 1 (0 < i \leqslant n)$。定义 **Per** 为车辆类型占比矩阵。

$$\mathbf{Per} = \begin{bmatrix} \mathrm{per}_1 & \mathrm{per}_2 & \cdots & \mathrm{per}_n \end{bmatrix}$$

因此，通过式（1-8）可以计算该零部件的再使用价值

$$U_i = R\_ELV_t \cdot \mathbf{Per} \cdot \boldsymbol{F} \cdot \boldsymbol{P}_i \qquad (1\text{-}8)$$

式中　U_i——第 i 种零部件的再使用价值；

　　R_ELV_t——t 年报废汽车回收量。

所以，任意年限 t 年报废汽车零部件再使用价值

$$\Pr_t = R\_ELV_t \sum_{i=1}^{s} \mathbf{Per} \cdot \boldsymbol{F} \cdot \boldsymbol{P}_i \qquad (1\text{-}9)$$

实践中，大部分报废汽车的零部件不能直接再使用，而是经过翻新或再制造加工后进行二次利用。主要有两方面的原因：一方面，零部件本身的制造差异性使其寿命分布有所不同，需要有针对性地加工处理；另一方面，不同的使用工况和使用时间会给不同零部件带来不同的磨损和损伤，如果不进行检测和修复，很容易在再使用过程中出现功能的提前丧失。再制造的进一步处理就是升级性再制造。由于旧件的直接再利用已经不符合当前法规标准或者不符合当

前规定（如排放标准等），要使得该零部件能在新的标准下发挥功用，必须进行升级改造。

下面通过对零部件再使用价值公式进行修正，建立零部件再使用的修正价值模型。设某可再使用零部件中可直接再使用个数占比为 α，需要再制造加工个数占比为 β，需要升级加工个数占比为 γ，且 $\alpha + \beta + \gamma = 1$。再制造加工成本为 y_1，升级改造成本为 y_2，升级改造后收益增加量为 y_0。β_P_i 表示第 i 种零部件的再制造价值，γ_P_i 表示第 i 种零部件的升级再制造价值，具体修正结果如下所示：

$$\beta\_P_i = (Q - y_1) - tZ_{\text{year}}$$

$$\gamma\_P_i = (Q - y_2 + y_0) - tZ_{\text{year}}$$

直接再使用折旧价值中的元素也对应发生改变，再制造价值 β_P_j 和升级再制造价值 γ_P_j 如下所示：

$$\beta\_P_j = (\beta\_Q_1 \quad \beta\_Q_2 \quad \cdots \quad \beta\_Q_K)$$

$$\gamma\_P_j = (\gamma\_Q_1 \quad \gamma\_Q_2 \quad \cdots \quad \gamma\_Q_K)$$

因此，零部件再使用的修正价值计算方式可以利用式（1-10）计算。

$$\text{M\_Pr}_t = \text{R\_ELV}_t \left(\alpha \sum_{i=1}^{s} \text{Per} \cdot F \cdot P_i + \beta \sum_{i=1}^{s} \text{Per} \cdot F \cdot \beta\_P_i + \gamma \sum_{i=1}^{s} \text{Per} \cdot F \cdot \gamma\_P_i \right)$$

（1-10）

式中　M_Pr_t——零部件再使用的修正价值。

其他变量同上所述。

▶▶ 1.3.1.2 案例分析：发动机再使用的价值潜力

▶▶ 1. 发动机再制造

零部件的再使用目前多适用于高附加值的零部件。发动机是汽车的"心脏"，以发动机作为汽车零部件再使用价值潜力的分析样本具有典型的意义。发动机再制造是汽车零部件再制造最主要的产品。一方面，再制造是深层次的加工和处理过程，其过程需要投入先进的技术和必要的成本，因此，再制造开始阶段会选取技术难度大、收益较高的零部件；另一方面，发动机是汽车的动力来源，做好发动机再制造，可以为汽车的修复或零部件更新提供坚实的技术保障。

图 1-15 所示是报废汽车发动机再使用的具体过程，其中再制造和升级再制造是可选择的两种模式。发动机再制造一般主要包含如下 7 个步骤：

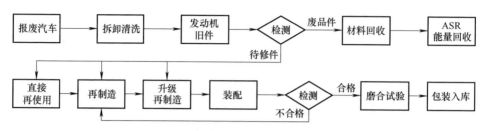

图 1-15 报废汽车发动机再使用的过程

（1）发动机收集　按照相关标准挑选发动机的可再使用件分类收集，并针对不同发动机型号记录必要的性能参数。

（2）拆卸清洗　按照发动机的拆解步骤拆解发动机，清洗并烘干所有相关部件，并依照一定次序排列放置到对应位置。

（3）首次检测　根据检测结果，将所有发动机旧件分为再使用件、再制造件和升级再制造件。再使用件直接进入步骤（4），再制造件进行再制造加工，升级再制造件进行升级改造，不适合再使用的发动机标记并归入材料回收过程。

（4）零件修复与再加工　针对再使用件和再制造件，根据不同的使用情况，以标准的技术方案更换或维修相应结构部件，保证发动机各个部分性能达标；针对升级再制造件，按照既定升级加工标准，替换或增加相应功能，保证满足升级件的要求。

（5）装配定位　将再使用件和再制造件按照新件装配流程进行装配，并简化不必要的步骤；对升级再制造件，增加升级装配流程，其他装配过程和普通再制造件相同。

（6）二次检测与磨合试验　装配完成后，按照发动机相关性能检测指标，对再使用件、再制造件和升级再制造件进行性能检测，对柴油发动机还需进行热磨合试验，不达标件直接进入返修队列之中。

（7）包装入库　整理归并再使用件、再制造件、升级再制造件，分类喷漆，然后包装入库。

▶▶ 2. 发动机再制造价值潜力分析

为了定量分析发动机的再制造价值潜力，本案例选取了上海大众某型号发动机作为研究对象。该发动机总质量为132.7kg，表1-11所列为该型号发动机主要部分的制造和再制造费用。

表 1-11 上海大众某型号发动机的制造和再制造相关费用清单

项 目	新发动机/元	再制造发动机/元
原材料及外购外协件	9234.57	3191.92
能源费用	578.31	368.31
直接工资	451.63	451.63
间接工资	490.19	490.19
使用维护费用	1081.34	359.99
模具费用	469.99	381.05
原料损耗费用	952.83	0
管理费用	1018.92	416.80
利润	537.92	1925.91
包装费用	229.49	229.49
运输费用	646.24	646.24
税金	2667.56	1438.47
含税价格	18358.99	9900.00

该型号发动机再使用的价值潜力分析如下：

1）鉴于目前该品牌报废车辆的统计量较小，无法保证其寿命分布函数的准确性。为确保使用性质的一致性，以 2012—2016 年上海市约 11.5 万辆乘用车的具体报废数据样本拟合的寿命分布函数作为计算依据。该分布函数 $F_p(t)$ 在本书第 3 章的 3.1.3 节中已经拟合得出。表 1-12 所列为通过该分布函数计算出的相关数据。

2）再制造成本计算。利用表 1-11 中的数据，可以很容易计算出再制造的修复成本，具体计算如下：

① 直接再使用修复成本较小，忽略不计。

② 再制造成本（y_1）= 能源费用 + 直接工资 + 间接工资 + 使用维护费用 + 模具费用 + 原料损耗费用 + 管理费用 + 包装费用 + 运输费用 + 再制造发动机税金 = 4782.2 元。

③ 升级再制造成本（y_2）根据不同升级要求价格差异较大，在此不做分析。

表 1-12　乘用车寿命分布函数的数据分布

年限 t	$F(t)$	$F(t) - F(t-1)$	年限 t	$F(t)$	$F(t) - F(t-1)$
1	0.0023	0.0023	14	0.6373	0.1244
2	0.0038	0.0015	15	0.7457	0.1084
3	0.0063	0.0025	16	0.8303	0.0846
4	0.0104	0.0041	17	0.8909	0.0606
5	0.0172	0.0068	18	0.9316	0.0407
6	0.0284	0.0112	19	0.9579	0.0263
7	0.0465	0.0181	20	0.9743	0.0164
8	0.0753	0.0288	21	0.9844	0.0101
9	0.1196	0.0443	22	0.9906	0.0062
10	0.1848	0.0652	23	0.9944	0.0038
11	0.2744	0.0896	24	0.9966	0.0022
12	0.3869	0.1125	25	0.9980	0.0014
13	0.5129	0.1260	—	—	—

3）由于发动机的升级再制造附加价值不确定，在此不考虑这种情况，即该分析仅针对 $\alpha = 1$ 和 $\beta = 1$ 这两种情况。利用当前乘用车的寿命分布数据和零部件再使用价值模型［式（1-10）］进行计算，具体评估结果见表 1-13。

表 1-13　发动机再制造经济价值潜力

类　　型	参　数　设　置	样本车数量/辆	经济价值/元	相当值/台
直接再使用	$\alpha = 1$, $\beta = \gamma = 0$	1000	811223.8	44
再制造	$\beta = 1$, $\alpha = \gamma = 0$	1000	384592.6	21

注：相当值代表相当于多少台新发动机。

从表 1-13 中可以看出，每回收 1000 辆该类型的汽车，其发动机的直接再使用经济价值约为 81.1 万元，相当于生产新的同类型发动机 44 台，而再制造发动机的经济价值约为 38.5 万元，相当于生产 21 台新的同类型发动机。

1.3.2　材料再利用潜力

在报废汽车的材料回收利用中，金属、橡胶、塑料和玻璃是主要的再生材料源。图 1-16 所示为 2016 年我国报废汽车拆解再生资源的不同材料占比。各种材料由于其自身性质和使用形式的不同，其再利用方式也有所不同。

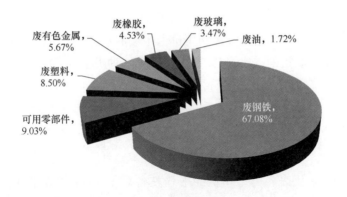

（数据来源：汽车市场年鉴 2017 版）

图 1-16　2016 年我国报废汽车拆解再生资源的不同材料占比

一般情况下，一辆汽车占整车质量 70% 左右的材料都是金属材料，所以金属的再利用率决定了汽车再利用的绝大部分价值。金属材料主要包括铸铁、碳钢、合金钢等黑色金属材料和铝、铜、锌、铅、镁等有色金属材料。在报废汽车的回收拆解中，金属材料首先作为零部件再使用，不能再使用的则以材料回收的方式进行再生利用。塑料在整车质量中所占的比例为 8% ~12%。车用塑料的再利用比金属材料再利用难度大。首先需要对塑料进行分类处理，将不同类型或不同性质的塑料相互分离，然后利用现有技术提取单一塑料类别，从而实现塑料的回收和再利用。橡胶是汽车零部件中不可缺少的重要组成部分，一般占整车质量的 4% 左右。对于橡胶材料来说，除了轮胎以外，一般一辆汽车可以用到 200 ~300 种橡胶配件，回收的橡胶材料多用于防水材料、橡胶跑道、橡胶地板等。灯具、驾驶室和反光镜等是报废汽车玻璃材料的主要来源。玻璃回收大多用于不同的产品中。例如，可以先将碎玻璃回炉熔化，然后制成其他玻璃制品或用作建筑材料等。

1.3.2.1　材料再利用的价值模型

经过了零部件的再使用环节，绝大部分可再使用的零部件已经合理回收利用。然而，并不是所有报废汽车零部件都可以被二次利用，事实上，大部分汽车零部件都面临着作为材料进行回收利用。报废年限越高的汽车，其零部件可再使用率越低，材料再利用率就会相应增大。材料回收利用可以降低对自然资源的依赖、减少材料加工能耗和排放、保证环境的可持续性，为制造商提供更便宜和便捷的车用材料获取方式。

1. 经济价值模型建立

材料循环再利用实际上就是对材料的多次重复使用，有利于汽车产业的可持续发展。多种材料构成了汽车不同的零部件，并且不同车型的各类材料占比都各不相同，因此，材料的回收再利用价值也会有所差异。定义矩阵 W 表示不同类型汽车各部分质量的占比，其中，p_{ij} 表示第 i 种类型汽车的第 j 种材料占比。

$$W = \begin{bmatrix} p_{11} & p_{12} & \cdots & p_{1m} \\ p_{21} & p_{22} & \cdots & p_{2m} \\ \vdots & \vdots & & \vdots \\ p_{n1} & p_{n2} & \cdots & p_{nm} \end{bmatrix}$$

PM 矩阵中 m_i 代表各类型车辆的平均整备质量，per_i 代表不同类型车辆的占比。

$$PM = \begin{bmatrix} per_1 \cdot m_1 & per_2 \cdot m_2 & \cdots & per_n \cdot m_n \end{bmatrix}^T$$

为了对回收材料的价值进行归一化，这里将不同材料价值都转化为某种共同的目标能源。此处选择目标能源为标准煤，m 种材料的标准煤转化价值比（单位材料可转化为相同价值标准煤的比例）分别为 γ_i，V 矩阵表示转化价值矩阵。

$$V = \begin{bmatrix} \gamma_1 & \gamma_2 & \cdots & \gamma_m \end{bmatrix}^T$$

所以，报废汽车材料再利用的标准煤转化价值可以用式（1-11）进行计算。

$$P\_coal_t = R\_ELV_t \cdot PM^T \cdot W \cdot V = R\_ELV_t \sum_{i=1}^{n} \sum_{j=1}^{m} per_i \cdot m_i \cdot p_{ij} \cdot \gamma_j$$

$$(1-11)$$

式中　P_coal_t——t 年回收的报废汽车以材料再利用方式回收利用可产生的经济效益；

　　　R_ELV_t——t 年报废汽车回收量；

其他变量同前。

▶ 2. 能耗和排放模型建立

材料再利用过程同样也是耗能和污染的过程，但是再利用材料（再生材料）相比原生材料生产加工会使得耗能和污染大幅度减少。为了比较再生材料加工过程和原生材料加工过程中的能耗和排放差异，中国汽车技术研究中心的学者方海峰博士建立了两者之间的能耗和排放差异性模型。这里用 e 表示两者之间的单位耗能之差，p 表示单位排放之差。

$$e = A \cdot [M_v]_{v1} - B \cdot [M_r]_{r1} \tag{1-12}$$

$$p = C \cdot [M_v]_{v1} - D \cdot [M_r]_{r1} \tag{1-13}$$

式中　A、C 和 B、D——原生材料和再生材料不同加工过程中的能耗矩阵和排放矩阵；

M_v 和 M_r——原生材料和再生材料不同加工过程中的材料消耗矩阵。

其中：

$$A = \begin{bmatrix} a_{11} & a_{12} & \cdots & a_{1j} & \cdots & a_{1v} \\ a_{21} & a_{22} & \cdots & a_{2j} & \cdots & a_{2v} \\ a_{31} & a_{32} & \cdots & a_{3j} & \cdots & a_{3v} \end{bmatrix}, \quad B = \begin{bmatrix} b_{11} & b_{12} & \cdots & b_{1j} & \cdots & b_{1r} \\ b_{21} & b_{22} & \cdots & b_{2j} & \cdots & b_{2r} \\ b_{31} & b_{32} & \cdots & b_{3j} & \cdots & b_{3r} \end{bmatrix}$$

式中 A 和 B——原生材料和再生材料的能耗矩阵；

a_{1j}，a_{2j}，a_{3j}——原生材料生产阶段第 j 个过程单位质量中间材料所消耗的煤、天然气和石油量；

b_{1j}，b_{2j}，b_{3j}——再生材料生产阶段第 i 个过程单位质量中间材料所消耗的煤、天然气和石油量；

v——原生材料的 v 个加工过程；

r——再生材料的 r 个加工过程。

$$C = \begin{bmatrix} c_{11} & c_{12} & \cdots & c_{1v} \\ c_{21} & c_{22} & \cdots & c_{2v} \\ \vdots & \vdots & & \vdots \\ c_{81} & c_{82} & \cdots & c_{8v} \end{bmatrix}, \quad D = \begin{bmatrix} d_{11} & d_{12} & \cdots & d_{1r} \\ d_{21} & d_{22} & \cdots & d_{2r} \\ \vdots & \vdots & & \vdots \\ d_{81} & d_{82} & \cdots & d_{8r} \end{bmatrix}$$

式中 C 和 D——原生材料和再生材料的排放矩阵；

c_{tj}——原生材料的第 j 个加工过程中单位质量中间材料的第 t 种废物排放量；

d_{tj}——再生材料的第 j 个加工过程中单位质量中间材料的第 t 种废物排放量；

t——废物排放类型，t =1、2、3、4、5、6、7、8，分别表示 VOC（挥发性有机物）、CO、NO_x、PM_{10}、SO_x、CH_4、N_2O、CO_2；

v——原生材料的 v 个加工过程；

r——再生材料的 r 个加工过程。

定义车辆的质量矩阵 M_g，m_i 代表各类型车辆的整备质量。

$$M_g = \begin{bmatrix} m_1 & m_2 & \cdots & m_i & \cdots & m_n \end{bmatrix}^T$$

由此可以计算任意年份报废汽车基于材料再利用带来的能耗减少量和排放减少量，如式（1-14）和式（1-15）所示。

$$E_t = \mathrm{R\_ELV}_t \cdot \mathbf{Per}^T \cdot M_g \cdot e \tag{1-14}$$

$$P_t = \mathrm{R\_ELV}_t \cdot \mathbf{Per}^T \cdot M_g \cdot p \tag{1-15}$$

式中 E_t——t 年中报废汽车材料再利用可减少的能耗量；

P_t——t 年中报废汽车材料再利用可减少的排放量；

R_ELV$_t$——t 年中报废汽车回收量；

其他变量同前。

1.3.2.2 案例分析：钢铁和铝金属回收再利用效益

车用材料种类繁多，各类材料的加工和回收利用也各不相同。鉴于钢铁和铝是各类汽车中占比量最大的材料，且其排放和能耗数据易得，这里以钢铁和铝金属回收再利用作为分析报废汽车材料再利用的实际案例。

表 1-14 所列是对上海市 2012—2016 年间报废汽车回收拆解企业回收的 21 万辆报废汽车按照客车和货车分类的统计结果。从分布情况可以看出小型客车占比最大，约为 36.2%。以卡罗拉汽车为小型客车研究对象，其各部分材料的占比见表 1-15。

由表 1-14 中的数据可以计算出矩阵 **PM** 和矩阵 M_g 的实际数值。

$$\mathbf{PM} = \begin{bmatrix} 844.9 & 291.2 & 543 & 253 & 501.2 & 1172.5 & 485.1 & 4.2 & 1500 \end{bmatrix}^T$$

$$M_g = \begin{bmatrix} 11900 & 3200 & 1500 & 1100 & 17900 & 6700 & 3300 & 1400 & 15000 \end{bmatrix}^T$$

表 1-14 不同类型汽车的平均整备质量和报废量占比统计

车 辆 类 型	客 车				货 车				其他车辆
	大型	中型	小型	微型	重型	中型	轻型	微型	
平均整备质量/kg	11900	3200	1500	1100	17900	6700	3300	1400	15000
占比	7.1%	9.1%	36.2%	2.3%	2.8%	17.5%	14.7%	0.3%	10%

表 1-15 卡罗拉汽车的各种材料占比和能量转化率 γ

材料类型		质量/kg	占比	γ
金属	钢铁	826.7	72.2%	0.34
	铝	54.4	4.75%	
	非钢铁和铝金属	17.2	1.50%	0.24
非金属	橡胶	65.8	5.75%	0.68
	塑料	82.4	7.20%	1.6
	玻璃	36.6	3.20%	0.0027
	其他	61.8	5.40%	0.3
总计		1145	100%	—

由表 1-15 中数据可以得到矩阵 **V** 的具体数值。

$$V = \begin{bmatrix} 0.34 & 0.24 & 0.68 & 1.6 & 0.0027 & 0.3 \end{bmatrix}^T$$

利用原生材料和再生材料的能耗和排放差异性模型，将具体的过程数据代入，可以计算出不同材料的能耗和排放的减少量。表1-16所列是原生钢铁、铝与再生钢铁、铝能耗和排放的减少率。其中，能耗主要涉及标准煤、天然气和石油，而排放主要针对5种污染气体（VOC、CO、NO_x、PM_{10}、SO_x）和3种温室气体（CH_4、N_2O、CO_2）。表1-16中再生材料天然气能耗增大，主要是由于再生材料的实际加工过程中天然气使用率高于普通的标准煤和石油；再生材料的SO_x排放增大，主要是由于再生钢在电弧炉炼化过程中SO_x的大量排放。

表1-16　原生钢铁、铝与再生钢铁、铝能耗和排放的减少率

类　型		能耗/(mmBtu/t)			排放/(g/t)							
					污　染　物					温室气体		
		标准煤	天然气	石油	VOC	CO	NO_x	PM_{10}	SO_x	CH_4	N_2O	CO_2
减少率	钢铁	65.7	-58.3	61.3	61.8	95.3	39.1	88.6	-37.9	13.6	4.9	58.8
	铝	86.8	28.8	87.3	68.7	68.5	73.0	95.0	91.0	60.1	63.7	73.3

注：mmBtu（million British Thermal Units）代表百万英热（1Btu = 1055.06J）。

将各项数据代入价值模型［式（1-10）、式（1-14）和式（1-15）］，计算结果显示，当我国报废汽车回收量达到1000万辆时，其中小型客车的材料再利用价值如下：经济价值方面，以标准煤为目标能源，其价值相当于2.4×10^9 t标准煤所产生的经济价值；环境效益方面，钢铁和铝金属的再利用中传统能源标准煤和石油的能耗大幅度减少，除SO_x外其余所有的污染物和温室气体的排放量明显减少。具体结果如图1-17所示。

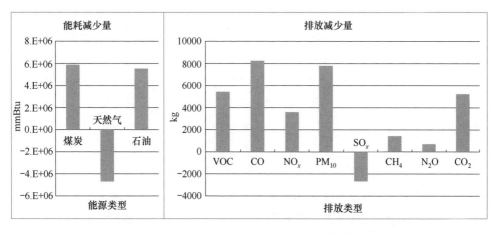

图1-17　我国小型客车材料回收中钢铁和铝金属的能耗和排放减少量

1.4 报废汽车回收利用产业技术路线图

1.4.1 我国汽车产品回收利用产业面临的机遇与挑战

1）我国正在进入汽车社会，汽车报废量的暴发性增长将持续十年以上。预计到 2025 年，汽车报废量将达 2500 万辆，2030 年将达 3600 万辆。我国汽车报废量预测见表 1-17。

表 1-17 我国汽车报废量预测

（单位：万辆）

年　　份	新注册量	保有量	报废量
2020	3420.6	24692.3	1688.5
2025	4489.8	33623.2	2581.6
2030	5880.1	43828.0	3602.1

2）我国环境承载能力已达到或接近上限，必须推动形成绿色低碳循环发展新方式。生产者延伸责任制度明确要求建立以汽车生产企业为主导的回收利用体系。然而，汽车生产商对于产品可回收性、可拆解性、可再制造设计的重视程度不够；车用材料中重金属、溴系阻燃剂、多氯联苯等环境负荷物质的使用给下游回收利用带来巨大挑战；仍然缺少统一的行业标准指导再生非金属材料在汽车产品上的使用。

3）汽车轻量化、智能化、电动化和新材料的广泛使用，将影响汽车产品 95% 回收利用率目标的实现。动力蓄电池、燃料电池、储氢装置、电子控制单元等先进复杂零部件不断涌现，需要开发新的回收利用策略来应对这种挑战。

4）我国低劳动力成本的比较优势发生了根本性转化，政府管理模式正在深刻转变，缺乏良好的经济回报和政策驱动促使汽车回收利用行业发挥市场机制作用，通过技术创新，探索产业发展新方向。退役车用材料和零部件的再利用经济价值决定了汽车回收利用产业的未来，然而，高附加值再利用技术研发成本较高，开发周期长，研发资金投入不足。

5）移动互联网正在深刻影响资源回收利用的效率和附加价值，消费者的观念和关注度将真正成为回收利用产业发展的重要推动力。然而，公众往往认为使用再制造零部件以及再生材料生产的产品在性能与价值上低于新产品。

6）集约化、信息化、标准化将是汽车回收利用产业的新特征，大数据、智能化将是我国汽车产品回收利用产业的发展方向，车联网技术、智能制造技术与汽车回收利用的结合将是技术前沿。通过探索新的产业发展模式和关键支撑技术，发展退役汽车产品的高附加值再利用，实现经济和环境效益最大化。

▶▶ 1.4.2 我国汽车产品回收利用产业发展预测

图 1-18 所示为 2025 年我国汽车产品回收利用率目标。图 1-19 所示为 2025 年我国汽车产品回收利用产业发展规模。表 1-18 所列为我国汽车产品回收利用产业发展预测。

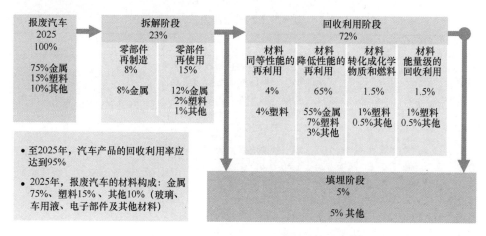

图 1-18　2025 年我国汽车产品回收利用率目标

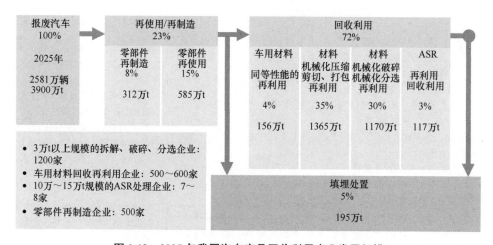

图 1-19　2025 年我国汽车产品回收利用产业发展规模

▶ **1. 产业发展目标**

建立起生产者延伸责任制度下的汽车产品回收利用产业体系，报废汽车实际回收利用率达到95%，实现对法定禁用物质的全生命周期管控，退役零部件的高附加值再利用技术在行业内得到普及。

▶ **2. 产业发展规模**

2025年，报废汽车年处理总量达2581万辆（3900万t），全行业规模以上企业2300余家，总产值近1700亿元。其中，3万t以上规模的拆解、破碎、分选企业1200家，车用材料回收再利用企业500~600家，10万~15万t规模的ASR处理企业7~8家，零部件再制造企业500家。

表1-18　我国汽车产品回收利用产业发展预测

项目	中期（2020）	长期（2025）	远景（2030）
国家需求	整车设计的可回收利用率90%，报废汽车实际回收利用率达到85%	整车设计的可回收利用率95%，报废汽车实际回收利用率达到95%，实现对法定禁用物质的全生命周期管控	整车设计的可回收利用率接近100%，报废汽车实际回收利用率达到95%~98%
产业规模	（1）汽车报废量1600万辆，产值1100亿，减排2720万t CO_2 （2）1万~3万t规模的拆解企业800家，破碎分选企业20家，车用材料回收再利用企业380家，零部件再制造企业200家	（1）汽车报废量2500万辆，预期产值1700亿，减排4250万t CO_2 （2）3万t以上规模的拆解、破碎、分选企业1200家，车用材料回收再利用企业500~600家，零部件再制造企业500家，10万~15万t规模的ASR处理企业7~8家	（1）汽车报废量3600万辆，预期产值2500亿，减排6120万t CO_2 （2）5万t及以上规模的拆解、破碎、分选企业1200家，车用材料回收再利用企业800家
实际回收利用率	（1）废钢铁、废有色金属、废塑料71.8%（降低性能的再利用） （2）二手零部件12%（直接再使用，服务维修市场） （3）再制造零部件4%（与新品性能相同，服务售后市场） （4）车用非金属再生材料零部件1%（同等性能再利用，新品零部件） （5）ASR的回收利用1.2%（转化为化学物质、燃料及能量回收利用）	（1）废钢铁、废有色金属、废塑料65%（降低性能的再利用） （2）二手零部件15%（直接再使用，服务维修市场） （3）再制造零部件8%（与新品性能相同，服务售后市场） （4）车用非金属再生材料零部件4%（同等性能再利用，新品零部件） （5）ASR的回收利用3%（转化为化学物质、燃料及能量回收利用）	（1）废钢铁、废有色金属、废塑料63%（降低性能的再利用） （2）二手零部件15%（直接再使用，服务维修市场） （3）再制造零部件10%（与新品性能相同，服务售后市场） （4）车用非金属再生材料零部件5%（同等性能再利用，新品零部件） （5）ASR的回收利用5%（转化为化学物质、燃料及能量回收利用）

项目	中期（2020）	长期（2025）	远景（2030）
技术需求	（1）汽车产品生态设计技术，可拆解性、可回收性设计技术 （2）汽车产品绿色供应链管理技术 （3）车用再生材料零部件制造技术 （4）低排车用发动机、高档自动变速器、车控电子部件再制造技术 （5）新能源汽车动力蓄电池、电控部件回收利用技术	（1）车用材料禁用物质替代技术 （2）车用轻量化复合材料回收利用技术 （3）ASR中聚合物分离和再利用技术 （4）ASR的能量转化技术 （5）危险、禁用、有害物质零部件资源化及处置技术	（1）车用非金属材料的单一化技术 （2）车用复合材料回收利用技术 （3）ASR的能源化技术

1.4.3 我国汽车产品回收利用产业技术发展目标和主要任务

1. 我国汽车产品回收利用产业技术的发展状况

我国政府高度重视绿色制造技术，围绕汽车回收拆解、破碎分选、再利用、再制造等环节，开展汽车产品回收利用关键技术研究与产业化示范，但尚未形成系统化的技术创新链和全生命周期回收利用的技术标准、技术规范体系。

（1）绿色拆解　研究建立了汽车产品拆解信息数据系统（CAGDS），由汽车生产企业按照车型发布报废汽车零部件图片、零部件位置、零部件材料、拆解方法、拆解工具、拆解工艺及流程、拆解过程安全警示标志等拆解信息，供报废汽车拆解企业下载使用，为落实生产者延伸责任、提高报废汽车的回收利用率提供技术支撑。

研究形成了年拆解能力3万辆的退役乘用车柔性高效深度拆解生产线，通过建立拆解工艺信息系统，采用节拍式拆解工艺，避免了拆解过程的随意性和破坏性，提高了退役乘用车的拆解效率和零部件可再使用性。

（2）破碎分选、再利用　研究开发了退役乘用车车身大规模连续化破碎、分选工艺装备，通过优化工艺流程，实现对整车车身材料的高效破碎、识别分选，并形成年处理能力5万t的破碎、识别、分选处理成套装备。

掌握了外饰件聚合物表皮涂层高效率去除技术、内饰件材料近红外识别技术、车用塑料静电分离技术等新技术，建立了一条年产能1500t的报废汽车退役典型内外饰件非金属材料再利用处理生产线，初步形成了生产规模。

掌握了退役车控电子部件无损高效拆解与绿色清洁技术、老化状态与老化性能测试技术、元器件及 PCB（印制电路板）无损检测技术、环境应力试验技术、再制造车控电子部件可靠性试验技术等新技术，建立了退役车控电子部件高附加值再利用示范生产线，可对发动机控制模块、车身控制模块两种典型的车控电子部件进行再制造，初步形成了生产应用。

（3）再制造 掌握了燃气发动机高响应的增压控制和高精度瞬态浓度控制技术，实现了再制造发动机油改燃气。掌握了汽车发动机、轴齿类零部件、小总成壳体零部件的绿色清洗、再制造费效评估和寿命预测、再制造成形加工等关键技术，建立了废旧起动机、发电机、增压器、喷油泵和空气压缩机等汽车关键零部件再制造示范生产线。

（4）资源化 研究了汽车粉碎残余物（ASR）的热裂解动力学机制，探讨了通过对 ASR 的热裂解和气化处理，实现报废汽车 95% 回收利用率目标的可行性。研究了 ASR 热裂解和气化处理后固体残余产物的重金属固定效果，提出其有望作为建筑材料的原料进行再利用，为实现我国 ASR 的低排放、高附加值资源化和能源化提供理论参考。

▶▶ 2. 存在的问题

（1）报废汽车拆解企业的技术水平相对落后 长期以来，报废汽车行业的资源集中度低，拆解过程中的环境污染问题突出。虽然政府部门在推动报废汽车回收拆解行业技术升级改造方面取得了一定进展，但是行业整体的拆解水平仍然较低，大规模机械化拆解、破碎、分选工艺尚处于起步阶段。

（2）车用材料高附加值再利用技术水平较低 报废汽车行业形成了以废钢铁、废有色金属销售为主的业务模式，车用材料再利用的附加值低。汽车材料轻量化，尤其是各种合金材料、非金属材料、复合材料和新型材料的大量使用，加大了报废汽车材料的识别分选难度。车用非金属再生材料标准缺失，影响同等性能材料的再利用。

（3）零部件再使用、再制造规模小，盈利空间有限 再使用二手零部件和再制造零部件的市场认可程度和占有率低。我国报废汽车的一般使用年限超过 15 年，客观上也导致退役零部件直接再使用的价值不高。此外，汽车再使用、再制造零部件的规模小、销售网络不健全、销售渠道不畅通、"五大总成"强制报废也在一定程度上制约了再使用、再制造零部件市场的健康发展。

（4）动力蓄电池的回收利用需求迫切 总体上，我国新能源汽车的回收拆解与再利用产业尚属初创期，在政策法规、标准规范、技术工艺等方面存在诸多空白。预计到 2025 年，我国电动汽车用动力蓄电池报废量将达 35 万 t。废旧动力蓄电池所含的重金属和有毒有害物质将会造成潜在的环境风险。因此，发展动力蓄电池的回收利用与处置技术是电动汽车推广应用中亟待解决的瓶颈问题之一。

（5）汽车产品绿色设计和绿色供应链管理技术亟待发展　建立以生产者为主的延伸责任制度明确要求，在汽车设计、生产、使用、报废回收等环节建立起以汽车生产企业为主导的回收利用体系。然而，相当数量的生产商对于产品生态设计的重视程度不够，绿色供应链管理技术亟待发展。

▶ 3. 发展目标和基本策略

回收利用既是实现汽车产品低碳的措施，也是提高能源和材料效率、落实汽车工业可持续发展战略的重要途径。报废汽车回收利用产业链涉及面非常广，应通过建立生产者延伸责任制度下的汽车产品回收利用产业体系，提高我国汽车产品回收利用率，实现对法定禁用物质的全生命周期管控，在行业内普及退役零部件的高附加值再利用技术，推动汽车可持续消费，实现汽车工业的可持续发展。

（1）发展目标　以发展循环经济和国家汽车产业政策需求为导向，攻克和自主掌握符合市场需求、实现汽车产品高附加值再利用的先进适用技术，提高汽车制造业的资源循环利用水平，探索建立以企业为主体、产学研用紧密结合、遵循市场经济规则、多元化投融资和促进成果转化的新体制和新机制，推动我国汽车绿色制造共性基础技术和重大前沿技术的自主发展。

（2）基本策略

1）在汽车生产企业中建立汽车产品绿色设计与生产体系，实施汽车生产者的减量化责任和信息公开责任，从源头控制开始，提高我国汽车产品的可回收利用率。

2）通过技术创新，推进汽车产品回收拆解和再利用行业的集约化、信息化、标准化发展，推广再使用、再制造和再利用技术，探索汽车产品全生命周期信息的互通共享机制，提高企业经济效益和社会效益。

3）把握好经济调节机制与行政管制机制的衔接和配合，通过深化落实提高汽车产品回收利用率、禁用物质管理和危险性废物的处置，配合相应的激励政策来引导、促进和推动整个回收利用产业链的共同参与。

4）通过发挥汽车产品回收利用产业技术创新战略联盟的纽带作用，积极推动产学研用协同创新，致力于汽车产品回收利用产业基础共性技术的研发和产业化示范，并形成向全行业辐射的新体制和新机制，提升我国汽车产业的技术创新能力和市场竞争能力。

▶ 4. 主要任务

图 1-20 所示为我国汽车产品回收利用产业技术路线图（2016—2025）。

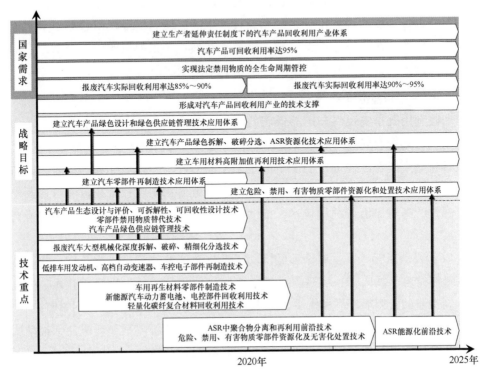

图 1-20　我国汽车产品回收利用产业技术路线图（2016—2025）

1）重点建立和发展汽车产品绿色设计和绿色供应链管理技术应用体系、退役汽车绿色拆解/破碎分选/ASR 资源化技术应用体系、汽车零部件再制造技术应用体系、车用材料高附加值再利用技术应用体系、危险/禁用/有害物质零部件资源化和处置技术应用体系五大共性技术支撑体系。

2）重点突破汽车产品生态设计与评价技术、可拆解性设计技术、可回收性设计技术、零部件禁用物质替代技术、绿色供应链管理技术，使汽车产品的可回收利用率达 95%，并实现对法定禁用限用物质、环境负荷物质的全生命周期管控。

3）重点突破报废汽车大型机械化深度拆解/破碎/精细化分选技术、低排车用发动机/高档自动变速器/车控电子部件再制造技术、新能源汽车动力蓄电池/电控部件/轻量化碳纤复合材料回收利用技术、车用再生材料零部件制造技术、ASR 中聚合物分离和再利用前沿技术、危险/禁用/有害物质零部件资源化及无害化处置技术，实现95%的回收利用率目标。

⏵ 5. 优先解决的关键技术

1）汽车产品生态设计和绿色供应链管理技术。掌握汽车产品生态设计准则、设计方法、设计工具、设计规范，掌握汽车产品生命周期生态性能的评价方法、评价指标、评价工具、评价规范，建立产品生命周期生态评价基础数据库和产品信息数据库，从源头设计提高我国汽车产品的材料效率、环境效益和附加价值，并通过建立汽车产品绿色供应链管理技术体系，降低环境负荷物质水平。

2）新能源汽车动力蓄电池、电控部件及轻量化碳纤复合材料回收利用技术。掌握车用锂离子动力蓄电池可拆解/可回收性设计、梯次利用、安全拆解与回收预处理、正极材料的高附加值资源化、电控部件再使用、轻量化碳纤复合材料回收利用的产业化技术。

3）低排车用发动机、高档自动变速器的再制造技术。掌握国 V 以上内燃机整机及燃油喷射系统、增压系统、发动机控制模块再制造，六速以上及 DSG（直接换档变速器）、CVT（无级变速）自动变速器再制造的产业化技术。

4）车用再生材料零部件制造技术。开发提高性能的再生材料制备技术，开展再生材料零部件成形试验和性能鉴定试验，确定车用非金属材料高附加值再利用的技术和经济可行性。

5）报废汽车后破碎技术。掌握破碎混合料的精细化分选技术，开展退役汽车粉碎残余物（ASR）中聚合物的分离、再利用及能源化基础研究和前沿技术研究，开展车用空调制冷剂、安全气囊、禁用物质零部件的资源化及无害化处置技术研究。

⏵ 6. 保障措施

1）加强开展汽车产品回收利用相关政策、法规的研究，完善相关实施细则和技术法规、标准体系的建设，推动整个产业链上所有部门的共同参与，提高汽车产品回收利用产业的科技创新能力。

2）通过组织开展共性基础技术和前沿技术研究，推动以企业为主体的汽车产品回收利用产业技术创新体系建设，通过一系列产业化示范项目的实施，提高汽车制造业的资源循环利用水平，探索科学技术成果转化新机制以及向全行业扩散和转移的新途径。

3）拓宽科技多元化投融资渠道，培养吸引高层次创新人才。同时，加强技术培训基地建设，培养高级专门技术人才。

参 考 文 献

[1] ALLWOOD J M, CULLEN J M, MILFORD R L. Options for achieving a 50% cut in industrial carbon emissions by 2050 [J]. Environmental Science & Technology, 2010, 44 (6): 1888-1894.

[2] GUTOWSKI T G, SAHNI S, ALLWOOD J M, et al. The energy required to produce materials: constraints on energy-intensity improvements, parameters of demand [J]. Philosophical Transactions of the Royal Society of London A: Mathematical, Physical and Engineering Sciences, 2013, 371 (1986): 20120003.

[3] MILFORD R L, ALLWOOD J M, CULLEN J M. Assessing the potential of yield improvements, through process scrap reduction, for energy and CO_2 abatement in the steel and aluminium sectors [J]. Resources, Conservation and Recycling, 2011, 55 (12): 1185-1195.

[4] CARRUTH M A, ALLWOOD J M. The development of a hot rolling process for variable cross-section I-beams [J]. Journal of Materials Processing Technology, 2012, 212 (8): 1640-1653.

[5] 翁端, 冉锐, 王蕾. 环境材料学 [M]. 2 版. 北京: 清华大学出版社, 2011.

[6] GUTOWSKI T G, BRANHAM M S, DAHMUS J B, et al. Thermodynamic analysis of resources used in manufacturing processes [J]. Environmental Science & Technology, 2009, 43 (5): 1584-1590.

[7] MURPHY C F, KENIG G A, ALLEN D T, et al. Development of parametric material, energy, and emission inventories for wafer fabrication in the semiconductor industry [J]. Environmental Science & Technology, 2003, 37 (23): 5373-5382.

[8] LUQUE A, HEGEDUS S. Handbook of photovoltaic science and engineering [M]. 2nd ed. Chichester: Wiley, 2011.

[9] GUTOWSKI T, MURPHY C F, ALLEN D, et al. Environmentally benign manufacturing: observations from Japan, Europe and the United States [J]. Journal of Cleaner Production, 2005, 13 (1): 1-17.

[10] BABBITT C W, KAHHAT R, WILLIAMS E, et al. Evolution of product lifespan and implications for environmental assessment and management: a case study of personal computers in higher education [J]. Environmental Science & Technology, 2009, 43 (13): 5106-5112.

[11] VAN NES N, CRAMER J. Product lifetime optimization: a challenging strategy towards more sustainable consumption patterns [J]. Journal of Cleaner Production, 2006, 14 (15): 1307-1318.

[12] COOPER T. Slower consumption reflections on product life spans and the "throwaway society" [J]. Journal of Industrial Ecology, 2005, 9 (1-2): 51-67.

[13] ALLWOOD J M, ASHBY M F, GUTOWSKI T G, et al. Material efficiency: a white paper [J]. Resources, Conservation and Recycling, 2011, 55 (3): 362-381.

[14] 左铁镛, 冯之浚. 循环型社会材料循环与环境影响评价 [M]. 北京: 科学出版社, 2008.

[15] SAKAI S, YOSHIDA H, HIRATSUKA J, et al. An international comparative study of end-of-life vehicle (ELV) recycling systems [J]. Journal of Material Cycles and Waste Management, 2014, 16 (1): 1-20.

[16] MORELLI L, SANTINI A, PASSARINI F, et al. Automotive shredder residue (ASR) characterization for a valuable management [J]. Waste Management, 2010, 30 (11): 2228-2234.

[17] FIOR S, RUFFINO B, ZANETTI M C. Automobile shredder residues in Italy: characterization and valorization opportunities [J]. Waste Management, 2012, 32 (8): 1548-1559.

[18] TAYLR R, RAY R, CHAPMAN C. Advanced thermal treatment of auto shredder residue and refuse derived fuel [J]. Fuel, 2013, 106: 401-409.

[19] COSU R, FIORE S, LAI T, et al. Review of Italian experience on automotive shredder residue characterization and management [J]. Waste Management, 2014, 34 (10): 1752-1762.

[20] YI H C, PARK J W. Design and implementation of an end-of-life vehicle recycling center based on IoT (Internet of Things) in Korea [J]. Procedia CIRP, 2015 (29): 728-733.

[21] GRADIN K T, LUTTROPP C, BJÖRKLUND A. Investigating improved vehicle dismantling and fragmentation technology [J]. Journal of Cleaner Production, 2013 (54): 23-29.

[22] FERRO P, NAZARETH P, AMARAL J. Strategies for Meeting EU End-of-Life Vehicle Reuse/Recovery Targets [J]. Journal of Industrial Ecology, 2006, 10 (4): 77-93.

[23] FERRO P, AMARAL J. Assessing the economics of auto recycling activities in relation to European Union Directive on end of life vehicles [J]. Technological Forecasting and Social Change, 2006, 73 (3): 277-289.

[24] COAES G, RAHIMIFARD S. Assessing the economics of pre-fragmentation material recovery within the UK [J]. Resources, Conservation and Recycling, 2007, 52 (2): 286-302.

[25] 中国汽车流通协会. 中国汽车市场年鉴: 2020 [M]. 北京: 中国商业出版社, 2020.

[26] 中国汽车流通协会. 中国汽车市场年鉴: 2019 [M]. 北京: 中国商业出版社, 2019.

[27] DAIMLER. Sustainability report 2014 [EB/OL]. http://ddd.uab.cat/pub/infsos/146256/isDAIMLERa2014ieng.pdf.

[28] FIAT-CHRYLER. 2014 Sustainability report [EB/OL]. http:// 2014sustainabilityreport.

fcagroup. com/sites/fca14csr/files/allegati/2014_sustainability_report_2. pdf.

[29] TOYOTA. Vehicle recycling [EB/OL]. http：//www. toyota-global. com/sustainability/report/ vehicle_recycling/pdf/vr_all. pdf.

[30] NISSAN. Nissan motor corporation sustainability report 2014 [EB/OL]. http：// www. nissan-global. com/EN/DOCUMENT/PDF/SR/2014/SR14_E_P118. pdf.

第 2 章

——

面向材料效率的汽车产品可持续设计

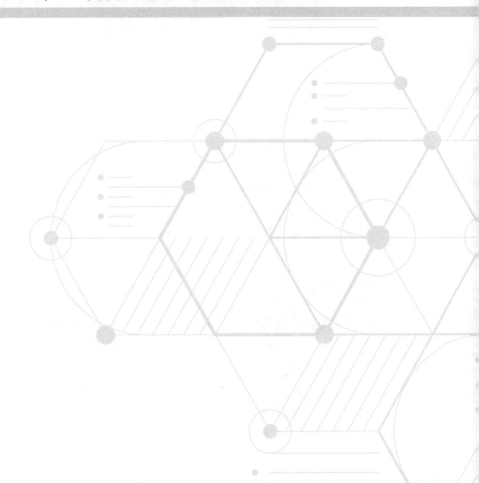

2.1 可持续设计和可拆解性设计

2.1.1 可持续设计框架

早在20世纪80年代，为提高产品性能，日立、MIT等公司及科研机构提出了可组装性设计（design for assembly，DFA）及可制造性设计（design for manufacture，DFM）等方法。这些方法可以简化产品结构、降低组装及制造费用、提高产品质量，为企业带来巨大利润。随着可持续理念的不断深入，产品拆解、回收再利用方面的因素也逐渐融入产品设计阶段。通过设计创新来提高产品生命周期的材料效率已成为制造业的必由之路。因此，学术界开始关注设计阶段的若干因素，如可拆解性设计（design for disassembly，DFD）、可回收性设计（design for recyclability，DFR）、环境性设计（design for environment，DFE）、生命周期设计（design for life-cycle，DFLC）等。这些设计被统称为X因素设计（design for X，DFX），是可持续理念在产品设计阶段的工程化。

传统汽车产品设计着眼于产品的功能和技术范畴，以汽车产品的安全性、舒适性、经济性为基本设计准则。绿色制造的发展及对能量效率的追求，促使汽车制造商开始注重汽车的环保性（能耗、尾气排放等）。然而时至今日，汽车产品设计阶段依然很少考虑汽车产品的回收利用，以及汽车报废后对环境造成的巨大影响。依据生产者责任延伸制及相应法律、法规的要求，汽车制造商已经参与到汽车报废拆解、回收处置等末端环节，因此，汽车产品设计阶段就必须考虑报废汽车拆解后的处理特性。

可持续设计是指生产者在产品设计阶段就考虑产品在整个生命周期（特别是产品售后及回收处置阶段）的可持续发展问题，使产品满足社会、经济及生态的可持续性要求。使用可持续设计方法设计汽车产品，不仅有利于汽车报废阶段的回收利用，还能提高汽车产品的材料效率，即在保证产品经济性的同时，最大限度地减少能源消耗和环境排放。汽车报废环节中提高材料效率的措施包括降低材料输入，提高单位材料的产值（利润），提高汽车产品再使用、再制造、再利用及回收利用率。其中，通过轻量化设计等可持续设计方法的运用，降低式（1-3）中的M_p/D，从而降低材料输入。同时，通过再制造技术赋予产品二次生命，延长产品寿命。

由于产品可持续性和具体的功能性要求（如安全性）之间常常存在冲突

（例如，汽车大量使用复合材料，而这些材料相比单一材料更加难以拆解和回收利用），所以制造商往往选择满足后者而忽略前者。随着技术发展和消费者意识的提高，可持续设计方法将克服与传统设计方法的冲突之处，在获得优秀的产品性能的同时，还能构建良好的生态性能。

产品的可持续设计框架主要包括以下几个方面：

▶▶ 1. 绿色材料的选择

可持续设计的材料选择，不仅要考虑产品的功能性，也要考虑对于环境的影响。因此，材料应尽量选择绿色环保材料。除此之外，也要加强对于材料的管理。绿色材料的管理包括两方面内容：一是将无毒与有毒材料分开存放与管理；二是对达到生命周期的不同材料进行分别管理，对不可回收的材料应进行无害化处理，以降低其对环境的影响。

▶▶ 2. 清洁生产工艺选择

以节能、减排、降耗为目的，实施清洁生产。生产过程中，减少能量和水资源的消耗，降低温室气体、挥发性有机物（VOC）的排放，对生产过程中所产生的边角料、废弃原材料和包装材料等废弃物进行回收利用，对生产过程中产生的报废零部件进行再制造。

▶▶ 3. 节能设计

节能设计一般包括：控制节能化；采用节能原理及结构；在不增加劳动者作业强度的情况下，尽量采用手动机构，减少不必要的能量存储；进行回收和再利用。

▶▶ 4. 绿色包装设计

产品包装的绿色设计也是可持续设计的一个重要组成部分。绿色化包装需要选用易降解、易回收的绿色材料，包装的方案和结构也应进行相应优化。

▶▶ 5. 可拆解性设计

在产品设计的最初阶段考虑产品的拆解方法和难度，并以此改进产品设计，使得产品易于维护，在到达生命周期后易于拆解，且拆解得到的部件易于回收利用，以达到节约资源、保护环境的目的。

▶▶ 6. 可回收性设计

在产品设计的最初阶段考虑产品到达生命周期之后的可回收性、回收方法、回收工艺、回收价值等问题，并以此改进产品的设计，以增加产品的可回收性，实现经济、能源和环境利益的最大化。

▶ 7. 生命周期评价

生命周期评价（life-cycle assessment，LCA）主要是基于产品的特性（如技术性、经济性或环境协调性）进行评价。LCA 对产品的全生命周期的各个阶段进行分析，并为产品的技术升级提供相关信息。LCA 的目标包括：①估算能量及材料的使用；②测算废弃物排放对环境的影响；③提高回收利用率。

汽车产品的可持续设计是对一般可持续设计的进一步拓展，从概念设计、绿色材料选择、制造工艺设计、包装设计、使用乃至报废后零部件的再使用、再制造、再利用、回收利用等汽车产品的全生命周期各阶段，全面考虑汽车产品的材料效率。可持续设计依据材料效率评价体系的经济性、环境性评价指标与产品功能、性能、质量要求来设计，在产品构思及设计阶段必须考虑降低能耗、资源重复利用和保护生态环境，在制造和后处理过程中保证将废弃物的产生降到最少，从而满足可持续发展的要求。

▶ 2.1.2　可拆解性设计

非破坏性拆解的首要问题是确保被拆件的无损性。Brennan 等将拆解定义为"将装配体中需要的组成部分移除而不造成该部分损害的系统过程"。以前，在进行机械产品设计时一般只考虑组装阶段的各项要求。而现在，设计者还需要考虑拆解及回收利用的相应要求。拆解的无损性对应了报废汽车中的非破坏性拆解方式。Seliger 等指出当今制造的产品在拆解时会遇到一些困难，如很难得到需要的信息来制订拆解策略。产品的零部件在修复时可能已被更改，并且磨损使零部件难以被去除。此外，很多消费类产品在设计时没有考虑拆解的方便性。

拆解顺序是另一个关键问题。Subramani 和 Dewhurst 提出拆解大致可分为三步：①松开所有连接件；②找到拆解顺序中的后续零部件；③拆解后续零部件。Gu 和 Yan 开发了基于图像启发式的方法来自动生成拆解顺序。生成的拆解顺序中包含四个阶段：①创建基于产品特征表示的连接图；②使用连接图将装配体分成子装配体；③对第②阶段中生成的各子图分别生成拆解顺序；④合并子图中的拆解顺序从而形成完整的拆解顺序。Kuo 等使用基于图像的启发式方法对机电产品进行拆解分析，他们使用组件紧固件图形来表示产品的各个组件及其连接关系。使用拆解优先分析法来生成拆解树，设计者可使用分析结果对产品的可拆解性及可回收性进行评价。

基于报废汽车与电子废弃物的某些相似性，在对报废汽车进行拆解时，会相应参考电子废弃物的一些处理方法。然而由于外形尺寸及内部结构复杂性的巨大差别，报废汽车与电子废弃物的拆解特性依然不同，具体差异性见表 2-1。

表 2-1 报废汽车与电子废弃物拆解的差异性

项 目	报 废 汽 车	电子废弃物
零件数量	多	少
拆解复杂程度	复杂	一般
对环境的影响	车内的废油液容易渗入地下，氟利昂会对大气造成影响	重金属（如汞）会渗入地下并且污染饮用水
对人体的危害	严重（氧气切割产生的气体会严重影响操作者的呼吸系统）	轻微（操作者需注意小零部件）

主要的发达国家均将报废汽车的可回收利用率设定在95%而非100%，是因为从技术或经济角度考虑，难以将某一类产品完全回收利用，所以在对产品进行回收利用时，应尽可能扩大回收种类，同时尽可能减小残留物的质量。Zussman等提出在设计阶段应考虑三个目标：①产品生命周期内的利润最大化；②零部件再利用数量的最大化；③废弃物填埋量的最小化。

虽然报废汽车的拆解及回收利用技术相对成熟，并且在设计阶段也考虑了日后回收处理的一些要求，然而DFD策略在汽车产品设计阶段并没有普遍使用。成熟的DFD方法具备三个主要特性：①材料的选择与使用；②模块化设计；③连接件、紧固件的选择与使用。具体的DFD设计原则见表2-2。

表 2-2 DFD 设计原则

影响拆解过程的因素	提高拆解效率的方法
产品结构	模块化设计
	减少组件数量
	优化组件标准
	尽量减少产品变量
材料	尽量减少不同材料的使用
	使用可循环再利用材料
	避免使用有毒有害材料
连接件、紧固件	尽量减少连接件、紧固件的数量
	尽量使连接件、紧固件可见，消除隐藏式连接件、紧固件
	使连接件、紧固件具有易拆除性
	标识不可见的连接件、紧固件
组件特性	良好的可达性
	轻量化
	鲁棒性、减少易损件

（续）

影响拆解过程的因素	提高拆解效率的方法
组件特性	无害
	倾向使用未漆件
拆解条件	自动化拆解
	避免不必要的拆解过程
	使用简单及标准化工具

除了表 2-2 中所列举的各因素外，还应考虑其他因素。如塑料，由于其自身的复杂性，设计者不仅应考虑 DFD 范畴，还应将其归属在拆解后的分选及回收利用范围中。塑料的物理化学特性及其彼此之间的相容性决定了它回收再利用的难易程度。如，PE（聚乙烯）与 PP（聚丙烯）相容但与 PVC（聚氯乙烯）不相容，PVC 与 PMMA（聚甲基丙烯酸甲酯）相容而与 PE 不相容。因此，相应的设计准则应为：尽量少使用不同种类的材料；如果需要使用不同种类的材料，那么这些材料应尽可能相容；如果以上均无法实现，那么所使用的材料密度差应大于 $0.03g/cm^3$，这将有助于材料分选。

相比塑料，金属更易再使用和再利用，但是针对金属使用 DFD 方法时，依然需要注意以下几点：

1）未电镀金属比电镀金属更容易再使用和再利用。

2）低密度合金比高密度合金更容易再使用和再利用。

3）大多数铸铁容易再使用和再利用。

4）破碎物中的铝合金、钢及镁合金相对其他破碎物更容易分离。

5）金属材料受污染后会降低可回收利用率。

使用 DFD 方法还应考虑车内的禁用/限用物质，这些物质包含：①铅（Pb）或其化合物；②汞（Hg）或其化合物；③镉（Cd）或其化合物；④六价铬[Cr（Ⅵ）]；⑤多溴联苯（PBBs）；⑥多溴联苯醚（PBDEs）。对于禁用/限用物质的含量限值，除了规定在一定时间段内能够豁免的汽车配件及材料外，其他汽车产品及其零部件中，任何一块均质材料中，Cd 的质量分数不得超过 0.01%，Pb、Hg、Cr（Ⅵ）、多溴联苯（PBBs）以及多溴联苯醚（PBDEs）的质量分数不得超过 0.1%。关于禁用/限用物质，应尽量减少在汽车上的使用，而当汽车进行报废处理时，所有含禁用/限用物质的零部件必须完全回收。

值得注意的是，DFD 方法不是简单的 DFA 的逆向方法。汽车设计者们一直思考如何平衡 DFD 和 DFA 之间的关系，因为本质上这两种方法有对立冲突的一面。例如，最简单及最经济有效的连接方法常常会导致产品难以被拆卸，例如焊接。然而，这两种方法依然有许多共性（如减少组件数量、模块化设计等）。此外，人们逐渐意识到，在减少组件数量、降低材料的种类及使用更少量连接件的前提下，使用 DFD 方法进行设计将带来更多的利润。

汽车制造商们已经开始运用 DFD 方法进行汽车设计。在 20 世纪 90 年代，宝马、戴姆勒－克莱斯勒及沃尔沃开始尝试探索 DFD 方法。标志雪铁龙及雷诺拥有特点鲜明的"双轨制"系统，该系统鼓励将回收利用材料用于二手件中。欧宝的工程师们同样被鼓励使用 DFD 方法设计连接件，从而尽量避免使用黏结剂及焊接件，尽可能使用可拆卸卡扣或螺纹连接。出于对生产者责任延伸制的考虑，学者们呼吁汽车制造商在汽车设计阶段采用 DFD 工具。Ferrão 和 Amaral 在研究中表明，采用 DFD 方法设计汽车座椅可以简化座椅的固定方式。

国际学术机构关于 DFD 方法的研究由来已久。美国佐治亚理工学院计算机集成制造研究所的研究重点是面向拆解的生命周期评价，根据产品的可回收性及经济性对产品的未来发展趋势进行评估。瑞士联邦理工学院针对产品设计提出了 DFD 参数，每个参数被赋予权重，所有参数被标度后确定最终方案。奥地利维也纳科技大学开发了 STAN 软件，可针对材料流进行分析。该软件采用图像化建模，在输入已知数据（如流向、库存等）后，可计算未知定量。所有流量可以以桑基图的形式被标出。

国内包括清华大学、上海交通大学、重庆大学、中国人民解放军陆军装甲兵学院、合肥工业大学、大连理工大学、山东大学、东北林业大学在内的许多科研单位都进行了这方面的研究。国家连续在"十一五""十二五"科技支撑计划中设立了"绿色制造关键技术与装备"专项，用以支持包括 DFD 方法在内的绿色制造的研究与推广应用。

2.2 减量化设计

▶▶ 2.2.1 轻量化设计中的材料替代

轻量化设计是能量效率和材料效率的共通方法。能量效率通过对车辆的轻量化设计减少油耗，同时降低尾气排放。而材料效率则使用该方法减少材料的输入。实现汽车的轻量化常采用三种途径：①材料替代；②车辆再设计；③车辆结构优化。材料替代是指将车辆中所使用的钢铁等较重金属替换为铝、镁、高强度钢、塑料和复合材料等轻量化材料。车辆的再设计，可以通过优化发动机和其他零部件的尺寸减轻车辆重量，也可以在保证乘客和货物空间不变的前提下减小车身外部尺寸。而车辆结构优化可以使材料分布更加合理，避免了局部应力峰值的产生，实现零部件轻量化。

通过研究汽车产品轻量化设计的材料替代方法，探讨轻量化材料的运用对提升汽车产品材料效率的影响。铝和高强度钢是两种替代性轻量化材料，可以用于替代车辆中大量的钢铁。其他轻量化材料，包括镁和复合材料（例如玻璃纤维、碳纤维、热固性塑料等），同样有更低的密度或者更高的强度。这些材料的性能比较及综合评价分别见表2-3和表2-4。一些不常用的轻量化材料，如金属复合物或钛合金，由于高昂的价格限制了其在车辆中的应用。

表 2-3　几种汽车材料的特性

材　　料	密度/（g/cm³）	屈服强度/MPa	抗拉强度/MPa	弹性模量/GPa
铸铁	7.10	276	414	166
低碳钢	7.86	200	300	200
高强度钢	7.87	345	483	205
铝	2.71	275	295	70
镁	1.77	124	228	45
复合材料（玻璃纤维、碳纤维）	1.57	200	810	190

表 2-4　几种汽车轻量化材料的综合评价

材　　料	目前使用范围	优　　点	不　　足
高强度钢	主要用于结构件，如支柱、加强板等	能利用现有车辆的制造基础设施并获得OEM（原始设备制造商）的有效支持	量产成本较高；与其他轻质材料相比，其比强度较低
铝	80%用于铸件，如发动机缸体、轮毂等	密度较小；抗爆性和散热性好	成本较高；冲压板比钢更难成形；易损；难以进行焊接
镁	大多用于薄壁铸件，如仪表板、膝垫、座椅架、阀盖等	密度较小；比强度高；能够整合部件和功能，因此只需较少的装配	生产成本较高；维修成本高，无法局部维修，只能分段切割、整体更换
玻璃纤维	后盖、门内结构等	能够整合部件和功能，因此只需较少的装配；耐蚀；良好的噪声、振动与声振粗糙度（NVH）控制特性	生产周期较长，量产成本较高；难以再利用
碳纤维	驱动轴	极高的比强度，具有显著的减重效益	生产周期较长，量产成本较高；难以再利用；纤维成本较高，波动性较大

▶▶**1. 高强度钢**

高强度钢是通过在制造过程中添加合金成分达到高强度的目的。它与低碳钢具有几乎相同的延展性。因为能利用现有车辆的制造基础设施，并获得 OEM 的有效支持，所以高强度钢是汽车工业中流行的替代材料之一。高强度钢所要面临的挑战是如何在大量生产的情况下提高经济性，发展制造工艺（例如轧制钢板和管材液压成形等）。目前，车辆中所使用钢材的 1/5 是高强度钢，而这一比例还在稳步上升。国际钢铁协会启动了主要采用两相钢的超轻量钢材车身项目，可以使 C 级车的车身结构实现质量减小最多达 68kg（25%）。高强度钢因其相对较低的价格和易获取性，而成为很有吸引力的替代材料。

▶ 2. 铝

车辆中 80% 的铝用于铸件，包括发动机、车轮、变速器、动力系统等。相比碳钢，用铝制成车身板材更加困难，而且由于铝更柔软，制造过程中必须小心避免刮痕的形成。铝的导热性比钢材好，这使其点焊更加困难，所以需要更多的人工胶粘。尽管面临种种挑战，法国达科研究指出未来汽车用铝依然有很大应用空间。

▶ 3. 镁

具有同样刚度的镁比钢轻 60%，比铝轻 20%。镁主要被用来制成薄壁铸件，约有 40% 的镁被用来制成车辆的仪表板和横梁。其他应用包括膝垫、座椅架、进气歧管和阀盖。然而，镁的大量应用必须以克服技术限制为前提，例如应提高铸造过程中的产品质量和产量，改善易蚀性等。

▶ 4. 塑料及其他复合材料

塑料目前在主流车型中所用材料的质量占比为 13%～20%。虽然塑料具有低密度、高弹性、耐蚀性等特点，但由于生产周期较长且成本较高，所以塑料未来在车辆中的占比预计只会缓慢提升。其他复合材料中，玻璃纤维增强型热塑性聚丙烯被广泛制成后盖、车顶、门内结构等零部件。与玻璃纤维相比，碳纤维虽然更轻，但成本也更高。例如碳纤维增强型聚合物（carbon fiber reinforced polymer，CFRP），用来制成白车身，重量比普通钢轻 60%，但成本比玻璃纤维贵一倍。玻璃纤维和碳纤维均难以被再利用。

▶ 5. 其他材料

除了上述讨论的可替代有色金属之外，还存在车辆内其他材料的替换材料，可将重量进一步减轻。例如，车用电线中可使用铜包铝替换铜来减轻重量，较轻的聚碳酸酯材料可替代常规玻璃，较轻的泡棉可用来填充座椅。未来通过减轻玻璃、照明、仪表板显示屏和座椅的重量，还可使整车质量减小 42kg。

在部件级别，任何车辆部件中使用替代材料导致的重量减轻取决于应用和设计意图。例如，设计对强度和抗塑性变形有要求的车身板，1kg 的铝可以替代 3～4kg 的钢。对于设计有刚度需求（限制挠曲）的结构件，1kg 的铝仅替代 2kg 的钢。通常，用镁和复合材料替换钢产生的质量差更大，其次才是铝。表 2-5 以制造车辆后地板所产生的质量减小为例来说明这一点，所有材料均符合车身的技术要求。

表 2-5　不同材料制成车辆后地板的质量

材　料	质量/kg	质 量 减 小
钢板	6.54	—
铝板	3.38	48%
玻璃纤维增强 PA	2.87	56%
玻璃纤维增强 PP	2.35	64%
镁板	2.18	67%

2.2.2　材料的减类化设计要求

根据材料的模块化聚类结果，需对车用材料进行减类化分析。常用的绿色材料选择、可拆解性设计和可回收性设计等方法均涉及减类化要求，见表 2-6。Anastas 及 Zimmerman 指出了绿色工程的 12 条设计原则，其中有两条原则涉及材料减类化设计：为减少能量消耗和材料使用，在设计时应考虑分选及提纯的要求；为提高可拆解性及保值性，在复杂产品中应减少材料的多样性。因此，减类化设计是可持续设计中的核心。而对于拆解企业和资源化企业来说，材料组成越简单，拆解及回收利用手段越简单，同时处理成本也越低。

表 2-6　三种绿色设计方法关于材料的设计准则及描述

类　　别	设 计 准 则	设 计 描 述
绿色选材	功能性	保证强度、刚度、安全性等
	轻量化	采用包括镁铝合金在内的轻质材料
	减量化	减少种类、减少用量，提高材料的相容性
	可替代性	使用可替代性好的材料
	易加工性	—
	可回收利用性	—
	环境友好性	实现原材料清洁生产，使用无毒、可降解材料，不用或少用禁用/限用物质

类　　别	设计准则	设计描述
可拆解性	减量化	减少危害和污染环境的材料量，减少拆解的作业量
	一致性	减少零部件材料种类，降低拆解复杂度
	无损性	避免易老化及易腐蚀材料的连接
	易分离性	有利于不同材料的分离、筛选
	相容性	避免在塑料零部件中嵌入金属件，避免不同材料组合型结构
	可辨识性	采用可再生材料成分标识
	环保性	保证对危害和污染环境的材料及零部件的拆解处理效果
可回收性	减量化	减少产品中材料的种类数量，简化回收过程
	兼容性	相互连接的零部件材料要兼容，减少拆卸和分离的工作量，便于回收
	可回收性	使用可以回收的材料，减少废弃物，提高产品残余价值
	可辨识性	对塑料和类似零部件进行材料标识，便于区分材料种类，提高材料回收的纯度、质量和价值
	循环利用性	使用可回收材料制造零部件，节约资源，并促进材料的回收利用
	易分离性	若零部件材料不兼容，应使它们容易分离，提高可回收性

　　汽车中的材料有上百种，通过不同材料的混合和配比，又会衍生出新的材料。塑料因为存在各种化学添加剂（例如热稳定剂、增塑剂、阻燃剂等）而有不同的型号。当考虑产品的再利用及回收利用时，材料的多样性就成为关键因素。通过前期设计而减少材料的多样性，就能为最终的处理提供便利。关于添加剂的问题，工业界目前一般做法是将所需要的功能整合在一个聚合物框架内，从而避免在制造过程中使用添加剂。

　　在产品设计阶段，汽车设计者们可以尝试减少塑料的种类、开发不同的聚合物形式来产生新的材料特性，从而提高汽车产品的可拆解性及可回收性。这项技术目前已被用于设计多层组件，例如车门。用单一的材料，例如茂金属聚烯烃，可满足各种必需的设计要求。通过减类化材料设计，将不再需要将车门拆下用于能量回收及循环利用。

　　汽车内外饰件主要由塑料（聚合物）组成，基于对于美观性、装饰性等方面的考虑，车用塑料的组成越来越复杂，各种复合材料也应用其中。下面以大众某车型仪表板为例，阐述其组成及回收利用的复杂性。仪表板试样切块如图 2-1 所示。上层为表皮，中间层由大量泡棉填充，底层的骨架提供支撑作用。

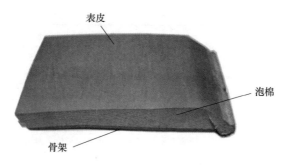

图 2-1　仪表板试样切块

仪表板的表皮主要是由聚氯乙烯（polyvinylchloride，PVC）组成。该材料具有拉伸强度高、抗撕裂性好、高低温适应性好及耐老化等特性。PVC 聚合度高，同时具有低压缩性（35% ~60%）及高回弹性（40% ~50%）。相比橡胶材料，PVC 的加工工艺更简单，成本更低。因此在表皮材料中，PVC 取代了橡胶材料成了首选。

中间泡棉填充层材料由聚氨酯（polyurethane，PU）组成。PU 的开口率为 95%，密度为 $0.02 \sim 0.04 \mathrm{g/cm^3}$。PU 的韧性、弹性和声学性能也很高。

骨架由聚碳酸酯（polycarbonate，PC）、丙烯腈 – 丁二烯 – 苯乙烯（acrylonitrile butadiene styrene copolymers，ABS）和聚丙烯（polypropylene，PP）组成。在 PP 的力学特性中，强度和柔韧性很好，拉伸、弯曲和压缩性能同样出色，同时温度对其影响也可忽略。值得一提的是，PP 的冲击性能也很突出，这使其优于一般的工程塑料。如果增加玻璃纤维的 PP 与 PC 相结合，那么其耐蠕变性将大幅度提高，从而在承受高负载及高温的情况下依然能确保尺寸的稳定性。PP 的电绝缘性及耐蚀性在所有热塑性塑料中是最好的，同时其价格在热塑性塑料中是最低的，所以 PP 被普遍认为是最具经济性的塑料。ABS 可在非常低的温度下使用，并具有优良的力学性能。它在耐冲击方面表现显著，同时在一定程度内的电绝缘性和耐蚀性也很好。

考虑到强度、舒适性、安全性及环境影响等因素的要求，汽车制造商在内外饰件制造中大量使用聚合物。表 2-7 中列出了这些聚合物的主要物理参数，这些参数（如密度）之间的差异很小，因此造成分选择上的困难。报废汽车内外饰件被破碎后，回收利用企业常使用浮选、风选或静电分选的方法来分选塑料。三种方法中，风选由于纯粹依靠颗粒间密度差异进行分选，所以一般只能用于轻质和重质材料之间的分选，无法对聚合物进行分选。而由于聚合物的介电常数相差较小，所以静电分选的效果也不佳。张洪申博士使用静电分选对 PP 及

ABS 进行分选，在优化所有参数后，PP 和 ABS 的一次分选率分别只有 60% 和 70%，如果对多种聚合物进行混合分选，则效果更差。

表 2-7　各种聚合物的主要物理参数

物 理 参 数	PA	PE	PP	PC	PVC	ABS
密度/(g/cm^3)	1.13	0.92	0.91	1.20	1.24	1.05
吸水率（%）	1.90	<0.01	0.01	0.15	0.10	0.20
拉伸强度/MPa	45~90	8~36	40~49	55~70	30~60	21~63
断后伸长率（%）	100~250	>500	200~700	70~120	150~360	3~25
介电常数（在 $10^6\,Hz$ 下）	4.00	2.25	2.15	2.90	3.02	2.40~3.80

相比于风选和静电分选，浮选法在聚合物的分选中使用最为广泛。使用浮选法可以轻易将泡棉与其余材料分离（因为密度相差较大），通过添加不同的添加剂，也可以对特定材料进行分选。但是因为各聚合物的密度非常接近，所以浮选法很难将所有聚合物均有效分离。

塑料浮选体系中的固体 - 液体交互作用包括塑料表面与水之间的反应，该部分相互作用自由能涉及塑料低能表面及经过润湿剂或发泡剂改性的表面。体系中相互作用自由能 ΔGSW 包括里夫施茨 - 范德瓦尔斯（Lifshitz-van der Waals，LW）相互作用自由能 ΔG_{SW}^{LW} 以及里维斯酸碱（Lewis acids and bases，AB）相互作用自由能 ΔG_{SW}^{AB}。

在塑料浮选体系中，一般用扩展的 DLVO 理论来确定浮选体系中相互作用自由能与距离对其影响之间的关系。根据扩展的 DLVO 理论，设两表面之间的接触距离为 d，可以得到距离与相互作用自由能的定量关系。

▶▶ **1. LW 相互作用自由能**

$$\Delta G_{SW}^{LW}(d) = -\frac{A_{132}r_1r_2}{6d(r_1+r_2)} \tag{2-1}$$

其中

$$A_{132} = (\sqrt{A_{11}} - \sqrt{A_{33}})(\sqrt{A_{22}} - \sqrt{A_{33}}) \tag{2-2}$$

$$A_{ii} = 24\pi d_0 \gamma_i^{LW} \tag{2-3}$$

式（2-1）~式（2-3）中　r_1、r_2——颗粒 1 与颗粒 2 的半径；

A_{132}——颗粒 1 与颗粒 2 在介质 3 中相互作用的哈马克常数（mJ）；

A_{ii}——物质 i 在真空中的相互作用哈马克常数
（mJ）；

γ_i^{LW}——物质 i 表面能的 LW 分量（mJ/m²）；

d_0——两表面间最小平衡接触距离（$d_0 = 0.158\text{nm} \pm 0.08\text{nm}$）。

2. AB 相互作用自由能

$$\Delta G_{SW}^{AB}(d) = \frac{2\pi r_1 r_2}{r_1 + r_2} h_0 \Delta G^{AB} \exp \frac{d_0 - d}{h_0} \tag{2-4}$$

式中　r_1、r_2——颗粒 1 与颗粒 2 的半径；

ΔG_{SW}^{AB}——两表面间最小平衡接触距离 d_0 时的里维斯酸碱（AB）相互作
用自由能；

d_0——两表面间最小平衡接触距离（$d_0 = 0.158\text{nm} \pm 0.08\text{nm}$）；

h_0——衰减长度（$h_0 = 1 \sim 10\text{nm}$）。

3. 静电相互作用自由能

$$\Delta G_{SW}^{EL}(d) = \frac{\pi \varepsilon_a r_1 r_2}{r_1 + r_2} (\varphi_{01}^2 + \varphi_{02}^2) \left(\frac{2\varphi_{01}\varphi_{02}}{\varphi_{01}^2 + \varphi_{02}^2} s + t \right) \tag{2-5}$$

其中

$$s = \ln \frac{1 + \exp(-Kd)}{1 - \exp(-Kd)} \tag{2-6}$$

$$t = \ln[1 - \exp(-2Kd)] \tag{2-7}$$

式（2-5）~式（2-7）中　r_1、r_2——颗粒 1 与颗粒 2 的半径；

ε_a——分散介质的绝对介电常数；

φ_0——颗粒表面电位（mV 或 mJ/C），可近似用
动电位 ζ 代替；

K——德拜长度的倒数，常温下取 $K = 0.104\text{nm}^{-1}$。

4. 能量结果分析

王晖在其论文中列出了在真空及水环境下的哈马克常数。哈马克常数是计算宏观物体间相互作用的范德瓦尔斯力的重要参数。表 2-8 中列出了 LW 相互作用自由能 ΔG_{SW}^{LW} 以及 AB 相互作用自由能 ΔG_{SW}^{AB} 在水中的结果。从隶属于三级低能表面的 14 种废弃塑料中，选择 PET-dri、PVC-sho、ABS-tv、PVC-pip、PS-law 以及 PVC-dec 这 6 种材料进行列举。

表 2-8 塑料粒子相互作用的哈马克常数及相互作用自由能

废旧塑料		第一级低能表面		第二级低能表面		第三级低能表面	
		PET-dri	PVC-sho	ABS-tv	PVC-pip	PS-law	PVC-dec
哈马克常数/(10^{-17}mJ)	真空	6.91	6.83	8.72	8.74	8.76	8.96
	水	0.36	0.35	0.86	0.87	0.87	0.94
$\Delta G_{\text{SW}}^{\text{LW}}$ / (mJ/m^2)		-3.86	-3.69	-9.15	-9.22	-9.28	-9.98
$\Delta G_{\text{SW}}^{\text{AB}}$ / (mJ/m^2)		-56.25	-46.16	-32.32	-27.94	-23.38	-1.15

表 2-8 的结果显示，不管在哪一层级，两种材料的数据差异都很小。即使是在第三级中 $\Delta G_{\text{SW}}^{\text{AB}}$ 的两数值差异较大，但因为整体数量较小，所以这样的差异依然可以忽略不计。表 2-8 中的数据证明，在对聚合物进行大规模分选时，从能量效率的角度来看，这样的方法无法有效地进行分选。即使采用专用的分拣工具，迅速增加的成本都将使企业无法得到可观的收益。因此，从材料的物理特性分析，物理方法（如浮选法）难以将聚合物有效分离。过高的成本及其他因素也使得这些方法很难在大规模工业生产中得到推广。当某种材料不能被直接利用时，或许可以考虑从能量回收的角度对其进行处理，而分析结果也证明了减类化材料运用的价值及意义。

若对仪表板进行破碎处理，破碎后，通过浮选可分离出诸如泡棉这样的轻质物，然而，由于各种聚合物相似的物理特性，无法通过物理手段将其进行分离。大规模机械化破碎极易导致这些聚合物成为 ASR，而后被填埋或焚烧。填埋或焚烧带来的环境危害是显而易见的，减少聚合物种类可以降低环境污染，推动再利用技术的发展。越来越多的汽车制造商都已经意识到这种情况，从而进行了相应的研究。例如，延峰汽车饰件系统有限公司（涉及汽车内饰系统、外饰系统、座椅系统、电子系统及安全系统）目前研究开发了一系列单一聚合物装饰材料，并用于设计生产某些类型的仪表板。

然而，市场是由消费者所决定的，除了安全性和功能性之外，相比环保，消费者更加注重舒适度及体验感。依然以仪表板为例，我国目前一般只有低档车的仪表板使用单一材料，相对高档的汽车都使用复合材料。虽然从回收企业角度考虑，材料种类选择的优先级顺序为单一化材料＞两种材料＞复合材料，但是复合材料在性能的综合表现上优于单一化材料。由于消费者的需求，高档汽车的仪表板将继续使用复合材料。我国的消费者非常注重汽车内部的美学细节，许多高档汽车都为其内饰件配备高档的皮革材料。皮革具有优良的美学外观，与普通材料相比，它给人更加豪华的感觉。因此，皮革内饰深受车主青睐。

汽车由于便利性和舒适性，在我国已成为大多数人的首选交通工具。相比于低端车型，高端车辆的销售更好，这也表明由复合材料组成的仪表板数量远多于单一材料做成的仪表板。

值得庆幸的是，在公众环保意识不断增强以及管理部门不断推动之下，减类化材料制成的零部件在市场上的份额不断上升。从设计者角度出发，即使不能减少材料的种类，也应尽量遵循材料的易分离性，即选用物理化学特性相差较大的不同种材料，从而使这些材料易分离，提高可回收性。

2.2.3 绿色模块化设计中的聚类方法

绿色模块化设计的初衷是使产品的零件或材料成组，从而有利于拆解后的再使用或再利用，进而提高生命周期内的材料效率。传统模块化设计以零件的功能性或结构连接进行聚类划分，而绿色模块化设计则以材料再使用/再利用相似性、零件寿命、材料兼容性等作为聚类划分依据。

绿色模块化设计中，若将绿色性能作为约束条件体现在建模中，虽然有利于保证模块化结果的绿色性，但设计建模的复杂度较高。而若简化建模，又会增加目标函数的复杂度，从而影响优化算法的运算速度。针对这些问题，采用设计结构矩阵（design structure matrix，DSM）表达材料间的相似性，使用最小描述长度（minimum description length，MDL）对待聚类的元素进行描述，形成优化目标，引入成组遗传算法（group genetic algorithm，GGA）进行 DSM 的聚类运算。基于 DSM-MDL-GGA 所提出的数值化材料相似性设计模型，包括材料相似性建模、模块化聚类和划分，有利于降低模块化的复杂度，并支持各步骤采用不同方法以提高聚类效率。GGA 采用染色体整数编码，有利于快速识别，为相似性矩阵提供高效的求解策略。面向材料效率的 DSM-MDL-GGA 的核心思想体现在以下两个方面：①从材料的经济性和环境性出发，建立综合的 DSM，避免了单一经济属性或环境属性产生的模块化片面问题；②设计了基于 MDL 优化目标的 GGA，具有快速识别及全局收敛的特点。面对驱动因素较多、材料种类较广的情形，DSM-MDL-GGA 能使聚类结果具有较高的精度。

2.2.3.1 设计结构矩阵（DSM）建模

DSM 是一个 n 行 n 列的二元方阵，采用图形化矩阵表示方式，具有可视、简单等特点。因为 DSM 最早是被用来分析信息流的，所以在矩阵中使用"×"代替箭头表示组件之间的联系。例如，如果从节点 C 指向节点 A，则在 A 行 C 列中使用"×"来标注。而材料的相似性是相互的，所以在 DSM 中"×"呈对称分布。对角线元素由于代表本身，所以没有任何意义。为便于输入，矩阵中主对角元素均以"1"代替。

DSM 的目标是找出 DSM 元素中相互排斥或相互影响程度最小的子集（例如群集或模块）。换句话说，每个模块内的各元素具有高度的相似性，而各模块之间的影响被排除或者很小。举例来说，图 2-2a 所示为原始的 DSM，通过简单的行列变换生成图 2-2b 所示新的矩阵聚类，AF 和 EDBCG。这两个模块中的元素各自影响，但是在空白处仍有 3 个影响元素。因此，建议生成图 2-2c 所示新的聚类，AFE 和 EDBCG。这两个模块有重叠部分，包含所有影响元素。

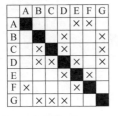
a) 原始DSM

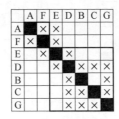
b) DSM聚类

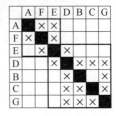
c) 转化聚类

图 2-2　DSM 聚类示例

汽车产品的材料聚类可设置材料寿命接近、材料相容、材料回收利用的相似性作为驱动因素，为每一驱动因素构建单独的 DSM。通过设置子 DSM 权重系数后构成完整的 DSM。其中，采用表 2-9 所列的 0、5、9 等级数表示子 DSM 中零件（元素）之间的相似强度。

表 2-9　DSM 元素的相似强度及其描述

等　　　级	相　似　强　度	相似性描述
0	弱关系	有弱相似性
5	中等关系	有中等相似性
9	强关系	有强相似性

▶▶2.2.3.2　最小描述长度 – 成组遗传算法 （MDL-GGA） 求解

构建一个模型用来描述指定的产品结构或数据集。通常情况下，模型不能完全描述所有的数据，否则模型就将变得异常复杂。因此，使用描述长度对两个部分的给定数据进行描述：模型描述及不匹配数据描述。以图 2-3 所示模型为例对此思想进行解释。假设发送者将需要的数据以模型的方式传送给接收者，假设模块内的元素彼此相连，模块之间全不相交，模型描述能轻松提供模块的数量以及模块内各元素的名称。对图 2-3a 中的数据，发送者将发送如下的模型描述：[模块 1：A，B，C；模块 2：D，E]。接收者将数据理解为图 2-3b 所示的形式。注意到图 2-3b 中并未包括所有发送的数据，因此，为保证接收到所有的数据，发送者需要发送一份不匹配数据清单，见表 2-10。当模型描述及不匹配数据描述均存在时，接收者才能完整重建原始数据集。如果模型很简单，则模型描述很简短，反之，若存在很多不匹配数据，则不匹配数据描述就变得很长。换句话说，完整的模型能减少不匹配数据的描述，但是将增加模型的整体描述量。

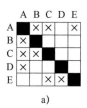 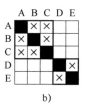

a)   b)

图 2-3　给定模型描述

表 2-10　不匹配数据描述

不匹配类型	Ⅰ类不匹配（标记不存在于真实模块中）	Ⅱ类不匹配（模块之外缺失的标记）
模块内	1）B 行 C 列 2）D 行 E 列	—
模块外	—	1）A 行 E 列 2）D 行 A 列 3）E 行 C 列

权衡以上各因素，MDL 方法能满足所需。MDL 可被解释为：在所有可能的模型中，选择对给定数据描述长度最短的模型（模型描述长度 + 不匹配数据描述长度）。当使用 MDL 方法时，有两点需要注意：应该有唯一的编译方法，编码长度应该能反映复杂性。

◀▶ 1. 模型描述

模型描述长度公式为

$$DL_M = \sum_{i=1}^{n_c} (\log n_n + cl_i \log n_n) \tag{2-8}$$

式中　　n_c——DSM 中模块数量；

   n_n——DSM 中行或列的数量；

   cl_i——第 i 个模块中节点的数量。

对数计算以 2 为底。

▶▶ 2. 不匹配数据描述

在原模型的基础上，建立另一个矩阵 DSM′，矩阵中每一个元素 d'_{ij} 的值均为 1，当且仅当，某些模块同时包含节点 i 和节点 j，或总线含有任意的节点 i 或节点 j。对于每一个不匹配元素（$d'_{ij} \neq d_{ij}$），需要通过描述来指出哪儿（i 行 j 列）发生这种不匹配，此外，还应指出这种不匹配到底是 $d_{ij}=0$、$d'_{ij}=1$ 类不匹配还是 $d_{ij}=1$、$d'_{ij}=0$ 类不匹配。定义如下两种不匹配子集：

$$\begin{cases} S_1 = \{(i,j) \mid d_{ij} = 0, d'_{ij} = 1\} \\ S_2 = \{(i,j) \mid d_{ij} = 1, d'_{ij} = 0\} \end{cases}$$

对应于表 2-10 的不匹配模式，S_1 为 Ⅰ 类不匹配，S_2 为 Ⅱ 类不匹配。不匹配数据描述公式如下：

$$\mathrm{DL_D} = \sum_{(i,j) \in S_1} (\log n_{\mathrm{n}} + \log n_{\mathrm{n}} + 1) + \sum_{(i,j) \in S_2} (\log n_{\mathrm{n}} + \log n_{\mathrm{n}} + 1) \quad (2\text{-}9)$$

括号内第一个 $\log n_{\mathrm{n}}$ 指代 i，第二个 $\log n_{\mathrm{n}}$ 指代 j，另一个 1 则指代 Ⅰ 类或 Ⅱ 类不匹配。两个求和分布表示 Ⅰ 类不匹配和 Ⅱ 类不匹配的求和。

▶▶ 3. MDL 目标函数

模型描述及不匹配数据描述乘以相应的权重后可得 DSM 的目标函数为

$$f_{\mathrm{DSM}}(M) = (1 - \alpha - \beta)(n_{\mathrm{c}} \log n_{\mathrm{n}} + \log n_{\mathrm{n}} \sum_{i=1}^{n_{\mathrm{c}}} \mathrm{cl}_i) +$$

$$\alpha[\, |S_1| (2\log n_{\mathrm{n}} + 1)\,] + \beta[\, |S_2| (2\log n_{\mathrm{n}} + 1)\,] \quad (2\text{-}10)$$

式中，α 和 β 是介于 0 和 1 之间的权重。α 和 β 的定值不是一项简单的工作，后期可模拟手动聚类对 α 和 β 的值进行调整。根据李中凯的研究，将其简单设置为 $\alpha = \beta = 1/3$。运算目标是找出 M 模型中 f_{DSM} 的最小值，即 M 模型中需要描述指定数据的最小长度。

值得注意的是，不匹配数据描述运算是基于 DSM 中的 0、1 二值，对于数值化 DSM，需要对其中的元素进行标准化处理：

$$p_{ij} = \frac{d_{ij} - d_{\min}}{d_{\max} - d_{\min}} \quad (2\text{-}11)$$

式中，$d_{\max} = \max_{i,j} d_{ij}$，$d_{\min} = \min_{i,j} d_{ij}$。对于数值化矩阵 DSM，$S_1$ 和 S_2 分别为

$$\begin{cases} S_1 = \sum_{d'_{ij}=1} (1 - p_{ij}) \\ S_2 = \sum_{d'_{ij}=0} (1 - p_{ij}) \end{cases}$$

依然使用式（2-10）求解目标函数值。

▶ 4. 成组遗传算法 （GGA） 优化方法

在所有的优化方法中，最基本的方法是枚举法。该方法会产生所有可能的结果，并对每一个结果进行比较从而得到最优解。对于较小的 DSM，这个方法可以使用，但是对于含有大量数据的 DSM，该方法运算量大、效率低的缺点就暴露无遗，即使使用高性能计算机，对小问题计算的时间也很长。所以，以遗传算法（Genetic Algorithm，GA）为代表的新型优化方法被广泛应用。GA 模拟进化论的自然选择和遗传学机理的生物进化过程，通过选择、交叉、变异找到或接近最优解。

Gu 等使用传统 GA 对模块进行了划分，但是模块数量以及模块包含的元素需要预先设置好。为了克服该问题，Falkenauer 提出了使用 GGA 解决聚类问题。Falkenauer 指出，传统 GA 在解决聚类问题时会有三方面的限制：①传统编码会浪费多余的空间；②它不容易生成良好的后代种群；③交叉及变异等标准机制将降低后代种群的质量。GGA 则以高度的编码效率及良好的后代种群生成性克服了上述不足。Yu 等比较了常用模块划分算法（表 2-11），指出了 GGA 的优越性。因此，选择 GGA 作为材料聚类的优化方法进行说明。

表 2-11　聚类算法比较

项　　目	权　重	算 法 等 级[①]				
		阀 值 聚 类	模拟退火算法	蚁 群 算 法	遗 传 算 法	成组遗传算法
计算量	25%	2	3	5	4	5
计算效率	10%	5	2	3	2	3
解决搜索能力	25%	2	3	4	5	4
控制约束	10%	5	3	3	4	3
适合聚类问题	30%	1	2	3	2	5
总等级	—	2.3	2.6	3.75	3.45	4.35

① 等级范围：0~5。等级越高，算法表现越好。

（1）编码　GGA 的编码形式如图 2-4 所示。每一个基因代表一个模块，这类遗传编码代表着染色体的合适长度，这将有助于寻找最佳模块数量。此外，它避免了因为染色体太长导致的效率降低问题。染色体内含有五个模块 A、B、C、D、E，模块数分别表示为 $A = \{1\}, B = \{3,6\}, C = \{4\}, D = \{2\}, E = \{5\}$。每个基因能单独响应相应的组件，例如模块 B 包括组件 3 和 6。

（2）种群初始化　在 GGA 的起始阶段，需要生成大量的初始染色体种群数。Ericsson 和 Erixon 列出了理想模块划分数量与组件数量的关系：

$$理想模块划分数量 \leqslant \sqrt{组件数量} \tag{2-12}$$

图 2-4　GGA 的编码形式

根据式（2-12）设置模块划分数量上限，模块数量下限设为1。初始染色体遗传结合过程如下所示：

步骤1：在最大模块数量限制条件下随机生成一个可行的模块数量。

步骤2：随机为任意模块分配第一个组分。

步骤3：在更高的优先级中，将剩下的组件分配至模块中。如果没有合适的模块可供分配，则将它们进行随机分布。重复此步骤，直至所有组件均分配至模块中。

（3）交叉　随机生成两个父染色体1和2（图2-5a），分别包含组分{A,B,C,D,E,F,G,H,I,J} 和 {A′,B′,C′,D′,E′,F′,G′,H′,I′,J′}，任意生成两个待交叉算子{D,E,F} 和 {D′,E′,F′}。将两算子进行交叉，得到图2-5b所示的两个子染色体（新染色体）1′和2′，可见生成的子染色体分别包含组分{A,B,C,D′,E′,F′,G,H,I,J} 和 {A′,B′,C′,D,E,F,G′,H′,I′,J′}。

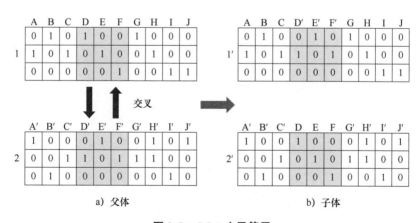

图 2-5　GGA 交叉算子

（4）变异　以图2-5b中生成的子体1′作为新的染色体，随机选择染色体中的 {G,H,I} 作为新算子进行变异，如图2-6所示。对于染色体 G、H、I 列中的每一个元素，转换矩阵元素值，即1替换为0、0替换为1，得到新的染色体

$1''\{A,B,C,D',E',F',G'',H'',I'',J\}$。特别的，若染色体中的算子经过交叉、变异后元素均为 0，则随机赋值一个元素为 1，从而保证聚类划分的有效性。

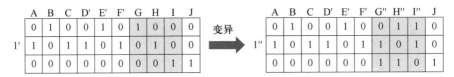

图 2-6　GGA 变异算子

⫸ 5. 运算流程

GGA 运算流程如图 2-7 所示。首先对种群初始化，设置迭代初值 $t=1$，并对优化目标 f 进行计算。在主循环程序中，采用联赛选择机制循环生成 2 对染色体，进行交叉、变异运算，从而增强 GGA 的全局寻优能力，避免产生算法收敛过早的问题。变异运算后，检查新染色体并调整运算，计算 MDL 目标函数值。当达到最大迭代次数时，输出聚类中最小描述长度下的聚类划分，作为 DSM 聚类优化结果。

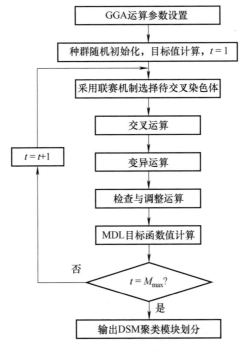

图 2-7　GGA 运算流程

▶▶ 6. 相似性权重整合

使用 Widrow-Hoff 迭代对 MDL-GGA 中的相似性权重进行整合，使得 GGA 生成结果中的描述长度具有合理的比率。GGA 的优化目标是找到最小描述长度，为了简化，对式（2-10）进行如下改写：

$$f_{\text{DSM}}(M) = w_1 f_1 + w_2 f_2 + w_3 f_3 \tag{2-13}$$

权重整合的目的是找到 GGA 运行后的 w_i，满足比率

$$\frac{f_1}{f_1 + f_2 + f_3} : \frac{f_2}{f_1 + f_2 + f_3} : \frac{f_3}{f_1 + f_2 + f_3} \approx r_1 : r_2 : r_3 \tag{2-14}$$

其中，r_i 反映了聚类中的主观意识。

由于权重和比率的总和为 1，实际存在一个拥有两个自由度的非线性系统，因此，定义两个非线性函数如下：

$$\begin{cases} R_1(w_1, w_2) = \dfrac{f_1(w_1, w_2)}{f_1(w_1, w_2) + f_2(w_1, w_2) + f_3(w_1, w_2)} - r_1 \\[3mm] R_2(w_1, w_2) = \dfrac{f_2(w_1, w_2)}{f_1(w_1, w_2) + f_2(w_1, w_2) + f_3(w_1, w_2)} - r_2 \end{cases} \tag{2-15}$$

如此，权重整合的目标是找到一对 (w_1, w_2) 满足 $(R_1, R_2) \approx (0,0)$。有诸多数值方法（如牛顿-莱松法等）可以解决非线性系统问题，但均不适用。因此，通过合理假设，得到 Widrow-Hoff 迭代的梯度信息。

定义 $c_1 = w_1 f_1$，$c_2 = w_2 f_2$。本文所做的假设是基于 w_i 的微小变化，而 c_i 则变化不大。即假设以下雅可比矩阵接近零：

$$\begin{bmatrix} \dfrac{\partial c_1}{\partial w_1} & \dfrac{\partial c_2}{\partial w_1} \\[3mm] \dfrac{\partial c_1}{\partial w_2} & \dfrac{\partial c_2}{\partial w_2} \end{bmatrix} \approx \mathbf{0} \tag{2-16}$$

式中，$\mathbf{0}$ 为零矩阵。基于此假设，可用 w_1 和 w_2 分别表达 R_1 和 R_2：

$$\begin{cases} R_1 = \dfrac{f_1}{f_1 + f_2 + f_3} - r_1 = \dfrac{c_1}{w_1 \left(\dfrac{c_1}{w_1} + \dfrac{c_2}{w_2} + \dfrac{c_3}{1 - w_1 - w_2} \right)} - r_1 \\[5mm] R_2 = \dfrac{f_2}{f_1 + f_2 + f_3} - r_2 = \dfrac{c_2}{w_2 \left(\dfrac{c_1}{w_1} + \dfrac{c_2}{w_2} + \dfrac{c_3}{1 - w_1 - w_2} \right)} - r_2 \end{cases} \tag{2-17}$$

由此可求得雅可比矩阵：

$$J = \begin{bmatrix} \dfrac{\partial R_1}{\partial w_1} & \dfrac{\partial R_2}{\partial w_1} \\ \dfrac{\partial R_1}{\partial w_2} & \dfrac{\partial R_2}{\partial w_2} \end{bmatrix} = \begin{bmatrix} \dfrac{-c_1\Delta - c_1 w_1 \Delta_1}{w_1^2 \Delta^2} & \dfrac{-c_2 \Delta_1}{w_2 \Delta^2} \\ \dfrac{-c_1 \Delta_2}{w_1 \Delta^2} & \dfrac{-c_2 \Delta - c_2 w_2 \Delta_2}{w_2^2 \Delta^2} \end{bmatrix} \qquad (2\text{-}18)$$

式中，$\Delta = \dfrac{c_1}{w_1} + \dfrac{c_2}{w_2} + \dfrac{c_3}{w_3}$，$\Delta_1 = \dfrac{-c_1}{w_1^2} + \dfrac{c_3}{w_3^2}$，$\Delta_2 = \dfrac{-c_2}{w_2^2} + \dfrac{c_3}{w_3^2}$，$w_3 = 1 - w_1 - w_2$，$c_3 = w_3 f_3$。容易得到 $\begin{bmatrix} \partial w_1 & \partial w_2 \end{bmatrix} J = \begin{bmatrix} \partial R_1 & \partial R_2 \end{bmatrix}$。由此得到 Widrow-Hoff 迭代：

$$\begin{bmatrix} w_1 & w_2 \end{bmatrix}_{(k+1)} = \begin{bmatrix} w_1 & w_2 \end{bmatrix}_{(k)} - \eta \begin{bmatrix} R_1(w_1, w_2) & R_2(w_1, w_2) \end{bmatrix}_{(k)} J_{(k)}^{-1}$$

$$(2\text{-}19)$$

式中，k 为迭代次数；η 为学习率。根据式（2-19），可找到合适的权重系数，使得 $\dfrac{f_1}{f_1 + f_2 + f_3} : \dfrac{f_2}{f_1 + f_2 + f_3} : \dfrac{f_3}{f_1 + f_2 + f_3} \approx r_1 : r_2 : r_3$。给定起始点 $\begin{bmatrix} w_1 & w_2 \end{bmatrix}_{(0)}$，GGA 执行给定的 f_1、f_2、f_3。根据式（2-17）和式（2-18）计算 R_1、R_2 及雅可比矩阵。之后依据式（2-19）确定下一个权重。迭代次数越多，越接近目标比率。

▶▶ 2.2.4　实证案例：报废车用材料的绿色聚类

普通乘用车质量的 90% 是由钢、铁、塑料、铝、橡胶和玻璃这 6 种材料组成的，其余材料包括有色金属、车中的液体、油漆和纤维制品等。随着科技的发展，各种新材料广泛应用于汽车之中。铝合金、高强度钢、合成塑料、复合材料和陶瓷在汽车中的应用越来越多。表 2-12 列出了 2003 年与 2014 年汽车材料组成对比，可看到黑色金属的用量明显下降。在黑色金属中，高强度钢的比例正不断增加。车身结构的增强可以减少钢的用量，相应减轻了车重。同时，为了减小车重，很多车型大量选择了轻型钢，在达到各种指标的同时，车身质量减小了 20%。

相比金属材料，非金属材料占整车比例变化更加明显，其中的典型代表就是塑料。根据表 2-12，塑料在车上的使用量已经翻了一倍。塑料良好的物理化学性能（如良好的耐蚀性、绝热和绝缘性、抗振和平稳特性等），以及因为密度较小而质轻的特点，使得其在汽车工业中的应用越来越广泛。随着我国在塑料件及模具设计技术方面的不断提高，塑料在国产车中的应用比例也在不断提高。

表 2-12　2003 年与 2014 年汽车材料组成对比

组　　成	2003 年（%）	2014 年（%）
黑色金属	65.4 ~ 71.0	46.9 ~ 63.0
有色金属	7.0 ~ 10.0	10.0 ~ 24.3
塑料	7.0 ~ 9.3	13.0 ~ 21.1
橡胶	4.0 ~ 5.6	—
玻璃	2.9 ~ 3.0	—
液体	0.9 ~ 6.0	0.8 ~ 5.0
电池	1.0 ~ 1.1	—
电子/电气元器件	0.4 ~ 1.0	0.17 ~ 0.2
其他	1.0 ~ 5.9	4.41 ~ 13.5

　　基于提高材料性能的考虑，复合材料在汽车上的应用范围也不断扩大。除了高分子基复合材料等常用复合材料之外，针对汽车工业还重点研发了诸如碳纤维强化塑料（CFRP）、玻璃纤维增强塑料（GFRP）、纤维增强金属（FRM）等新型复合材料。

　　出于对利润的追求及技术水平的限制，报废汽车拆解企业一直以材料的物理特性及售卖价值作为材料的分类方式。然而，随着材料的不断增多，以及环境性要求的不断提高，从材料效率的观点出发，根据材料的经济性和环境性对报废汽车材料进行分类更具科学性。本节以经济性和环境性指标作为权重划分指标，对报废汽车中的材料进行聚类划分，并探讨聚类后材料减类化要求，为报废汽车拆解企业未来材料分选提供科学依据。

　　报废汽车中具有代表性的 21 类材料见表 2-13。

表 2-13　21 类车用材料

序　号	材　料	序　号	材　料	序　号	材　料
1	铁	8	PP	15	碳纤维
2	钢	9	PE	16	玻璃
3	铜	10	PVC	17	油液[①]
4	铝	11	PA（尼龙）	18	电池[②]
5	锡	12	ABS	19	ASR
6	铅	13	橡胶	20	海绵
7	锌	14	玻璃纤维	21	木材

① 报废汽车中的油液作为易燃物需经特殊处理，所以在聚类中认为是一种材料。

② 电池作为危害物需经特殊处理，所以在聚类中认为是单一材料。

▶2.2.4.1 设计结构矩阵

以经济性和环境性作为模块化驱动因素，其中，经济性包含拆解、破碎及后处理成本与售价两个子因素，环境性包含物理特性（密度）、能源消耗、环境排放三个子因素。图2-8所示为模块化驱动因素的分解关系。合成权重值的关系见式（2-20），合成的结果为数值化 DSM。

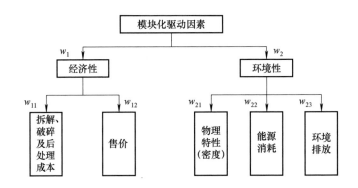

图 2-8　模块化驱动因素的分解关系

$$\begin{cases} w_1 = w_{11} + w_{12} \\ w_2 = w_{21} + w_{22} + w_{23} \end{cases} \quad (2\text{-}20)$$

考虑经济性和环境性重要程度相同，取 $w_1 = w_2 = 0.5$，各子因素的权重值均分，得 $w_{11} = w_{12} = 0.25$，$w_{21} = w_{22} = w_{23} = 0.167$。各子因素的区间划分描述如下：

1) 拆解、破碎及后处理成本。根据劳动力成本及后处理复杂度（难度）将成本分为高、中、低三个区间。

2) 售价。根据报废汽车拆解企业及互联网交易平台提供的废材料交易信息，将售价分为高（>4000 元/t）、中（1000~4000 元/t）、低（<1000 元/t）三个区间。

3) 物理特性（密度）。根据材料自身的密度，分为高（>7g/cm³）、中（1~7g/cm³）、低（<1g/cm³）三个区间。

4) 能源消耗。根据美国阿贡国家实验室开发的 GREET 2013 模型中各材料的能源消耗量，分为高（>100mmBtu/t）、中（10~100mmBtu/t）、低（<10mmBtu/t）三个区间。

5) 环境排放。根据美国阿贡国家实验室开发的 GREET 2013 模型，选取

CO_2排放值作为环境排放指标，分为高（$>3000kg/t$）、中（$1000 \sim 3000kg/t$）、低（$<1000kg/t$）三个区间。

材料驱动因素的区间划分见表2-14。根据图2-8设置子权重系数后，设定各子因素的DSM，使用式（2-20）得到加权合并后生成的DSM，见表2-15。

表2-14 材料驱动因素的区间划分

驱动因素	子因素	区间	材料
经济性	拆解、破碎及后处理成本	高	10、16、19
		中	8、9、11、12、13、14、15、20、21
		低	1、2、3、4、5、6、7、17、18
	售价	高	3、4、5、6、7、17
		中	1、2、8、9、10、11、12、14、15、18
		低	13、16、19、20、21
环境性	物理特性（密度）	高	1、2、3、5、6、7、
		中	4、10、11、12、13、14、15、16、18、19
		低	8、9、17、20、21
	能源消耗	高	4、11、15、18
		中	3、5、6、7、8、9、10、12、14、16、20
		低	1、2、13、17、19、21
	环境排放	高	4、11、12、14、15、18
		中	3、5、6、7、8、9、10、16、20
		低	1、2、13、17、19、21

⟫ **2.2.4.2 报废车用材料的绿色聚类结果**

以表2-15作为初始DSM，使用Matlab实现整数编码GGA，其中运算参数见表2-16。初始种群个体数设为100，最大迭代次数设为100，待聚类报废车用材料的元素数为21，根据式（2-12）设置最大聚类数为4。

GGA的进化收敛过程如图2-9所示，上端虚线表示每代进化中优化目标f的最差值，中间点画线表示f的平均值，下端实线表示f的最优值。f值的上端波动，表明随着迭代次数的增多，算法不因种群过早收敛而降低全局寻优能力，种群依然具有多样化搜索能力。平均值逐渐趋近于最优值，最优值经过多次迭代后达到稳定收敛。计算用时14.44s，最小描述长度$f_{min} = 527.2960$。

表2-15　各子因素的DSM加权合并后生成的DSM

序号	1	2	3	4	5	6	7	8	9	10	11	12	13	14	15	16	17	18	19	20	21
1	1	9.01	6.67	4.34	6.67	6.67	6.67	5.17	5.17	4.76	4.34	5.17	6.34	5.17	4.34	3.76	6.51	5.34	5.09	4.17	5.51
2	9.01	1	6.67	4.34	6.67	6.67	6.67	5.17	5.17	4.76	4.34	5.17	6.34	5.17	4.34	4.42	6.51	5.34	5.09	4.17	5.51
3	6.67	6.67	1	7.01	9.01	9.01	9.01	5.51	5.51	5.09	5.01	5.67	3.76	5.67	5.01	3.84	6.17	6.01	2.51	4.26	2.92
4	4.34	4.34	7.01	1	7.01	7.01	7.01	5.01	5.01	4.42	7.01	6.34	4.42	6.34	7.01	3.17	7.01	8.01	3.84	3.76	3.76
5	6.67	6.67	9.01	7.01	1	9.01	9.01	5.51	5.51	5.09	5.01	5.67	3.76	5.67	5.01	3.84	6.17	6.01	2.51	4.26	2.92
6	6.67	6.67	9.01	7.01	9.01	1	9.01	5.51	5.51	5.09	5.01	5.67	3.76	5.67	5.01	3.84	6.17	6.01	2.51	4.26	2.92
7	6.67	6.67	9.01	7.01	9.01	9.01	1	5.51	5.51	5.09	5.01	5.67	3.76	5.67	5.01	3.84	6.17	6.01	2.51	4.26	2.92
8	5.17	5.17	5.51	5.01	5.51	5.51	5.51	1	9.01	7.34	7.01	7.67	6.01	7.67	7.01	6.34	5.67	6.01	5.01	8.01	6.67
9	5.17	5.17	5.51	5.01	5.51	5.51	5.51	9.01	1	7.34	7.01	7.67	6.01	7.67	7.01	6.34	5.67	6.01	5.01	8.01	6.67
10	4.76	4.76	5.09	4.42	5.09	5.09	5.09	7.34	7.34	1	6.67	7.34	5.67	7.34	6.67	8.01	3.76	5.42	6.67	6.34	5.01
11	4.34	4.34	5.01	7.01	5.01	5.01	5.01	7.01	7.01	6.67	1	8.34	5.00	8.34	9.01	5.67	3.34	8.01	4.00	6.01	4.34
12	5.17	5.17	5.67	6.34	5.67	5.67	5.67	7.67	7.67	7.34	8.34	1	5.84	9.01	8.34	6.34	4.17	7.34	4.84	6.67	5.17
13	6.34	6.34	3.76	4.42	3.76	3.76	3.76	6.01	6.01	5.67	5.00	5.84	1	5.84	5.00	6.67	5.09	4.00	8.01	7.01	8.34
14	5.17	5.17	5.67	6.34	5.67	5.67	5.67	7.67	7.67	7.34	8.34	9.01	5.84	1	8.34	6.34	4.17	7.34	4.84	6.67	5.17
15	4.34	4.34	5.01	7.01	5.01	5.01	5.01	7.01	7.01	6.67	9.01	8.34	5.00	8.34	1	5.67	3.34	8.01	4.00	6.01	4.34
16	3.76	4.42	3.84	3.17	3.84	3.84	3.84	6.34	6.34	8.01	5.67	6.34	6.67	6.34	5.67	1	2.51	4.42	7.67	7.34	6.01
17	6.51	6.51	6.17	7.01	6.17	6.17	6.17	5.67	5.67	3.76	3.34	4.17	5.09	4.17	3.34	2.51	1	4.34	3.84	4.42	5.76
18	5.34	5.34	6.01	8.01	6.01	6.01	6.01	6.01	6.01	5.42	8.01	7.34	4.00	7.34	8.01	4.42	4.34	1	2.75	5.01	3.34
19	5.09	5.09	2.51	3.84	2.51	2.51	2.51	5.01	5.01	6.67	4.00	4.84	8.01	4.84	4.00	7.67	3.84	2.75	1	6.01	7.34
20	4.17	4.17	4.26	3.76	4.26	4.26	4.26	8.01	8.01	6.34	6.01	6.67	7.01	6.67	6.01	7.34	4.42	5.01	6.01	1	7.67
21	5.51	5.51	2.92	3.76	2.92	2.92	2.92	6.67	6.67	5.01	4.34	5.17	8.34	5.17	4.34	6.01	5.76	3.34	7.34	7.67	1

表 2-16 GGA 的运算参数

变 量	取 值	描 述	变 量	取 值	描 述
P_n	100	初始种群个体数	C_n	21	待聚类元素数
G_{max}	100	最大迭代次数	M	4	最大聚类数
P_c	0.8	交叉概率	S	1	优化目标数
P_m	0.2	变异概率	—	—	—

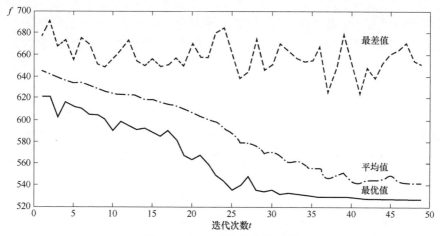

图 2-9 GGA 的进化收敛过程

聚类生成的四个模块见表 2-17。

表 2-17 21 类车用材料聚类后的模块划分

模块	材 料
Ⅰ	1（铁）、2（钢）、8（PP）、9（PE）、10（PVC）、12（ABS）、14（玻璃纤维）、20（海绵）
Ⅱ	2（钢）、3（铜）、4（铝）、5（锡）、6（铅）、7（锌）、11（PA）、15（碳纤维）、17（油液）、18（电池）
Ⅲ	3（铜）、10（PVC）、17（油液）
Ⅳ	13（橡胶）、16（玻璃）、19（ASR）、21（木材）

考虑拆解企业传统的材料分类方式，表 2-17 中的结果与之有较大差别，主要体现在关键材料的处理中。

▶▶ **1. PVC**

所有高分子聚合物中，PVC 唯一从属于两个模块（模块 Ⅰ 和 Ⅲ）。PVC 由于具有良好的抗拉、抗弯、抗压和抗冲击能力，并且价格便宜，所以广泛应用于汽车产品中。但 PVC 热裂解后会产生氯化氢，所以无法在后处理阶段对其进行能量回收利用。相比于其他塑料，PVC 的后处理成本更高。在模块 Ⅲ 中，PVC

和油液被聚为一类，说明其环境性要求较高。从破碎及后处理角度出发，建议减少车用 PVC 的含量。

▶ 2. 铜和油液

铜和油液均同属于模块Ⅱ和Ⅲ，说明这两种材料在材料效率方面具有极高的相似性。经济性因素中，两种材料的售价均较高，同时处理成本均较低。在环境性因素中的能源消耗和 CO_2 排放方面，两种材料的差异也较小。铜作为价值较高的废旧金属，一直受到重视。废油液作为液体易燃物，一般由企业自用或由特殊机构回收处理。随着环保及作业规范要求的不断提高，废油液也越来越被重视。未来企业在对这两种材料进行处理时，可考虑作为同一类材料进行规范化处理。

▶ 3. 有色金属

所有的有色金属均聚类于模块Ⅱ。由于有色金属的能源消耗及 CO_2 排放值均较高（以铝为例，能源消耗为 134.586mmBtu/t，CO_2 排放为 9155.10kg/t），根据减类化设计理念，在满足汽车性能的前提下，可减少金属材料的种类。当材料选择与轻量化设计产生矛盾时，应综合考虑汽车性能与材料效率间的平衡。

▶ 4. 塑料及复合材料

除 PA 外，PP、PE、PVC 和 ABS 均聚类于模块Ⅰ，说明从材料效率角度考虑，高分子聚合物之间依然具有很高的相似性。前文已对浮选法分离高分子聚合物进行了讨论，由于这些材料的密度相差较小，且接近于水的密度，所以难以进行有效分离。根据模块Ⅰ的聚类结果，建议减少高分子聚合物的种类。而复合材料（玻璃纤维和碳纤维）分属于两个不同模块，说明这两种材料的材料效率相似性较低。同时，复合材料的环境性表现较差，特别是碳纤维，在所有材料中的能源消耗和 CO_2 排放值最高（分别为 160.7mmBtu/t、9620.56kg/t）。所以，从材料效率角度考虑，应慎重选择复合材料作为设计原料。

对所有报废汽车产品回收处理者（包括拆解企业和破碎企业）而言，最应对模块Ⅳ予以关注。橡胶、玻璃、ASR 和木材均属于经济价值较低、后处理难度较大的材料。对这四种材料进行处理，更多应考虑环境性问题。尤其是对 ASR 进行处理，已成为各国的重点及难点问题。在汽车产品设计阶段，则应尽量减少未来 ASR 产生的可能性，即使用绿色模块化及减类化方法设计汽车产品。

2.3 面向材料效率的生命周期评价

▶ 2.3.1 基于我国投入产出数据的生命周期评价方法

生命周期评价（LCA）方法是对产品的环境性进行比较分析和评价的方法。

与其他环境性评价方法不同的是，LCA 注重"从摇篮到坟墓"的产品周期全过程以及产品的"功能性单元"。基于这样的技术特性，LCA 允许对相同或相似的产品进行系统比较。

ISO 14040：2006 对 LCA 的实施进行了定义，如图 2-10 所示，主要包含四个步骤：目标与范围的确定、生命周期清单分析、生命周期影响评价及解释。

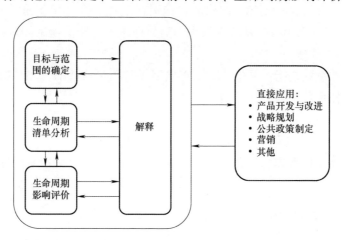

图 2-10　LCA 的实施步骤（ISO 14040：2006）

▶▶ 1. 目标与范围的确定

目标与范围的确定是开展 LCA 研究的第一步，需要确定系统边界、功能单元、数据要求等。鉴于 LCA 的重复性，系统边界可能需要不断改进。

▶▶ 2. 生命周期清单分析

生命周期清单分析（life cycle inventory analysis，LCI）是 LCA 分析的核心，同时也是最重要的定量分析部分。LCI 至少需要如下几步：

1）系统确定过程包括产品树族的图形化表达。

2）功能单元和参照流的定义。

3）数据收集（输入和输出）。

4）系统运行数据，如果可以，则预先设置截止规则和分配规则。

5）执行计算。

生命周期清单分析中，数据收集是关键。LCA 的基础数据主要分两种：单位过程数据和环境投入产出（environmental input-output，EIO）数据。前者直接来源于企业调研，而后者根据国家经济投入产出而得。基于环境投入产出的 LCA 法（EIO-LCA 方法），通过运用投入产出法，分析经济及工业行为在环境中的表现。EIO-LCA 法只计算产品生产对环境的影响，而不涉及产品的使用阶段。

投入产出分析中需要使用两个系数：直接消耗系数和完全消耗系数。

直接消耗系数是指某一部门生产产品消耗的各部门产品数量。直接消耗系数矩阵 A 的计算公式为

$$A = (a_{ij}), \ a_{ij} = \frac{X_{ij}}{X_j} \tag{2-21}$$

式中 a_{ij}——第 j 部门对第 i 部门的直接消耗系数。将《中国统计年鉴》的投入产出直接消耗系数表中的数据作为直接消耗系数矩阵 A 的基础数据。

完全消耗系数是指产品生产时，直接消耗与间接消耗的总和，由式（2-21）得到完全消耗系数矩阵 B 的计算公式为

$$B = (I - A)^{-1} - I \tag{2-22}$$

式中 I——单位矩阵，$(I - A)^{-1}$ 称为里昂惕夫逆矩阵。

根据直接消耗系数和完全消耗系数得到 EIO-LCA 对环境影响的计算公式为

$$E_i = R_i (I - A)^{-1} Y_i \tag{2-23}$$

式中 E_i——第 i 种环境影响向量，环境总排放为 $\sum_{i=1}^{n} E_i$；

       R_i——环境影响向量（如能源消耗量、排放量等）与产出值（人民币）比值的对角矩阵；

       Y_i——最终需求向量。

能源消耗数据采用《中国统计年鉴》中"按行业分能源消费量"相关数据。环境排放数据采用《中国统计年鉴》中"工业按行业分废气、废水、固体废物产生及处理利用情况"相关数据。

▶ 3. 生命周期影响评价

根据 ISO 14040：2006，生命周期影响评价（life cycle impact assessment，LCIA）分强制性元素和选择性元素两种。

（1）强制性元素

1）影响类别、类别指标及模型特征的选择。

2）LCI 结果分类。

3）类别指标结果计算（表征）。

4）类别指标结果（LCIA 结果、LCIA 简述）。

（2）选择性元素

1）衡量类别指标结果与参考指标的差异性（标准化/归一化）。

2）成组。

3）权重。

强制性元素中，第一个元素存在于目标与范围的确定中，但现在必须改进。而 LCI 结果同样需要在第二阶段关于选择（分类）的类别中产生，并且需要被修正。真正影响评估的要素是表征，需要了解环境提取与释放间的相互影响。在所有选择性元素中，最常使用"归一化"。这一元素结果允许有关区域的环境损害产生微小影响。

▶ **4. 解释**

解释取代了改进评估或估价等旧概念。解释是目标与范围确定的一种对应，其实质是确保上述三步彼此一致并进行良好的调整。此外，必须使用合适的方法（如敏感度分析或误差计算）来检查结果的合理性和准确性。

ISO 14044：2006 对解释的结构定义如下：

1）确定重大问题。

2）对元素完整性进行评估，并进行敏感性和一致性检查。

3）得到结论，并给出意见或建议。

▶ **2.3.2　实证案例：发动机轻量化及再制造的生命周期评价**

实证案例以上海大众某型号发动机为研究对象，结合其轻量化设计及再制造技术，对其生命周期能源消耗及环境排放进行评价。该发动机总成质量为132.7kg，其中主要零件参数见表 2-18。设置不同的方案对发动机制造中所产生的能耗及排放数据进行对比，从而选择最适宜的方案。假设发动机的生命周期为 14 年，计算各方案中发动机制造所产生的年平均能耗及排放。

表 2-18　发动机主要零件参数

品　名	材　料	单个质量/kg	数　量	总质量/kg
缸体	铸铁	43	1	43
缸盖	铝合金	10.5	1	10.5
曲轴	钢	14.435	1	14.435
凸轮轴	钢	2.695	1	2.695
连杆	钢	0.615	4	2.460
活塞	铝	0.305	4	1.22
助力泵	钢	1.955	1	1.955
电子节气门	钢	1.015	1	1.015
水泵	钢	0.695	1	0.695
进气歧管	塑料	7.8	1	7.8
机油泵	钢	1.055	1	1.055
机滤座	钢	1.025	1	1.025
飞轮	钢	7.725	1	7.725

（续）

品　名	材　料	单个质量/kg	数　量	总质量/kg
油底壳	钢	3	1	3
气门	钢	0.06	8	0.48
弹簧	钢	0.108	8	0.864
顶杆	钢	0.05	8	0.40

1）方案 A：原型机——一次生命周期。

2）方案 B：轻量化发动机——一次生命周期。

3）方案 C：再制造发动机——二次生命周期。

4）方案 D：轻量化发动机 + 再制造发动机——二次生命周期。

1. 发动机轻量化

发动机轻量化一般有两个途径：结构优化和材料优化。材料效率更多关注的是材料优化在发动机节能减排上的表现。

缸体是发动机中单一质量最大的零件，一般接近整机质量的 1/3。同时由于其不属于运动部件，所以考虑选择缸体作为轻量化零件。传统的缸体由灰铸铁制成，轻量化的途径是采用铝合金制成。早在 30 年前，我国已经尝试砂型铸造汽油机铝合金气缸。由于气缸最大爆发压力的逐步提升，当年的铝合金缸体无论是材料性能还是结构设计均无法达到要求，因而，逐渐退出了历史舞台。随着材料技术的不断发展和节能减排要求的不断提高，人们在选用轻质材料时，再一次将目光投向了铝合金。表 2-19 所列为两种材料对比分析。

表2-19　两种材料对比分析

性　能	铝　合　金	灰　铸　铁
密度/(g/cm³)	2.7	7.3
耐蚀性	差	好
抗拉强度（25℃）/MPa	175～470	160～270
成本	高（¥25/kg）	低（¥10/kg）
抗爆性和散热性	好	差
摩擦系数	大	小

由表 2-19 可看出，由于铝合金的密度大约为灰铸铁的 1/3，所以重量方面铝合金占有绝对优势，这也在一定程度上降低了整车的重量，从而降低了汽车在使用过程中所产生的能耗及温室气体排放。但相对较高的成本则影响铝合金缸体的推广使用。根据张春燕等研究发现，缸体采用铝合金铸件比铸铁件减重 40%，根据表 2-18 中铸铁缸体的质量（43kg）可得铝合金缸体的质量为

25.8kg。参考表2-19中两种材料的成本，计算出铸铁缸体的材料成本为430元，而铝合金缸体的材料成本为645元。

▶ 2. 发动机再制造

发动机再制造一般包含如下步骤：进料、拆卸、清洗、检测、修复、机加工、装配、检测和包装。其工艺流程如图2-11所示。

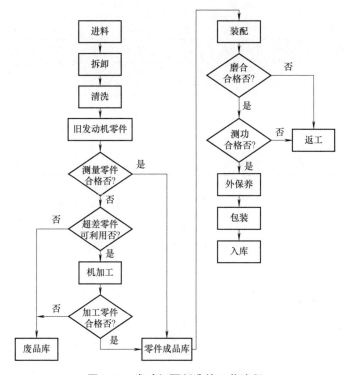

图2-11 发动机再制造的工艺流程

研究表明，发动机中缸体、缸盖、曲轴、凸轮轴和连杆五种零件可以被再制造。再制造过程中，除了这五种零件，其余零件都可以回收利用。除再制造五大件外，还需要橡胶、铝材、钢材、巴氏合金以及石棉被用来再制造。

▶ 2.3.2.1 经济性成本核算

对新发动机、轻量化发动机和再制造发动机进行成本核算，见表2-20。

表2-20 上海大众某型号新发动机、轻量化发动机和再制造发动机成本核算

成本构成项目	新发动机/元	轻量化发动机/元	再制造发动机/元
原材料及外购外协件	9234.57	9449.57	3191.92
能源费用	578.31	578.31	368.31

（续）

成本构成项目	新发动机/元	轻量化发动机/元	再制造发动机/元
直接工资	451.63	451.63	451.63
间接工资	490.19	490.19	490.19
使用维护费用	1081.34	1081.34	359.99
模具费用	469.99	469.99	381.05
原料损耗费用	952.83	952.83	0
管理费用	1018.92	1018.92	416.80
利润	537.92	537.92	1925.91
包装费用	229.49	229.49	229.49
运输费用	646.24	646.24	646.24
税金	2667.56	2667.56	1438.47
含税价格	18358.99	18573.99	9900.00

在成本构成项目中，与能源消耗及环境排放相关的项目为：原材料及外购外协件、能源费用、使用维护费用、模具费用、原料损耗费用、包装费用和运输费用。根据2012年中国投入产出表139部门中各部门划分情况，将发动机支出分类情况列于表2-21。

表2-21 新发动机、轻量化发动机和再制造发动机生命周期过程的支出分类情况

序号	生命周期阶段	按行业分类	新发动机/元	轻量化发动机/元	再制造发动机/元
1	原材料及外购外协件生产阶段	钢、铁及其铸件	2785.76	2355.76	587.42
		有色金属及其合金和铸件	1339.01	1984.01	334.75
		橡胶制品	515.6	515.6	515.6
		汽车零部件及配件	4340.25	4340.25	1500.2
		合成材料	215.47	215.47	215.47
		造纸和纸制品	38.48	38.48	38.48
2	发动机生产阶段	电力、热力生产和供应	578.31	578.31	368.31
		仪器仪表	1081.34	1081.34	381.05
		电机	469.99	469.99	359.99
		废弃资源和废旧材料回收加工品	952.83	952.83	0

序号	生命周期阶段	按行业分类	新发动机/元	轻量化发动机/元	再制造发动机/元
3	发动机 包装阶段	木材加工品 和木、竹、藤、 棕、草制品	229.49	229.49	229.49
4	发动机 运输阶段	道路运输	646.24	646.24	646.24

在原材料及外购外协件生产阶段，制造发动机的材料（如铸铁、铝合金、橡胶等）分别属于投入产出表中的"钢、铁及其铸件""有色金属及其合金和铸件""橡胶制品""汽车零部件及配件""合成材料""造纸和纸制品"。

在发动机生产阶段，能源支出分布在"电力、热力生产和供应"，日常维护费用分布在"仪器仪表"和"电机"，损耗费用分布在"废弃资源和废旧材料回收加工品"。

发动机包装阶段的费用分布在"木材加工品和木、竹、藤、棕、草制品"，发动机运输阶段的费用分布在"道路运输"。

▶ 2.3.2.2 环境性因子

使用 EIO-LCA 方法对发动机制造过程中的环境影响进行计算，具体计算能源消耗和环境排放。

▶ 1. 直接消耗系数矩阵

根据表 2-21 中列举的 12 个行业以及 2012 年中国投入产出直接消耗系数表，得到直接消耗矩阵为

$A =$

$$
\begin{bmatrix}
0.1203 & 0.0014 & 0.0009 & 0.0163 & 0.0004 & 0.0000 & 0.0000 & 0.0023 & 0.0026 & 0.0025 & 0.0000 & 0.0001 \\
0.0092 & 0.1987 & 0.0003 & 0.0556 & 0.0004 & 0.0004 & 0.0001 & 0.0204 & 0.0441 & 0.0079 & 0.0006 & 0.0000 \\
0.0009 & 0.0006 & 0.1337 & 0.0216 & 0.0036 & 0.0019 & 0.0001 & 0.0099 & 0.0023 & 0.0025 & 0.0029 & 0.0146 \\
0.0002 & 0.0001 & 0.0001 & 0.2910 & 0.0000 & 0.0001 & 0.0001 & 0.0017 & 0.0001 & 0.0010 & 0.0001 & 0.0803 \\
0.0014 & 0.0002 & 0.1687 & 0.0057 & 0.1378 & 0.0045 & 0.0000 & 0.0103 & 0.0079 & 0.0033 & 0.0045 & 0.0000 \\
0.0001 & 0.0004 & 0.0057 & 0.0017 & 0.0015 & 0.2998 & 0.0006 & 0.0061 & 0.0045 & 0.0017 & 0.0076 & 0.0004 \\
0.0413 & 0.0815 & 0.0148 & 0.0131 & 0.0280 & 0.0321 & 0.3264 & 0.0101 & 0.0097 & 0.0104 & 0.0232 & 0.0057 \\
0.0006 & 0.0002 & 0.0002 & 0.0019 & 0.0004 & 0.0003 & 0.0241 & 0.1388 & 0.0115 & 0.0000 & 0.0004 & 0.0001 \\
0.0001 & 0.0001 & 0.0001 & 0.0020 & 0.0001 & 0.0003 & 0.0010 & 0.0064 & 0.0641 & 0.0027 & 0.0003 & 0.0000 \\
0.0970 & 0.0873 & 0.0014 & 0.0009 & 0.0016 & 0.0555 & 0.0000 & 0.0006 & 0.0000 & 0.0455 & 0.0001 & 0.0000 \\
0.0006 & 0.0010 & 0.0015 & 0.0018 & 0.0003 & 0.0131 & 0.0000 & 0.0014 & 0.0015 & 0.0005 & 0.3464 & 0.0000 \\
0.0148 & 0.0084 & 0.0205 & 0.0147 & 0.0114 & 0.0232 & 0.0067 & 0.0134 & 0.0163 & 0.0123 & 0.0239 & 0.0599
\end{bmatrix}
$$

由此可得里昂惕夫逆矩阵

$(I-A)^{-1} =$

$$
\begin{bmatrix}
1.1371 & 0.0024 & 0.0014 & 0.0265 & 0.0005 & 0.0004 & 0.0002 & 0.0032 & 0.0034 & 0.0032 & 0.0001 & 0.0024 \\
0.0145 & 1.2494 & 0.0009 & 0.0988 & 0.0008 & 0.0020 & 0.0014 & 0.0305 & 0.0595 & 0.0108 & 0.0016 & 0.0085 \\
0.0021 & 0.0015 & 1.1559 & 0.0360 & 0.0052 & 0.0042 & 0.0008 & 0.0138 & 0.0035 & 0.0034 & 0.0059 & 0.0210 \\
0.0028 & 0.0020 & 0.0034 & 1.4134 & 0.0017 & 0.0047 & 0.0015 & 0.0049 & 0.0025 & 0.0031 & 0.0048 & 0.1208 \\
0.0027 & 0.0012 & 0.2263 & 0.0167 & 1.1609 & 0.0088 & 0.0008 & 0.0168 & 0.0108 & 0.0048 & 0.0092 & 0.0049 \\
0.0006 & 0.0012 & 0.0101 & 0.0040 & 0.0027 & 1.4288 & 0.0018 & 0.0105 & 0.0072 & 0.0026 & 0.0167 & 0.0012 \\
0.0737 & 0.1535 & 0.0360 & 0.0434 & 0.0489 & 0.0716 & 1.4856 & 0.0234 & 0.0243 & 0.0183 & 0.0549 & 0.0149 \\
0.0029 & 0.0046 & 0.0014 & 0.0045 & 0.0020 & 0.0026 & 0.0416 & 1.1620 & 0.0150 & 0.0006 & 0.0023 & 0.0008 \\
0.0006 & 0.0006 & 0.0002 & 0.0031 & 0.0002 & 0.0007 & 0.0019 & 0.0080 & 1.0687 & 0.0031 & 0.0005 & 0.0003 \\
0.1170 & 0.1147 & 0.0028 & 0.0133 & 0.0002 & 0.0833 & 0.0003 & 0.0046 & 0.0063 & 1.0492 & 0.0013 & 0.0012 \\
0.0012 & 0.0020 & 0.0030 & 0.0043 & 0.0006 & 0.0288 & 0.0002 & 0.0028 & 0.0028 & 0.0009 & 1.5303 & 0.0004 \\
0.0203 & 0.0141 & 0.0287 & 0.0252 & 0.0148 & 0.0380 & 0.0113 & 0.0182 & 0.0201 & 0.0143 & 0.0401 & 1.0664
\end{bmatrix}
$$

》2. 环境影响乘数

对于环境影响乘数 R 的计算，已由式（2-23）的解释给出，即环境影响向量（如能源消耗量、排放量等）与产出值（人民币）比值。由于《中国统计年鉴》中行业分类与 2012 年中国投入产出表中的行业分类不同，所以需要将其进行对应，如将《中国统计年鉴》中"黑色金属冶炼和压延加工业"与 2012 年中国投入产出表中"钢、铁及其铸件"相对应。能源消耗环境影响乘数和环境排放环境影响乘数分别见表 2-22 和表 2-23。

表 2-22 能源消耗环境影响乘数

行业	煤炭/ （t/元）	焦炭/ （t/元）	原油/ （t/元）	汽油/ （t/元）	柴油/ （t/元）	天然气/ （m³/元）	电力/ （kW·h/元）
钢、铁及其铸件	0.00156	0.00174	0.00000	0.00000	0.00000	0.01708	2.69241
有色金属及其合金和铸件	0.00014	0.00001	0.00000	0.00000	0.00000	0.00560	0.82103
橡胶制品	0.00008	0.00000	0.00000	0.00000	0.00000	0.00374	1.00339
汽车零部件及配件	0.00001	0.00000	0.00000	0.00000	0.00000	0.00209	0.08740
合成材料	0.00003	0.00000	0.00000	0.00000	0.00000	0.00032	0.21119
造纸和纸制品	0.00012	0.00000	0.00000	0.00000	0.00000	0.00111	0.15555
电力、热力生产和供应	0.00110	0.00000	0.00000	0.00000	0.00000	0.01416	0.41318
仪器仪表	0.00000	0.00000	0.00000	0.00000	0.00000	0.00071	0.10679
电机	0.00014	0.00000	0.00000	0.00000	0.00000	0.01747	1.79544
废弃资源和废旧材料 回收加工品	0.00001	0.00001	0.00000	0.00000	0.00000	0.00104	0.10543
木材加工品和木、竹、 藤、棕、草制品	0.00001	0.00000	0.00000	0.00000	0.00000	0.00008	0.06069
道路运输	0.00003	0.00000	0.00001	0.00019	0.00055	0.07940	0.47038

表 2-23 环境排放环境影响乘数

行业	废水/(t/元)	二氧化硫/(t/元)	烟尘/(t/元)	粉尘/(t/元)	固体废弃物/(t/元)
钢、铁及其铸件	0.00603	0.00001	0.00000	0.00000	0.00196
有色金属及其合金和铸件	0.00067	0.00000	0.00000	0.00000	0.00019
橡胶制品	0.00069	0.00000	0.00000	0.00000	0.00001
汽车零部件及配件	0.00039	0.00000	0.00000	0.00000	0.00001
合成材料	0.00156	0.00000	0.00000	0.00000	0.00000
造纸和纸制品	0.01058	0.00000	0.00000	0.00000	0.00006
电力、热力生产和供应	0.00082	0.00001	0.00000	0.00000	0.00034
仪器仪表	0.00065	0.00000	0.00000	0.00000	0.00000
电机	0.00341	0.00000	0.00000	0.00000	0.00000
废弃资源和废旧材料回收加工品	0.00060	0.00000	0.00000	0.00000	0.00003
木材加工品和木、竹、藤、棕、草制品	0.00012	0.00000	0.00000	0.00000	0.00000
道路运输	0.00000	0.00000	0.00000	0.00000	0.00001

▶▶ 2.3.2.3 发动机环境影响分析

使用式（2-23）计算各类型发动机的环境影响值，其能源消耗和环境排放计算结果分别见表 2-24 和表 2-25。

表 2-24 能源消耗计算结果

发动机	煤炭/t	焦炭/t	原油/t	汽油/t	柴油/t	天然气/m³	电力/kW·h
新发动机	7.4523	5.7738	0.0095	0.1809	0.5235	194.6530	1.4538×10^4
轻量化发动机	6.8783	4.9339	0.0095	0.1809	0.5237	191.8155	1.3914×10^4
再制造发动机	2.2375	1.2489	0.0079	0.1502	0.4348	104.1792	4.8834×10^4

表 2-25 环境排放计算结果

发动机	废水/t	二氧化硫/t	烟尘/t	粉尘/t	固体废弃物/t
新发动机	31.1389	0.00486	0.0000	0.0000	7.5486
轻量化发动机	28.8118	0.0444	0.0000	0.0000	6.7688
再制造发动机	9.9382	0.0149	0.0000	0.0000	1.8256

前文设定了一次生命周期为 14 年，根据表 2-24 和表 2-25 得到 A、B、C、D 四种方案的年平均能耗和排放，以方案 A 的各项数值作为基础数值进行归一化处理，得到图 2-12 所示四种方案各项数值对比。

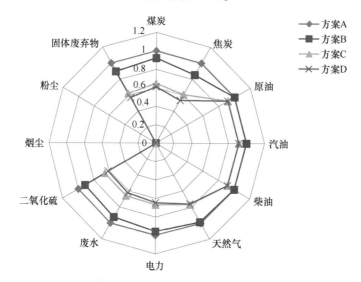

图 2-12　四种方案的能源消耗和环境排放数值对比

由图 2-12 可明显看出，相比方案 A、B，方案 C、D 在年平均能源消耗和环境排放方面表现更好，这说明了再制造技术产生的重要影响。同时相对于方案 C，方案 D 的能源消耗和环境排放数值更低，其年平均能源消耗和环境排放数值见表 2-26。这也说明在发动机制造中轻量化技术和再制造技术使用的必要性。所以分析结果表明，方案 D（轻量化发动机 + 再制造发动机——二次生命周期）为最佳方案。

表 2-26　方案 D 年平均能源消耗和环境排放数值

能源消耗	煤炭/t	焦炭/t	原油/t	汽油/t	柴油/t	天然气/m³	电力/kW·h
方案 D	0.3256	0.2208	0.0006	0.0118	0.0342	10.5712	671.3228
环境排放	废水/t		二氧化硫/t	烟尘/t	粉尘/t	固体废弃物/t	
方案 D	1.3839		0.0021	0.0000	0.0000	0.3069	

▶▶ 2.3.2.4　敏感性分析

在确定方案 D 为最佳方案后，需要对其进行敏感性分析。由于发动机的成本为唯一的输入量且分布在表 2-23 的各行业中，所以将各行业中的成本设为自变量，以 ±10% 作为浮动区间，观察输出值的变化情况。因为在能源消耗和环境排放中有 12 个输出值（如煤炭、焦炭等），根据式（2-23），环境影响向量相互独立，同时里昂惕夫逆矩阵恒定不变，为简化计算，只考虑了煤炭作为输出值的变化情况，来分析不同变量对结果的影响。计算结果见表 2-27。

表 2-27　不同成本对年平均煤炭消耗的敏感性分析

变化因素	变化幅度（%）	价格变化		年平均煤炭消耗量变化（%）
		轻量化发动机/元	再制造发动机/元	
钢、铁及其铸件	+10	2591.34	646.16	+5.99
	−10	2120.18	528.68	−6.02
有色金属及其合金和铸件	+10	2182.41	368.23	+0.89
	−10	1785.61	301.28	−0.89
橡胶制品	+10	567.16	567.16	+0.15
	−10	464.04	464.04	−0.18
汽车零部件及配件	+10	4774.28	1650.22	+0.77
	−10	3906.23	1350.18	−0.80
合成材料	+10	237.02	237.02	+0.03
	−10	193.92	193.92	−0.06
造纸和纸制品	+10	42.33	42.33	+0.00
	−10	34.63	34.63	−0.00
电力、热力生产和供应	+10	636.14	405.14	+1.69
	−10	520.48	331.48	−1.72
仪器仪表	+10	1189.47	419.16	+0.06
	−10	973.21	342.95	−0.06
电机	+10	516.99	395.99	+0.15
	−10	422.99	323.99	−0.18
废弃资源和废旧材料回收加工品	+10	1048.11	0.00	+0.03
	−10	857.55	0.00	−0.06
木材加工品和木、竹、藤、棕、草制品	+10	252.44	252.44	+0.03
	−10	206.54	206.54	−0.06
道路运输	+10	710.86	710.86	+0.06
	−10	581.62	581.62	−0.09

由表 2-27 可知，"钢、铁及其铸件"行业中分布的成本对方案 D 的环境影响最为敏感，其次是"电力、热力生产和供应"行业。因此，对于发动机制造过程中的环境影响而言，如何大幅度降低这两个行业的成本分布至关重要。相

对于新发动机，轻量化发动机在缸体中使用铝合金来代替铸铁，从而降低了"钢、铁及其铸件"的成本，因此证明了轻量化技术具有良好的环境表现。而再制造技术赋予了发动机二次生命，在环境影响方面的表现更加突出。所以通过敏感性分析，也证明了材料效率具有切实可行的现实意义。

再制造将失效产品转化为可以再利用的资源，将旧件中原始制造所保留的附加价值利用起来，通过少量能源和材料的消耗及少量的污染物排放来实现更为绿色的生产方式。在通常情况下，对再制造产品进行环境评估时所参照的对象是其原型新品，由于再制造产品在使用过程中并没有任何差别，而在生产阶段保留了部分原始制造的附加价值，所以再制造模式在节能减排中的贡献毋庸置疑。然而，技术的飞速发展及环境意识的不断加强促使产品频繁地升级换代，部分产品的能耗和排放标准不断提升，再制造产品技术的滞后性有可能使其无法满足现阶段的标准和要求。因此，对于落后型号产品的再制造进行环境影响评价时，需要将技术进步带来的影响计算在内，对于能源消耗和排放主要发生在使用阶段的柴油机更要重点关注。

2.4 基于生命周期分析的柴油机再制造策略

▷▷ 2.4.1 目的与范围的确定

随着再制造产业标准化进程的不断推进，我国针对再制造产品环境影响评价发布了相应的标准，对评价方法及内容提出了明确的要求。在 GB/T 26119—2010《绿色制造 机械产品生命周期评价 总则》中要求利用生命周期评价（LCA）方法从全生命周期的能源、资源消耗及废弃物排放数据的搜集与分析，量化及评价机械产品潜在的环境影响，为绿色制造决策提供科学依据。生命周期评价涵盖了从产品原材料获取、生产、储存、运输、使用及报废后的处理、循环和最终处置的全部过程。对机械产品进行生命周期评价共分为四个步骤：目的与范围的确定、清单分析、影响评价、解释。对再制造产品进行环境影响分析最关键的问题是确定评价的目的与范围，只有准确定位需要对比的对象和范围才能获得有价值的评价结论。

利用 LCA 对柴油机再制造产品进行环境影响评价时一般遵循"再制造产品的性能和质量达到原型新品要求"这一原则，与再制造柴油机进行对比的对象是原型新品柴油机，一般假设再制造柴油机与新生产柴油机在装配调试阶段、使用阶段及报废处理阶段产生的环境影响一致，差异主要产生于原材料获取、坯料生产及零件生产阶段，如图 2-13 所示。由于再制造具有技术滞后性，从国家发展改革委等部门发布的《通过验收的再制造试点单位和产品名单》（国家发展改革委公告 2012 年第 8 号）和《关于印发再制造产品"以旧换再"试点实施方案的通知》（发改环资〔2013〕1303 号）等文件中可以发现，清单中的再制造柴油机主要处于国Ⅱ、国Ⅲ阶段，大部分再制造柴油机都不能满足当前排放标准的要求。因此，在当前排放标准要求下开展柴油机再制造时，有必要分析因排放标准提升所带来的影响。开展"再制造产品的性能和质量达到原型新品要求"的再制造可以减少生产阶段的污染物排放，但由于再制造柴油机不能满足当前排放标准的要求，因此从全生命周期的角度考量再制造能否实现预期的减排目标尚未可知。由于排放标准的提升旨在减少污染物的排放量，在此利用 LCEA 方法（life cycle emission assessment 生命周期排放性能评价，即只关注排放性能影响的 LCA 方法）分析因排放标准提升对柴油机再制造的影响，探讨国Ⅴ排放标准下再制造国Ⅱ、国Ⅲ及国Ⅳ柴油机是否可以获得预期的环境效益。

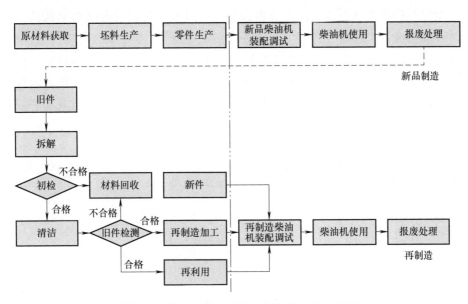

图 2-13　柴油机新品制造与再制造工艺的差别

柴油机再制造的工艺过程包括：

1）报废发动机经过拆解后进行初步分选，将不适合再制造或再利用的零部件直接进行材料回收，将初步符合再制造或再利用标准的零部件进行清洗和检测。

2）对零部件进行分选。对符合再利用标准的零部件进行表面处理后直接使用，对符合再制造标准的零部件进行再制造修复，对于超差严重等不适合再制造的零部件进行材料回收。

3）将再利用件和再制造件以及添加的新零部件重新装配成再制造发动机，经调试和检测合格后，安装在汽车上，经过使用阶段后，最终进入报废环节成为旧件（被再制造、材料回收或废弃）。

将再制造柴油机与柴油机新品的生命周期过程进行对比，可以将柴油机的生命周期分为六个阶段：原材料获取、坯料生产、零件生产、柴油机装配调试、柴油机使用与报废处理。通过对比生命周期所有阶段的污染物排放情况，即可对再制造活动的环境影响进行量化分析。

开展再制造柴油机产品的生命周期排放性能评价，目的是探讨在国 V 排放标准下再制造国 II、国 III 及国 IV 柴油机在全生命周期内的环境影响。LCEA 分析包含原材料获取、坯料生产、零件生产和使用四个阶段，并假定在柴油机装配调试和报废处理阶段没有差别，如图 2-14 所示。原材料获取和坯料生产阶段指的是从原料开采冶炼到材料生产、再到坯料生成的过程。而对于再制造过程来说，则包含报废产品拆解、清洗、检测这几个过程，将旧件分成再利用件、再制造件和报废件。零件生产阶段在原始制造中包括很多工序，毛坯经过冲压、挤压成形和机加工等工序后成为满足使用性能要求的零件。而对于再制造过程，一般为表面工程工艺，如电刷镀、热喷涂等。在使用阶段，由于柴油机的排放标准等级不同，各柴油机采用了不同的燃油系统的后处理装置，其燃油效率和污染物排放量有很大差别。

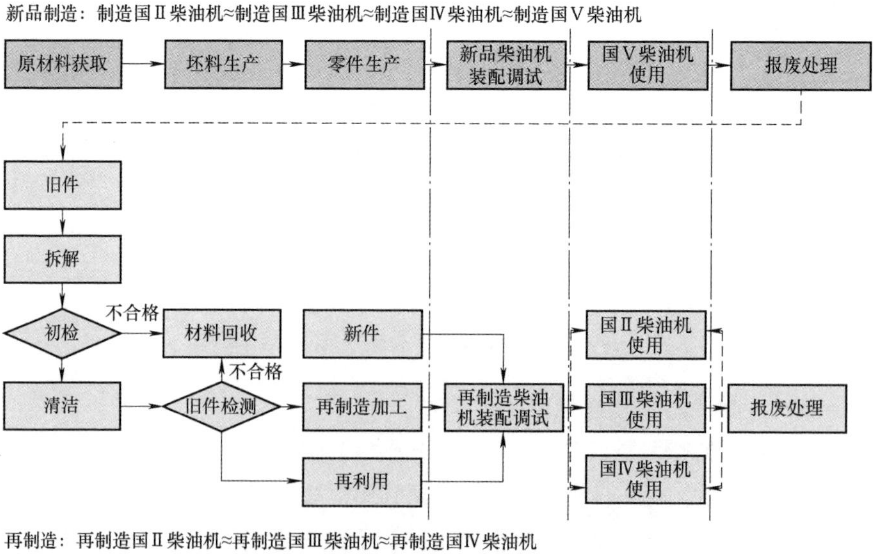

图 2-14　生命周期排放性能分析系统范围

参考国家发展和改革委员会等部门发布的《通过验收的再制造试点单位和产品名单》（国家发展改革委 2012 年第 8 号）中提供的产品名单，选取中国重汽集团济南复强动力有限公司再制造的 WD615.87 型（国Ⅱ）和 WD615.93E 型（国Ⅲ）柴油机以及 D10.29-40 型（国Ⅳ）和 D10.28-50 型（国Ⅴ）柴油机作为比较对象。WD615 系列发动机是通过引进斯太尔平台进入我国市场的，在我国拥有很高的占有率，配套领域包括重型货车、客车、工程机械、船舶动力、发动设备等，被重汽、一汽、东风等很多知名汽车生产企业所采用。目前，济南复强动力有限公司及潍柴动力（潍坊）再制造有限公司都在开展 WD615 柴油机的再制造业务。D 系列柴油机是在 WD615 系列发动机的基础上进行研发的，保留了 WD615 发动机的部分主要结构特点，如一缸一盖、框架式结构、气缸中心距、气缸直径等。D10.29-40 型柴油机通过将燃油系统改为共轨燃油系统，优化燃烧特性，配置选择性催化还原（SCR）后处理系统，达到了国Ⅳ标准。而 D10.28-50 型柴油机则是在 D10.29-40 型基础上进一步优化后处理系统从而达到国Ⅴ排放标准。四种型号柴油机的原型产品都由同一家公司生产且部分零部件可以互相替换，产品的性能指标和结构型式都比较接近。此外，生命周期排放性能分析的数据计算中最大的分量来源于材料生产，而四种型号柴油机的重量和材料组成都比较接近，比较适合作为比较对象进行生命周期排放性能分析，见表 2-28。

表 2-28　中国重汽国Ⅱ～国Ⅴ排放四种柴油机的基本技术参数

型号	WD615.87	WD615.93E	D10.29-40	D10.28-50
型式	直列六缸、四冲程、增压中冷	直列六缸、四冲程、增压中冷	直列六缸、四冲程、增压中冷	直列六缸、四冲程、增压中冷
气门数	2	4	2	2
缸径/mm × 行程/mm	126 × 130	126 × 130	126 × 130	126 × 130
排量/L	9.726	9.726	9.726	9.726
压缩比	17 : 1	17.5 : 1	17 : 1	17 : 1
额定功率/kW	213	213	213	206
额定转速/(r/min)	2200	2200	1900	1900
最大转矩/N·m	1160	1160	1290	1190
最大转矩转速/(r/min)	1100～1600	1100～1600	1200～1500	1200～1500
外特性最低油耗/[g/(kW·h)]	≤193	≤189	≤189	≤189
净质量/kg	850	850	850	850

（续）

型号	WD615.87	WD615.93E	D10.29-40	D10.28-50
燃油系统	直列泵	电控单体泵	高压共轨	高压共轨
排放水平	国Ⅱ	国Ⅲ（EGR）	国Ⅳ（SCR）	国Ⅴ（SCR）

假设新生产的国Ⅱ、国Ⅲ、国Ⅳ和国Ⅴ排放标准柴油机在使用阶段以外的所有生命周期阶段内耗能、耗材及排放的差异可以忽略不计，并且在对国Ⅱ、国Ⅲ、国Ⅳ柴油机进行原型再制造时获得相同的环境效益，则可以在对比原型再制造环境效益的基础上，再计入使用阶段的环境影响差异，实现在执行国Ⅴ排放标准时期再制造国Ⅱ、国Ⅲ和国Ⅳ排放标准柴油机的全生命周期环境影响评价。由于柴油机排放标准关注的是 CO、NO_x、HC 和 PM 等有害排放气体和颗粒物，所以 LCEA 的研究目标是确定再制造活动在污染物排放方面的影响。

2.4.2　生命周期清单分析

2.4.2.1　对比原型再制造的减排效果

对柴油机再制造进行生命周期分析的研究已经很多，在此引用部分研究人员的研究结果作为相应研究的部分基础数据。

例如，刘志超利用 E-Balance 软件对 WD615.87 型柴油机的再制造与原始制造进行生命周期分析，对比了柴油机部分生命周期内的能量消耗及污染物排放情况，相关计算数据源于中国生命周期基础数据库（chinese life cycle database，CLCD）。排放污染物种类选取的是柴油机排放标准要求的 CO、NO_x、HC 和 PM，另外还引入 CO_2 作为环境影响评价的内容。其包含数据被定义的边界条件中做出了两个假设：第一个假设是原始制造柴油机与再制造发动机的使用条件相同，两者使用条件相同而不计入系统范围边界内；第二个假设是原始制造柴油机与再制造发动机的最终处理方式都是再生利用，产生相同的能耗和环境影响，也不计入系统范围边界内。

在这些假设的前提下，再制造和原始制造的具体排放数据并不重要，排放的减少量才是反映原型再制造取得环境效益最直接的体现。原型再制造在原材料获取、坯料生产和零件生产阶段所产生的环境效益见表 2-29。

表 2-29　原型再制造 WD615.87 在生命周期排放的污染物量

（单位：kg）

WD615.87	CO	HC	NO_x	CO_2	PM
再制造	0.685	3.47	3.11	1020	—

WD615. 87	CO	HC	NO$_x$	CO$_2$	PM
原始制造	0.898	10.40	8.13	3900	—
减排量	0.213	6.93	5.02	2880	—

2.4.2.2 使用阶段的排放差异

WD615. 87 型（国Ⅱ）、WD615. 93E 型（国Ⅲ）、D10. 29-40 型（国Ⅳ）及 D10. 28-50 型（国Ⅴ）柴油机的技术参数是一致的，都主要应用于中、重型载货汽车上，使用阶段所排放的污染物总量由汽车的行驶里程和机动车排放因子这两个影响因素确定。

汽车总行驶里程数随使用情况的不同而不同，根据《机动车强制报废标准规定》（商务部、国家发展改革委、公安部、环境保护部令 2012 年第 12 号）中的要求，商用载货汽车的报废年限为 15 年，引导报废里程为 60 万 km。由于再制造产品主要应用于售后服务阶段，则可以假设原装发动机达到引导报废里程后更换了再制造发动机。再制造发动机驱动行驶的里程数同样受到引导报废里程和报废年限的限制，若汽车行驶 60 万 km 后仍未达到报废年限，则认为再制造发动机的行驶里程为 60 万 km，否则按照达到报废年限的总里程数减去 60 万 km 计算。郎建垒在 2012 年通过抽样调查北京、天津、河北三地各类型车辆得到了京津冀地区不同类型车辆的平均行驶里程。河北省是重型载货汽车的重要销售市场之一，可参照河北省的重型载货汽车年平均行驶里程来计算再制造发动机的使用里程及年限。以河北省的重型载货汽车每年行驶 66250km 计算，发动机使用 60 万 km 需 9 年的时间，若此时更换再制造发动机一直使用到强制报废年限，则还可行驶 39. 75 万 km（再行驶 6 年后报废）。

北京大学蔡皓利用 COPERT 模型在考虑行驶工况、油品质量以及环境温度等因素的基础上，计算得到不同车型在不同排放标准下各排放污染物的排放因子。表 2-30 列出了符合国Ⅱ～国Ⅴ尾气排放标准的柴油重型货车的主要污染物排放因子。结合使用阶段的行驶里程（39. 75 万 km）和柴油机排放因子就可以计算出不同排放标准的柴油机在使用阶段的排放污染物总量，进而计算出不同排放标准柴油机在使用阶段的排放差异，计算数据见表 2-31。

表 2-30　符合国Ⅱ~国Ⅴ尾气排放标准的柴油重型货车的主要污染物排放因子

（单位：g/km）

排放标准	CO	HC	NO_x	CO_2	PM
国Ⅱ	1.9	0.7	10	880.2	0.3
国Ⅲ	2.6	0.6	8.4	932.3	0.3
国Ⅳ	0.2	0.035	4.9	876.2	0.1
国Ⅴ	0.2	0.035	2.8	876.2	0.1

表 2-31　国Ⅱ~国Ⅴ柴油机在使用阶段的排放污染物总量（单位：kg）

使用阶段	CO	HC	NO_x	CO_2	PM
国Ⅱ	755.25	278.25	3975	349879.5	119.25
国Ⅲ	1033.5	238.5	3339	370589.25	119.25
国Ⅳ	79.5	13.9125	1947.75	348289.5	39.75
国Ⅴ	79.5	13.9125	1113	348289.5	39.75
国Ⅴ比国Ⅱ减排量	675.75	264.3375	2862	1590	79.5
国Ⅴ比国Ⅲ减排量	954	224.5875	2226	22299.75	79.5
国Ⅴ比国Ⅳ减排量	0	0	834.75	0	0

▶▶2.4.3　生命周期影响评价

　　通过再制造柴油机产品 LCEA 分析计算结果可以发现，再制造国Ⅱ、国Ⅲ和国Ⅳ柴油机在原材料获取、坯料生产和零件生产阶段相比制造国Ⅴ柴油机可以减少污染物的排放，而在使用阶段则会增加污染物的排放。

　　与制造 D10.28-50 型（国Ⅴ）柴油机相比，再制造 WD615.87 型（国Ⅱ）柴油机可以在原材料获取、坯料生产和零件生产阶段减少排放 0.213kg CO、6.93kg HC、5.02kg NO_x、2880kg CO_2，而在使用阶段却要多排放 675.75kg CO、264.3375kg HC、2862kg NO_x、1590kg CO_2 及 79.5kg PM，如图 2-15 所示。从全生命周期来看（再制造柴油机行驶里程为 39.75 万 km），再制造 WD615.87 型（国Ⅱ）柴油机并没有减少污染物的排放，CO 增长 675.537kg，HC 增长 257.4075kg，NO_x 增长 2856.98kg，分别为减少量的 3172 倍、37 倍和 569 倍，只有 CO_2 减少了 1290kg。

　　与生产 D10.28-50 型（国Ⅴ）柴油机相比，再制造 WD615.93E 型（国Ⅲ）柴油机在原材料获取、坯料生产和零件生产阶段减少污染物排放量与再制造

WD615.87 型柴油机相同，在使用阶段要多排放 954kg CO、224.5878kg HC、2226kg NO_x、22299.75kg CO_2 及 79.5kg PM，如图 2-16 所示。从全生命周期来看（再制造柴油机行驶里程为 39.75 万 km），再制造 WD615.93E 型（国Ⅲ）柴油机并没有减少污染物的排放，CO 增长 953.787kg，HC 增长 217.6578kg，NO_x 增长 2220.98kg，CO_2 增长 19419.75kg，分别为减少量的 4478 倍、31 倍、442 倍和 7 倍。

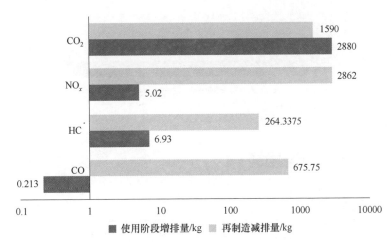

图 2-15　再制造 WD615.87 型（国Ⅱ）柴油机生命周期排放性能分析结果

［以 D10.28-50 型（国Ⅴ）柴油机为基准］

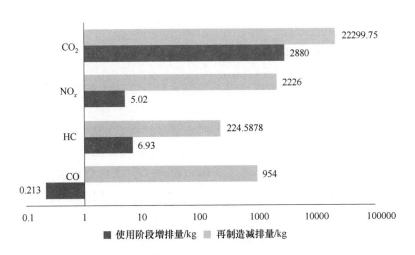

图 2-16　再制造 WD615.93E 型（国Ⅲ）柴油机生命周期排放性能分析结果

［以 D10.28-50 型（国Ⅴ）柴油机为基准］

与生产 D10.28-50 型（国Ⅴ）柴油机相比，再制造 D10.29-40 型（国Ⅳ）柴油机在原材料获取、坯料生产和零件生产阶段减少污染物排放量与再制造 WD615.87 型柴油机相同，在使用阶段要多排放 834.75kg NO_x，如图 2-17 所示。从全生命周期来看（再制造柴油机行驶里程为 39.75 万 km），再制造 D10.29-40 型（国Ⅳ）柴油机在原材料获取、坯料生产和零件生产阶段减少污染物排放量方面可以获得良好的效益，只有 NO_x 的排放量增加了 829.73kg，为减少量的165 倍。

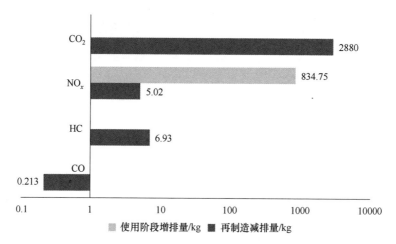

图 2-17　再制造 D10.29-40 型（国Ⅳ）柴油机生命周期排放性能分析结果

[以 D10.28-50 型（国Ⅴ）柴油机为基准]

2.4.4　生命周期解释

全生命周期思维是将生命周期的观念整合到一个组织的整体战略、计划和决策过程中，综合考虑经济、社会和环境因素的影响。从生命周期分析的结果来看，大多数机电产品在"再制造产品的质量和性能达到原型新品要求"下开展再制造活动可以获得一定的环境效益。然而柴油机不同于一般的机电产品，其能源消耗和污染物排放主要是发生在使用阶段，对部分较早阶段排放标准的柴油机进行再制造相当于投入部分能量和资源来延长其使用寿命，从全生命周期角度来看并没有实现预期的减排目标。

在当前排放标准下，对国Ⅱ和国Ⅲ排放标准的柴油机进行再制造有可能不能达到减少污染物排放的目的。虽然再制造生产阶段将旧件的大部分附加价值保留下来，减少了能耗和排放，但是随着服役时间的增长，使用阶段的污染物排放量远超国Ⅴ柴油机，使用阶段的差异让生产阶段产生的环境效益在短期内消耗殆尽。而对于国Ⅳ柴油机的再制造则取得了良好的环境效益，除了 NO_x 的排放量有所上升外，其他污染物的排放量都显著减少，因此，可以通过对国Ⅳ柴油机进行原型再制造达到预期的减排目标。从 LCEA 分析的结果来看，不同排放等级的柴油机再制造获得的环境效益并不相同，不能简单按照"再制造产品的性能和质量达到原型新品要求"的原则制订柴油机再制造策略。因此，对能耗与排放主要发生在使用阶段的机电设备需要将技术进步的因素考虑在内，在进行再制造策略制订时应遵循"再制造产品的性能和质量参照现行新品要求"的原则。

上述讨论的是因排放标准提高引起的柴油机再制造环境影响的差异性，若从能源消耗方面进行分析，也可以得出类似的结论。在 Smith 等的研究结果中显示，1% 的燃油效率差距将会抵消再制造发动机所节约的能源消耗量。而对于不同排放阶段的发动机其燃油效率差别是巨大的，国Ⅱ柴油机与国Ⅴ柴油机在燃油效率方面的差距达到 4% 以上，进而说明了对较早阶段排放标准的柴油机进行达到原型新品质量和性能要求的再制造有很大可能无法实现节约能源的目标。

2.4.5 柴油机再制造策略

我国再制造产业是在政府的引导下不断发展的，政府支持产业发展的最大动力在于再制造在节能减排方面的潜力，并希望可以通过再制造产业的发展实现工业发展模式的转变。再制造产业的发展须遵从法律法规和管理条例的约束，生命周期环境影响评价可以为政府制定管理条例及企业进行再制造决策提供理论依据。从全生命周期的角度来看，对较早阶段排放标准的柴油机进行再制造并不能得到较好的环境效益，需要进行再制造升级改造（降低排放因子）或者转变用途（降低行驶里程），以获得更好的环境效益。对于不同排放等级和技术路线的柴油机要采用不同的再制造策略，要将再制造环境影响与柴油机排放技术升级路线和再制造柴油机的性能升级联系在一起。

2.4.5.1 柴油机的排放技术路线

面对日益严重的能源危机和环境恶化，内燃机行业不断寻找实现清洁、高效的途径。自 20 世纪 90 年代起，随着排放技术的发展，柴油机在汽车动力中占据着越来越重要的地位，不但在中、重型汽车动力中拥有绝对的市场占有率优势，在轻型车动力领域的应用也在不断扩大。低油耗、低污染、动力性强的柴油机轿车在欧洲得到迅速发展。我国柴油机工业的发展落后于欧美国家，产业技术发展也基本采取跟随策略，通过引进和吸纳欧美先进的柴油机技术来适应不断提高的排放标准。

提高柴油机排放水平主要从燃料、机内净化技术和尾气后处理技术三个方面考虑。燃料品质直接影响燃烧的过程及排放污染物的组成；机内净化技术主要通过优化匹配燃烧室形状、喷油特性和进排气系统以及利用增压中冷、可变控制等技术来优化燃烧过程，控制排放产物的组成和排放量；尾气后处理技术主要包括选择性催化还原（selective catalytic reduction，SCR）、颗粒氧化催化转化器（particle oxidation catalyst，POC）、柴油颗粒过滤器（diesel particulate filter，DPF）、柴油氧化型催化器（diesel oxidation catalysts，DOC）、排气再循环（exhaust gas recirculation，EGR）等，通过氧化还原反应或者利用物理结构过滤来减少污染物的排放。从国 II 柴油机发展到国 III 柴油机的过程中，主要依靠优化燃油喷射系统并辅以后处理系统来实现；从国 III 柴油机发展到国 IV 柴油机的过程中，除了进一步优化燃烧过程以外，还延长了尾气后处理系统，从而进一步降低了气态污染物的排放；而从国 IV 柴油机发展到国 V 柴油机的过程中，进一步优化了后处理系统，降低了尾气中的 NO_x 含量，其技术路线基本上是国 IV 的后处理优化版。

在国 II 及以前的排放标准下，柴油机都采用机械式燃油系统，随着排放标准的提高只做适当改进，供油系统并没有本质区别。进排气系统从自然吸气技术到涡轮增压系统，最终升级为涡轮增压中冷技术，并一直沿用到国 IV 及更高排放标准的柴油机中。从国 III 开始对发动机平台进行了整体升级，国 III ~ 国 V 的柴油机都是基于同一技术平台，其中最主要的是供油系统发生了本质变化，实现了供油系统由机械式控制向电子控制的转化。在国家环境保护部发布的《达到国家机动车排放标准第三阶段型式核准排放限值的新机动车型和发动机型》（公告 2015 年 第 21 号等）中提供了符合国 III 排放标准要求的燃油系统和后处理系统，最常见的是 CRS（共轨柴油喷射系统）和 SCR 或 EGR + POC 组合后处理系统的方案，以及电控单体泵与这两种后处理系统的组合等。在国 IV 阶段，燃油系统没有本质性改变但需要进一步优化和调整，并综合使用多种后处理技术来减少有害污染物的排放，例如，升级版的 CRS 与 SCR 的组合或者 CRS 与 EGR、DPF、DOC 和 POC 的组合可以达到排放限值的要求。

国 III 与国 IV 排放标准下柴油机主要的技术路线如图 2-18 所示。其中，CRS 与 SCR 的组合是中重型商用车最常用的组合（泵喷嘴系统应用较少）。而对于国 V 柴油机也主要采用 CRS 与 SCR 的组合，与国 IV 的不同在于进一步优化了 SCR 系统，进一步降低了 NO_x 排放量。总之，纵观柴油机排放技术路线的发展历史，在每一级的排放技术提升中，整个发动机都需要对进气系统、供油系统和排气后处理系统进行改进和优化。

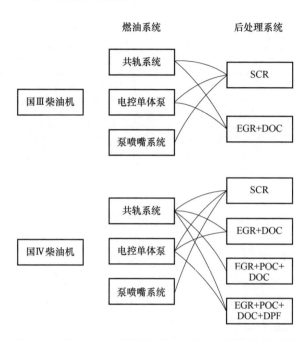

图 2-18　国Ⅲ与国Ⅳ排放标准下柴油机主要的技术路线

▶2.4.5.2　再制造策略的选择及排放分析

当前通过对柴油机开展"达到原型新机水平"的再制造，延长了柴油机的物理服役寿命，而忽视了技术进步所影响的技术服役寿命。因此，再制造柴油机在使用过程中的性能及质量要求达到或接近现阶段排放标准的柴油机，或者缩短再制造柴油机的服役里程才能保留再制造生产阶段的节能减排效益。柴油机的研发具有继承性，前述分析案例中的 D10 系列柴油机就是在 WD615 柴油机的基础上通过升级燃油系统、优化燃烧控制过程及添加后处理系统实现的。对于排放技术落后的柴油机的再制造也可以参考新机研发过程中的技术改造方式，利用机内净化技术和后处理技术实现再制造柴油机的清洁化和节能化。

生命周期排放性能分析的结果为技术落后机型的再制造策略提供了依据，柴油机再制造策略的选择如图 2-19 所示。总体来看，对不同排放标准的柴油机进行再制造可以分为四种处理方法：变更用途、更改燃料类型、系统升级改造以及"达到原型新品质量和性能要求"的原型再制造。

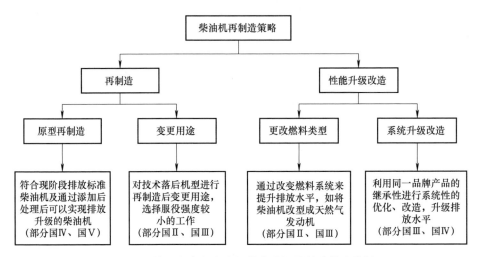

图 2-19 基于生命周期分析的柴油机再制造策略分析

▶ 1. 变更用途

对技术落后机型柴油机进行再制造可以在原材料获取、坯料生产和零件生产阶段获得一定正的环境效益，这部分环境效益会在使用阶段逐步消耗掉。生命周期分析的结果是在服役里程数达到 39.75 万 km 的条件下获得的，这是一辆重型载货汽车使用 6 年才能达到的里程数，在很多情况下柴油机的使用不能达到这种强度。因此，可以通过改变柴油机的用途来缩短其服役时间，降低使用阶段的污染物排放量，将再制造过程获取的环境效益保留下来。再制造柴油机的环境影响与服役里程数成正比，能否在全生命周期内获得正的环境效益取决于服役里程的多少。图 2-20 显示了再制造国 Ⅱ 柴油机使用阶段的排放量抵消再制造减排量所对应的服役里程数。例如，当服役里程数达到 25.5 万 km 时，CO_2 排放量达到平衡。更改用途的方式有多种，如改装成柴油发电机组等，大多数发电机组只作为备用电源，使用阶段的工作时间相对较短，在维持与原型产品相同质量和性能的前提下，可以保留生产阶段所获取的环境效益（节约的能源和减少的污染物排放量）。

▶ 2. 更改燃料类型

通过改变燃料类型的方式，可以对旧发动机进行彻底改造，以适应新的排放标准。目前，国内已有部分企业开展了相关的改造升级业务，如复强动力有限公司、潍柴动力（潍坊）再制造有限公司、张家港富瑞特种装备股份有限公司等对再制造柴油机开展的"油改气"业务，通过利用替代燃料实现清洁排放，将国 Ⅱ、国 Ⅲ 或国 Ⅳ 柴油机升级成为国 Ⅴ 甚至国 Ⅵ 柴油机。

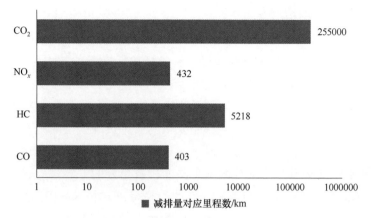

图2-20　再制造国Ⅱ柴油机使用阶段的排放量抵消再制造减排量所对应的服役里程数

天然气发动机和柴油机区别很大，若要将柴油机改装成天然气发动机需要从油气室到压缩比、喷射正时等硬件和控制系统的彻底调整。例如，燃气供应系统取代柴油供给系统、压燃点火改为电火花点燃、天然气需要和空气进行预混合并且增加进气量、改变燃烧室形状和调整压缩比、提高排气系统耐热性，同时还需要添加信号盘等新零部件来满足工作性能的要求。需要去掉的零部件包括燃油供给系统及相关辅助零部件，需要更换或改装的零部件包括活塞及活塞环、进排气管及气门、增压器、凸轮轴和缸盖等。天然气发动机可以满足国Ⅴ发动机排放标准的要求，同时，改装的过程可以保留柴油机大部分主体部件，需要改变的零部件总质量占发动机总质量的10%左右，因此从全生命周期来看，可以获得较好的环境效益，如图2-21所示。

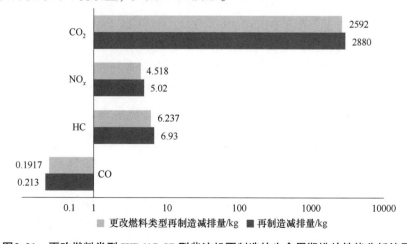

图2-21　更改燃料类型 WD615. 87 型柴油机再制造的生命周期排放性能分析结果

3. 系统升级改造

国Ⅱ柴油机与国Ⅳ柴油机所采用的技术平台差异较大，在不改变燃料类型的条件下很难通过改造实现排放升级。从各排放标准下的技术路线可以发现，国Ⅳ柴油机是在国Ⅲ柴油机基础上进行了进一步优化和添加了更多的后处理设备，而国Ⅴ柴油机则是进一步优化了后处理系统。图 2-18 所示的技术路线可以说明，共轨系统有更好的适应性。目前公布的通过核准的柴油机型号所匹配的燃油系统大部分都采用共轨系统。共轨系统还可以满足国Ⅵ甚至更高要求的排放标准，因此，匹配有共轨系统的国Ⅲ柴油机有更好的升级潜力。国Ⅳ柴油机的后处理技术主要为 SCR 和 EGR 两个路线。采用 SCR 技术的柴油机实现排放升级相对容易，只需要进行部分配件和电控参数上的局部调整就可以实现，而采用 EGR 技术的发动机则需要在管路上进行重新设计，改动较大。综上所述，匹配有共轨系统和 SCR 的国Ⅲ和国Ⅳ柴油机有更好的排放升级潜力。

与更换燃料类型相似，系统升级再制造过程中并不是所有零部件都可以使用，还需要对缸体、缸盖等零部件进行重新加工，对燃油系统和后处理系统进行升级，另外还要添加一些新零部件。从全生命周期分析来看，对国Ⅲ或国Ⅳ柴油机进行升级改造可以保留大部分环境效益。例如，国Ⅲ柴油机一般需要更换缸盖和活塞，并重新匹配燃油系统，其减排效果与更换燃料类型的再制造基本一致。再制造柴油机技术升级路线与新品升级路线基本一致，主要依赖于同一品牌设计的继承性和零部件的通用性来实现，因此，并不适用所有品牌的柴油机。

4. "达到原型新品质量和性能要求"的原型再制造

对于国Ⅳ和国Ⅴ阶段的柴油机可以进行"达到原型新品质量和性能要求"的原型再制造。再制造使用的坯料大部分都是退役柴油机，只有少量的三包退赔柴油机进入再制造环节。部分品牌的商用车在国Ⅲ和国Ⅳ阶段使用同样的柴油机主机，主要是通过添加 POC、DPF 等后处理装置来减少污染物的排放以达到更高的排放标准。而对于部分国Ⅳ柴油机只需要优化 SCR 或其他类型的后处理系统就可以实现排放性能升级，所以可以直接对这些类型的柴油机进行原型再制造。

总体来看，无论采用以上何种再制造策略都可以获得良好的环境效益。再制造策略的选择与旧件所处的排放等级及技术路线有关，除变更用途外，其他策略下再制造柴油机所获得的环境效益相差不大。通过以上分析可以发现，若要实现再制造产业预期的节能减排效果，不能简单遵从"再制造产品的性能和质量达到原型新品要求"原则，需根据产品的技术路线、技术水平等制订相应的再制造策略。在利用生命周期分析来制订再制造策略时，须将技术进步的因素考虑在内，选择与现行标准或技术水平相适应的参照对象，合理设定对比对象及对比范围，做出准确的环境影响评价结论。

参 考 文 献

[1] BRENNAN L, GUPTA S M, TALEB K N. Operations planning issues in an assembly/disassembly environment [J]. International Journal of Operations & Production Management, 1994, 14 (9): 57-67.

[2] SELIGER G, ZUSSMAN E, KRIWET A. Integration of recycling considerations into product design: a system approach [M]. Berlin: Springer Netherlands, 1994.

[3] SUBRAMANI A K, DEWHURST P. Automatic generation of product disassembly sequences [J]. CIRP Annals-Manufacturing Technology, 1991, 40 (1): 115-118.

[4] GU P, YAN X. CAD-directed automatic assembly sequence planning [J]. International Journal of Production Research, 1995, 33 (11): 3069-3100.

[5] KUO T C, ZHANG H C, HUANG S H. A graph-based disassembly planning for end-of-life electromechanical products [J]. International Journal of Production Research, 2000, 38 (5): 993-1007.

[6] ZUSSMAN E, KRIWET A, SELIGER G. Disassembly-oriented assessment methodology to support design for recycling [J]. CIRP Annals-Manufacturing Technology, 1994, 43 (1): 9-14.

[7] TIAN J, CHEN M. Sustainable design for automotive products: dismantling and recycling of end-of-life vehicles [J]. Waste Management, 2014, 34 (2): 458-467.

[8] FERRÃO P, AMARAL J. Design for recycling in the automobile industry: new approaches and new tools [J]. Journal of Engineering Design, 2006, 17 (5): 447-462.

[9] DESAI A, MITAL A. Evaluation of disassemblability to enable design for disassembly in mass production [J]. International Journal of Industrial Ergonomics, 2003, 32 (4): 265-281.

[10] CHEAH L W. Cars on a diet: the material and energy impacts of passenger vehicle weight reduction in the US [D]. Cambridge: Massachusetts Institute of Technology, 2010.

[11] ANASTAS P T, ZIMMERMAN J B. Peer reviewed: design through the 12 principles of green engineering [J]. Environmental Science & Technology, 2003, 37 (5): 94A-101A.

[12] 张洪申. 退役乘用车塑料同等性能再利用关键技术研究 [D]. 上海: 上海交通大学, 2014.

[13] 胡岳华, 邱冠周, 王淀佐. 细粒浮选体系中扩展的 DLVO 理论及应用 [J]. 中南矿冶学院学报, 1994, 25 (3): 310-314.

［14］王晖 . 再生资源的物理化学分选塑料浮选体系中的界面相互作用［D］. 长沙：中南大学，2007.

［15］李中凯，千红涛 . 环境意识模块化产品体系结构的设计优化方法［J］. 计算机辅助设计与图形学学报，2015（1）：166-174.

［16］GU P, HASHEMIAN M, SOSALE S, et al. An integrated modular design methodology for life-cycle engineering［J］. CIRP Annals-Manufacturing Technology, 1997, 46（1）：71-74.

［17］FALKENAUER E. Genetic algorithms and grouping problems［M］. Chicester：John Wiley & Sons, Inc. , 1998.

［18］YU S, YANG Q, TAO J, et al. Product modular design incorporating life cycle issues-Group Genetic Algorithm（GGA）based method［J］. Journal of Cleaner Production, 2011, 19（9）：1016-1032.

［19］ERICSSON A, ERIXON G. Controlling design variants：modular product platforms［M］. Dearborn：Society of Manufacturing Engineers, 1999.

［20］张春燕，乔印虎，陈杰平 . 发动机铝合金缸体铸造工艺数值模拟［J］. 热加工工艺，2011, 40（17）：54-56.

［21］汪路 . 汽车产品设计阶段的可持续评价方法与应用研究［D］. 上海：上海交通大学，2015.

［22］刘志超 . 发动机原始制造与再制造全生命周期评价方法［D］. 大连：大连理工大学，2013.

［23］郎建垒，程水源，韩力慧，等 . 京津冀地区机动车大气污染物排放特征［J］. 北京工业大学学报，2012, 38（11）：1716-1723.

［24］蔡皓，谢绍东 . 中国不同排放标准机动车排放因子的确定［J］. 北京大学学报（自然科学版），2010（3）：319-326.

［25］SMITH V M, KEOLEIAN G A. The value of remanufactured engines：life-cycle environmental and economic perspectives［J］. Journal of Industrial Ecology, 2004, 8（1-2）：193-221.

［26］杜愵刚，朱会田，许力 . 车用柴油机排放控制现状与技术进展［J］. 内燃机工程，2004, 25（3）：71-74.

［27］唐祥龙 . 基于再制造的柴油机油改气及装配质量控制的研究［D］. 大连：大连理工大学，2013.

［28］胡岳华，邱冠周，王淀佐 . 颗粒间相互作用与细粒浮选［M］. 长沙：中南工业大学出版社，1993.

第 3 章

——

面向不确定性的报废汽车拆解

3.1 汽车报废量的预测方法

▶ 3.1.1 汽车报废的影响因素

汽车报废量的增长给报废汽车回收拆解企业带来了巨大的利润和发展空间，准确分析和预测汽车报废量的变化趋势有利于企业合理规划发展方向。然而，由于我国汽车回收拆解产业起步晚、水平低，不同地域之间的回收量差异非常显著，获取完整的汽车报废样本数据一直比较困难。上海市作为我国汽车回收率较高的城市，自 2012 年开始设立专门机构管理有资质的报废汽车回收拆解企业的回收车辆数据。汽车报废量预测方法以 2012—2016 年间上海市约 21 万辆的报废回收车辆数据为样本，利用 Logistics 分布模型建立了汽车保有量和报废量的预测模型，从而为有效预测我国汽车报废量的变化趋势提供了理论基础和方法支撑。

在建立报废汽车的预测模型之前，需要对汽车的生命周期和报废原因进行分析，以理解汽车报废的影响因素。如图 3-1 所示，汽车的报废并不是无章可循的，而是在从注册（0 年）到报废（最高使用年限）的过程中遵循一定的规律。在汽车使用阶段的任何时刻，汽车都会面临在二手车转卖、非法交易和合法回收之间的选择。图中的方案比较节点是指车主对不同方案的收益对比之后做出的个人选择。毫无疑问，车辆作为二手车转卖的价格高于合法回收价格或非法交易的价格，其收益必然大于直接报废处理。因此，报废汽车是指已经丧失了可安全使用的技术性能或排放污染控制功能的车辆，其最大寿命是多因素综合作用的结果。

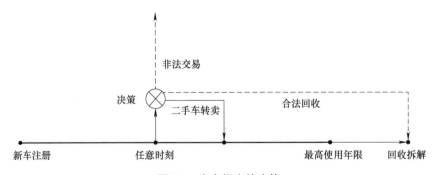

图 3-1　汽车报废的决策

从宏观上分析，汽车报废的影响因素可以划分为三个方面：车辆的性能质量、汽车的使用状况以及报废回收的相关政策法规，如图 3-2 所示。车辆的性能质量主要依赖整个社会的经济、技术发展和车辆制造水平等。汽车性能质量的提高会延长汽车不同零部件的使用寿命，从而增加汽车的最大使用年限。汽车的使用状况主要包括汽车的使用频率、汽车使用过程中的交通事故、驾驶人的操作习惯以及定期维护保养等。例如，一辆新车如果在服役的前 3 年就进行报废处理，那么大多数情况下可能是由于交通事故造成的。报废汽车的相关政策法规主要针对汽车的安全性和排放性能等方面提出强制性措施或者补贴性激励措施，从而保证汽车安全、规范、绿色运行。另外，补贴性回收政策降低了非法交易与合法回收之间的价格差异，从而对报废汽车回收率的提高起到了促进和催化作用。

如何综合各种因素来确定不同汽车的使用寿命是汽车报废量预测建模的关键。为了研究汽车的寿命规律，应对报废汽车样本数据进行详细的分类和归纳研究。统计结果显示，汽车的实际寿命分布基本趋近于图 3-2 右侧的曲线。该曲线代表了过去任意一年内注册的车辆在未来（0 年）至最高使用年限内的分布状态。所有注册的新车，理论上在最大统计年限内将全部报废。分布曲线将过去某一年内所有已注册车辆划分为两部分，即在役车辆和报废车辆。曲线上侧为汽车在役量，随着年限增大其数值逐渐减小，直到减小为 0；曲线下侧阴影部分为汽车报废量，随着年限增大其数值相应增大，直到等于该年注册车辆的总量。

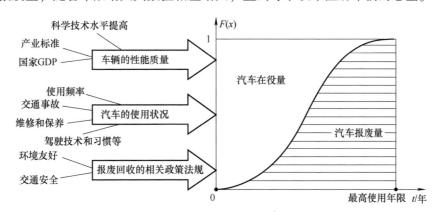

图 3-2　汽车报废的影响因素和使用寿命分布

▶ 3.1.2　汽车报废量的统计模型

▶ 3.1.2.1　报废汽车样本数据

▶ 1. 数据来源和分类

上海市是我国报废汽车回收率较高的地区之一，回收体系健全，报废汽车样本数据具有代表性。上海市 2012—2016 年所有合法回收的报废车辆相关数据共约 21 万条，分类统计见表 3-1。

表 3-1　上海市 2012—2016 年报废汽车分类统计

年份	客车报废量/辆				货车报废量/辆				其他车辆报废量/辆	合计/辆
	大型	中型	小型	微型	重型	中型	轻型	微型		
2012	1415	1894	5207	445	685	8691	4646	82	1483	24548
2013	5192	3371	8552	1232	1745	19273	12004	88	4315	55772
2014	6105	5915	14899	2864	3284	8125	7197	18	14126	62533
2015	1559	5036	20245	326	720	938	4664	22	2898	36408
2016	2321	3250	24365	715	325	699	3221	21	2650	37567
合计	114908				76448				25472	216828

汽车按照用途、运载量、车长和总质量等，可划分为不同的类型。对不同类型的车辆进行分类统计和分析，有利于获得更具针对性和更精确的预测模型。按照我国车辆的分类标准，客车分为大型客车、中型客车、小型客车和微型客车，货车分为重型货车、中型货车、轻型货车和微型货车。

每条数据包括：号牌种类、燃料种类、使用性质、号牌归属省份、品牌型号、产证编号、车辆品牌、车辆型号、发动机型号、总质量（kg）、车长（mm）、整备质量（kg）、排量（mL）、初次登记日期和报废日期。其中，客车报废数据 114908 条，货车报废数据 76448 条，其他车辆 25472 条。从实际的统计结果来看，客车和货车报废数据占总数据量的 88% 左右。

▶▶ **2. 报废汽车数据的初步统计与分析**

对不同年份、不同车辆类型的报废汽车数据进行统计分析，共包括 8 种类型。本节仅选取具有代表性的两种类型，即大型客车（图 3-3）和中型货车（图 3-4）。图中实线代表不同年份该类型车辆报废年限的分布情况，虚线代表全部报废车辆在该报废年限的频率分布。

统计结果显示，不同类型车辆的寿命分布总体上类似于正态分布，有所差别的是其两侧不对称。客车的统计年限较货车大，且不同类别车辆的分布参数有所差异。具体结论见表 3-2。

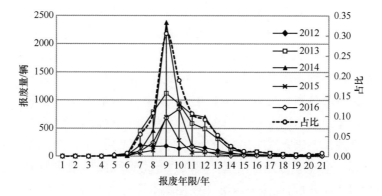

图3-3 大型客车原始数据统计结果

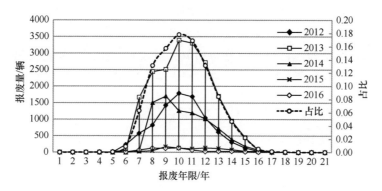

图3-4 中型货车原始数据统计结果

表3-2 不同类型车辆的寿命分布统计结论

类　　别	报废集中时间/年	最大频率	左侧低频年限/年	右侧低频年限/年
大型客车	8～11	0.31	1～6	17～21
中型客车	5～11	0.20	1～5	16～21
小型客车	6～12	0.11	1～7	15～21
微型客车	7～12	0.14	1～6	16～21
重型货车	6～11	0.18	1～5	16～21
中型货车	6～13	0.18	1～5	16～21
轻型货车	7～10	0.20	1～5	17～21
微型货车	5～12	0.63	1～5	15～21

▶▶3.1.2.2 汽车寿命分布模型选择

汽车的销售量、保有量和报废量是从数据统计层面对整个汽车市场的简要描述，这些量与各方面的影响因素相互制约，如受到人口、经济和环境等制约因素的影响，从而决定了它们不可能无限制地增长。汽车作为一件有限寿命的机械产品，其生命周期与人类从出生到死亡的过程特别相似，即每一辆汽车都会经历从生产出售到报废的整个过程，不同类型的车辆在众多制约因素的影响下拥有不同的寿命分布。另外，汽车具有人为规定的最大使用年限或者最大行驶里程，即汽车的生命周期是近似可控的。通过建立统计模型可以有效分析汽车报废的内在规律，研究汽车的寿命分布以及不同使用年限汽车的报废概率。

如何选择一个合适的分布模型是建立汽车寿命预测模型的关键。通过大量统计数据的对比和分析，Logistics 分布模型基本符合汽车寿命统计规律。该模型是一个逐渐趋向稳定的系统，最早多用于对人口的统计和预测。通过对报废汽车寿命年限的统计，以 Logistics 分布模型拟合汽车的寿命分布函数，从而可以利用统计预测模型预测汽车的保有量和报废量的变化趋势。式（3-1）是 Logistics 分布函数的基本模型，它与正态分布相似，但是它比正态分布的尾部更长，更符合汽车的实际寿命分布情况。

$$F(t) = \frac{r}{e^{-(kt+b)} + 1} \tag{3-1}$$

式中　$F(t)$——汽车的寿命分布函数；

　　　　t——汽车的服役时间（$1 \sim K$ 年）；

　　　　k——内在的变化率；

　　　　b——待求常数；

　　　　r——汽车报废量的最大承载能力。

$F(t)$ 分布的期望值为 $t = -k/b$。

Logistics 分布模型函数求导后，就是该模型的概率分布函数，如式（3-2）所示。

$$f(t) = \frac{\mathrm{d}F(t)}{\mathrm{d}t} = kF(t)\left(1 - \frac{F(t)}{r}\right) \tag{3-2}$$

式中　$f(t)$——汽车的寿命概率密度函数。

▶▶3.1.2.3　汽车的保有量统计模型

汽车保有量是指某地区该年内实际拥有的汽车在役量。汽车保有量与汽车在役年限相互关联。由于每辆汽车的初始登记注册时间是固定的，所以累积服役时间很容易计算。但是，如果在服役期间其使用性质发生了改变，则累积服役时间就必须根据定义计算。根据我国机动车辆服役年限标准，变更使用性质后，非经营性小客车、大客车累计服役时间的计算方法如式（3-3）所示。该计算方法来源于《机动车强制报废标准规定》。

$$T = t_1 + t_2\left(1 - \frac{t_1}{t_0}\right)$$ (3-3)

式中　T——累积服役时间；

　　　t_1——初始使用性质下的服役时间；

　　　t_2——变更使用性质后的服役时间；

　　　t_0——定义为常数 17。

　　由式（3-3）可知，任何车辆不论其使用性质如何变化，其总的在役年限是固定值。因此，可以根据该类别车辆的最大统计寿命将所有在役车辆划分为 K 种不同使用年限的类别，K 代表该类别车辆的最大统计寿命，同一类别的车辆具有相同的已服役时间。其中，无最大使用年限限制的车辆可根据实际统计结果测定 K 值。由分类标准可知，类别数越大表示车辆已使用年限越长，其报废的概率也越大。图 3-5 所示为 t 年（日历年，例如 2018 年）某类别汽车保有量的实际组成，图中 C_{t_i} 分别表示每个类别的车辆数量。因此，t 年该类别汽车的在役量由 K 种不同使用年限的车辆组成，t 年的汽车保有量可以用式（3-4）表示，即

$$C_t = \sum_{i=1}^{K} C_{t_i}$$ (3-4)

式中　C_t——t 年的汽车保有量；

　　　K——K 种不同使用年限的车辆类别；

　　　t_i——$t - i$ 年（日历年）；

　　　C_{t_i}——$t - i$ 年销售的汽车在 t 年仍在役的数量。

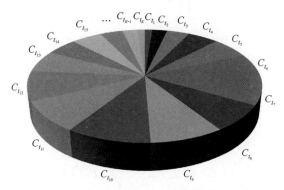

图 3-5　t 年某类别汽车保有量的实际组成

　　接下来分别计算 $t - i$ 年销售的汽车在 t 年仍在役的数量，易知 t_K 年的汽车在理论上已经全部报废，所以剩余量为 0 辆。其余各类别车辆的剩余量可以用

式（3-5）计算。

$$C_{t_i} = S_{t_i}\left(1 - \int_0^i f(x)\,dx\right) \quad (i = 1,2,\cdots,K) \tag{3-5}$$

式中　　S_{t_i}——$t-i$ 年的汽车销售量；

　　　　$f(x)$——汽车的寿命密度函数；

$1 - \int_0^i f(x)\,dx$——新车在注册后的 i 年内未报废的概率。

t 年的汽车保有量是 K 种不同使用年限的汽车量之和，所以 C_t 可以表示为式（3-6），各变量的意义同式（3-5）。

$$C_t = \sum_{i=1}^{K} C_{t_i} = \sum_{i=1}^{K} S_{t_i}\left(1 - \int_0^i f(x)\,dx\right) \tag{3-6}$$

▶ 3.1.2.4　汽车的报废量统计模型

汽车报废量的预测有两种方式。

一种方式是利用当年汽车销售量、报废量和保有量迭代公式进行间接计算，具体如式（3-7）所示。

$$ELV_t = S_t + C_{t-1} - C_t \tag{3-7}$$

式中　C_t——t 年的汽车保有量；

　　　S_t——t 年的汽车销售量；

　　ELV_t——t 年的汽车报废量。

另一种方式是直接预测。通过汽车的寿命密度函数 $f(x)$ 建立统计模型，计算出过去 $1 \sim K$ 年（t_i 年）销售的汽车在 t 年报废的概率，从而预测该年汽车的总报废数量。$t-i$ 年中注册的新车在 t 年报废的概率可以用式（3-8）表示。

$$ELV_{t_i} = S_{t_i}\left(1 - \int_0^{i-1} f(x)\,dx\right)\int_{i-1}^i f(x)\,dx \tag{3-8}$$

式中　　ELV_{t_i}——$t-i$ 年销售的车辆在 t 年的报废量；

　　　　S_{t_i}——$t-i$ 年中的汽车销售量；

　　　　$f(x)$——汽车的寿命密度函数；

$1 - \int_0^{i-1} f(x)\,dx$——汽车在 $i-1$ 年内未报废的概率。

因此，汽车总报废量的计算方法如式（3-9）所示。

$$ELV_t = \sum_{i=1}^{K} ELV_{t_i} = \sum_{i=1}^{K} S_{t_i}\left(1 - \int_0^{i-1} f(x)\,dx\right)\int_{i-1}^i f(x)\,dx \tag{3-9}$$

式中　ELV_t——t 年的汽车总报废量；

　　　K——最大统计服役年限；

其他变量的意义同式（3-8）。

▶ 3. 1. 3 汽车报废量的预测

▶ 3. 1. 3. 1 汽车寿命分布函数

由于按照最初的 8 种类型车辆的统计方式进行预测,部分类型车辆的样本数据量偏小,所以无法准确评估预测的精度。而且,相同使用性质的各类型车辆的寿命分布规律相似。因此,在汽车报废量的预测模型研究中,将在役车辆划分为乘用车和商用车两大类开展相关研究工作。

▶ 1. 数据初步处理

1)Logistics 模型中最大承载力 r 的设定。采用的样本数据来源于官方机构统计的合法回收车辆,非法交易等其他处理行为的报废车辆不在样本数据中。假设该类报废车辆的寿命分布与官方统计的样本数据是一致的,则官方机构统计的样本数据可以代表报废汽车的总体,即样本数据是来自报废汽车中的随机采样数据。因此,将 Logistics 模型函数 [式(3-1)]中的最大承载力 r 设为常数 1。

2)报废年限的确定。样本数据中,每一辆汽车的报废时间都有具体的日期,采用四舍五入方式,把具体报废年限圆整为以年为单位。例如,报废年限为 8 年 6 个月则处理为 9 年。

3)确定最大服役年限范围。如表 3-3 所列,一方面,我国公安部门规定非运营性车辆,如小型客车,报废标准中没有确切的最高服役年限规定。另一方面,实际很少有车辆的服役年限能够达到官方规定的最大年限。因此,数据的初步统计处理根据乘用车和商用车报废车辆样本数据的实际分布情况来确定最大的统计服役年限。在研究中,做如下定义:乘用车最长统计服役年限为 25 年,商用车最长统计服役年限为 20 年。

表 3-3 机动车使用年限及行驶里程参考值

车 辆 类 型		使用年限/年	行驶里程参考值/10^4km
出租客运	小、微型	8	60
	中型	10	50
	大型	12	60
小、微型客车,大型轿车		—	60
中型客车		20	50
大型客车		20	60

（续）

车 辆 类 型	使用年限/年	行驶里程参考值/10^4 km
租赁客车	15	60
客运公交车	13	40
专用校车	15	40
微型货车	12	50
中、轻型货车	15	60
重型货车	15	70
危险品运输货车	10	40
三轮汽车、装用单缸发动机的低速货车	9	—
装用多缸发动机的低速货车	12	30

注：数据来源于《机动车强制报废标准规定》。

2. 建立报废汽车数据样本库

为了简化对大量报废汽车数据的处理过程，设计了报废汽车数据样本库。该数据样本库主要包括四大模块，即汽车在役模块、汽车报废量预测模块、报废汽车再利用模块和管理员模块，如图3-6所示，每个模块中包含了不同的数据内容，服务于不同的数据处理过程。

1）汽车在役模块主要针对汽车在役期间数据信息的汇总和收集，其中包括车辆基本信息表、车辆交通事故表和车辆维修表。

2）汽车报废量预测模块中主要包括预测模型参数表、车辆生命周期表和寿命界限表。该模块可以为汽车保有量和报废量的预测模型提供数据支持，通过程序进行简单的调用，可以及时更新模型的数据样本和预测结果。

3）报废汽车再利用模块中主要包括三种报废汽车再利用模式的数据表。通过对各种回收方式实际回收结果的统计，获取单辆车总的回收率和回收利润，有利于再利用价值潜力的评估。

4）管理员模块是健全数据库必备的模块。该模块统筹监管报废汽车数据库系统，包括用户账号密码管理、数据库维护和数据库模块管理等功能。

3. 汽车寿命分布函数

可利用 Python 程序调用数据库数据和清洗数据。采用最小二乘法拟合 Logistics 分布曲线，通过调用 Matplotlib 库中可视化处理方法对拟合结果进行可视化处理，结果如图3-7所示。式（3-10）为最小二乘法的原理公式，当 w 为最小值时，计算参数 k 和 b 的值，此时拟合偏差最小。

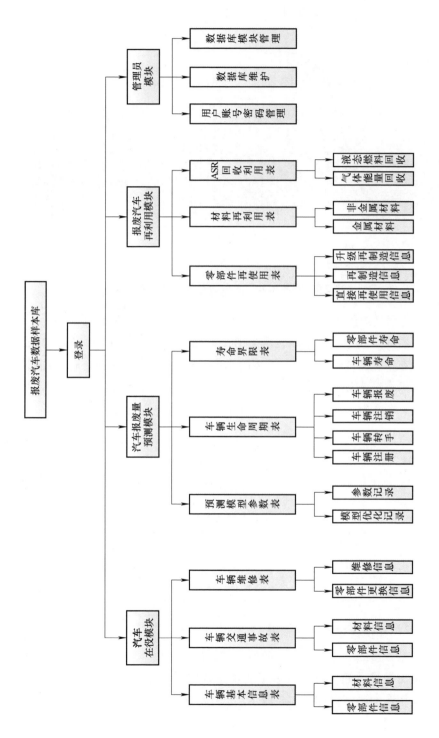

图3-6 报废汽车数据样本库

$$w = \| F(t,[k,b]) - y \|^2 \tag{3-10}$$

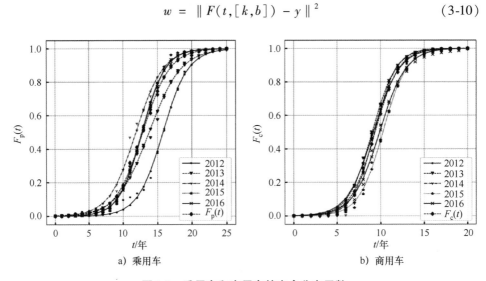

a) 乘用车　　　　　　　　　　　　b) 商用车

图 3-7　乘用车和商用车的寿命分布函数

图 3-7 所示是乘用车和商用车的寿命分布函数，不同线条分别代表不同年份的寿命分布曲线。其中，散点图表示乘用车（图 3-7a）和商用车（图 3-7b）的实际寿命分布情况，$F_p(t)$ 曲线表示乘用车的总体分布函数曲线，$F_c(t)$ 曲线表示商用车的总体分布函数曲线。式（3-11）和式（3-12）为拟合的分布函数表达式。参数 k 和参数 b 为分布函数中的拟合值和标准差，见表 3-4。

$$F_p(t) = \frac{1}{1 + e^{-0.5120t + 6.6042}} \tag{3-11}$$

$$F_c(t) = \frac{1}{1 + e^{-0.7409t + 6.9582}} \tag{3-12}$$

表 3-4　拟合参数及其标准差

类　别	k	k 的标准差	b	b 的标准差
乘用车	0.5120	0.0122	− 6.6042	0.1599
商用车	0.7409	0.0242	− 6.9582	0.2305

⫸ 3.1.3.2　汽车报废量的预测结果

由汽车报废量的 Logistics 预测模型式（3-9）可知，汽车报废量的预测是基于汽车的历史销售量的。我国汽车工业年鉴数据资料显示，1991—2017 年我国乘用车和商用车的销售量如图 3-8 所示。其中，曲线 1 ~ 3 分别表示乘用车、商用车和汽车总销售量。

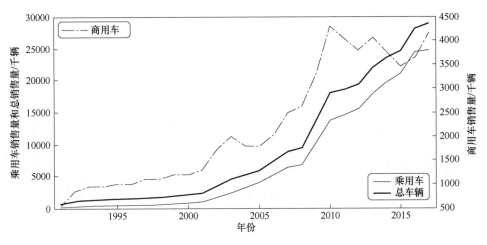

图 3-8　1991—2017 年我国乘用车和商用车的销售量

由于报废量的预测需要过去 K 年的汽车销售量数据支撑，所以通过历史汽车销售量数据仅能准确预测未来一年的汽车报废量。然而，新车在注册后前几年的报废率极低，所以销售量数据的微小误差对未来几年的报废量预测影响并不大。以乘用车为例，由数据统计结果发现，注册 4 年内报废的概率仅为 4.65%，10 年内报废的概率增加到 18.5%。因此，在一定的年限范围内对未来的汽车销量进行预测，可以扩大报废量预测的年限范围。但是，需要注意，如果预测年限范围超过了汽车密集报废年限范围，那么汽车销量的预测误差会严重影响报废量预测结果。由此，仅针对 2018—2025 年的汽车报废量进行预测研究。

首先，针对 2018—2024 年间的销售量进行趋势预测。

图 3-9 中的散点图显示了 1992—2017 年乘用车和商用车的销售量增长率。其中，虚线表示基于历史车辆增长率对未来销售量增长率的线性估计。线性表达式如式（3-13）和式（3-14）所示。

$$y_p = -7.403 \times 10^{-3} t + 16.07 \tag{3-13}$$

$$y_c = -4.693 \times 10^{-3} t + 10.50 \tag{3-14}$$

式中　y_p 和 y_c——乘用车和商用车销售量的增长率；

　　　t——对应的自然年份。

将具体年份代入公式计算各个年份的增长率，以历史销售量数据估算我国 2018—2024 年汽车的销售量，具体结果如图 3-10 所示。

至此，报废量预测所需的数据和模型都已建立完全，接下来利用报废量预测模型进行预测。

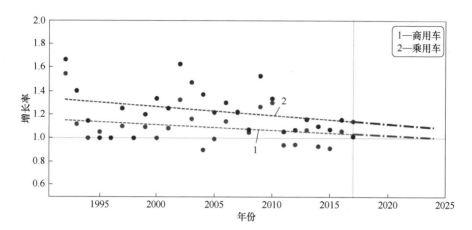

图 3-9　1992—2017 年我国汽车销售量的增长率

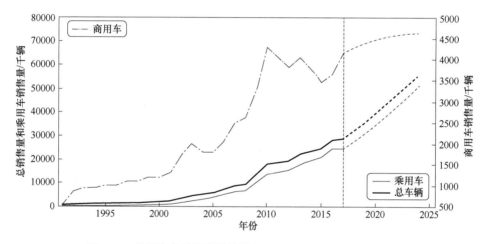

图 3-10　我国汽车的历史销售量和预测结果（1991—2024 年）

由式（3-9）将寿命分布函数离散化后，可得到预测公式（3-15）。通过概率计算和数据运算，获得预测结果。

$$\mathrm{ELV}_t = \sum_{i=1}^{K} \mathrm{ELV}_{t_i} = \sum_{i=1}^{K} S_{t_i} \big[1 - F(i-1) \big] \big[F(i) - F(i-1) \big] \quad (3\text{-}15)$$

式中　ELV_t——t 年中汽车的报废量；

K——最大统计服役年限；

ELV_{t_i}——$t-i$ 年销售的车辆在 t 年的报废量；

S_{t_i}——$t-i$ 年中汽车的销售量；

$F(x)$——汽车的寿命分布函数。

图 3-11 显示了我国汽车报废量的变化趋势，到 2023 年我国的汽车总报废量将超过 1000 万辆。预计 2021 年之后，商用车报废量的增长速度将会放缓，并逐渐稳定下来，而乘用车的报废量可能还会大幅增长。总体而言，未来 10 年，我国汽车报废量将会维持稳定的增长趋势。

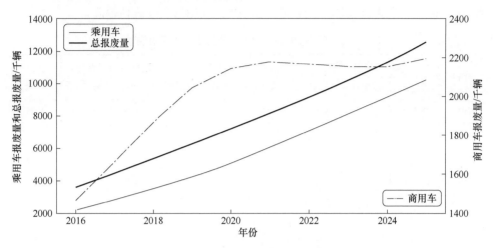

图 3-11 我国汽车报废量的预测结果

表 3-5 列出了 2021—2025 年我国汽车保有量和报废量的具体预测结果。

表 3-5 2021—2025 年我国汽车保有量和报废量预测结果

年　　份	保有量/万辆	报废量/万辆		
		乘　用　车	商　用　车	合　　计
2021	28542.17	604.08	217.72	821.80
2022	31614.76	706.34	216.85	923.19
2023	34956.75	810.94	215.24	1026.18
2024	38575.57	915.92	215.38	1131.30
2025	42471.70	1022.63	219.63	1242.26

▶▶ 3.1.3.3　预测结果检验

为了评估报废汽车预测模型及预测结果的准确性，利用我国公安部、商务部的官方统计数据来分别对预测结果进行检验和评估。我国公安部统计的汽车注销量中包含了当年汽车报废量、车辆转手注销量、摩托车注销量等相关数据，其统计数据明显大于实际的汽车报废量，一般占当年汽车保有量的 3% 左右。我国商务部统计的报废汽车回收量是全国所有报废汽车回收拆解企业当年的总回收量，由于回收率偏低，一般占当年汽车注销量的 30% ~ 50%。实际情况下，汽车的报废量一般介于汽车注销量和报废汽车回收量之间。从中国物资再生协会的实际统计结果来看，汽车报废量一般占该年汽车保有量的 2% 左右，由此可以推算出我国2014—2018 年汽车报废量的参考值。将预测结果和参考值进行对比（表 3-6），结果显示，相对误差基本可以控制在 ±0.05，预测结果准确性较高。

表 3-6　我国 2014—2018 年预测结果的相对误差

年份	报废量预测/万辆			保有量[1]/亿辆	注销量[1]/万辆	回收量[2]/万辆	报废量[3]/万辆	预测误差/万辆	相对误差
	乘用车	商用车	合计						
2014	207.2	117.1	324.3	1.55	481	220.0	310	14.3	0.05
2015	215.4	134.4	349.8	1.73	604	170.8	346	3.8	0.01
2016	223.5	146.6	370.1	1.94	618	159.3	388	-17.9	-0.05
2017	280.2	166.3	446.5	2.17	622	147.2	434	32.5	0.07
2018	345.9	186.9	532.8	—	—	—	—	—	—

① 保有量和注销量数据来源于公安部 2014—2018 年统计资料。
② 回收量数据来源于商务部 2014—2018 年统计资料。
③ 报废量参考值以该年保有量的 2% 占比计算。

　　汽车报废量的预测模型是基于对历史数据规律的总结，其准确性主要依赖于样本数据和模型结构。不同车辆类型的分布函数在不同时期是不断积累和变化的，数据的变化趋势是多因素交互作用的结果，用过时的数据预测未来趋势是不可行的。因此，要保证预测的精确性，预测模型就需要不断更新。鉴于各类型车辆实际的样本数据容量和寿命分布函数的相似性，上文中仅将报废汽车分为乘用车和商用车两类，以便于统计分析和预测。为了获得更精确的预测结果，就需要对不同使用性质的车辆进行更详细的划分，进一步细化分类。分类越精确，评估的结果就越有针对性，预测的结果也越精确。另外，样本数据也需要不断更新，这样才能建立一个动态可控的预测模型。随着我国汽车回收补贴政策的不断完善、模型的不断更新和优化以及样本量的不断累积，各类型车辆的分布函数将得到更准确的描述，报废量将得到更加准确的预测。

3.2　报废汽车回收率与回收补贴政策的耦合机制

3.2.1　报废汽车回收率的评估模型

　　报废汽车回收率是指由报废汽车回收拆解企业回收的报废汽车量与该年度

汽车总报废量的比值。回收补贴政策是影响报废汽车回收率的主要因素,尤其是回收补贴政策直接调控了合法回收与非法交易之间的价格差,促进了报废汽车通过合法渠道在报废汽车回收拆解企业回收处理。回收补贴政策的合理优化与调整有利于报废汽车回收率的提高,完善的报废汽车回收制度对汽车回收产业的发展起着关键作用。

目前,由于准报废汽车的合法回收价格较低以及我国汽车后市场的监管力度不足,除了几个报废汽车回收体系较完善的城市(如北京、上海等),我国大部分城市的多数报废汽车都没有得到合法处理,导致我国报废汽车回收率一直持续在低位徘徊。如何提高报废汽车的回收率是我国汽车回收产业面临的一个严峻问题。

式(3-16)是报废汽车回收率的定义式。从表达式中可以看出,回收率是全国所有报废汽车回收拆解企业该年的回收量之和与总报废量的比值。回收率越高,表示报废汽车的非法拆解量越少;相反,回收率越低,表示非法拆解量越多。

$$R_t = \frac{1}{\mathrm{ELV}_t} \sum_{i=1}^{c} R_{c_i} \tag{3-16}$$

式中　c——全国报废汽车回收拆解企业的数量;

　　　R_{c_i}——第 i 个报废汽车回收拆解企业的报废汽车回收量;

　　ELV_t—— t 年的报废汽车总量;

　　　R_t—— t 年的报废汽车回收率。

式(3-16)仅用于报废汽车回收率的计算,并不能体现出哪些因素影响回收率,以及如何提高回收率。因此,通过分析影响报废汽车回收率的不同因素之间的关系,利用因素分析提高回收率的方法,建立报废汽车回收率评估新方法。图 3-12 所示为报废汽车回收率的影响因素。从图中可以看出,合理降低合法回收与非法回收之间的价格差是提高报废汽车回收率的主要方法。另外,回收补贴政策的制定与推广、报废汽车回收拆解企业数量的增加以及环保效益的宣传也可在一定程度上有效提高回收率。

在市场中,回收率的大小主要取决于非法交易收益与企业回收收益的差异性。胡纾寒通过统计不同年份我国不同省份的具体回收率,根据边际效益递减规律,建立了基于交易价格差的报废汽车回收率的统计模型,如式(3-17)所示。

$$R_t = f\, h^{B_t - L_t} \tag{3-17}$$

式中　f、h——统计模型的两个参数,$f = 0.9987$,$h = 0.9692$;

B_t——非法交易价格；

L_t——合法交易价格。

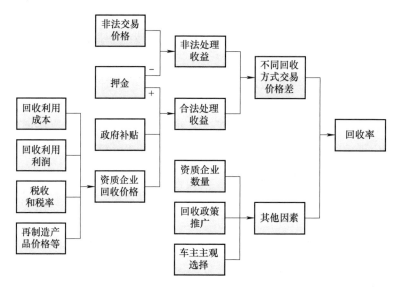

图3-12　报废汽车回收率的影响因素

　　然而，交易价格差并不是影响回收率的唯一因素。随着汽车回收产业的发展和人们环保意识的不断增强，报废汽车回收拆解企业的数量、回收补贴政策以及车主的主观选择等其他因素对回收率的影响也越来越大。为了更合理地评估计算回收率，可对回收率的统计模型进行优化和改进，如式（3-18）、式（3-19）和式（3-20）所示。

$$R_t = \alpha f\, h^{B_t-L_t} + \beta g(t) \tag{3-18}$$

式中　α、β——价格差因素与其他因素的比例系数；

　　　$g(t)$——其他因素的综合影响结果。

$$B_t = \mathrm{BP}_t - D_t \tag{3-19}$$

$$L_t = \mathrm{RP}_t + G_t + D_t \tag{3-20}$$

式中　B_t——非法交易价格，它由非法收购价格（BP_t）和押金（D_t）决定；

　　　L_t——合法回收价格，它由合法回收价格（RP_t）、回收补贴（G_t）和押金决定。

▶3.2.2　实证案例：上海市报废汽车回收率研究

　　报废汽车补贴政策是影响报废汽车回收率的关键因素。由于不同年份的实际回收补贴价格各不相同，因此，补贴政策也是最不确定的因素。为了消除各个政策之间的相互影响，在本案例的实际研究中，仅以上海市 2016 年针对老旧车辆的实际补贴标准为补贴政策代表。由于补贴政策引起的回收价格差是影响回收率的主导因素，且其他因素目前的实际影响较小，因此，在本案例的研究中，设定系数 $\alpha = 0.9$，$\beta = 0.1$。对于其他因素函数，在不存在外界干预的情况下，有 $g(t) = 1$。另外，由于我国目前没有正式执行押金制度，因此设定 $D_t = 0$。实证案例的具体数据和计算结果见表 3-7。

表 3-7　收益差和回收率的数据和计算结果

类　　型	非法交易价格①/(百元/t)	回收价格②/(百元/t)	回收补贴③/(百元/t)	押金④/百元	收益差/(百元/t)	回收率（%）
微型客车	21.9	1.3	13.6	0	7.0	82
小型客车	55.4	2.5	47.0	0	5.9	85
中型客车	48.6	3.1	40.6	0	4.9	88
大型客车	18.5	4.0	12.6	0	1.9	95
微型货车	14.5	2.0	10.7	0	1.8	96
轻型货车	42.3	2.5	33.3	0	6.5	84
中型货车	30.3	4.0	22.4	0	3.9	91
重型货车	19.9	4.0	8.9	0	7.0	82

① 非法交易价格数据来源于中国物资再生协会的最大统计值。
② 回收价格数据来源于上海华东拆车厂。
③ 回收补贴数据来源于 2016 年上海市针对服役时间为 9~10 年的老旧车辆的回收补贴政策。
④ 目前我国暂不收取报废汽车回收押金。

从表 3-7 计算结果来看，在目前的补贴政策下，上海市不同类型汽车的回收率都在 80% 以上。由于报废量的不确定性，在数据统计中，部分统计机构也经常以回收量与保有量的比值来衡量报废汽车的实际回收率。表 3-8 所列为 2016年我国汽车保有量排名前 10 城市的报废汽车回收量。目前，全国的报废汽车平均回收比例约为 2%。

表 3-8　2016 年我国汽车保有量排名前 10 城市的报废汽车回收量

序　　号	城　　市	汽车保有量/万辆	报废汽车回收量/万辆	回收比例（%）
1	北京市	548	17.15	3.13
2	成都市	412	2.45	0.60
3	重庆市	328	3.18	0.97
4	上海市	322	4.01	1.25
5	深圳市	318	2.53	0.79

（续）

序　号	城　　市	汽车保有量/万辆	报废汽车回收量/万辆	回收比例（%）
6	苏州市	313	1.25	0.40
7	天津市	274	16.98	6.20
8	郑州市	268	1.24	0.46
9	西安市	244	1.85	0.76
10	杭州市	234	2.24	0.96

注：数据来源于《2017 中国汽车市场年鉴》。

　　报废汽车回收率的提高是汽车回收产业规范化的前提和必要保证。确保大部分汽车的合法回收拆解，不但可以为汽车产业的发展提供充足的动力，而且有利于报废资源的合理化处置。从宏观的角度来看，未来我国报废汽车的回收率将不断增大：一方面，出于环境和安全等因素的考虑，我国政府通过实行强制汽车报废政策和补贴政策不断地调节这一结果；另一方面，随着公民素质和环保意识的提高，其他因素的影响系数占比将逐渐增大，更多的车主将愿意通过合法的途径处理自己的废旧车辆。

3.2.3　回收补贴政策的耦合机制

3.2.3.1　报废汽车回收补贴政策

　　为了有效提高报废汽车的回收率，我国政府近几年来施行大量报废汽车的回收补贴政策来调控和改善这一结果。通过采取各种强制回收政策和补贴政策来保证大部分废旧车辆能合法进入报废汽车回收拆解企业进行处理，确保了汽车的安全使用和环境污染的控制。在实践中，回收补贴政策提高了我国报废汽车的回收率，促进了报废汽车回收拆解行业的健康发展。

　　上海市在 2012—2016 年共实施了 7 项重要的回收补贴政策，具体时间节点如图 3-13 所示。其中，①～⑤为补贴性政策，⑥和⑦为强制性政策，每一条线条的长度分别代表该政策的实际实施时间。

　　强制性政策意味着，如果车辆的使用年限或性能符合报废标准要求（机动车强制注销标准），就必须对其进行报废回收。我国除了非营运小、微型载客汽车和大型轿车无确定的最高使用年限（只有参考的最大行驶里程，即 60 万 km），其他车辆均规定了确定的最高使用年限。在政策的实际实施中，强制性政策必须通过一系列强制性规范执行。例如，2014 年上海市交通委员会发出声明：为了进一步提高环境质量，从 2014 年起，没有国家绿色检测标志的车辆将被限制上路。而补贴性政策是一项激励措施，旨在促进大部分老旧车辆能够被合法地按时回收，特别是燃油消耗高、排放污染重的车辆。补贴性政策直接降低了非法交易和合法回收之间的价差，保证了大部分报废汽车能够及时有效地进入报废汽车回收拆解企业。如图 3-13 所示，2012—2016 年，上海市政府针对不同类型的报废汽车主要实施了 7 项（或更多）补贴政策。

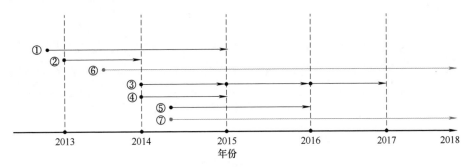

图 3-13　上海市 2012—2016 年报废汽车回收补贴政策的时间节点

图 3-14 所示为上海市 2012—2016 年小型客车（属于乘用车类型，占总报废量的 34%）和中型货车（属于商用车类型，占总报废量的 17%）的补贴政策的实际情况。其中 2012—2013 年，由于上海市对高污染的黄标车报废补贴力度加强，补贴价格是普通年份的 2 倍左右，报废汽车回收量也因此迅速增加，由 2012 年的 2.5 万辆增长到 2013 年的约 5.5 万辆，政策效果非常明显。

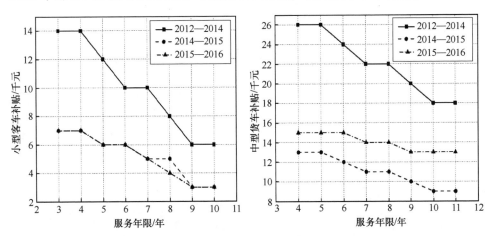

图 3-14　上海市针对小型客车和中型货车的补贴政策变化

▶▶▶**3.2.3.2　回收补贴政策对回收率和寿命分布函数的影响**

虽然我国汽车报废量在快速增长，但是由于政策和制度的不完善，报废汽车的回收率一直处于较低水平。如图 3-15 所示，政府相关政策在我国报废汽车的回收中起着至关重要的作用。其中，强制性政策通过建立报废标准和限行等措施来影响汽车报废量和汽车寿命分布函数；补贴性政策通过调节非法交易价格与合法回收价格的差异，激励大部分报废汽车流向报废汽车回收拆解企业。为了进一步探讨我国回收补贴政策对汽车回收产业的影响，以下分别展开回收补贴政策与汽车寿命分布函数和报废汽车回收率之间关系的讨论。

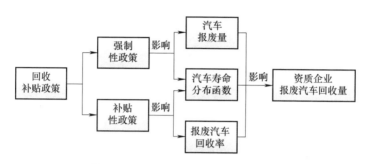

图 3-15　政府政策对回收产业的影响

⦚ 1. 回收补贴政策对汽车寿命分布函数的影响

政府政策的实施对汽车的寿命分布函数非常关键，尤其是对乘用车而言。如图 3-16（乘用车）和图 3-17（商用车）所示，图 3-16a 和图 3-17a 为汽车寿命分布函数，图 3-16b 和图 3-17b 为汽车寿命概率密度函数。通过研究可以得到以下结论：

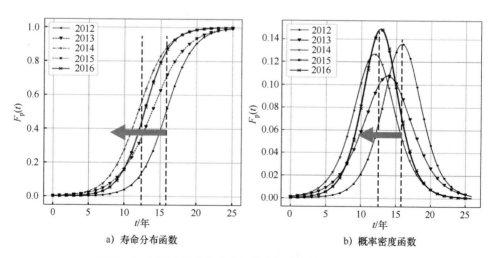

a）寿命分布函数　　　　　　　　　b）概率密度函数

图 3-16　乘用车的寿命分布函数和概率密度函数变化趋势

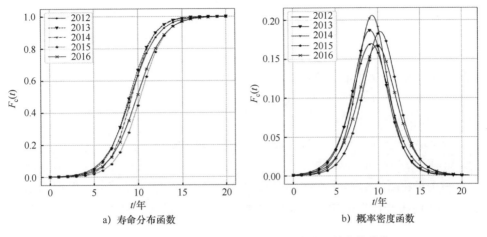

a) 寿命分布函数   b) 概率密度函数

图3-17　商用车的寿命分布函数和概率密度函数变化趋势

1）如图3-16中虚线和箭头所示，由于回收补贴政策不断推出和实施，2012—2016年乘用车的集中报废年限在逐渐减小，并趋于稳定。乘用车集中报废年限在10~15年，商用车集中报废年限在6~10年。

2）回收补贴政策对车辆的合法回收起到了关键作用。从各年寿命分布函数的斜率可以看出，2012年由于各方面的政策初步实施，大量老旧车辆开始集中报废，报废年限集中在12年后。在此之后，随着政策的稳步执行，各个年份情况不断好转，报废年限向前推移。2015年和2016年的寿命概率分布函数已经非常相似，说明回收补贴政策的边际效应开始趋于稳定。

3）如图3-17所示，商用车各年的寿命分布函数基本一致。一方面，由于商用车在未报废前一直在为车主创收，使用周期稳定，工作时间基本一致，所以寿命分布也基本稳定。另一方面，回收补贴政策对商用车的实际效果比较小，在政策实施前后商用车的寿命分布变化甚微。

▶▶ **2. 回收补贴政策对报废汽车回收率的影响**

补贴是回收补贴政策中影响报废汽车回收率最直接的因素，主要通过提高报废汽车的回收价格来影响回收率。从2012—2016年上海市实施的回收补贴政策中可以看出，车辆回收补贴价格并不统一，它根据车辆用途和使用年限的不同而变化，并随着服役时间的增加，补贴逐渐减少。为了进一步分析回收补贴政策对回收率的影响，首先定义车辆的最大统计服役年限为 K 年（超过 K 年的情况也定义为 K 年），利用加权法分析补贴政策的实际效果。式（3-21）是来用加权法计算回收率的表达式。

$$R_{t} = \frac{R_{t_1} \cdot \text{ELV}_{t_1} + R_{t_2} \cdot \text{ELV}_{t_2} + \cdots + R_{t_i} \cdot \text{ELV}_{t_i} + \cdots + R_{t_K} \cdot \text{ELV}_{t_K}}{\text{ELV}_{t}}$$

$$(3\text{-}21)$$

式中　　　R_t——t 年的车辆回收率；

$\quad\quad\quad R_{t_i}$——服役时间为 i 年的车辆回收率；

$\quad\quad\quad \text{ELV}_t$——$t$ 年的汽车报废量；

$\quad\quad\quad \text{ELV}_{t_i}$——$t$ 年中服役时间为 i 年的汽车报废量；

$\quad \text{ELV}_{t_i}/\text{ELV}_t$——$R_{t_i}$ 的权重。

乘用车和商用车具有不同的寿命分布，下面分别进行讨论。根据 2012—2016 年上海报废汽车的实际寿命分布情况，可统计得到如表 3-9 和表 3-10 所列的结果。

表 3-9　乘用车的寿命分布统计

服役时间/年	0～5	6～10	11～15	16～20	21～25
占比（%）	1.3	16.75	54.45	25.1	2.4

表 3-10　商用车的寿命分布统计

服役时间/年	0～5	6～9	10～13	14～18	19～20
占比（%）	0.67	45.53	45.9	7.2	0.7

由于车辆报废集中年限中车辆的实际报废量较大，权重系数较大。与此相反，非报废集中年限中车辆报废量较小，权重系数较小。所以根据上述的统计分析，应针对寿命分布建立差异化的补贴标准。从式（3-21）中可以看出，通过对具有不同服役时间的报废汽车进行合理的补贴调整，总回收率可得到有效提高。因此，政府补贴政策应按照表 3-11 所列的方案进行调整，对不同服役时间的车辆合理地增加或减少其补贴金额。

表 3-11　差异化补贴金额调整策略

补贴调整	增　加	减　少	大幅减少
乘用车服役时间/年	11～15	6～10 和 16～20	0～5 和 21～25
商用车服役时间/年	6～13	14～18	0～5

为了检验补贴政策的优化效果，针对上海市 2016 年的实际补贴情况进行优化评估，见表 3-12 和表 3-13。在基本维持总补贴支出的基础上，按要求合理地调整补贴价格。设定每提高 1000 元补贴，回收量在原来的基础上增加 2%；每

减少1000元补贴，回收量在原来的基础上减少2%。

表3-12 乘用车回收率的优化效果

项 目	服役时间/年					
	0~5	6~10	11~15	16~20	21~25	合 计
平均补贴价格[①]/万元	1.5	1.2	0.8	0.7	0.6	—
原回收量[②]/辆	216	3663	15553	5134	514	25080
调整后价格/万元	0.1	0.8	1.5	0.5	0.1	—
回收量增加量/辆	−61	−293	2177	−205	−51	1567
调整后回收量/辆	155	3370	17730	4929	463	26647
增大比例（%）	−28.2	−8.0	14.0	−4.0	−9.9	6.25

① 2016年上海市补贴政策的平均价格。

② 2016年上海市各服役年限报废汽车的实际回收量。

表3-13 商用车回收率的优化效果

项 目	服役时间/年					
	0~5	6~9	10~13	14~18	19~20	合 计
平均补贴价格[①]/万元	1.8	1.4	1.0	0.9	0.8	—
原回收量[②]/辆	249	4621	5913	1469	235	12487
调整后价格/万元	0.2	1.5	1.6	0.4	0.1	—
回收量增加量/辆	−77	92	710	−147	−33	545
调整后回收量/辆	172	4713	6623	1322	202	13032
增大比例（%）	−30.9	2.0	12.0	−10.0	−14.0	4.36

① 2016年上海市补贴政策的平均价格。

② 2016年上海市各服役年限报废汽车的实际回收量。

从案例评估结果来看，乘用车回收率提高6.25%，商用车回收率提高4.36%，优化效果较明显。因此，补贴政策的优化和调整是必要的。通过合理地调整补贴政策的具体补贴标准，健全我国报废汽车回收补贴政策法规，可以有效地提高报废汽车回收拆解企业的合法回收量。预计在未来，我国报废汽车的非法交易将会不断减少，而报废汽车的合法回收量将不断增大。式（3-22）是计算报废汽车回收拆解企业报废汽车回收量的计算公式。可以看出，随着回收率的不断增加，更多的报废汽车能够进入报废汽车回收拆解企业被回收。当回收率等于1时，报废汽车回收拆解企业回收的报废汽车量将和总报废量数值一致。

$$R\_ELV_t = R_t ELV_t = \frac{1}{ELV_t} \sum_{i=1}^{M} R_{t_i} ELV_{t_i} \sum_{i=1}^{M} S_{t_i} \left[1 - \int_0^{i-1} f(x)\,dx \right] \int_{i-1}^{i} f(x)\,dx$$

$$(3\text{-}22)$$

式中　R_ELV_t——t 年中报废汽车的回收量；

　　　R_t——t 年的回收率；

　　　ELV_t——t 年的汽车报废量。

▶ 3.2.3.3 完善报废汽车回收拆解相关的法规政策建议

根据我国汽车回收产业发展现状，为促进报废汽车回收率的提高，以及资源合理利用和全行业高质量发展，提出以下法规政策建议。

▶ 1. 调整报废汽车回收拆解行业的税收政策

针对报废汽车回收拆解行业的发展规模和效益，适当调整相关税收政策。报废汽车回收拆解行业目前还是低利润行业，税收政策的适度倾斜有利于该行业健康、稳定和高质量发展。具体策略分为两方面：一方面对报废汽车回收拆解企业实施低税率政策（3%）；另一方面适度降低再生资源回收企业的所得税，建议参照国家需要重点扶持的高新技术企业的优惠政策，即所得税率降为15%。

▶ 2. 适时建立汽车回收押金制度

押金制度是一种调节非法交易与报废汽车回收拆解企业回收收益差的强制性政策制度。押金制度的实施不但可促使车主及时处理报废车辆，而且可有效提高报废汽车的回收率。押金制度，即当购车人购买新车时，必须支付一定的押金作为抵押。当车辆通过合法回收拆解时，车主可以凭借押金收据要求返还押金。

$$L_t - B_t = 2D_t + RP_t + G_t - BP_t \qquad (3\text{-}23)$$

如式（3-23）所示，由于押金制度在价格差上的翻倍效果，通过适当提高押金，可以明显改善非法交易和报废汽车回收拆解企业回收价格之间的差异性。

▶ 3. 及时放宽汽车五大总成的市场销售

对于车辆的五大总成（包括发动机、方向机、变速器、前后桥和车架），目前的法律规定，仅可作为材料进行回收利用，不可在自由市场上流通和出售。汽车的五大总成是汽车附加值最高的部件，如果仅以材料形式回收无疑是对资源的浪费。相比再生材料，成形的零部件除去了加工过程的经济和人力投入，同时也减少了加工过程中的能耗和排放，以零部件再使用的方式回收可以为回收企业带来巨大的效益。因此，逐步放开汽车五大总成的销售有利于我国汽车回收产业的快速发展。

▶▶ 4. 实施生产者责任延伸制度

生产者更清楚自己生产的商品的可回收性以及重复利用和再制造性。在汽车设计、生产、使用、报废回收等环节建立以汽车生产企业为主导的回收利用体系。一方面，通过推动汽车生产企业与具备资质的报废汽车回收拆解企业和再制造企业建立合作关系，构建汽车回收利用体系，实现全国统一的汽车产业链大循环；另一方面，鼓励实施生产者责任延伸制度的汽车试点行业，建立以报废汽车资源化利用为重点的发展模式，逐步打开我国汽车回收产业发展新思路的大门。为了进一步有效规范报废汽车的回收市场，加快推进供给侧结构性改革和制造业转型升级，我国有必要实施生产者责任延伸制度，从而形成完善的报废汽车回收补贴政策制度。

3.3 拆解不确定性问题及其处理方法

▶ 3.3.1 不确定性问题

人类在认知并改造世界的过程中，经常会遇到这样或那样的可能性，这些可能性统称为不确定性问题。由于人们能够操纵并处理的问题都是确定性问题，因此，关于不确定性问题向确定性问题转化的方法和应用方面的研究成为人们研究的热点。不确定性问题涉及数学、信息科学、计算机科学、管理科学、运筹学等众多领域，但数学是研究的基础，研究人员一般将不确定性问题归入随机性和模糊性两类数学问题。其应用方法体现在粗糙集、概率论、模糊数学和智能算法等过程中，但所有方法均表现为针对一定工程或需求问题的某种适应和应对能力，不同的方法有着不同的适用性。因此，各种方法在原理上并不存在优劣问题，人们在应用过程中可根据需求不同，合理选择或组合使用不同的求解方法。

在退役乘用车回收利用过程中，拆解是必须应对的首要问题，它是拆解企业根据市场行情和盈利考量开展报废处理业务的一种经营行为。出于产品定价、投标决策等需要，往往在拆解前就需要对退役乘用车进行拆解规划，以确定选择性拆解的再利用零部件，并对拆解的成本和效益进行预估。显而易见，合理规划拆解深度以获取更大的经济效益是必然的市场行为，拆解企业对拆解对象和拆解目标必然有所取舍。因此，如何对具体的一辆退役乘用车进行拆解成本评价，如何对其拆解深度和拆解顺序进行决策和规划，就成为拆解企业关心的根本性问题。

拆解成本评价和拆解深度决策都可以归结为相应的最优化数学问题，通过求解问题的最优解或帕累托（Pareto）满意解，将这些不确定性问题转化为确定性问题。

最优化问题一般可以分为如下两类：

1）线性最优化问题，即目标函数和约束条件都是变量的线性函数。这一类问题可以通过传统的最优化理论求解。

2）非线性最优化问题，即目标函数或约束条件是变量的非线性函数，或难以通过函数的形式描述。这一类问题往往需要借助于模糊数学、层次分析法（AHP）、智能算法等不确定数学知识或方法求解。

针对拆解问题，不确定性体现在拆解对象的复杂性、拆解目标的多样性、拆解深度的不确定性及其他不确定性条件上，考虑参数固有的不确定性本质，研究中一般采用粗糙集、概率论、模糊数学、AHP 等数学方法和智能算法来处理不确定性问题。由于不确定问题涉及的知识和理论非常广泛，下面仅列出与本书内容相关的一些数学方法。

3.3.2 基于遗传算法的不确定性处理方法

现实中存在着大量的不确定性问题。对于双重或双重不确定性决策系统优化问题，传统方法无论在问题规模还是在求解速度上都无法胜任，由此诞生了不确定性问题的智能算法。

国内外的学者提出了众多的智能算法，如神经网络、遗传算法和免疫算法等，然而，每种算法都有其独特的优势和不足，在求解不确定性问题时的核心难点是如何从众多智能算法中寻求能够应用于当前问题的合适算法。普遍的选择方法主要依赖于经验和试错的过程。

遗传算法是最具代表性的一类进化算法，它的基本思想来自于生物学家适者生存、优胜劣汰的进化理论。遗传算法一词最早在 1967 年由 Bagley 提出，并在 1975 年由 Holland 教授首次搭建了遗传算法的理论框架，其后至今的研究均是在此基础上针对实际需求而展开的。其特点是模仿自然界的自然选择和自然进化机理来进行种群信息的交换和进化，适用于求解常规优化理论无法求解的高度复杂的非线性优化问题，如 NP 完全问题。

3.3.2.1 多目标适应度函数的处理方法

在产品的拆解过程中往往需要同时考虑多个目标，如盈利值最大、环境影响值最小和可行性最大等。考虑不同的拆解企业在进行决策时对这些目标赋予的权重值有所不同，因此，采用固定权重的方法对求解拆解系统的多目标优化问题有着重要的意义。

多目标优化问题是相对于单目标优化问题而言的。单目标优化已形成了成熟的理论体系，根据不同的问题类型，很容易求解得到问题的最优解。而对于多目标优化问题，在决策时需要同时考虑使多个目标变量达到最大值或最小值，并且这些目标变量间可能相互影响甚至是矛盾的，即一个目标变量的增加可能会导致另一个或几个目标变量的减小。这种情况下只能采用折中的办法来获取问题的满意解，又称 Pareto 最优解或 Pareto 非支配解。多目标决策优化问题的求解理论目前仍处于发展期。

设有 m 个决策优化目标 $f_1(X)$，$f_2(X)$，$\cdots$，$f_m(X)$，则总的决策优化目标可表述为

$$f(X) = (f_1(X), f_2(X), \cdots, f_m(X)) \tag{3-24}$$

其中，$X = (x_1, x_2, \cdots, x_n)$ 为决策变量，满足如式（3-25）所示的不等式约束和等式约束两类线性约束条件：

$$\begin{cases} g_i(X) \geqslant 0 & (i = 1, 2, \cdots, k) \\ h_j(X) = 0 & (j = 1, 2, \cdots, l) \end{cases} \tag{3-25}$$

多目标决策变量 X 在式（3-25）表示的约束条件下使式（3-24）表示的各决策优化目标同时达到最优。

为求解方便，所有的极值问题都可转化为最小值问题，如最大值问题的相反数即变为最小值问题。

综合以上，多目标优化问题可一般性表述为

$$\min f(X) = (f_1(X), f_2(X), \cdots, f_m(X))$$
$$\text{s. t.} \begin{cases} g_i(X) \geqslant 0 & (i = 1, 2, \cdots, k) \\ h_j(X) = 0 & (j = 1, 2, \cdots, l) \end{cases} \tag{3-26}$$

在使用遗传进化算法时，为体现优胜劣汰的原则，必须对种群个体进行评价，通常使用适应度值表示个体的优劣性。通常个体的适应度值越高，目标函数值越大，表明它的适应能力越强，则越有可能进化成较优的个体。适应度函数一般是通过目标决策函数变换得到的，如将目标函数值的倒数作为个体的适应度值。

适应度值可以使用盈利值、环境影响值和可行性值这三个目标的权重和来表示，如式（3-27）所示。其中，环境影响值 $E(x)$ 在分母上反映了环境影响值与盈利值的最大化目标间相互矛盾的特点，而由于拆解操作必须是可行的，因而拆解可行性数值 $F(x)$ 恒等于 1。三个目标间的不同权重反映了这三个目标对

适应度值贡献的大小，这表明即使某项权重取值为 0，也并不代表该目标所对应的结果值为 0，而仅体现在对拆解顺序的不同选择上。

$$\max(P(x)), \min(E(x)), \max(F(x)) \text{ 或 } \max FV =$$

$$\sqrt{[W_pP(x)]^2 + [W_e/E(x)]^2 + [W_fF(x)]^2}$$

$$\text{s. t.} \begin{cases} P(x) \geqslant 0 \\ F(x) \geqslant 0 \end{cases}$$

(3-27)

式中　　FV——函数值；

$P(x)$——盈利值；

$E(x)$——环境影响值；

$F(x)$——可行性值；

W_p、W_e 和 W_f——盈利、环境影响和可行性的系数。

3.3.2.2　基于矩阵染色体和精英策略的改进遗传算法

1. 矩阵染色体的编码构造过程

在使用遗传算法求解问题时，将问题空间使用一定的代码来描述的过程称为编码（encoding），而其相反过程称为译码（decoding）。遗传算法一般采用简单的编码方式（如二进制编码）来表示种群个体或染色体的结构。

在建立编码方式时应遵循以下原则：

1）非冗余性。染色体和潜在的解必须是一一对应的。

2）合法性。编码的任意排列和组合都对应着唯一的一个解。

3）完全性。任意的解都对应有一个编码。

考虑拆解顺序在结构上的特殊性，借鉴有关文献中分析问题时所使用的编码方式，选择矩阵和二进制的方式进行编码。假定拆解顺序为 1—2—3—4，则对应染色体的编码方式可以用式（3-28）来表示。

$$\boldsymbol{P}_0 = \begin{array}{c} \\ 0 \\ 1 \\ 2 \\ 3 \\ 4 \end{array} \begin{array}{c} \begin{matrix} 0 & 1 & 2 & 3 & 4 \end{matrix} \\ \begin{bmatrix} 0 & 1 & 0 & 0 & 0 \\ 0 & 0 & 1 & 0 & 0 \\ 0 & 0 & 0 & 1 & 0 \\ 0 & 0 & 0 & 0 & 1 \\ 0 & 0 & 0 & 0 & 0 \end{bmatrix} \end{array}$$

(3-28)

2. 遗传进化操作

遗传算法的进化过程一般包括选择（也称为复制）、交叉（也称为重组）、变异三种基本形式，并且按此顺序执行进化过程。遗传算法进化过程的重要考虑是基于这三个过程的算子设计，即选择算子、交叉算子和变异算子，它们同时也是调整和控制进化过程的基本方式。

（1）矩阵染色体的轮盘赌选择算子　选择算子是指通过一定的选择机制从进化种群中挑选优秀的个体放入交配池（mating pool）中，而在交配池中进行交叉操作时不再进行选择操作，即采用随机的方式进行交叉。常用的选择算子包括轮盘赌选择、锦标赛选择、适应度比例选择等形式。

轮盘赌选择是遗传进化过程中常用的种群个体选择方式之一，其原理是根据各染色体的适应度比例值来确定该个体被选择的概率。下面根据表3-14中列出的矩阵染色体的相关适应度数据来说明轮盘赌选择方式的原理。

表3-14　矩阵染色体的适应度举例

矩阵染色体	A	B	C	D	…
适应度比例值	0.03	0.17	0.08	0.31	…
累计适应度比例值	0.03	0.20	0.28	0.59	…

根据表3-14中的适应度比例值［位于（0，1）范围内］，可以建立如图3-18所示的轮盘赌模型。模拟轮盘赌的原理，由程序随机生成一个小数，通过累计适应度比例值判断该小数落在哪个染色体所在的数字区间，从而确定所选择的染色体个体。例如，随机生成的小数为0.38，所落入的累计适应度比例值范围为（0.28，0.59），因此选中的个体为矩阵染色体D。

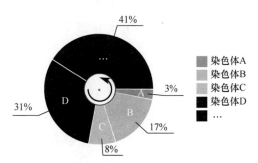

图3-18　轮盘赌模型

（2）矩阵染色体的随机交叉算子　交叉算子是模仿自然界中生物繁殖进化时的基因重组过程，目的是使下一代继承上一代多个个体的优秀基因。配对个体一般以一定的交叉概率交换基因位的信息，根据交换基因位的不同可以分为单点交叉、两点交叉、多点交叉和一致交叉等形式。在这里，根据问题的实际情况，提出了一种随机交叉算子的方法。

从种群的每代染色体中随机选择一个矩阵染色体（如选择染色体A），并从中随机选择一条基因组（如选择基因组A_2）作为标准基因组；再从种群中随机选择一个矩阵染色体（如选择染色体B），并从中随机选择一条基因组（如选择基因组B_3）作为外来基因组。当随机生成的交叉概率数值小于指定的交叉概率P_c时，使用外来基因组替换标准基因组即完成种群中矩阵染色体的交叉过程，如图3-19所示。

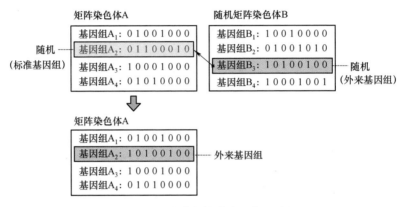

图3-19　矩阵染色体的随机交叉过程

（3）矩阵染色体的变异算子　变异算子是模仿自然界中生物繁殖进化时的基因突变现象，目的是避免进化过程的过早收敛，同时通过变异操作甚至可能得到更好的进化结果。为保持种群的稳定性，一般选择较小的进化概率。由于标准遗传算法具有早熟和模式欺骗的缺陷，众多学者不断对遗传算法进行改进以提高算法的适应性和求解效率，主要研究集中在以下几个方面：

1）种群初始的改进。

2）算子的改进。乔超等提出了基于选择的遗传算法，将传统算子改进为基因选择算子、广义精英算子、引进选择算子、基于精英集的成长期变异。

3）多种算法的组合改进。张立行等基于不确定优化问题提出了量子遗传算法。

考虑矩阵染色体的构造特点，针对矩阵染色体的每条基因组，随机生成一个小于基因长度的整数，并将该整数对应的基因座的位置作为变异点（图3-20），随机生成一个小数，若小数值小于指定的变异概率，则按式（3-29）进行基因值变异（其中D_{ij}代表基因座上的基因值）。

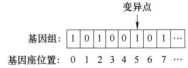

图3-20　矩阵染色体的变异位置

$$D_{ij} = \begin{cases} 1, & D_{ij} = 0 \\ 0, & D_{ij} = 1 \end{cases} \qquad (3\text{-}29)$$

▶ 3. 基于精英策略的种群优势个体保留机制

精英策略是考虑遗传进化过程中产生的优势个体在下次进化过程中会按一定的概率以交叉或变异的形式转变为非优势个体，从而丧失了"适者生存"的进化本质，为避免这种情况，使用算法将父代中的优势个体作为精英个体直接遗传到下一代而不参与选择、交叉和变异的进化过程，进而实现父代和子代的合并，有效地保留了父代中的优势个体。

▶ 4. 基于矩阵染色体和精英策略的改进遗传算法流程

改进遗传算法的操作流程如图 3-21 所示，以下进行具体说明。

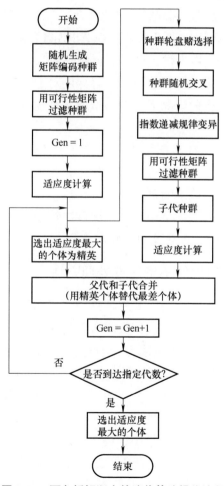

图 3-21　面向拆解顺序的遗传算法操作流程

1）首次进化开始时在整个解搜索空间中随机生成指定规模的种群，其个体使用不同的二进制矩阵染色体表示。

2）使用可行性矩阵（顺序关系约束矩阵）对初始种群进行过滤，从而去除随机生成的种群个体中不可行的拆解任务。

3）建立合适的适应度评价方法，用以计算染色体个体的目标函数值。

4）选出适应度最大的个体作为父代中的精英个体。

5）执行遗传进化过程。使用轮盘赌选择算子、随机交叉算子和变异概率呈指数递减规律的变异算子。为保证进化种群的可行性，进化后再次使用可行性矩阵对种群进行过滤，从而得到可行的子代种群。

6）用父代中的精英个体取代子代种群中的最差个体，从而实现了父代和子代种群的合并，有效地保留了父代种群中的优秀个体。

7）检测进化代数是否达到规定的进化代数。若未达到最大进化代数，则返回之前的过程；若已达到最大进化代数，则退出循环并输出适应度最大的个体。

从经济、环境和合规性出发，选择性拆解一般只针对有价值的零部件或必须拆除的含禁用物质的零部件。然而，拆解深度对于具有多种约束的选择性拆解来说可能是未知的，这种情况下只能通过搜索最优拆解深度的方法来确定拆解顺序和拆解路径。

遗传算法的启发式进化机制可以用来求解多目标约束下的拆解顺序问题，在此过程中，为降低求解的复杂度，对迭代过程施加适当的约束至关重要。而技术可行性、经济性和环境影响这三个方面构成了规划目标模型的主要约束条件。基于改进遗传算法的退役乘用车拆解深度决策多目标优化方法作为基于遗传算法的不确定性处理方法实证案例，将在本章 3.4.3 节中进行讨论。

▷▷3.3.3　基于模糊聚类的不确定性处理方法

模糊聚类是通过分析事物间的共有特性而将事物分类的过程，然而在对事物的共有特性进行定义时，无法使用数字进行定量描述，而仅能使用模糊性的词汇来近似地表达，即借助于模糊数学工具进行分类。

模糊数学在不确定性应用方面的研究始于 20 世纪 60 年代由 Zadeh 提出的模糊集和模糊逻辑理论。它模糊化了元素相对于集合的隶属关系，并建立了一套完整的关于变量表示、计算和推理的理论体系。1970 年，Bellman 和 Zadeh 进一步将模糊理论应用到了多目标决策中，将不能准确定义的参数、概念和条件等以模糊集的形式来建立模型，大大提高了决策的准确性和效率。

退役乘用车零部件拆解成本的近似程度可以间接地通过拆解难度来衡量。

因此，对于不同的退役乘用车进行零部件的拆解成本分析，可以通过对拆解难度相似的零部件进行聚类，从而由一种零部件的拆解成本快速推算出同类零部件的拆解成本，有效提高拆解前对整车拆解成本进行评估的效率。退役乘用车的模糊聚类拆解成本评估过程包括以下三个步骤。

▷ 1. 影响退役乘用车拆解成本的指标选取

拆解难度可以理解为多种因素共同导致的拆解复杂性，其数学模型可以表示为

$$d_i = \sum_{i=1}^{n} f(x_i) \tag{3-30}$$

式中 d_i ——拆解难度；

x ——拆解难度的影响因素，如被拆零部件的重量、连接件数量等；

n ——影响因素的数量。

退役乘用车的拆解过程受到连接件类型、零部件的重量、拆解时间、螺纹直径、螺栓数量等因素的共同影响。为降低复杂度和易于通过测量手段进行量化，一般仅针对退役乘用车的螺纹连接件，考虑被连接零部件的质量、拆解时间、螺纹直径和螺栓数量等作为评价退役乘用车拆解难度的影响因素。尽管这些因素间并不是完全相互独立的，但是可以通过赋权重值的方法来降低因素间的相互影响，而权重值则可以通过求解条件方程组的方法来获取。

▷ 2. 数据的标准化和标定

由于不同的数据类型具有不同的量纲，因此有必要将各影响因素的统计数据进行归一化处理。在此采用极差变换法来进行转换：

$$x' = \frac{x - x_{\min}}{x_{\max} - x_{\min}} \tag{3-31}$$

式中 x' ——归一化后的数据；

x ——原始数据；

$x_{\max}$、$x_{\min}$ ——原始数据的最大值和最小值。

标定的过程就是获得各零部件基于各拆解难度指标的模糊相似关系，建立模糊相似矩阵。数据的标定方法之一是最大最小法，如式（3-32）所示。

$$r_{ij} = \frac{\sum_{k=1}^{m} (x_{ik} \wedge x_{jk})}{\sum_{k=1}^{m} (x_{ik} \vee x_{jk})} \tag{3-32}$$

式中 i 或 j、k——数据矩阵的第 i 或 j 行和第 k 列；

x_{ik}、x_{jk}——数据矩阵中第 i 行 k 列和第 j 行 k 列所对应的拆解值；

∧、∨——取小和取大运算；

r_{ij}——运算后得到的标定值。

3. 模糊聚类的分类过程

在使用模糊聚类方法进行分类时需要使用模糊等价矩阵。由此，在前面得到的相似关系矩阵 $\boldsymbol{R}$ 的基础上，一般通过二次方法求解相似关系矩阵 $\boldsymbol{R}$ 的传递闭包，而得到的传递闭包即是所求的模糊等价矩阵 $\overset{\leftrightarrow}{\boldsymbol{R}}$。

基于二次方法的传递闭包的求解过程表现为

$$\boldsymbol{R} \to \boldsymbol{R}^2 \to (\boldsymbol{R}^2)^2 \to \cdots \to \boldsymbol{R}^{2^k} = \overset{\leftrightarrow}{\boldsymbol{R}} \tag{3-33}$$

即当 $\boldsymbol{R}^{2^k} = \boldsymbol{R}^{2^{k+1}}$ 时，$\boldsymbol{R}^{2^k}$ 即为模糊等价矩阵 $\overset{\leftrightarrow}{\boldsymbol{R}}$。

将模糊等价矩阵 $\overset{\leftrightarrow}{\boldsymbol{R}}$ 表示为 $(r_{ij})_{m \times n}$，其中，r_{ij} 代表模糊等价矩阵的元素，m、n 分别代表模糊等价矩阵的行数和列数。

定义域值（模糊数学中也称为截）$\lambda \in [0,1]$，且

$$r_{ij}(\lambda) = \begin{cases} 1, & r_{ij} \geqslant \lambda \\ 0, & r_{ij} < \lambda \end{cases} \tag{3-34}$$

定义截矩阵 $\overset{\leftrightarrow}{\boldsymbol{R}}_\lambda = (r_{ij}(\lambda))_{m \times n}$，则根据截矩阵就可以得到模糊聚类方法的分类结果，而在 $[0, 1]$ 中变化 λ 值就可以得到动态聚类结果。

下面以参考文献中的一个例子来说明模糊聚类的分类方法。

给定模糊等价矩阵：

$$\overset{\leftrightarrow}{\boldsymbol{R}} = \begin{matrix} & \begin{matrix} x_1 & x_2 & x_3 & x_4 & x_5 \end{matrix} \\ & \begin{bmatrix} 1.0 & 0.4 & 0.8 & 0.5 & 0.5 \\ 0.4 & 1.0 & 0.4 & 0.4 & 0.4 \\ 0.8 & 0.4 & 1.0 & 0.5 & 0.5 \\ 0.5 & 0.4 & 0.5 & 1.0 & 0.6 \\ 0.5 & 0.4 & 0.5 & 0.6 & 1.0 \end{bmatrix} \end{matrix}$$

取域值 $\lambda = 1$ 时，根据式（3-34）可以得到截矩阵为

$$\overset{\leftrightarrow}{\boldsymbol{R}}_\lambda = \begin{bmatrix} 1 & 0 & 0 & 0 & 0 \\ 0 & 1 & 0 & 0 & 0 \\ 0 & 0 & 1 & 0 & 0 \\ 0 & 0 & 0 & 1 & 0 \\ 0 & 0 & 0 & 0 & 1 \end{bmatrix}$$

则此时可以分为 5 类：$\{x_1\},\{x_2\},\{x_3\},\{x_4\},\{x_5\}$。

同理，域值 $\lambda = 0.8$ 时可以分为 4 类 $\{x_1,x_3\},\{x_2\},\{x_4\},\{x_5\}$；域值 $\lambda = 0.6$ 时可以分为 3 类 $\{x_1, x_3\}, \{x_2\}, \{x_4, x_5\}$；域值 $\lambda = 0.4$ 时可以分为 1 类 $\{x_1, x_2, x_3, x_4, x_5\}$。

这样就可以编制出模糊聚类分析的动态聚类图，如图 3-22 所示。

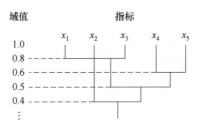

图 3-22　动态聚类方法举例

▶ 3.3.4　基于 AHP 的不确定性处理方法

层次分析法（AHP）是众多学科领域中多目标决策（MCDM）问题的处理方法，并且已被证明是解决相关不确定性问题有效的方法，特别适用于在多准则下具有多种方案的评估问题以及难以量化的相关数据。

层次分析法的基本原理是将包含有不确定性方案的复杂问题逐级分解，并将最底层的元素两两比较，从而确定这些元素间的相对权重，然后再层层递推，逐层求解各层元素的相对权重，最后计算出各方案相对于设置目标的权重，并将权重值最大的元素作为最优方案。

在我国报废汽车拆解行业的技术工艺路线中，手工拆解、拆解机拆解、整车直接破碎和拆解线拆解四种回收拆解模式并存。拆解模式选择是否得当，会直接影响企业盈利及企业在市场经济竞争中的地位和机遇。因此，基于 AHP 对不同的退役乘用车拆解模式进行评价具有重要的现实意义。

▶ 1. 建立层次结构模型

在对退役乘用车拆解系统进行广泛研究的基础上，考虑选择合适的拆解方式作为研究的总体目标，对拆解系统所包含的因素按层次结构进行等级划分，如目标层、准则层和方案层等，用线条连接不同层级的元素来表示元素间的从属关系，建立的层次结构模型如图 3-23 所示。

▶ 2. 构造判断矩阵

判断矩阵是层次分析法的重要依据，其关键在于使用一套统一的用于元素间两两相互比较的标度法则。该标度法则使用 1～9 之间的几个整数来表示标度值，符合人类的习惯认知法则，有较强的实用性。

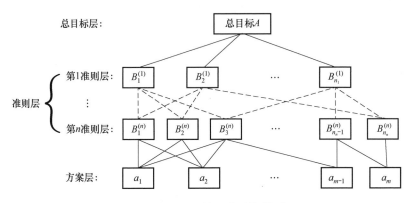

图 3-23　AHP 的层次结构模型

每对比较可以认为是决策者判断一种方案优于另一种方案的偏好值的体现，测量基准是基于由 1～9 构成的数轴建立起来的一套常数测量体系，如图 3-24 所示。

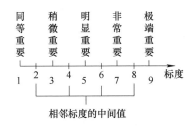

图 3-24　成对比较中使用的标度数轴

AHP 模型中，目标层和准则层中的每个结构元素都包含子准则元素，下一层级的元素作为上一层级元素的条件，通过两两配对比较和比例尺测量构成一个判断矩阵。比较的次数由排列组合公式来描述：

$$C_n^2 = \frac{n(n-1)}{2} \tag{3-35}$$

式中　n——比较矩阵中元素的数量。

假定某一层级的某个因素 i 相对于上一层级的某个因素 j 具有相对重要性，重要性的具体数值 a_{ij} 可以通过图 3-24 所示的标度法则进行量化，进而得到判断矩阵，记作

$$A = (a_{ij})_{n \times n} = \begin{bmatrix} \dfrac{w_1}{w_1} & \dfrac{w_1}{w_2} & \cdots & \dfrac{w_1}{w_n} \\ \dfrac{w_2}{w_1} & \dfrac{w_2}{w_2} & \cdots & \dfrac{w_2}{w_n} \\ \vdots & \vdots & & \vdots \\ \dfrac{w_n}{w_1} & \dfrac{w_n}{w_2} & \cdots & \dfrac{w_n}{w_n} \end{bmatrix} = \begin{bmatrix} 1 & a_{12} & \cdots & a_{1n} \\ 1/a_{12} & 1 & \cdots & a_{2n} \\ \vdots & \vdots & & \vdots \\ 1/a_{1,n-1} & 1/a_{2,n-2} & & a_{n-1,1} \\ 1/a_{1,n} & 1/a_{2,n} & \cdots & 1 \end{bmatrix}$$

$$(3-36)$$

其中，矩阵中的元素代表判断者对相互比较的元素的偏好对比结果。元素值越大代表偏好值越大，说明变量在相互比较的零部件中重要性就越明显。容易看出，判断矩阵是一个方阵，且主对角线元素值均为 1，是一个关于主对角线对称的对称矩阵。

▶▶ 3. 判断矩阵权重的确定方法

在通过判断矩阵确定权重时，可以通过矩阵理论中的特征向量法进行求解，所得到的特征向量即为所求矩阵的权重向量。

设判断矩阵为

$$A = \begin{bmatrix} a_{11} & a_{12} & \cdots & a_{1n} \\ a_{21} & a_{22} & \cdots & a_{2n} \\ \vdots & \vdots & & \vdots \\ a_{n1} & a_{n2} & \cdots & a_{nn} \end{bmatrix}$$

确定判断矩阵权重的具体过程如下：

1）将判断矩阵按列进行归一化：

$$\bar{a}_{ij} = \frac{a_{ij}}{\sum\limits_{k=1}^{n} a_{kj}} \quad (i,j = 1,2,\cdots,n) \tag{3-37}$$

2）将归一化后的矩阵按行求和：

$$M_i = \sum\limits_{j=1}^{n} \bar{a}_{ij} \quad (i = 1,2,\cdots,n) \tag{3-38}$$

3）将计算得到的向量 $M = (M_1,M_2,\cdots,M_n)^{\mathrm{T}}$ 进行归一化：

$$W_i = \frac{M_i}{\sum\limits_{j=1}^{n} M_j} \quad (i = 1,2,\cdots,n) \tag{3-39}$$

得到的特征向量 $W = (W_1,W_2,\cdots,W_n)^{\mathrm{T}}$ 即为所求解的权重向量。

4）求解判断矩阵的最大特征根：

$$\lambda_{max} = \sum_{i=1}^{n} \frac{(\boldsymbol{AW})_i}{nW_i} \tag{3-40}$$

式中　　$(\boldsymbol{AW})_i$——向量 $\boldsymbol{AW}$ 的第 i 个元素。

▶ 4. 判断矩阵的一致性检验

判断矩阵的一致性检验是通过一致性指标和检验系数来衡量的。

一致性指标 CI 的计算方法为

$$CI = \frac{\lambda_{max} - n}{n - 1} \tag{3-41}$$

检验系数 CR 的计算方法为

$$CR = \frac{CI}{RI} \tag{3-42}$$

其中，RI 为平均一致性指标，可以通过查询求得，见表 3-15。

表 3-15　RI 系数

阶数	3	4	5	6	7	8	9
RI	0.58	0.90	1.12	1.24	1.32	1.41	1.45

检验系数 CR 可以用来判断层次分析法求解结果的合理性。对判断矩阵进行一致性判断时，当满足 CR < 0.1 时则认为判断矩阵的一致性良好，否则就需要调整判断矩阵并重新计算。

▶ 5. 层次加权

设备方案相对于总体目标的权重值分别为 $W_1, W_2, \cdots, W_n$，则总体的权重向量 $\boldsymbol{W}$ 可以通过各层权重值矩阵相乘的方法递推得到，如式（3-43）所示。

$$\boldsymbol{W} = \boldsymbol{W}^{(0)} \boldsymbol{W}^{(1)} \boldsymbol{W}^{(2)} \cdots \boldsymbol{W}^{(j)} \cdots \boldsymbol{W}^{(n)} \tag{3-43}$$

式中　　$\boldsymbol{W}^{(j)}$——两层之间的权重值矩阵。

将各方案相对于总体目标的权重值排列在一起，具有最大权重值的方案即为所求解的最优方案。

▶ 3.3.5　退役乘用车回收拆解过程中的不确定性问题及其处理方法

退役乘用车在收集、拆解和回收利用过程中均存在多种不确定性，这些不确定性均可归纳为拆解对象的复杂性、拆解目标的多样性和拆解深度的不确定性，如图 3-25 所示。

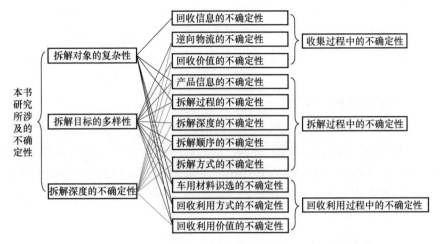

图 3-25　退役乘用车在收集、拆解和回收利用过程中的不确定性

▶▶ 3. 3. 5. 1　退役乘用车收集过程中的不确定性

▶▶ 1. 回收信息的不确定性

回收信息的不确定性主要来源于如下两个方面：

1）产品收集方。收集人员在专业知识上的欠缺或产品标识损坏等原因，造成退役产品的型号登记缺失或不准确。由于地区性的政策差异和使用偏好等原因，退役产品的数量在时间和空间的分布上都存在显著的不确定性。

2）产品使用方。报废前退役乘用车的最终使用者不一定是车辆的最初购买者，可能对车辆的相关信息不清楚，因而在报废登记时，可能存在信息登记不完整或不准确的情况。

对回收拆解企业而言，一般在拆解业务开展之初，会存在退役产品质和量方面信息不足的问题，随着拆解业务的深入，相关信息会逐渐丰富起来。在生产者延伸责任制下，制造企业生命周期数据的共享机制将会促进回收拆解再利用信息质和量的提升。

▶▶ 2. 逆向物流的不确定性

（1）退役乘用车在服役时间上的不确定性　退役乘用车服退役时间的长短不取决于回收商，而取决于车辆的最终使用者。使用者会因为喜新、追求舒适和新功能等原因，或不堪忍受高昂的维修费用，受政府补贴、环境政策（如尾气排放控制）的影响而选择报废车辆。即使同一批次生产的车辆，其质量因使用工况不同（如家庭代步或出租营运），最终也会导致车辆服役时间不同。

（2）退役乘用车在回收时间和数量上的不确定性　退役乘用车产品由于报

废点的存储和转运时间取决于库存量、运输距离等多种原因，因此，在回收时间上是无法精确确定的。使用人或使用地点变更等原因，均可能导致退役乘用车异地报废的情况。最终，退役乘用车的回收数量在时间和空间上都是不确定的。

3. 回收价值的不确定性

回收利用方式的不同决定了产品在回收利用时具有不同的回收利用价值。再使用产品具有最高的回收利用价值，因为它可以节省购买新品的费用而实现相同的功能；再制造产品的生产成本低于新品却达到了新品的性能，在回收价值上仅次于再使用产品；再利用重点关注材料的再生利用，由于再生材料纯度下降或性能降低，所以一般会降级使用，回收利用价值更次于再制造。处置方法一般指无害化填埋处理，除了填埋空间不足的问题外，企业还需要支付处置成本。

3.3.5.2　退役乘用车拆解过程中的不确定性

1. 产品信息的不确定性

在产品拆解前，只是依靠个人经验或产品手册对组成产品的零部件有一个整体的概念，而实际拆解过程中经常会发现零部件在配置、型号和数量方面与之前的信息存在不一致的情况，原因是产品在使用过程中可能由于维护或升级而进行了局部改装，所使用的零部件与原厂零部件在型号、结构和配置上均可能存在差别。此外，退役产品在收集过程中也可能出现个别零部件丢失的情况。

鉴于上述原因，拆解过程中会对报废车辆的车型、配置等信息进行重新确认。除车型和配置信息可能不一致外，还经常会遇到车辆改装或零部件缺失的情况，从而使零部件的数量信息发生变化。这些不确定性对于拆解来说是无法避免的。

2. 拆解过程的不确定性

拆解过程的不确定性表现为多个方面，列举如下。

（1）拆解时间的变化　工位的拆解时间可能会随待拆产品的状况以及拆解工位或工人的状态而发生变化，例如待拆产品存在变形、锈蚀或污损，工位设备不灵敏，工人操作不熟练、心情不好或相互配合不佳等。

（2）工件的提前流转　当产品在工位上进行拆解时，可能由于缺陷、锈蚀或前序工位上的零部件未被拆解等而导致当前工位无法拆解的情况发生，此时产品可能会早于节拍时间流入下一个工位，从而造成该工位空闲时间增加。

（3）工件的跳跃　在拆解线上进行拆解作业时，产品流经某个工位，可能由于任务本身的原因，前一工位已将当前工位内容直接或间接完成，或因产品缺陷原因及顺序约束无法完成拆解时，待拆产品必须跳过该工位，这时，产品在该工位上不会停留且不会产生任何拆解操作而直接流向下一个工位。

工位的跳跃主要表现有以下两种情况：

1）工位的自跳跃现象。由于任务缺陷或顺序关系，产品在当前工位没有进行拆解作业即直接跃过当前工位而到达下一工位进行拆解作业，这种情况称为工位的自跳跃现象。

2）工位的跳跃现象。考虑顺序关系，工位 $m+1$ 所有任务的前序任务发生在工位 m 中，但均发现有缺陷，导致在工位 $m+1$ 中不能进行任何拆解动作，这时只有跳过工位 $m+1$ 而直接进入工位 $m+2$ 继续进行拆解作业，这种情况称为工位的跳跃现象。

（4）产品的离线　在进行产品拆解时可能会发生工位任务无法执行的情况，可能是因为任务本身存在缺陷，此时产品必须调离拆解线，后序工位会出现缺少产品的情况，致使工位的空闲时间大幅增加。

（5）产品的回退　由于某种原因，待拆产品在前序工位未完成拆解，而在当前任务完成后，重新回到前面的工位继续完成以前的拆解任务。这种回退现象可能会造成前序某些工位的过载。

（6）工件的并排　待拆产品在拆解时，可能会出现被拆解成两个以上的工件，且这些工件同时在拆解线上流动继续下一步拆解任务的情况。工件并排拆解现象使拆解线的作业控制更加复杂。

》3. 拆解深度的不确定性

在进行产品拆解时，如果仅需要拆卸部分零部件用于再使用或再制造，此时应该采用选择性拆解方式；如果出于产品再制造的需要，则有可能需要采用完全拆解方式。

（1）选择性拆解　选择性拆解是指仅拆解选定的一些零部件（非所有零部件）。包含数量在内的不同零部件的选择体现了不同的拆解深度。选择性拆解一般以再使用、再制造和高附加值材料的再利用为目的。

（2）完全拆解　完全拆解是指构成产品的所有零部件均被拆解。完全拆解的拆解成本最高。

从经济性的角度来看，退役乘用车的拆解必须限制在一定的深度范围内。传统上，拆解深度完全根据销售经验而定，且随着再利用零部件市场行情的变化而变化，由此造成拆解深度具有较大的不确定性。

4. 拆解顺序的不确定性

在进行退役产品拆解时，一般考虑零部件之间的几何约束关系且按一定的顺序进行拆解。由于退役乘用车组成复杂，在拆解某个零部件时可能同时拥有多个可行的拆解顺序，但具体采用何种拆解顺序主要依赖拆解人员的经验。因此，选择最具经济性的拆解顺序往往是回收拆解方最关心的问题。

5. 拆解方式的不确定性

（1）保护性拆解　保护性拆解旨在获取高附加值的再利用零部件，或者拆除危险或含有环境有害物质的零部件，便于提高再使用率和再制造率。

（2）破坏性拆解　破坏性拆解旨在获取材料或特定的再利用零部件，通过破坏性手段分离连接，便于提高拆解效率。

对于部分状况较好的车辆，在进行零部件拆解时容易实行保护性拆解。但在很多情况下，除特殊要求必须保留的零部件外，其他零部件在不便于或不能拆卸的情况下，则完全采用破坏性拆解方式进行分离。保护性拆解和破坏性拆解方法之间并无明确的界限，具有一定的不确定性。

3.3.5.3　退役乘用车回收利用过程中的不确定性

1. 车用材料识选的不确定性

回收的退役产品一般按品类分类、拆解，而不详细区分型号。即使同一型号的产品，生产年份不同，材料也会有所差异。随着工程材料的大量使用，产品中的材料种类大幅度增加。

退役乘用车的组成材料复杂，特别在轻量化设计的趋势下，更多的轻量化新材料，如碳纤维增强塑料等已经开始出现在车辆中。但许多零部件并无明确的材料标识，或者拆解人员无足够的识别能力，造成车用材料在识别和归类上的复杂性。材料识选的不确定性将直接影响其回收利用过程。

2. 回收利用方式的不确定性

回收利用包括再使用、再制造、再利用等方式。退役乘用车中，一些零部件具有较高的再利用价值，特别是豪华车辆。因此，从退役乘用车中拆解可再使用的零部件是重要的利润增长点，对于发动机、变速器等动力部件经再制造后也具有广阔的市场前景。但大部分车用材料经回收再生后作为原材料回收利用。具体回收利用的方式依赖于市场需求，在市场需求低迷时，更多的零部件将以材料的方式回收再利用。

3. 回收利用价值的不确定性

退役乘用车一般需要到国家指定的具有资质的回收企业报废回收。由于市场竞争，报废汽车回收人员针对不同的车况和车型，在不同时期也会给出不同的收购价格。因此，退役乘用车回收利用价值的不确定性体现在收购价格的不确定性上，而回收利用方式最终决定了回收利用的价值。

▶ 3.3.6 实证案例：基于 AHP 的退役乘用车拆解方式不确定性问题的决策

本节重点通过 AHP 在退役乘用车拆解模式评价与决策问题中的应用，说明 AHP 解决拆解不确定性问题的有效性，而关于改进遗传算法和模糊聚类算法的实证案例将在本章 3.4 节中进行介绍。

▶ 3.3.6.1 退役乘用车拆解方式决策的背景

退役乘用车处置带来负面环境影响引起了全世界的广泛关注，例如将含有危险物质的汽车粉碎残余物（ASR）进行填埋。为了降低退役乘用车处置对自然生态的影响，欧盟报废汽车指令规定，2015 年的阶段性回收利用率目标从 2006 年的 85% 提高到了 95%。类似的要求在日本也有规定，如 2012 年的回收利用率目标为 85%，2015 年为 95%。韩国在 2015 年的回收利用率目标与欧盟相同。

退役乘用车的回收利用可以节约资源并产生利润，其拆解和回收利用模式如图 3-26 所示。退役乘用车的回收利用可以分为四个阶段，即污染物回收、零部件再使用、材料再利用和能量回收，拆解是退役乘用车回收利用的第一步操作。按照 Forton 等的说法，拆解是保证彻底和有效去除环境有害物质的最佳方法。拆解深度决定了报废汽车无害化处理的程度。人工拆解可提高可再使用率和可再制造率，从而实现更高的回收利用率和更少的填埋处置量。然而，一些研究人员认为人工拆解是不经济的。在这种情况下，如何提高人工拆解的经济性成为首要的考虑因素。McGovern 和 Gupta 提出了解决方法，即汽车由于体积较大、零部件众多，出于经济原因更适合在拆解线上进行处理。

从长远来看，已有的成熟拆解模式（即人工拆解、拆解机拆解和直接破碎）在企业利润和环境政策之间已经取得了某种平衡。然而，一旦提出更高的生产率要求，拆解企业一定会本能地追求更有效的拆解模式。如果提出了更高的环境要求，拆解企业会寻求新的折中模式。很明显，合理的拆解决策对于拆解企业的生存至关重要，但是决策者所面对的选择受到技术经济性、环境影响和工艺柔性等多目标准则的影响。2015 年开始施行的《中华人民共和国环境保护法》以及随后政府要求对拆解企业进行严格的强制性环境影响评估，意味着退役乘用车拆解的准入门槛提高了。报废汽车激增和更严格的政策要求使得拆解企

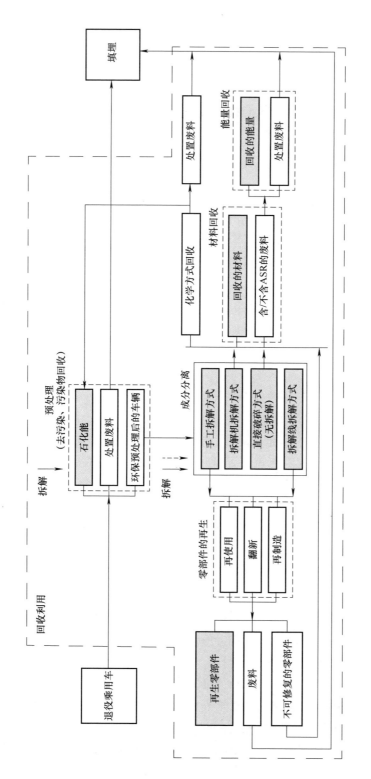

图3-26　报废汽车的拆解和回收利用模式

业非常渴望找到一种可持续的拆解模式。因此，专家提出了一种基于层次分析法（AHP）的多目标方法，以评估退役乘用车在当前社会经济条件下的可持续准则和拆解决策。

3.3.6.2 基于 AHP 的退役乘用车拆解模式评价方法

退役乘用车拆解问题涉及许多影响因素，这些因素将在下面的 AHP 模型中列出，其中大多数很难量化。与其他多目标决策（MCDM）方法相比，层次分析法具有许多优势，例如易于使用、可扩展，具有适应不同问题规模的层次结构且不要求有大量的数据。因此，层次分析法成为退役乘用车拆解模式评价研究的首选方法，并在问卷调查的基础上，对退役乘用车的可持续性拆解模式进行评价研究。

1. AHP 模型

AHP 模型以研究退役乘用车的可持续拆解方式为目标，考虑了技术（Cr1）、经济（Cr2）、环境（Cr3）和可拓展性（Cr4）四方面的因素，如图 3-27 所示。

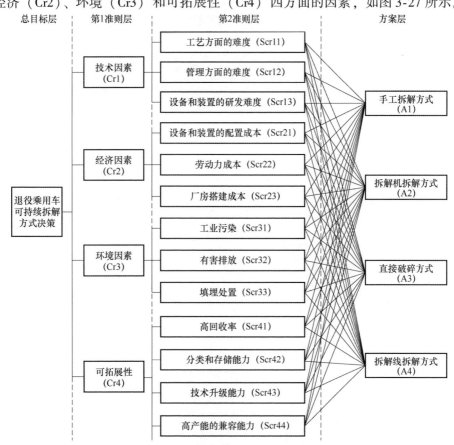

图 3-27　准则和方案排序中的 AHP 模型

其中，技术因素重点考量工艺（Scr11）、管理（Scr12）、设备和装置的研发（Scr13）三方面的难度；经济因素重点考量设备和装置的配置（Scr21）、劳动力（Scr22）、厂房搭建（Scr23）三方面的成本；环境因素重点考量工业污染（Scr31）、有害排放（Scr32）、填埋处理（Scr33）三个方面；可拓展性重点考量各拆解方式对高回收率（Scr41）、分类和存储能力（Scr42）、技术升级能力（Scr43）、高产能的兼容能力（Scr44）。AHP 模型总体表现为一个四阶层次结构，第一级代表了与问题相关的目标（总目标层），第二级（第 1 准则层）和第三级（第 2 准则层）分别由 4 个准则和 13 个子准则组成，它们被用作层次结构元素间两两相互比较的基础。例如，对应于技术因素准则（Cr1）的子准则是 Scr11、Scr12 和 Scr13，其中数字对应于特定的结构元素（参见表 3-16）。最后，考虑我国退役乘用车拆解行业的实际情况，优选出 4 种拆解方式［即手工拆解方式（A1）、拆解机拆解方式（A2）、直接破碎方式（A3）和拆解线拆解方式（A4）］作为 AHP 层次结构的方案层。

表 3-16　准则定义

第 1 准则层	第 2 准则层	定　　义
Cr1（技术因素）	Scr11（工艺方面的难度）	布局、顺序、工期和效率等方面的规划难度
	Scr12（管理方面的难度）	工人、工具和装备等方面的管理难度
	Scr13（设备和装置的研发难度）	搭建厂房及设计设备和装置的难度
Cr2（经济因素）	Scr21（设备和装置的配置成本）	研发成本，包括购买设备和装置的成本
	Scr22（劳动力成本）	用于支付拆解人员的工资
	Scr23（厂房搭建成本）	新拆解厂房的搭建成本
Cr3（环境因素）	Scr31（工业污染）	拆解产生的固体污染物、液体污染物和噪声污染
	Scr32（有害排放）	拆解产生的粉尘
	Scr33（填埋处置）	填埋部分，如不能回收利用的 ASR
Cr4（可拓展性）	Scr41（高回收率）	能够实现回收利用的重量比例
	Scr42（分类和存储能力）	对拆解零部件进行分类和存储的便利性
	Scr43（技术升级能力）	对现有工具、设备或装置进行改造升级的能力
	Scr44（高产能的兼容能力）	拆解效率的提升能力

⋙ 2. 第 2 准则层相对于方案层的权重值

第 2 准则层相对于方案层的权重值数据基于调查问卷的形式进行采集。

2016 年，来自 17 家公司或研究机构（包括汽车制造商、汽车零部件制造商、电池制造商、报废汽车拆解商和破碎商等）的 28 人参与了调查。调查人员根据图 3-24 所示的标度对图 3-27 所示的 AHP 模型结构组成元素进行偏好值的两两比较，由式（3-35）可以算出每个人员进行两两比较的次数共计 99 次。由此，将调查人员主观的定性比较结果定量化，为进一步的数据分析提供了数据来源。第 2 准则层相对于方案层的权重值的两两比较结果见表 3-17。

表 3-17　第 2 准则层元素间的两两比较结果

技术因素（Cr1）	经济因素（Cr2）	环境因素（Cr3）	可拓展性（Cr4）

$$A_{\text{Scr11}} = \begin{array}{c} \\ A1 \\ A2 \\ A3 \\ A4 \end{array} \begin{array}{cccc} A1 & A2 & A3 & A4 \\ \left[\begin{array}{cccc} 1 & 1/5 & 1/3 & 1/6 \\ 5 & 1 & 2 & 1/2 \\ 3 & 1/2 & 1 & 1/3 \\ 6 & 2 & 3 & 1 \end{array}\right] \end{array}$$

$$A_{\text{Scr21}} = \begin{array}{cccc} A1 & A2 & A3 & A4 \\ \left[\begin{array}{cccc} 1 & 1/4 & 1/7 & 1/3 \\ 4 & 1 & 1/3 & 3 \\ 7 & 3 & 1 & 5 \\ 3 & 1/3 & 1/5 & 1 \end{array}\right] \end{array}$$

$$A_{\text{Scr31}} = \begin{array}{cccc} A1 & A2 & A3 & A4 \\ \left[\begin{array}{cccc} 1 & 3 & 4 & 1/2 \\ 1/3 & 1 & 2 & 1/6 \\ 1/4 & 1/2 & 1 & 1/8 \\ 2 & 6 & 8 & 1 \end{array}\right] \end{array}$$

$$A_{\text{Scr41}} = \begin{array}{cccc} A1 & A2 & A3 & A4 \\ \left[\begin{array}{cccc} 1 & 5 & 7 & 1/2 \\ 1/5 & 1 & 2 & 1/7 \\ 1/7 & 1/2 & 1 & 1/8 \\ 2 & 7 & 8 & 1 \end{array}\right] \end{array}$$

$$A_{\text{Scr12}} = \begin{array}{cccc} A1 & A2 & A3 & A4 \\ \left[\begin{array}{cccc} 1 & 1/3 & 1/5 & 7 \\ 3 & 1 & 1/3 & 7 \\ 5 & 3 & 1 & 9 \\ 1/7 & 1/7 & 1/9 & 1 \end{array}\right] \end{array}$$

$$A_{\text{Scr22}} = \begin{array}{cccc} A1 & A2 & A3 & A4 \\ \left[\begin{array}{cccc} 1 & 1/5 & 1/9 & 1/7 \\ 5 & 1 & 1/2 & 1/2 \\ 9 & 2 & 1 & 2 \\ 7 & 2 & 1/2 & 1 \end{array}\right] \end{array}$$

$$A_{\text{Scr32}} = \begin{array}{cccc} A1 & A2 & A3 & A4 \\ \left[\begin{array}{cccc} 1 & 3 & 5 & 1/3 \\ 1/3 & 1 & 2 & 1/8 \\ 1/5 & 1/2 & 1 & 1/9 \\ 3 & 8 & 9 & 1 \end{array}\right] \end{array}$$

$$A_{\text{Scr42}} = \begin{array}{cccc} A1 & A2 & A3 & A4 \\ \left[\begin{array}{cccc} 1 & 1/5 & 1/7 & 1/3 \\ 5 & 1 & 1/2 & 2 \\ 7 & 2 & 1 & 3 \\ 3 & 1/2 & 1/3 & 1 \end{array}\right] \end{array}$$

$$A_{\text{Scr13}} = \begin{array}{cccc} A1 & A2 & A3 & A4 \\ \left[\begin{array}{cccc} 1 & 4 & 5 & 7 \\ 1/4 & 1 & 1/2 & 4 \\ 1/5 & 2 & 1 & 3 \\ 1/7 & 1/4 & 1/3 & 1 \end{array}\right] \end{array}$$

$$A_{\text{Scr23}} = \begin{array}{cccc} A1 & A2 & A3 & A4 \\ \left[\begin{array}{cccc} 1 & 3 & 1/2 & 7 \\ 1/3 & 1 & 1/6 & 3 \\ 2 & 6 & 1 & 9 \\ 1/7 & 1/3 & 1/9 & 1 \end{array}\right] \end{array}$$

$$A_{\text{Scr33}} = \begin{array}{cccc} A1 & A2 & A3 & A4 \\ \left[\begin{array}{cccc} 1 & 5 & 9 & 1/2 \\ 1/5 & 1 & 2 & 1/5 \\ 1/9 & 1/2 & 1 & 1/10 \\ 2 & 5 & 10 & 1 \end{array}\right] \end{array}$$

$$A_{\text{Scr43}} = \begin{array}{cccc} A1 & A2 & A3 & A4 \\ \left[\begin{array}{cccc} 1 & 1/4 & 1/3 & 1/7 \\ 4 & 1 & 2 & 1/2 \\ 3 & 1/2 & 1 & 1/3 \\ 7 & 2 & 3 & 1 \end{array}\right] \end{array}$$

$$A_{\text{Scr44}} = \begin{array}{cccc} A1 & A2 & A3 & A4 \\ \left[\begin{array}{cccc} 1 & 1/3 & 1/9 & 1/6 \\ 3 & 1 & 1/3 & 1/2 \\ 9 & 3 & 1 & 3 \\ 6 & 2 & 1/3 & 1 \end{array}\right] \end{array}$$

注：A_{Scr} 代表第 2 准则层中的准则关于方案间两两比较的权重矩阵。

⯈ 3. 权重计算

通过将比较矩阵每一行中的所有元素相乘，然后求其 n 次方根，可以生成每个比较方案合理的近似权重，如下所示：

$$\overline{\omega_i} = \sqrt[n]{a_{i1} a_{i2} \cdots a_{in}} \tag{3-44}$$

相对权重可以通过以下正则公式计算得到：

$$\omega_i = \frac{\overline{\omega_i}}{\sum\limits_{i=1}^{n} \overline{\omega_i}} \tag{3-45}$$

4. 总体权重

总体权重通过自底向上的方法来分析和综合单个权重。本实证案例中，方案层元素定义为 A1，A2，…，An，最后一层元素定义为 Scr11，Scr12，…，Scr1n，由此就可以通过以下公式生成方案层元素相对于最后一层的前一层元素 Cr1 的元素权重值。依此类推，最终计算出方案层元素相对于总目标层元素的权重值。

$$
\begin{array}{c}
\begin{array}{cccc} \text{Scr11} & \text{Scr12} & \cdots & \text{Scr1}n \end{array} \\
\begin{array}{c} A1 \\ A2 \\ \vdots \\ An \end{array}
\begin{bmatrix}
w_{11} & w_{12} & \cdots & w_{1n} \\
w_{21} & w_{22} & \cdots & w_{2n} \\
\vdots & \vdots & & \vdots \\
w_{n1} & w_{n2} & \cdots & w_{nn}
\end{bmatrix}
\end{array}
\cdot
\begin{array}{c}
\begin{array}{c} \text{Cr1} \end{array} \\
\begin{array}{c} \text{Scr11} \\ \text{Scr12} \\ \vdots \\ \text{Scr1}n \end{array}
\begin{bmatrix}
w_{S11c1} \\
w_{S12c1} \\
\vdots \\
w_{S1nc1}
\end{bmatrix}
\end{array}
=
\begin{array}{c}
\begin{array}{c} \text{Cr1} \end{array} \\
\begin{array}{c} A1 \\ A2 \\ \vdots \\ An \end{array}
\begin{bmatrix}
w_{Acr1} \\
w_{Acr2} \\
\vdots \\
w_{Acrn}
\end{bmatrix}
\end{array}
\tag{3-46}
$$

尽管每个比较矩阵都经过了一致性测试，但一般而言，不一致性错误可能导致最终结果的不一致。因此，有必要用相同的测试标准验证总体的一致性，要求一致性系数 CR 值小于 0.10。

3.3.6.3 不确定条件下拆解模式的决策结果与讨论

报废汽车的预测结果说明我国的报废汽车呈现爆发性增长的态势，必须采取行动来应对这种情况。最重要的一步是使用最佳的拆解模式来提高生产率。应当指出，良好的拟合效果一方面说明拟合精度较高，但另一方面也有可能说明官方的数据同样来自于预测，毕竟灰色地带的存在会使统计数据失真。在这种情况下，预测可能更可信。

退役乘用车拆解的目的在于满足环境保护和回收利用率的要求，以及企业盈利的需求，但若非市场驱动使再利用的价值大于企业营运成本，拆解不一定盈利。欧盟的实践表明，只有通过提高 ASR 的回收利用率或减少 ASR 的产生量，才能实现 95% 的回收利用率目标。因此，应鼓励拆解企业从退役乘用车中拆解和再利用更多零部件，以减少 ASR 的处置量。

准则层的比较矩阵与一致性系数（CR）值 0.02 一致，见表 3-18。根据该层准则的权重，经济和技术排名分别为最高和最低。经济因素（Cr2）在描述可持续拆解的所有准则中占据优先地位，因为它对企业经营具有重要意义。受到废钢铁市场价格下滑的影响，专注于废钢铁回收的盈利模式使拆解企业陷入了困境。Cr2 作为可持续拆解的重要准则的观点可使决策者意识到可持续拆解理念必须建立在经济可持续的基础之上。

表 3-18　可持续报废汽车拆解方案不同准则的权重和等级

代　　码	准　　则	权　　重	等　　级
Cr1	技术因素	0.0746	4
Cr2	经济因素	0.4388	1
Cr3	环境因素	0.1931	3
Cr4	可拓展性	0.2935	2
$\lambda_{max} = 4.06$ ，CR = 0.02			

在子准则层，正则化后工艺方面的难度（Scr11）权重、管理方面的难度（Scr12）权重、设备和装置的研发难度（Scr13）权重分别是 0.6483、0.1220 和 0.2297，一致性系数是 0.03，低于要求的 0.1 标准，见表 3-19。同样，其他三个子准则的一致性系数也小于 0.10。这表明本实证案例中的所有比较矩阵都是连续的。可以确定优先级排序，各组中最重要的子准则分别为工艺方面的难度（Scr11）、劳动力成本（Scr22）、有害排放（Scr32）和高回收率（Scr41）。

表 3-19　可持续退役乘用车拆解方案中第 2 准则层不同元素间的权重和等级

第 1 准则层	第 2 准则层	权重	等级	第 1 准则层	第 2 准则层	权重	等级
Cr1	Scr11（工艺方面的难度）	0.6483	1	Cr3	Scr31（工业污染）	0.2297	2
	Scr12（管理方面的难度）	0.1220	3		Scr32（有害排放）	0.6483	1
	Scr13（设备和装置的研发难度）	0.2297	2		Scr33（填埋处置）	0.1220	3
	$\lambda_{max} = 3.004$，CR = 0.003				$\lambda_{max} = 3.004$，CR = 0.003		
Cr2	Scr21（设备和装置的配置成本）	0.1576	2	Cr4	Scr41（高回收率）	0.5805	1
	Scr22（劳动力成本）	0.7608	1		Scr42（分类和存储能力）	0.0712	4
	Scr23（厂房搭建成本）	0.0816	3		Scr43（技术升级能力）	0.1096	3
					Scr44（高产能的兼容能力）	0.2387	2
	$\lambda_{max} = 3.001$，CR = 0.001				$\lambda_{max} = 4.064$，CR = 0.024		

表 3-20 总结了每个子准则下可持续拆解的方案权重和排序。全局优先级权重使用在 AHP 模型的第四级中。每个子准则下的每个备选方案的局部权重根据其权重值进行排序。所有一致性系数值都小于 0.10，表示该矩阵是连续的。本实证案例中，每组成对比较的一致性系数都很小，这表明对调查问题的普遍共识。

表 3-20　可持续报废汽车拆解方案在不同子准则下的权重和等级

准则	方案权重/等级				一致性系数（CR）
	手工拆解方式（A1）	拆解机拆解方式（A2）	直接破碎方式（A3）	拆解线拆解方式（A4）	
Scr11	0.064/4	0.293/2	0.165/3	0.479/1	0.007
Scr12	0.140/3	0.265/2	0.559/1	0.037/4	0.098
Scr13	0.608/1	0.149/3	0.185/2	0.058/4	0.072
Scr21	0.059/4	0.252/2	0.570/1	0.119/3	0.044
Scr22	0.044/4	0.197/3	0.456/1	0.303/2	0.019
Scr23	0.303/2	0.108/3	0.543/1	0.046/4	0.017
Scr31	0.278/2	0.103/3	0.063/4	0.556/1	0.003
Scr32	0.242/2	0.087/3	0.052/4	0.619/1	0.015
Scr33	0.354/2	0.087/3	0.044/4	0.515/1	0.020
Scr41	0.336/2	0.080/3	0.050/4	0.534/1	0.021
Scr42	0.060/4	0.288/2	0.490/1	0.162/3	0.007
Scr43	0.064/4	0.276/2	0.164/3	0.496/1	0.008
Scr44	0.051/4	0.152/3	0.542/1	0.256/2	0.022

由式（3-45）计算出不同报废方案相对于四个不同准则条件下的权重值（表3-21），再通过式（3-46）可以计算出方案 A1、A2、A3 和 A4 的总体权重分别为 0.159、0.163、0.300 和 0.363。结果表明，拆解线模式 A4 是可持续报废汽车管理的最佳折中拆解方案。拆解线作为一种潜在的拆解模式可以带来较高的效率和生产率。而众多的不确定性需要进一步研究，如平衡生产瓶颈和对不同的汽车结构和工况选择合适的拆解模式。四项权重变化不大的情况说明四种拆解模式将在很长一段时间内继续存在，并且拆解者可以根据不同的车辆类型和工况选择不同的拆解模式。

表 3-21　可持续报废汽车拆解方案相对四个准则的权重

方　案	权　重			
	Cr1	Cr2	Cr3	Cr4
A1	0.1979	0.0677	0.2637	0.2182
A2	0.2564	0.1983	0.0904	0.1335
A3	0.2173	0.4812	0.0538	0.2115
A4	0.3286	0.2529	0.5146	0.4368

本实证案例中所使用的 AHP 是一种基于主观偏好的定量分析方法，通过综合不同的意见可以获取一个综合性的结果。由于涉及主观性，最终的排序情况可能会受到决策者不同职位和经验的影响而有所不同。但是，如果被调查者能力足够，AHP 结果是可以令人信服的。本实证案例中的大多数被调查者都是汽车行业和报废汽车行业中代表性企业的专业技术人员。因此，AHP 结果可以揭示当前我国报废汽车拆解行业的整体发展趋势。

AHP 结果的优先级显示四种拆解模式之间存在一定的差异，这可能是因为考虑了报废汽车拆解技术发展的不确定性和我国市场的现状。从长远来看，四种拆解模式可能会继续共存，但拆解线拆解被认为是应对我国即将到来的汽车报废高峰的重要途径之一。

选择性拆解在拆解企业中经常出现，目的是销售有价值的零件或部件作为再利用零部件，但未经专业检查或再制造就进行销售的情况是不负责任的。对于提高回收利用率目标和发展再制造产业，理想的解决方案是鼓励退役乘用车的选择性拆解，但拆除的零部件必须出售给相关授权企业，以便进行再制造。为确保实施效果，必须制定出类似绿色供应链的标准，在执法上要严格立足于生态标准。

3.4　不确定条件下的退役乘用车拆解决策与优化

▷3.4.1　退役乘用车拆解的决策优化需求

▷3.4.1.1　拆解企业经营模式与拆解决策

随着我国市场互联网的发展，汽车产品的回收拆解正从过去以废钢废塑料售卖为主的粗放型经营模式向以基于移动互联网的再利用零部件售卖为主的集约型、信息化、标准化经营模式过渡，如图 3-28 所示。

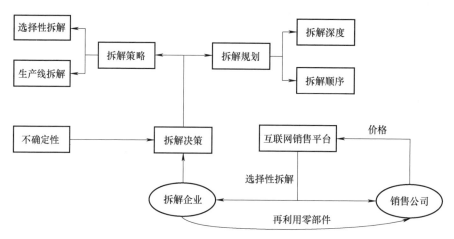

图 3-28　退役乘用车的价格发现机制

　　无论采用何种经营模式，拆解企业的拆解决策均会受到零部件市场销售价格的影响，而零部件销售渠道的不顺畅和不透明，以及销售价格的巨大波动将影响拆解企业的积极性，阻碍其拆解更多具有高附加值的零部件进行回收利用。此时，建立"回收—拆解—销售—维保"一条龙的电子商务平台，是促进退役乘用车高附加值零部件销售市场良性发展的有效途径。拆解企业可以通过该平台的价格发现机制把握再利用零部件的市场需求、保有量、销售价格、价格走势等，从而对退役乘用车进行拆解决策，制订出合理的拆解策略和拆解规划，选择合适的拆解方式，并确定最优的拆解深度和拆解顺序。而销售部门借助大数据挖掘功能并在机器智能学习的基础上对用户需求信息进行预测，为用户推荐可能适用的二手零部件的匹配信息，并负责售后维保工作，从而简化了用户和销售商的沟通过程，大大提高了服务效率。

3.4.1.2　退役乘用车的拆解决策优化问题

　　退役乘用车回收拆解中存在着一系列的决策优化问题，如图 3-29 所示。首先，汽车的普及带动了汽车维修市场的繁荣，相应地，二手零部件的需求量增加，此时从市场供求角度来说，二手零部件的价格也会因此而升高。其次，劳动力价格的提升和环境保护要求的严格执行使汽车回收企业的成本进一步升高。此外，国家的宏观经济增速正在由高速向中低速转变，房地产规模的增速也正在逐步放缓，这些均造成了对再生材料需求的减少，从而导致了再生材料价格的下降。这三方面是影响拆解企业盈利能力和核心竞争力的重要因素。由此，从技术创新的层面上看，拆解企业需要具备拆解决策和拆解规划的能力，并辅以合适的拆解方式，实现大产能、柔性高效的拆解。

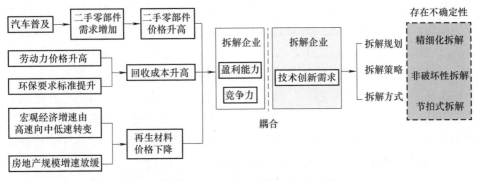

图 3-29　退役乘用车回收拆解中的决策优化问题

▶1. 拆解策略的决策

由于拆解量的增加导致劳动力成本提升，同时考虑退役乘用车拆解过程中的不确定性，很多情况下采用的是选择性精细化拆解而非完全拆解策略。

▶2. 拆解规划的决策

退役乘用车在选择性拆解过程中往往选择性地拆除一些高附加值的零部件，但这些零部件可能同时对应着多条拆解路径，即拆解顺序的不确定性；此外，高附加值零部件的拆解决策在一定程度上依赖于个人的主观经验，具体到整车的拆解过程中，哪些零部件需要拆解，即拆解深度是一个不确定性的决策问题。

▶3. 拆解方式的决策

退役乘用车的品质状况和再利用零部件的市场行情直接决定了退役乘用车的拆解方式。对于品质较好且有市场需求的零部件应采用保护性拆解方式，但对于以材料再利用为目的、价值较低的零部件则可以采用破坏性拆解方式。这样可以大大提高生产率，节省劳动力成本。破坏性拆解或保护性拆解方式的选择是一个不确定性的决策问题。

▶3.4.2　实证案例：基于模糊聚类的退役乘用车泛化拆解成本的评估方法

泛化拆解成本是指通过对不同退役乘用车组成零部件拆解成本的综合与分析，尝试发现拆解成本近似的零部件并进行聚类，从而由一种零部件的拆解成本快速推算出同类零部件的拆解成本。这样可以有效提升在进行退役乘用车拆解前对整车拆解成本的评估效率。

成本估计是项目或工艺实施初期衡量后续工作技术经济性的重要手段，也是投资、竞标等活动的重要参考。成本估计往往是粗略的，原因是初期缺少相关的数据或资料，无法或没必要进行精确的成本核算。在市场竞争日趋激烈的背景下，快速地获取项目或工艺的运作成本对经营决策具有重要的意义。

对于拆解企业而言，如何对报废汽车的零部件拆解成本进行快速估计，并最终决定哪些零部件需要拆解，是迫切需要解决的问题。可采用泛化拆解成本评估方法，对退役乘用车不同零部件的拆解成本聚类分析，将拆解成本相近的零部件归为同一类，由一种零部件的拆解成本快速推算出同类零部件的拆解成本，实现在拆解前对整车拆解成本的快速评估。

目前关于汽车拆解成本评估方面的研究十分有限。一般的拆解成本评估是针对拆解后的成本进行精确统计，无法应用于拆解前的评估决策。因此，在研究拆解难度影响因素的基础上，通过模糊聚类建立适用于乘用车车型的拆解成本评估模型，探讨该模型的误差评价方法并进行验证，为泛化拆解成本评估方法的建立提供依据。

▶3.4.2.1 退役乘用车的精细化拆解试验

为研究拆解的影响因素，选择了大众的 4 台退役试验用车为拆解对象。车辆选取的原则是车辆保存状况较好、外观变形较小且不会影响到精细化拆解过程。车型选取的范围包括 2 台轿车、1 台 SUV（运动型多用途汽车）和 1 台 MPV（多用途汽车）。试验采用手工方式并按相同的拆解流程进行选择性的精细化拆解，使用表 3-22 进行拆解数据的记录。

汽车零部件的连接方式中螺纹连接和卡扣连接是两种常见的可以进行保护性拆解的连接方式。对于焊接、铆接、过盈连接等需要采用破坏性拆解的连接方式暂不予考虑，其原因是，退役乘用车精细化保护性拆解的主要目的是获得可再使用、再制造的零部件，而破坏性拆解更多用于以材料的再利用为目的的拆解。试验车辆中的冷凝器和发动机连接方式包含卡扣连接。试验表明，一个卡扣连接的拆解时间难度等同于两个 M10 螺栓的拆解时间难度。这样，卡扣连接的拆解就间接转化为螺纹连接的拆解。在进行具体分析研究时，对一些零部件进行了合并，如将两排或三排后排座椅统称为后排座椅。为使模型简化，在处理数据时未考虑螺纹类型、预紧力、材质和旋合长度等，而仅以螺纹直径来统一考量，且同一项拆解内容中若含有多种螺纹直径，则全部使用最大的螺纹直径进行统计。此外，统计的螺栓数量仅为在本实证案例的拆解顺序下去除某个零部件所需要拆卸的螺栓数量，并不一定等于该零部件（如发动机）的所有定位螺栓的数量。表 3-23 所列为四台乘用车的精细化拆解数据。

表 3-22　拆解数据用表实例

序号	零部件名称	质量/g	拆卸时间/s	连接方式	紧固件	紧固件数量	拆卸工具	拆卸方法
1	组合尾灯总成（左小）	867	180	螺纹连接	M8螺母	2	M8扳手	用M8扳手卸下螺母后取下
2	组合尾灯总成（右小）	851.9	180	螺纹连接	M8螺母	2	M8扳手	用M8扳手卸下螺母后取下
3	组合尾灯总成（左大）	1399.4	180	螺纹连接	塑料螺栓	1	—	用手旋出塑料螺栓后取下
4	组合尾灯总成（右大）	1409.4	180	螺纹连接	塑料螺栓	1	—	用手旋出塑料螺栓后取下
5	左前照灯总成	6165.4	300	螺纹连接及卡扣连接	T30螺栓 塑料卡扣	6	T30扳手 一字槽螺钉旋具	用T30扳手卸下螺钉后，用一字槽螺钉旋具撬下
6	右前照灯总成	6165.4	300	螺纹连接及卡扣连接	T30螺栓 塑料卡扣	6	T30扳手 一字槽螺钉旋具	用T30扳手卸下螺钉后，用一字槽螺钉旋具撬下
7	前雾灯总成（左）	803.5	300	螺纹连接	T25螺栓	2	T25扳手	用T25扳手卸下螺钉后取下
8	前雾灯总成（右）	803.5	300	螺纹连接	T25螺栓	2	T25扳手	用T25扳手卸下螺钉后取下
9	右前门总成	36950	600	螺纹连接	M10梅花螺栓 E8螺栓 塑料盖帽	5	一字槽螺钉旋具 M10梅花扳手 E8扳手	先用一字槽螺钉旋具撬下塑料盖帽后用M10梅花扳手、E8扳手分别卸下M10梅花、E8螺钉后取下
10	左前门总成	37600	600	螺纹连接	M10梅花螺栓 E8螺栓 塑料盖帽	5	一字槽螺钉旋具 M10梅花扳手 E8扳手	先用一字槽螺钉旋具撬下塑料盖帽后用M10梅花扳手、E8扳手分别卸下M10梅花、E8螺钉后取下

（续）

序号	零部件名称	质量/g	拆卸时间/s	连接方式	紧固件	紧固件数量	拆卸工具	拆卸方法
11	右后门总成	36000	600	螺纹连接	M10梅花螺栓 E8螺栓 塑料盖帽	5	一字槽螺钉旋具 M10梅花扳手 E8扳手	先用一字槽螺钉旋具撬下塑料盖帽后，用M10梅花扳手分别卸下M10梅花、E8螺钉后取下
12	左后门总成	36000	600	螺纹连接	M10梅花螺栓 E8螺栓 塑料盖帽	5	一字槽螺钉旋具 M10梅花扳手 E8扳手	先用一字槽螺钉旋具撬下塑料盖帽后，用M10梅花扳手分别卸下M10梅花、E8螺钉后取下
13	发动机舱盖总成	20650	300	螺纹连接	M13螺栓	4	M13扳手	用M13扳手卸下M13螺钉后取下发动机舱盖
14	行李舱盖总成	16276.3	600	螺纹连接	M13螺栓	4	M13扳手	用M13扳手卸下M13螺钉后取下发动机舱盖
15	仪表组合	1757.4	300	螺纹连接	T25螺栓	8	T25扳手	用T25扳手卸下螺钉旋再用一字槽螺钉具撬下
16	仪表板预装总成	8260	1200	螺纹连接	T25螺栓	13	T25扳手	用T25扳手卸下螺钉撬下
17	收放机	955.5	300	卡扣连接	—	—	特殊工具	用专用工具取下
18	空调装置	10715	900	螺纹连接	M10螺母	3	M10扳手	拆除机舱水管及仪表台后，拧下M10螺母取下
19	前保险杠总成	9205.5	300	螺纹连接	T25螺栓	16	T25扳手	用T25扳手卸下螺钉后取下

表 3-23 四台乘用车的精细化拆解数据

试验车辆	零部件代号	拆解内容	质量/kg	时间/min	螺纹直径/mm	螺纹连接数量
试验车辆1（轿车）	1	组合尾灯	3.9	12	10	4
	2	前灯总成	9.0	18	6	10
	3	前门总成	50.9	14	10	10
	4	后门总成	36.6	14	10	10
	5	前后盖	30.1	13	13	8
	6	中央控制系统	22.9	34	5	18
	7	前后保险杠	8.9	10	5	17
	8	副车架	10.0	11	18	6
	9	冷凝器水箱总成	6.7	2	6	8
	10	前排座椅	54.1	2	10	8
	11	后排座椅	26.9	2	6	2
	12	转向系统	8.6	1	16	3
	13	发动机	110.5	10	10	6
	14	变速器	69.8	12	18	7
试验车辆2（SUV）	1	组合尾灯	4.0	12	10	4
	2	前灯总成	10.0	18	6	12
	3	前门总成	63.2	16	10	10
	4	后门总成	61.1	16	10	10
	5	前后盖	44.6	14	13	8
	6	中央控制系统	26.6	31	6	34
	7	前后保险杠	15.2	15	5	12
	8	副车架	13.4	10	18	6
	9	冷凝器水箱总成	5.4	4	10	2
	10	前排座椅	57.7	10	10	8
	11	后排座椅	50.1	15	8	12
	12	转向系统	8.0	2	21	4
	13	发动机	99.2	11	18	6
	14	变速器	69.8	12	18	10

（续）

试验车辆	零部件代号	拆解内容	质量/kg	时间/min	螺纹直径/mm	螺纹连接数量
试验车辆3（MPV）	1	组合尾灯	5.2	12	10	4
	2	前灯总成	15.1	20	6	12
	3	前门总成	75.8	16	10	10
	4	后门总成	69.9	16	10	10
	5	前后盖	49.7	17	13	8
	6	中央控制系统	22.6	35	4	17
	7	前后保险杠	18.8	15	5	14
	8	副车架	19.8	10	18	8
	9	冷凝器水箱总成	7.8	6	10	2
	10	前排座椅	58.5	10	10	8
	11	后排座椅	106.6	40	16	17
	12	转向系统	13.4	4	18	4
	13	发动机	138.0	11	18	6
	14	变速器	91.2	15	18	11
试验车辆4（轿车）	1	组合尾灯	4.6	12	8	4
	2	前灯总成	13.9	20	6	16
	3	前门总成	74.6	20	10	10
	4	后门总成	72.0	20	10	10
	5	前后盖	36.9	15	13	8
	6	中央控制系统	21.7	45	5	24
	7	前后保险杠	16.7	15	5	27
	8	副车架	16.7	10	17	8
	9	冷凝器水箱总成	6.6	7	10	4
	10	前排座椅	68.0	10	10	8
	11	后排座椅	46.5	20	8	10
	12	转向系统	17.0	4	21	6
	13	发动机	144.3	10	10	6
	14	变速器	93.7	12	18	8

▷ 3.4.2.2　基于拆解难度的退役乘用车拆解成本评估分析流程

▷ 1. 影响退役乘用车拆解难度的因素

影响拆解难度的因素包括连接方式、拆解决策、产品的结构、产品的材料和体积、零部件的状态、工具因素和人的因素共计七个维度，如图 3-30 所示，其中很多影响因素是很难进行量化的。

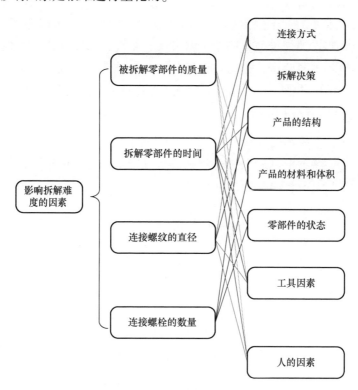

图 3-30　影响拆解难度的因素

1）连接方式方面：螺纹直径越大，预紧力越大；不同连接使用的螺栓数量不同，从而造成零部件拆解时间上的不一致。

2）拆解决策方面：零部件的拆解时间和连接螺栓的数量影响拆解决策。

3）产品的结构方面：产品的不同结构和功能使连接螺纹具有不同的直径，同时，不同组成结构决定了零部件拆解时的优先顺序关系，从而影响拆解时间。

4）产品的材料和体积方面：产品组成中零部件的材料和体积不同，使其具有不同的质量及不同的连接螺栓数量。

5）零部件的状态方面：零部件的状态增加了拆解的不确定性，连接螺栓数量越多，拆解不确定性就越大。

6）工具因素方面：通用工具适应性广，但效果差，专用工具拆解效果好，但使用场合有限；工具的定位精度和在空间上的可达性会影响拆解时间；零部件的质量和连接螺纹直径的不同决定了使用不同的工具。

7）人的因素方面：人对产品结构功能的认知和对工具的熟悉程度直接影响拆解效率，零部件的质量对人的体力提出了要求，连接螺纹直径的不同对人的反应能力提出了要求。

影响拆解难度的七个因素均与被拆解零部件的质量、拆解零部件的时间、连接螺纹直径和连接螺栓数量四个参数有关，由此，选取这四个参数作为影响工件拆解难度的主要因素，在动态聚类分析的基础上通过计算权重的方法赋予四个参数不同的影响值，并最终根据拆解难度进行退役乘用车拆解成本的评估。

2. 退役乘用车拆解成本评估流程

拆解成本评估模型的分析流程如图 3-31 所示。获得拆解数据后，首先应确定分析的指标，并在此基础上进行聚类分析，归纳出通用的聚类模型，进一步演绎出数学模型，分析误差并评估可行性。

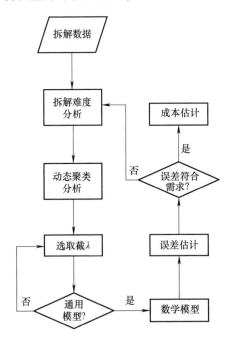

图 3-31 拆解成本评估模型分析流程

主要分析流程如下：

1）在拆解数据中选取与拆解难度参数相关的数据作为原始资料矩阵的

元素。

2）对于各车型各零部件的拆解难度参数，根据相似性分别进行动态聚类分析。

3）通过设定并分析截 λ（域值），判断能否得到共性聚类。若能，则得到一个通用的聚类模型；否则，重新选取截 λ 进行分析。

4）将聚类模型转化为数学模型，并求解相关系数。

5）建立误差估计方法。

6）根据误差分析结果判断误差是否符合需求。若符合，则可以将对应模型用于成本估计；否则，重新考虑拆解难度参数并进行分析。

▶▶▶ **3. 基于拆解难度的拆解成本动态聚类分析**

大部分报废汽车的零部件在拆解前很难确定它们的具体状况，拆解前对其拆解难度的评估是模糊的，因此采用模糊聚类方法进行分析研究是一种可行的方案。表3-24列出了本实证案例中所使用的零部件的名称和代号。

表3-24　用于泛化拆解成本研究的零部件名称和代号

代　号	名　称	代　号	名　称
1	组合尾灯	8	副车架
2	前灯总成	9	冷凝器水箱总成
3	前门总成	10	前排座椅
4	后门总成	11	后排座椅
5	前后盖	12	转向系统
6	中央控制系统	13	发动机
7	前后保险杠	14	变速器

采用3.3节提出的模糊动态聚类法对拆解难度进行聚类。动态聚类法通过建立拆解难度原始数据矩阵，分别采用极差变换和最大最小法将数据矩阵归一化和标定，以建立模糊相似矩阵，使用传递闭包法获取拆解难度的动态聚类图。

动态聚类过程如下：

1）原始资料矩阵的归一化和标定。在报废汽车拆解性的评价指标中，各指标大多具有不同的量纲，为方便比较，将所有指标值转化为 [0，1] 间的无量纲值是研究中普遍采用的方法。本书在处理数据时采用了极差变换的方法来消除量纲的影响，极差变换公式为

$$x'_{ik} = \frac{x_{ik} - \min\{x_{ik}\}}{\max\{x_{ik}\} - \min\{x_{ik}\}} \qquad i = 1,2,\cdots,n \qquad (3-47)$$

式中　i、k——表 3-23 数据的第 i 行和第 k 列；

　　　　x_{ik}——表 3-23 数据中第 i 行 k 列所对应的拆解值；

　　　　$\{\cdots\}$——列数据；

　　　　x'_{ik}——处理后得到的 $[0，1]$ 之间的无量纲拆解值。

标定的过程就是获得各零部件基于各拆解难度指标的模糊相似关系，建立模糊相似矩阵。通过使用式（3-32）对数据进行标定，所建立的原始资料矩阵和模糊相似矩阵的形式如下：

$$
\begin{array}{c}
 \quad 质量 \quad\ 时间 \quad 螺纹直径 \quad 螺栓数量 \\
\begin{array}{c}
组合尾灯 \\ 前灯总成 \\ \vdots \\ 变速器
\end{array}
\left[
\begin{array}{cccc}
x_{1,1} & x_{1,2} & \cdots & x_{1,4} \\
x_{2,1} & x_{2,2} & \cdots & x_{2,4} \\
\vdots & \vdots & & \vdots \\
x_{14,1} & x_{14,2} & \cdots & x_{14,14}
\end{array}
\right]
\end{array}
\tag{3-48}
$$

2）由于模糊相似矩阵不一定具有传递性，为实现模糊等价矩阵的转移，在此采用传递闭包法获取模糊等价矩阵。传递过程为 $R \rightarrow R^2 \rightarrow \cdots \rightarrow R^{2n} \rightarrow R^{2(n+1)}$。若 $R^{2n} = R^{2(n+1)}$，则 R^{2n} 即为所求的传递闭包或模糊等价矩阵。

3）将模糊等价矩阵基于不同的截 λ（域值）进行布尔矩阵转换可以得到不同的聚类。所得到的拆解难度动态聚类结果如图 3-32 所示。

结果表明，在 3 种车型 4 台试验车辆的拆解试验中，当把拆解零部件分成 5 类时（表 3-25），其中共性聚类为 $\{1\}$、$\{12\}$、$\{3，4，5，8，10，13，14\}$，由此可以得到乘用车的一般聚类结果为 $\{1\}$、$\{2\}$、$\{6\}$、$\{7\}$、$\{3，4，5，8，10，13，14\}$、$\{9\}$、$\{11\}$、$\{12\}$。在评估难度上，对于单个车型来说，聚类数由 5 类增加到了 8 类，但对于所有车型来说，8 种聚类为共性分类，将组成所有车型的 14 个拆解对象分为 8 组，提高了评估的效率。

▶▶▶ **4. 拆解难度权重值的确定方法**

对不同的参数赋予不同的权重更加符合实际情况。对各车型的聚类结果提取其共性聚类进而合并为一般聚类的过程中产生了新的聚类（由 5 类增加到 8 类）。在一般聚类中，同一类元素的属性相近，因此，可以认为同一类中各零部件的拆解难度值是近似相等的。以图 3-32a 所示试验车辆 1 为例，认为聚类 $\{3，4，5，8，10，13，14\}$ 中各零部件所对应的拆解难度值近似相等，通过表 3-23 中试验车辆 4 的拆解数据可以建立超定线性方程组（注：各表达式两两相等）：

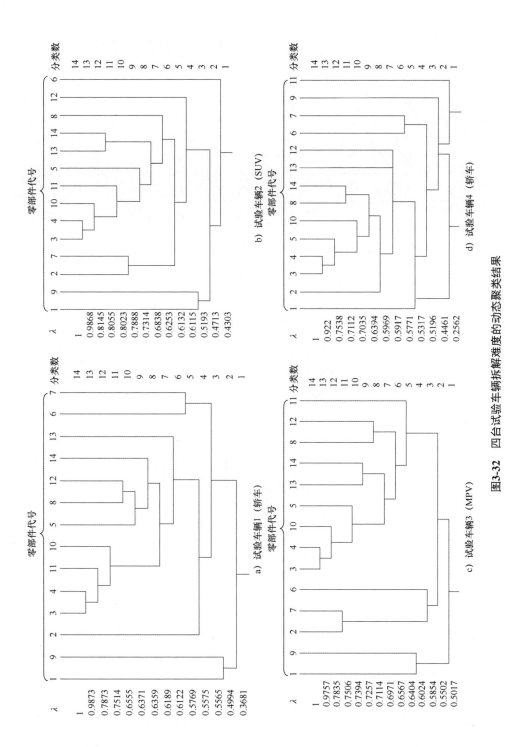

图3-32 四台试验车辆拆解难度的动态聚类结果

表 3-25　拆解试验的聚类结果

场　景	类　数	聚　　类	共 性 聚 类	一 般 聚 类
图 3-32a	5	{1}，{2, 3, 4, 5, 8, 10, 12, 13, 14}，{6, 7}，{9}，{11}	{1}，{12}，{3, 4, 5, 8, 10, 13, 14}	{1}，{2}，{6}，{7}，{3, 4, 5, 8, 10, 13, 14}，{9}，{11}，{12}
图 3-32b	5	{1}，{2, 3, 4, 5, 7, 8, 10, 11, 13, 14}，{6}，{9}，{12}		
图 3-32c	5	{1}，{2, 7}，{3, 4, 5, 8, 10, 11, 12, 13, 14}，{6}，{9}		
图 3-32d	5	{1}，{2}，{3, 4, 5, 8, 10, 11, 12, 13, 14}，{6, 7}，{9}		

$$
\begin{aligned}
50.9x_1 + 14x_2 + 10x_3 + 10x_4 \\
= 36.6x_1 + 14x_2 + 10x_3 + 10x_4 \\
= 30.1x_1 + 13x_2 + 13x_3 + 8x_4 \\
= 10x_1 + 11x_2 + 18x_3 + 6x_4 \\
= 110.5x_1 + 10x_2 + 10x_3 + 6x_4 \\
= 69.8x_1 + 12x_2 + 18x_3 + 7x_4 \\
= 54.1x_1 + 2x_2 + 10x_3 + 8x_4
\end{aligned}
\tag{3-49}
$$

考虑式（3-49）超定方程的特殊性，对前两个参数相近的方程采用求平均值的方法进行合并，令 $x_1 = 1$，此时方程组的维数进一步减小，如式（3-50）所示，由此降低了超定线性方程组的复杂度。

$$
\begin{cases}
x_2 - 3x_3 + 2x_4 = -13.65 \\
2x_2 - 5x_3 + 2x_4 = -20.1 \\
x_2 + 8x_3 + 0x_4 = -100.5 \\
2x_2 + 8x_3 + x_4 = -40.7 \\
10x_2 + 8x_3 - x_4 = -15.7
\end{cases}
\tag{3-50}
$$

使用 Matlab 求解超定线性方程组，可以得到质量、拆解时间、螺纹直径和螺栓数量四项拆解难度参数所对应的权重值 $x_i(i=1,2,3,4)$ 分别为 1、-7.38、8.86、11.59，由此可以得到 8 个聚类的平均拆解难度值，见表 3-26。因此，四项拆解难度参数按重要程度从高到低的排序依次是螺栓数量、螺纹直径、质量、拆解时间。对于被拆解零部件，中央控制系统（6）的拆解难度等级最低，而转向系统（12）的拆解难度等级最高。根据计算出来的拆解难度系数值可以进一步将泛化聚类范围缩减至 5 类，即 {组合尾灯，前灯总成}，{中央控制系统}，{前门总成，后门总成，前后盖，前后保险杠，副车架，前排座椅，转向系统，发动机，变速器}，{冷凝器水箱总成}，{后排座椅}。

表 3-26　不同聚类的拆解难度值

序　　号	拆解难度等级	零部件序号	平均拆解难度值	拆解难度系数 λ
1	极低	6	24.90	0.03
2	较低	2	45.22	0.05
3	低	1	50.3	0.05
4	中	11	88.48	0.10
5	较高	9	137.82	0.16
6	高	3, 4, 5, 8, 10, 13, 14	175.30	0.20
7	很高	7	176.43	0.20
8	最高	12	177.75	0.20

3.4.2.3　退役乘用车泛化拆解成本模型及其误差估计方法

1. 报废汽车的泛化拆解成本模型

单个零部件的拆解成本 C_i 可以通过已知车辆拆解过程中发生的总成本 C_T 和拆解难度 d 计算：

$$C_i = \frac{d_i C_T}{\sum\limits_{i=1}^{k} d_i} \tag{3-51}$$

式中　d_i——单个零部件的拆解难度；

k——零部件的数量。

定义 $\lambda = \dfrac{C_T}{\sum\limits_{i=1}^{k} d_i}$ 为拆解难度系数。

报废汽车总的拆解成本估计值（C_T'）可表示为

$$C_T' = \sum_{i=1}^{m} \lambda_i d_i \tag{3-52}$$

式中　d_i——单个零部件的拆解难度；

λ_i——单个零部件的拆解难度系数；

m——被拆解零部件的数量。

2. 报废汽车拆解成本的误差估计

根据 3.4.2.2 节动态聚类的分析结果，可将报废汽车的零部件分为 8 个聚类，因此，除用拆解难度系数表示外，总的拆解成本可表示为

$$C = C\{1\} + C\{2\} + 7C_a + C\{6\} + C\{7\} + C\{9\} + C\{11\} + C\{12\}$$

(3-53)

其中，$C_a = \{3,4,5,8,10,13,14\}$，括号内的数值代表聚类所涉及表 3-23 中的拆解零部件，C_a 表示零部件集合中任意一个已知拆解成本值或参考值。

在误差评估时，假定拆解成本与拆解时间成正比。在此选取前三台车型数据的算术平均值作为 C_a 的值。

车辆拆解成本的相对误差可表示为

$$\varepsilon = \frac{\sum t\{3,4,5,8,10,13,14\} - 7C_a}{\sum t\{3,4,5,8,10,13,14\}}$$

(3-54)

通过计算可以得到前三台车型的拆解成本误差分别为 14%、3% 和 9%。考虑泛化分类是基于前三台车型数据建立的，可以使用第四台车型的数据进行验证。因此，代入第四台车型的相关数据求解其拆解成本误差，结果为 11%，从而验证了聚类方法的可行性。由于本案例试验车型涉及轿车、MPV 和 SUV 三种车型，范围较广，若缩小车型范围将有助于进一步减小拆解成本的相对误差值。

通过拆解成本的泛化评估，企业容易在拆解前对车辆拆解的盈利情况进行估算。

图 3-33 所示为拆解成本泛化评估软件的设计界面，作为该技术的一种应用场景示例。

3.4.3 实证案例：基于矩阵编码和精英策略的拆解决策多目标优化改进遗传算法

针对退役乘用车进行选择性拆解时拆解深度和拆解顺序的不确定性，提出了一种改进遗传算法，通过构建基于过滤染色体的矩阵编码及初始解生成机制，建立一种保留精英策略的轮盘赌选择方法，并设计有效的交叉和变异算子，将退役乘用车选择性拆解的拆解深度和拆解顺序不确定性问题转化为确定性的求解方案。

3.4.3.1 退役乘用车选择性拆解的问题规划

拆解树通过 n 个拆解节点的联结关系，表达了退役乘用车选择性拆解的规划问题。拆解节点分别表示为 n_1，n_2，…，n_n，在图中使用圆圈加数字表示；

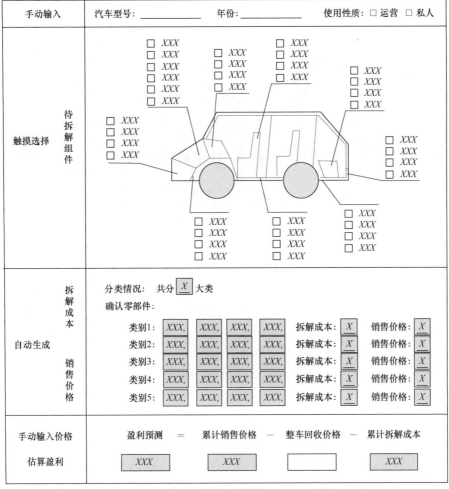

图 3-33　拆解成本泛化评估软件的设计界面

拆解弧用 $A_{m,k}$ 表示（在图中表示为拆解节点之间的有向线段），其中，下标 m 和 k 分别代表物理拆解操作的初始和最终节点。图 3-34 所示的 Petri（佩特里）网是基于实际拆解试验情况而建立的。表 3-27 列出了与图 3-34 相对应的拆解深度。初始节点 0 用作虚节点，代表处于未拆解状态的报废车辆；最终节点 18 代表拆解后的状态，其表现形式是拆解后得到的零件、部件和材料；节点 19 和 20 中拆解的对象为前后桥、发动机和变速器，是拆解企业很容易决策的拆解内容，因此在本实证案例中不作为考虑对象；其他的网络节点代表了可能的拆解对象，包括从初始节点到当前节点间具有不同成本和收益的所有被拆解的零部件。拆解序列可视为拆解弧的集合，其具有唯一的方向，表示一个零部件在另一个零部件拆解前完成拆解。

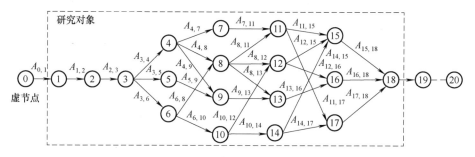

图 3-34　退役乘用车的选择性拆解规划问题

表 3-27　不同拆解深度下的乘用车零部件集合

拆解节点	拆解获得的零部件集合
1	预处理后的初始状态
2	车灯
3	车灯、车门、发动机舱盖、行李舱盖
4	车灯、车门、发动机舱盖、行李舱盖、保险杠
5	车灯、车门、发动机舱盖、行李舱盖、座椅
6	车灯、车门、发动机舱盖、行李舱盖、仪表板、仪表元器件
7	车灯、车门、发动机舱盖、行李舱盖、保险杠、散热器、压缩机
8	车灯、车门、发动机舱盖、行李舱盖、仪表板、仪表元器件、保险杠
9	车灯、车门、发动机舱盖、行李舱盖、保险杠、座椅、转向系统
10	车灯、车门、发动机舱盖、行李舱盖、仪表板、仪表元器件、空调系统
11	车灯、车门、发动机舱盖、行李舱盖、仪表板、仪表元器件、保险杠、散热器、压缩机
12	车灯、车门、发动机舱盖、行李舱盖、仪表板、仪表元器件、保险杠、空调系统
13	车灯、车门、发动机舱盖、行李舱盖、仪表板、仪表元器件、保险杠、座椅、转向系统
14	车灯、车门、发动机舱盖、行李舱盖、仪表板、仪表元器件、散热器、压缩机、空调系统
15	车灯、车门、发动机舱盖、行李舱盖、仪表板、仪表元器件、保险杠、散热器、压缩机、空调系统
16	车灯、车门、发动机舱盖、行李舱盖、仪表板、仪表元器件、保险杠、座椅、转向系统、空调系统
17	车灯、车门、发动机舱盖、行李舱盖、仪表板、仪表元器件、保险杠、散热器、压缩机、座椅、空调系统
18	车灯、车门、发动机舱盖、行李舱盖、仪表板、仪表元器件、保险杠、散热器、压缩机、座椅、空调系统、转向系统

拆解节点	拆解获得的零部件集合
19	车灯、车门、发动机舱盖、行李舱盖、仪表板、仪表元器件、保险杠、散热器、压缩机、座椅、空调系统、转向系统、发动机、变速器
20	车灯、车门、发动机舱盖、行李舱盖、仪表板、仪表元器件、保险杠、散热器、压缩机、座椅、空调系统、转向系统、发动机、变速器、前后桥

一个节点可能联结任何其他节点来构成一个拆解弧，并进一步构成拆解序列。拆解序列的规划建立在退役产品完全拆解试验的基础上，图解时可以通过一系列有向的拆解弧来表示，但使用矩阵形式表示时只能通过二进制数 0 和 1 来区分可行和不可行的拆解顺序。另一种方法是，将可行的拆解顺序用式（3-55）所示的优先关系矩阵 P 来表示，其中，元素 $P_{i,j}$ 表示从节点 i 到节点 j 的序列操作，其值用二进制数 0 或 1 表示。由此，所有的可行拆解操作均可表示为一个二进制的染色体矩阵。由于第一个节点，即节点 0，没有进行任何具体的拆解操作，所以在文中处理为虚节点。这样，联结节点 0 和节点 1 的拆解弧 $A_{0,1}$，其拆解成本和环境影响值均为 0，可行性值为 1。

$$\boldsymbol{P} = \begin{matrix} & \begin{matrix} 0 & 1 & 2 & \cdots & n \end{matrix} \\ \begin{matrix} 0 \\ 1 \\ 2 \\ \vdots \\ n \end{matrix} & \begin{bmatrix} 0 & 1 & 0 & \cdots & 0 \\ 0 & p_{1,1} & p_{1,2} & \cdots & p_{1,n} \\ 0 & p_{2,1} & p_{2,2} & \cdots & p_{2,n} \\ \vdots & \vdots & \vdots & & \vdots \\ 0 & p_{n,1} & p_{n,2} & \cdots & p_{n,n} \end{bmatrix} \end{matrix} \quad (3-55)$$

⫸ 3.4.3.2 面向拆解深度和拆解顺序的改进遗传算法

⫸ 1. 改进遗传算法的流程

提出该算法的主要目的是，借助遗传算法多样化的进化机制，实现退役乘用车拆解顺序最优或近似最优的求解。该算法的流程如图 3-21 所示。首先，在解空间中随机生成二进制的矩阵编码染色体，将其作为初始种群。由于初始种群并非全部对应有可行的拆解顺序，因此，使用由拆解网络树对应的干扰矩阵对初始种群进行过滤。根据盈利最大、环境影响最小和技术可行性最大的目标函数定义适应度函数，并复制出适应度最大的个体作为精英染色体。接着，对种群进行轮盘赌选择、随机交叉和概率按指数递减的变异等遗传进化过程后，再次对种群进行过滤并计算适应度值，将适应度最小的个体替换为精英染色体，这样新一代的种群就由父代和子代共同组成。然后，再次对种群进行适应度的计算，选出适应度最大的个体作为精英染色体并重复上述过程，直至进化代数达到规定的进化代数为止。

▶▶ 2. 初始染色体的生成和限制算法

对于退役乘用车等复杂的结构系统组成，矩阵编码方式不仅保留了结构的顺序特征，还保留了相关的节点信息，但由于矩阵编码针对不同的问题有着不同的求解策略，在一定程度上增加了研究的难度。本实证案例采用了矩阵编码的方式来初始化染色体，如式（3-55）所示。

初始种群的随机生成有助于获取多样化的染色体，从而使其在解空间中的分布趋于均匀。二进制的矩阵染色体可以用来表示某一拆解顺序，由于其每一个元素都可以取值1，所以可以拥有一个更长的拆解顺序序列，即更大的拆解深度。为了使较长的拆解顺序序列和较短的拆解顺序序列趋于平衡，可以使用优先关系矩阵 P 来对初始染色体进行约束，如式（3-56）所示，从而使限制后的染色体成为可行的拆解序列。

$$CH_{std} = P \cdot CH \tag{3-56}$$

式中　CH_{std}——被约束后的染色体；

　　　P——优先关系矩阵；

　　　CH——初始染色体。

▶▶ 3. 染色体的目标函数值和评价方法

（1）染色体目标函数值的表示　退役乘用车拆解过程必须同时考虑技术可行性、经济性和环境影响三方面的约束，如图 3-35 所示。其目标函数通过式（3-57）来表示，目标是使拆解过程的技术可行性和拆解利润最大，并使其对环境的影响最小。由于不同的拆解企业对这三个目标的侧重可能不同，考虑式（3-57）的普遍适用性，加入了上述三个目标的权重系数。

$$\max(P(x)), \min(E(x)), \max(F(x)) \text{ 或 } \max FV =$$
$$\sqrt{[w_p P(x)]^2 + [w_e / E(x)]^2 + [w_f F(x)]^2} \tag{3-57}$$
$$\text{s. t. } P(x) \geqslant 0$$
$$F(x) \geqslant 0$$

式中　　FV——函数值；

　　　$P(x)$——盈利值；

　　　$E(x)$——环境影响值；

　　　$F(x)$——技术可行性值；

w_p、w_e 和 w_f——经济性、环境影响和技术可行性的权重系数。

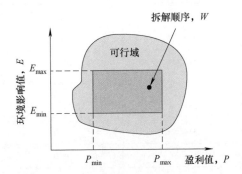

图 3-35 技术可行性、经济性和环境影响对拆解顺序的影响

（2）拆解顺序中盈利值的计算 退役乘用车的拆解收益主要来自于再利用零部件、再制造坯料和再利用车用材料。拆解成本包括设备折旧、劳动力和能源成本等。因此，拆解盈利值如式（3-58）所示。

$$P = \sum_{k=0}^{n} R_{Nk} - \sum_{k=0}^{n} C_{Nk} - \sum_{i,j=0}^{n} C_{Aij} \qquad (3-58)$$

式中 P——拆解盈利值；

R_{Nk}——节点 N_k 处获得的拆解收益；

C_{Nk}——节点 N_k 处付出的拆解成本；

C_{Aij}——拆解过程 A_{ij} 中产生的成本。

表 3-28 所列为各节点的成本、收益和环境影响值。这些值是通过对合作的汽车拆解企业进行调研获得的。

表 3-28 各节点的成本、收益和环境影响值

拆解深度	成本/元	收益/元	环境影响（分值）
N_1	303.10	1380	0.222
N_2	305.40	1580	0.218
N_3	304.50	1680	0.202
N_4	307.30	1980	0.152
N_5	307.56	1780	0.218
N_6	309.60	2180	0.148
N_7	309.05	2280	0.178
N_8	308.90	2280	0.122
N_9	311.76	2380	0.098

（续）

拆 解 深 度	成本/元	收益/元	环境影响（分值）
N_{10}	311.20	2480	0.118
N_{11}	313.25	2880	0.108
N_{12}	311.06	2480	0.072
N_{13}	313.36	680	0.068
N_{14}	314.85	3180	0.078
N_{15}	314.76	2980	0.048
N_{16}	317.01	3380	0.028

（3）拆解顺序中环境影响值的计算 关于退役乘用车拆解顺序中的环境影响范围界定于环保预处理之后的拆解阶段，即不考虑预处理阶段必须回收利用的有害或危险物质。因此，拆解所造成的环境影响主要来自于拆解过程。根据我国汽车拆解行业的实际情况，假定采用的是"手工拆解＋机械化工具"的拆解模式，那么拆解过程造成的环境影响主要包括电力和燃料（氧割用丙烷）的使用，而节点处的环境影响主要来自于被拆解零部件的再使用、再制造和再利用等回收利用过程。拆解过程中的成本和环境影响数据来自于合作企业的调研和生命周期评价综合得到的结果，见表3-29。必须说明的是，拆解顺序的中间节点并不是拆解所得零部件回收利用的最终状态，所以，退役乘用车回收利用阶段总的环境影响值仅取决于各拆解过程和拆解顺序的最终节点，如式（3-59）所示。

$$E = \sum_{i,j=0}^{n} E_{Aij} + E_N \tag{3-59}$$

式中　E——回收利用阶段的总体环境影响值；

　　E_{Aij}——拆解弧的环境影响值；

　　E_N——拆解顺序终点的环境影响值。

表 3-29　拆解弧的成本和环境影响数据

拆 解 弧	成本/元	环境影响（分值）	拆 解 弧	成本/元	环境影响（分值）
$A_{1,2}$	75	0.030	$A_{2,5}$	45	0.018
$A_{1,3}$	60	0.024	$A_{2,6}$	75	0.030
$A_{1,4}$	75	0.030	$A_{2,7}$	195	0.078

拆解弧	成本/元	环境影响（分值）	拆解弧	成本/元	环境影响（分值）
$A_{3,7}$	200	0.080	$A_{9,13}$	40	0.016
$A_{4,6}$	75	0.030	$A_{9,15}$	105	0.042
$A_{4,8}$	60	0.024	$A_{10,13}$	45	0.018
$A_{5,9}$	75	0.030	$A_{10,14}$	180	0.072
$A_{6,9}$	45	0.018	$A_{11,14}$	50	0.020
$A_{6,10}$	60	0.024	$A_{12,13}$	75	0.030
$A_{6,11}$	180	0.072	$A_{12,15}$	135	0.054
$A_{7,11}$	50	0.020	$A_{13,16}$	180	0.072
$A_{8,10}$	75	0.030	$A_{14,16}$	45	0.018
$A_{8,12}$	45	0.018	$A_{15,16}$	110	0.044

（4）拆解顺序中技术可行性值的计算　　退役乘用车的拆解过程中存在着大量的不确定性因素，如连接方式的不确定性，连接本身存在失效、变形和锈蚀，以及拆解工具的操作空间等。因此，包含有相同节点的拆解顺序也可能存在不同的拆解可行性。拆解顺序中技术可行性的计算基于如下假设：顺序链越短，可行性就越高。采用式（3-60）来表述技术可行性值。

$$F = \frac{\sum_{k=0}^{n} \mathrm{num}_{a-Nk}}{2\sum_{k=0}^{n} \mathrm{num}_{t-Nk} - \sum_{k=0}^{n} \mathrm{num}_{a-Nk}} \tag{3-60}$$

式中　　$\sum_{k=0}^{n} \mathrm{num}_{a-Nk}$——可行拆解顺序的实际节点数；

$\sum_{k=0}^{n} \mathrm{num}_{t-Nk}$——包含可能的中间节点的拆解顺序的总节点数。

3.4.3.3　多目标染色体的适应度算法

在染色体表示的顺序矩阵中，将代表拆解可行性的元素值 1 替换为相应的拆解成本值和环境影响值就可以得到拆解成本矩阵和环境影响矩阵。拆解弧的拆解成本值和环境影响值分别用 $\mathrm{AV_C}$ 和 $\mathrm{AV_E}$ 来表示，如式（3-61）所示。

$$\begin{aligned}
\mathrm{AV_C} &= \mathrm{SUM_{column}}(\mathrm{SUM_{row}}(\mathrm{CH_{std}} \times A_C)) \\
\mathrm{AV_E} &= \mathrm{SUM_{column}}(\mathrm{SUM_{row}}(\mathrm{CH_{std}} \times A_E))
\end{aligned} \tag{3-61}$$

节点 N_k 处的盈利值可以用节点 N_k 处的收益与节点 N_k 处的拆解和回收利用成本的差值来表示。这里分别用 NV_C 和 NV_E 分别表示节点 N_k 处的拆解和回收利用成本及环境影响成本。对于选择性拆解来说，拆解和回收利用成本仅产生于拆解顺序的最末节点，并在此节点处才有可能对环境产生影响。式（3-62）表示了节点 N_k 处的拆解和回收利用成本 NV_C 及环境影响成本 NV_E 的求解方法。其中，N_C 和 N_E 分别表示所有节点的拆解和回收利用成本值向量（n 元行向量）和环境影响值向量（n 元行向量），V_{SR} 表示元素值均为 1 的 n 元列向量。

$$NV_C = N_C \times V_{SR}$$
$$NV_E = N_E \times V_{SR}$$
（3-62）

整个拆解顺序的盈利值 V_C 和环境影响值 V_E 可以根据拆解弧和节点处的相关数值通过式（3-63）求解得到。

$$V_C = NV_C - AV_C$$
$$V_E = NV_E + AV_E$$
（3-63）

文中规划的目标函数同时考虑了盈利、环境影响和技术可行性，在此使用权重系数法，建立适应度计算方法。考虑这三个目标量具有不同的量纲和大小，为方便计算，在此通过式（3-64）将它们处理成 [0，1] 区间的无量纲值。

$$V_N(f(DS)) = \frac{F(f(DS)) - \min(F(f(DS)))}{\max(F(f(DS))) - \min(F(f(DS)))}$$
（3-64）

式中　$F(f(DS))$——拆解顺序中各因素的目标函数值；

$V_N(f(DS))$——拆解顺序中各因素归一化后的无量纲目标函数值。

适应度值的计算方法如式（3-65）所示。由于每个拆解企业都有其关于盈利、环境影响和技术可行性的不同评价标准，因而在适应度评价时加入了权重系数。

$$FV = \sqrt{(w_{C(DS)}V_C)^2 + (w_{E(DS)}V_E)^2 + (w_{F(DS)}V_F)^2}$$
（3-65）

式中　　FV——总的适应度值；

V_C、V_E、V_F——盈利、环境影响和技术可行性的适应度值；

w_C、w_E、w_F——盈利、环境影响和技术可行性的权重系数，取值分别为 1.5、0.5 和 2。

3.4.3.4　遗传进化过程

1. 染色体父代的选取

为扩大解的搜索范围，并使进化过程更加多样化，初始染色体一般使用随机生成的方法。在模拟进化过程中，使用轮盘赌的选择方法，染色体的值越大，越有可能被选择作为父代。如果进化时种群的某些特征恒定不变，就可以认为进化达到了最优或近似最优的状态。

▶▶ **2. 染色体的交叉**

使用随机交叉的方法来生成后代。首先从种群中随机选择染色体的某条基因作为基准基因，然后依次选择各个染色体，再使用基准基因以指定的交叉概率随机替换染色体中的某条基因。重复以上过程，使交叉次数达到种群长度的半数左右。

▶▶ **3. 染色体的变异**

随着种群的不断进化，目标函数值趋于最优或近似最优，但相同的变异概率明显会抑制优化过程或使优化时间变长，因此，进化时必须使用不同的变异概率来加速优化过程。式（3-66）表述了变异概率的构建过程。染色体的初始进化概率值为 1，这样每个基因位的初始进化概率就等于总基因位数的倒数值。为限制变异的程度，规定最终的进化概率为初始进化概率的一半。任意基因位的变异概率在初始变异概率的基础上呈指数规律变化。

$$m_{initial} = \frac{1}{sum_{column}(sum_{row}(P))}$$

$$m_{end} = \frac{1}{2sum_{column}(sum_{row}(P))}$$

$$m_i = m_{initial} e^{-ln\left(\frac{m_{end}}{m_{initial}}\right)i}$$

(3-66)

式中　　　　　　 P——染色体；

$sum_{row}(P)$——染色体 P 各行求和所得到的序列；

$sum_{column}(sum_{row}(P))$——染色体 P 行求和后再进行列求和，其值等于总基因位数；

$m_{initial}$——染色体 P 每个基因位的初始进化概率；

m_{end}——染色体每个基因位的最终进化概率；

i——进化代数；

m_i——染色体进化过程中第 i 代的进化概率。

▶▶ **4. 染色体的精英保留策略**

传统遗传算法由于进化过程中可能会产生前一代种群最优解丢失的现象，为避免这种情况发生，借鉴参考文献中保留最佳个体的思想，采用精英保留策略，将前一代的最优个体复制出来作为精英个体，并用其替换遗传进化后产生的子代中的最差个体，从而实现父代与子代的合并，有效地保留父代中的最优个体。

3.4.4　面向拆解深度和拆解顺序的退役乘用车拆解决策多目标优化

3.4.4.1　退役乘用车拆解决策多目标优化的算法执行环境与结果

退役乘用车拆解决策多目标优化的算法在 Dell 移动工作站 precision 7730 进行求解运算，使用的编程语言为 Python 3.7，算法在 Pycharm 和 Spyder 3 软件执行环境中验证通过，运算时间约为 3s。

提出利用矩阵编码的改进遗传算法来求解退役乘用车拆解顺序的方法，目的是得到盈利值最大、环境影响值最小、技术可行性值最大的最优化拆解路径和拆解深度。求解过程使用了拆解树决策的次序和优先关系矩阵来限制初始染色体。适应度值综合考虑了盈利、环境影响和技术可行性的不同权重，方便不同拆解企业根据自身实际情况进行决策。进化过程使用了轮盘赌选择方法、随机交叉，以及变异概率呈指数递减规律的变异过程等。此外，还考虑了传递遗传算法最优解在进化过程中可能丢失的情况，在算法中加入了精英保留策略，每一代新种群由父代和子代共同组成，使父代的最优解可以保留到子代中，有效增强了求解的效率。

仿真过程使用的交叉概率为 0.8。初始变异概率随种群规模变化而变化，之后随着进化过程呈指数规律递减。在多目标算法运行之前，首先通过运行单目标程序验证算法有效性。在多目标仿真中，盈利、环境影响和技术可行性的权重系数分别设定为 1.5、0.5 和 2。

为考虑遗传算法关于拆解深度和拆解顺序多目标优化问题 Pareto 前沿的变化规律，取种群规模为 20，重复 50 次仿真过程来进行观察。由图 3-36 可以看出，部分样本点是重合的，说明次优解存在重合的情况，且表现出了递减的规律，这说明拆解过程中产生的环境影响越大，所获得的收益就越小。同时，图中出现了两条平行线，体现了种群突变对子代进化过程的影响。

为了研究种群大小和迭代次数对结果的影响，将仿真重复次数提升至 100 次并取其最大值作为结果，通过变化种群数和迭代终止代数来观察拆解收益的变化情况。相关的分析数据分别列于表 3-30 和表 3-31 中。表 3-30 反映了小规模种群的情况。种群数量和迭代次数每次增加 10，最大种群规模和迭代次数分别恒定为 50 和 60。相应地，表 3-31 反映了大规模种群的情况，种群数量和迭代次数每次分别增加了 20 和 100，最大种群规模和迭代次数分别为 100 和 1000。假定超过 4500 元为 Pareto 最优解（表中以加粗数字显示），可以看出，在反映小规模情况的表 3-30 中，当种群规模为 30 及终止进化迭代次数为 40 时出现的 Pareto 解最多，而在种群规模为 40 及终止进化迭代次数为 60 时没有 Pareto 解出现；而在反映大规模情况的表 3-31 中，当种群规模为 40 及终止进化迭代次数为 600 时出现的 Pareto 解最多。比较表 3-30 和表 3-31 的结果，可以发现不同种群规模的最佳盈利值是不同的，甚至存在没有达到最佳盈利值（假定最佳盈利值是 4500 元）的情况。该现象进一步证明了遗传算法随机进化的特点。因此，为从 Pareto 解中获得最佳盈利值，需要不断改变参数，通过多次仿真的方法来分析观察从而得到满意解。

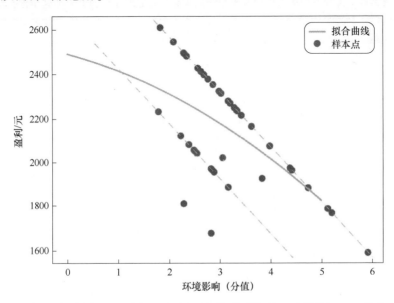

图 3-36　遗传算法关于拆解深度和拆解顺序多目标优化问题的 Pareto 前沿

表 3-30　小规模情况下不同种群和迭代次数对应的最佳盈利值　　　（单位：元）

迭代次数	种群规模				
	10	20	30	40	50
10	2215.24	4241.79	**4521.88**	3921.88	2100.24
20	4261.79	4181.88	4201.79	4446.79	3758.79
30	2315.15	3701.88	2317.99	4191.79	**4556.79**
40	**4591.79**	2492.99	**4606.79**	3906.79	4131.88
50	2472.99	**4546.88**	2377.99	4276.79	2222.99
60	2257.99	2582.99	4331.79	4116.88	4391.79

为确认改进遗传算法求解过程中解的收敛和生成情况，在表 3-32 所列的仿

真结果中求解过程仅执行一次。可以看出，大部分的收敛代数均在 6 代以内，但出现满意 Pareto 解的情况远低于表 3-30 和表 3-31 中的结果，说明并非种群数越大越好，而是需要不断地改变仿真参数从而获得 Pareto 满意解相对集中的种群数和终止迭代数。通过仿真求解，除了可以得到拆解盈利和环境影响值外，还可以获得不同的拆解顺序和拆解深度，通过对比分析就可以获得满意的拆解规划。

表 3-31　大规模情况下不同种群和迭代次数对应的最佳盈利值　　（单位：元）

迭 代 次 数	种 群 规 模				
	20	40	60	80	100
100	4236.79	4191.79	4141.79	4106.79	3322.74
200	4496.79	3616.79	2382.99	2420.15	4171.79
300	4281.79	3297.04	2245.24	2390.15	4286.79
400	2457.99	**5503.79**	4286.79	4161.79	1982.99
500	4406.79	**5858.79**	**4581.79**	2527.99	4326.79
600	**5253.79**	**5633.79**	4126.79	2220.15	**5823.79**
700	4001.88	4246.79	1702.99	3672.74	2861.5
800	2380.15	**5593.79**	**5513.79**	4096.79	3916.79
900	3921.88	3911.79	3856.79	2517.99	2392.99
1000	4191.88	4341.79	3941.79	**5628.79**	4036.79

表 3-32　使用遗传算法的值参数和最佳拆解序列

种群规模	最大进化代数	最佳盈利 /元	单位环境影响 下的盈利/元	最佳拆解深度 和顺序
100	3	2230.24	1247.34	0—1—2—3 6—8 7—11 10—12 13—16—18 14—17
200	3	2802.99	2624.52	3—4—7 8—11 9—13 16—18

种群规模	最大进化代数	最佳盈利/元	单位环境影响下的盈利/元	最佳拆解深度和顺序
300	4	2030.24	1181.75	0—1 4—7 8—11 12—15—18 13—16—18
400	3	2547.99	1220.30	0—1—2—3—5 6—10—14 7—11 9—13 17—18
500	3	2707.99	1870.16	0—1—2 7—11 9—13 12—15 16—18 17—18
600	1	4211.79	996.64	0—1—2—3—4 3—5 6—10—12—16 7—11—17 8—13 9—14—17 12—15
700	3	2697.99	1813.17	0—1—2 4—7 8—11—17 10—14 13—16—18
800	6	2427.99	945.48	0—1 2—3—6 4—8 5—9—13 11—17 14—17
900	5	2396.75	3041.56	0—1 3—4 8—11 9—13

（续）

种群规模	最大进化代数	最佳盈利/元	单位环境影响下的盈利/元	最佳拆解深度和顺序
1000	3	2802.99	2624.52	0—1 4—7 4—8—11 13—16
1100	6	2063.8	3836.06	0—1 4—7 8—12
1200	6	2672.99	1683.24	0—1 3—4—7 3—5 4—8 11—15 13—16
1300	1	2250.15	886.58	0—1—2—3—5 4—7—11—15 6—8 9—13—16 11—17
1400	7	2585.15	2157.89	0—1 3—4 9—13—16 11—17
1500	3	2025.24	776.55	0—1 3—4 9—13—16 11—17
1600	4	2807.99	2679.38	0—1—2 3—5 3—6 8—11
1700	1	2091.64	1790.79	0—1 2—3 7—11—15 10—12

种群规模	最大进化代数	最佳盈利/元	单位环境影响下的盈利/元	最佳拆解深度和顺序
1800	4	2455.24	2764.91	0—1 3—6 8—11—15 9—13 14—17
1900	4	2742.99	2097.09	0—1 4—7 4—8 11—15 14—17
2000	4	2897.99	4212.19	0—1 4—7 4—8

图 3-37 所示反映了表 3-32 中最佳盈利、单位环境影响下的盈利及最大进化代数的变化情况。从中可以发现，最大进化代数一般在 10 代以内，反映了较好的算法执行效率；单次仿真的最佳盈利值多集中在 2000 ~ 3000 元之间，而要达到表 3-30 和表 3-31 中的盈利值，则需要找到合适的种群规模并通过多次重复仿真得到。此外还可以看出，当盈利值最大时，单位环境影响下的盈利值却较低，说明拆解时除了考虑盈利外，还应更多地考虑环境成本的影响。因此，鉴于公众环境意识的提升和政府部门对于环境执法力度的加强，建议拆解企业在进行拆解规划时将单位环境影响下的盈利值作为企业绿色绩效的首要衡量因素。

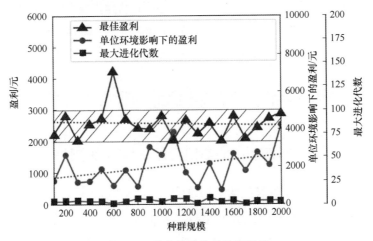

图 3-37　染色体进化的仿真结果

▶ 3.4.4.2 退役乘用车拆解决策多目标优化的启示

根据退役乘用车拆解决策多目标优化的分析结果可以得到以下启示：

1）在研究框架内有两类对象未被考虑：一是灯、门、发动机罩和行李舱的拆解，因为它们被认为是必须先拆解的零部件；二是发动机和变速器的拆解，因为它们是拆解时机很容易确定的部件。

2）三条曲线验证了进化过程中父代选择的多样性。然而，这些曲线并未接近水平线，这意味着施加在 Petri 网上的约束限制了进化的多样性，并使最终进化结果局部最优，这种现象在一定程度上彰显了退役乘用车拆解的独有特性。在这种情况下，可以通过多次仿真并比较这些局部最优值的方法来获得全局最优值。

3）尽管种群规模为 600 时达到了 4211.79 元的全局最优值，但大多数情况下最优值位于 2000～3000 元之间，这也反映了在企业拆解实践中盈利出现小幅度波动的情况。

4）种群规模为 600 时，环境影响值并没有与盈利一起达到全局最优，这意味着拆解顺序之间的环境影响不同。对于某个拆解顺序，盈利可能是全局最优，但其环境影响值可能比其他拆解顺序更大。从环境的角度来看，企业应该选择具有全局环境影响最优的情况而非全局盈利最优的拆解顺序。

5）由于不同种群规模下的最大进化代数生成小于 10，表明该算法有着高的稳健性和收敛速度，同时也证明算法及约束条件规划的有效性。

基于遗传算法的启发式多目标优化方法，通过技术可行性序列和启发式操作的比较和迭代，为退役乘用车拆解企业的拆解深度决策优化和拆解顺序规划问题提供了解决思路。并且，从整车选择性拆解的角度出发，同时考虑技术可行性、经济性和环境影响，以获得最优的拆解深度和拆解顺序，而不是仅仅基于经验对退役乘用车某些零部件进行选择性拆解。

3.5 退役乘用车节拍式拆解工艺与拆解线规划

▶ 3.5.1 退役乘用车拆解线的节拍设计及其不确定性因素

▶ 3.5.1.1 退役乘用车拆解线的节拍设计

拆解线节拍（cycle time，CT）是指连续完成两台类型和结构相似的车辆之间的时间间隔，即完成单台车辆拆解所需的平均时间。由于节拍取决于最长的工位时间，因而，它可以用来限定工位所允许的最长操作时间。节拍设计受到拆解零部件的需求和拆解时长的影响。

生产能力是退役乘用车拆解线的核心指标。按照 GB 22128—2019《报废机动车回收拆解企业技术规范》的要求，对于汽车保有量超过 500 万辆的地区，单个拆解企业最低年拆解能力应达到 3 万辆。在对目前生产线进行进一步规划和分析之前，首先针对年拆解能力达到 3 万辆以上的产能要求，计算出生产系统理论需要达到的生产节拍。拆解线生产节拍的计算公式如下：

$$R = \frac{480Tsi}{n} \tag{3-67}$$

式中　　R——节拍；

　　　　T——一年中工作的天数；

　　　　s——一天中的换班次数；

　　　　i——运行时间与总时间的比值；

　　　　n——预期的产能。

根据经验，假设拆解生产线每年工作天数为 250 天，每天两班制工作 16h，考虑设备的无故障工作时间为总工作时间的 90%。由此可得，本拆解系统的目标生产节拍为 7.2min/辆。设计中使用了较小的节拍时间 7min。这种情况下只要保证节拍就能达到设计的产能目标，甚至可通过延长工作时间或运行时间来进一步提高产能。

》3.5.1.2　影响退役乘用车节拍式拆解的不确定性因素与应对策略

为了满足拆解线对于待拆解产品结构相似性的要求，在预处理之前或之后根据品牌、尺寸等对退役乘用车进行分类，达到一定数量后再上线拆解，以提高拆解效率。大多数拆解线拆解方式的研究工作重点放在退役产品的完全拆解上，以获得利润的最大化。由于报废汽车组成零部件众多，既不可能也没必要设计足够长的拆解线来进行完全拆解。对于退役乘用车拆解线方式，应更多地关注拆除必要的零部件和分总成，且对于分总成应专门规划精拆区域，使用定点或流水线的方式进行拆解。

图 3-38 所示为报废车辆在其寿命终止时的处理流程。不论采用哪种回收方式，一般都按照结构或材料进行分类。图 3-38 中并没有特别显示危险废物物质流，因为它们也是一种可以在拆除后再循环的原料。例如，电池、安全气囊会在注册登记时拆除，制冷剂、各种废油液会在预处理阶段去除，其余的含有害物质的零部件在特定工位拆解。在拆解线上进行精细拆解之后，残余的壳体将送入粉碎机进行破碎分选。

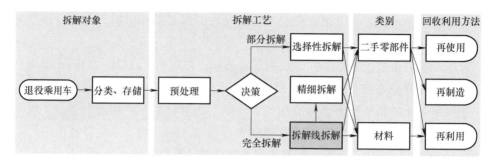

图 3-38   报废汽车回收流程

汽车产品的结构比较复杂，考虑不确定性条件时，报废汽车拆解线的平衡问题就成了比装配线平衡问题更复杂的一类 NP 难题。报废汽车拆解生产线采用节拍式工艺可以提高生产率与产能。所谓节拍式工艺，是指根据拆解线的节拍编制的拆解工艺，其特点是拆解工序受拆解节拍和拆解工位的限制。

为系统地理解拆解线，有必要分析拆解线和装配线之间的区别以及工艺中存在的不确定性。具体来说，装配线将不同的零部件，从单件到部件再到总成，组合成一个功能完整的产品，而拆解线则将一个产品从整体分解为零部件。装配线中几乎不存在不确定性，而拆解线中存在诸多不确定性，表现如下：

（1）批量的不确定性　装配线目标是实现同一产品的大批量组装，但拆解线却因拆解对象的不确定性很难进行批量拆解。此外，装配线的生产计划相对固定，但在使用寿命、报废政策等影响因素作用下，退役乘用车的回收数量却是不确定的。

（2）工艺的不确定性　装配线各工位的装配工艺一般是固定的，但拆解线各工位的拆解工艺可能受被拆车辆的类型、状况、变形、腐蚀、换代升级和降级减配等影响而有所不同。

（3）燃油和废油液量的不确定性　退役乘用车残余燃油和润滑油等废油液量在报废登记时存在不确定性，甚至由于零部件损坏或储存不当造成泄漏，这些不确定性会影响预处理工位的处理时间。

针对上述不确定性问题，对策如下：

1）各工位配备必要的锈蚀清洗剂和破拆工具，由工人在节拍允许的时间内采用破坏性拆解方式进行拆解。

2）如果发生拆解失败且影响后续工位拆解的情况，应及时将被拆车辆调离拆解线，保证后续被拆车辆的有序拆解节拍。

3）针对用户的改装情况，拆解前应对其改装零部件的拆解时间进行适当估计，如果不满足工位的节拍时间要求，则应将该零部件在线下进行拆除后再上线拆解。

4）经试验，残余燃油和废油液的排空时间确定为20min，在拆解前的预处理工位上进行处理。

根据上述分析，后文的内容基于以下假设：

1）拆解线仅限于处理具有类似结构和尺寸的退役乘用车。

2）废油液等污染物和含危险物质的零部件在预处理阶段被清除。

3）拆解过程中没有零件或部件的腐蚀和变形。

3.5.2 退役乘用车拆解工艺试验

3.5.2.1 拆解工艺试验概况

拆解车型选择市面上的常见车型（10辆），涵盖轿车（大众桑塔纳2000、桑塔纳 Vista、奇瑞 QQ308、奇瑞 QQ311）、SUV（长丰猎豹、通用雪佛兰开拓者）、MPV（通用别克 GL8、东南富利卡）和微型客车（丰田海狮、长安之星）车型，整车质量为 1.2~2.7t，采用保护性拆解方式对车辆进行拆解。拆解试验过程中详细记录了相关数据，数据记录表如图 3-39 所示，为工艺规划提供了重要的数据支撑。

小型报废乘用车拆解试验工艺数据记录表

车型：<u>越野</u> 品牌型号：<u>东南汽车</u> 车身颜色：<u>银色</u> 出厂年份：2000.5 接收/收购日期：<u>2015.7</u>
质量：<u>1.5t</u>　　　　　发动机号：<u>三菱4G63S4N</u> 车辆识别代号（或车架号）：<u>LDNP38RH3Y004622</u>
车况描述：起动机前置后驱。整车外观尚好，但内部锈蚀严重，一侧车门变形且玻璃已碎，一侧车门锁死，发动机舱盖已开，蓄电池已被拆走；中排座椅损坏；行李舱锁已打开。
总拆解时间：395.4min（不含发动机和变速器拆解）

工序	工步	连接/去除方式	拆解工具	零部件数量	时间/min	质量/kg	备注
0	1）打开发动机舱盖	—	—	—	—	—	已确认
	2）打开行李舱盖	—	—	—	—	—	已确认
	3）打开各车门	机械去除	撬杠、锤子、螺钉旋具、角磨机等	1	55.0	—	副驾车门锁死
1 环保预处理	预备：检查车况						
	1.1拆除蓄电池	×	×	×	×	×	已被拆
	1.4引爆安全气囊	×	×	×	×	×	无
	1.5排空废油液	—	—	—	30.0	15.8	同时放油可缩短时长
	1.5.1排空制动油	放油螺栓	套筒	1	30.0	0.2	慢，滴状
	1.5.2排空燃油	放油螺栓	套筒	1	16.5	10.4	铁制油箱
	1.5.3排空冷却液	水箱出水口	剪刀、气枪	1	5.0	2.5	上面气枪吹
	1.5.4排空变速器	×	×	×	×	×	已放过
	1.5.5排空发动机	放油螺栓	套筒	1	2.5	2.7	
				—	—	—	已排空

图 3-39　10辆退役乘用车拆解试验数据记录表

▶ 3.5.2.2 拆解工艺试验结果与讨论

通过拆解试验，获取到 10 辆退役乘用车的平均拆解时间为 124.86min（未计入环保预处理时间）。由此可以计算出拆解线的理论最小工位数：

$$m^* = \left\lceil \frac{\sum_{i=1}^{n} t_i}{C} \right\rceil = \left\lceil \frac{124.86}{7} \right\rceil = 18 \tag{3-68}$$

式中　$\lceil \ \rceil$——向上取整运算符，即不小于括号内数值的最小整数；

C——节拍时间，本拆解系统为 7min；

$\sum_{i=1}^{n} t_i$——n 台退役乘用车的平均拆解时间。

设计时考虑到拆解内容的不确定性增加了一个冗余工位，使工位数增加到 19。将拆解内容按工位进行整合，对于拆解时间近似的工位内容，采用对总时间进行平均的方法获取工位的拆解时间值。具体工位内容排布结果见表 3-33。拆解作业时间使用三角模糊数来表示，即 $(t_{min}, \bar{t}, t_{max})$ 的形式，如式（3-69）所示。

$$\begin{cases} t_{min} = \min\{t_i\}, i = 1,2,\cdots,10 \\ \bar{t} = \frac{1}{10} \sum_{i=1}^{10} \{t_i\} \\ t_{max} = \max\{t_i\}, i = 1,2,\cdots,10 \end{cases} \tag{3-69}$$

式中　t——一辆退役乘用车一组拆解内容的累计拆解时间；

t_{min}——10 辆退役乘用车该组累计拆解时间中的最短时间；

t_{max}——10 辆退役乘用车该组累计拆解时间中的最长时间；

$\bar{t}$——10 辆退役乘用车该组拆解内容的平均拆解时间。

表 3-33　各拆解工位拆解内容与作业时间规划

序　号	拆　解　内　容	作业时间[①]/min
1	拆除前后灯总成、外反光镜、前后车门（D11）	(5.20, 6.33, 7.40)
2	拆除刮水器、发动机罩、行李舱盖（D12）	(4.60, 6.33, 6.80)
3	拆除音箱、空调面板、点烟器、仪表支架（D21）	(5.20, 5.83, 7.10)
4	拆除前后保险杠、散热器、冷凝器、冷媒罐、干燥瓶（D22）	(4.30, 6.17, 6.50)
5	拆除轮胎及座椅（D23）	(5.00, 6.17, 8.50)
6	拆除翼子板、挡泥板、方向盘、立柱（D24）	(6.20, 6.67, 9.30)
7	拆除仪表、仪表板、控制线束和电脑板（D25）	(5.10, 6.17, 7.80)

序　号	拆　解　内　容	作业时间①/min
8	拆除空调系统、发动机连接管路（D26）	(6.20, 7.00, 7.40)
9	拆除档位总成、发动机连接管路（D27）	(4.80, 6.33, 7.20)
10	拆除驻车制动总成（D28）	(5.10, 6.33, 7.20)
11	拆除排气管、方向机（K21）	(6.40, 7.17, 8.30)
12	分离发动机、变速器总成（K22）	(6.40, 7.17, 8.30)
13	拆除前悬架、前桥（K23）	(6.40, 7.17, 8.30)
14	拆除后悬架、后桥（K24）	(5.10, 6.67, 9.20)
15	拆除前后风窗玻璃（D31）	(6.30, 6.67, 8.80)
16	拆除车身内饰（D32）	(5.00, 6.67, 7.40)
17	拆除安全带总成、发动机舱残余零件（D33）	(5.00, 6.67, 7.40)
18	拆除地板、车身残余零件（D34）	(5.00, 6.67, 7.40)
19	拆除整车残余线束、清理杂物（D35）	(5.00, 6.67, 7.40)

① 作业时间按 10 辆车的拆解统计数据以三角分布形式表示，含义为（最小值，平均值，最大值）。

为表述清楚，表 3-34 列出了 10 辆退役乘用车第一组拆解内容的累计拆解时间，可计算出该组拆解内容拆解时间的三角模糊数为（5.20，6.33，7.40）。

表 3-34　10 辆退役乘用车第一组拆解内容累计拆解时间　　　　（单位：min）

车辆序号	1	2	3	4	5	6	7	8	9	10
拆解时间	7.4	6.4	6.8	7.1	6.6	5.2	5.7	6.4	5.2	6.5

3.5.3　退役乘用车的节拍式拆解工艺规划

退役乘用车组成零部件总体上可以分为发动机舱零部件、内外饰件、底盘零部件和动力零部件，因此，采用分段拆解子线进行拆解作业。其中，地面线用于内外饰件的拆解，空中线用于底盘零部件和动力零部件的拆解。环保预处理作为所有工序的先行工段，最先进行处理作业。

为提高退役乘用车回收利用的再使用率和再利用率，拆解线的规划采用完全拆解工艺，即所有组成零件或部件均在拆解线上完成拆解，总体遵从"部件优先"的原则。拆解线上各工位规划为配备破拆工具，因此可以灵活选用保护性或破坏性的拆解方式，具体按照拆解工艺规划内容执行。退役乘用车拆解线依托于标准厂房进行规划，考虑到退役乘用车体积庞大的特点，单一出入口不利于物流配送，因此规划了一个进口、一个出口，两者分别布置在矩形厂房的对角位置。为保证产能和效率，退役乘用车拆解线规划采用节拍式拆解工艺。因此，节拍和工位数的设置是研究的重点。

▶▶ 1. 退役乘用车的节拍式环保预处理工艺规划

根据 GB 22128—2019《报废机动车回收拆解企业技术规范》的要求，规划预处理平台，目的是收集各种制冷剂、汽/柴油、发动机油、变速器油等废油液，并将每种类型的废油液储存在指定的容器中，便于后续的回收利用。汽车登记报废时，为安全起见应拆除电池和安全气囊，但含有重金属和其他禁用物质的零部件，如电控部件、含汞开关、三效催化器等，应在退役乘用车拆解线工位中拆除。

▶▶ 2. 退役乘用车的节拍式内外饰件拆解工艺规划

在退役乘用车拆解线布局的基础上，结合拆解试验中获得的经验和数据，考虑拆解线的上下线工位及预处理工序等，对退役乘用车节拍式拆解线的工艺进行规划，见表3-35。

表 3-35　退役乘用车高效深度拆解线拆解工艺规划

项　　目	工　　序	工　　装	内　　容　　○ ⇒ ▽/D □①	加权平均时间/min	备　　注
环保预处理	1) 环保预处理 (Y11 ~ Y14)	预处理平台		20.00	4 个预处理平台同时工作
运输	2) 搬运	叉车		1.00	
外饰拆卸	3) 地面线Ⅰ段上线	地面线Ⅰ		6.00	不安排或安排少量拆解内容
	4) 板链输送线搬运			1.00	
	5) 拆除轮胎、发动机盖、行李舱盖 (D11)			6.33	
	6) 板链输送线搬运			1.00	
	7) 拆除刮水器、外反光镜、前后车门 (D12)			6.33	
	8) 板链输送线搬运			1.00	
	9) 地面线Ⅰ段下线			6.00	不安排或安排少量拆解内容
运输	10) 搬运	转载平台		1.00	

项　目	工　序	工　装	内　容　○ ⇒ ▽/D □①	加权平均时间/min	备　注
过渡缓冲	11）空中过渡工位（K11）	转载平台		6.00	缓冲和转向工位，不安排拆解内容
运输	12）搬运	转载平台		1.00	
	13）地面线Ⅱ段上线			6.00	不安排或安排少量拆解内容
	14）板链输送线搬运			1.00	
	15）拆除前后保险杠和前后灯总成及座椅（D21）			5.83	
	16）板链输送线搬运			1.00	
	17）拆除翼子板、挡泥板（D22）			6.17	
	18）板链输送线搬运			1.00	
	19）拆除方向盘、立柱（D23）			6.17	
	20）板链输送线搬运			1.00	
外饰内饰拆卸	21）拆除音箱、空调面板、点烟器、仪表支架、散热器、冷凝器、冷媒罐、干燥瓶（D24）	转载平台		6.67	
	22）板链输送线搬运			1.00	
	23）拆除仪表、仪表板、控制线束和电脑版（D25）			6.17	
	24）板链输送线搬运			1.00	
	25）拆除空调系统、发动机连接管路（D26）			7	
	26）板链输送线搬运			1.00	
	27）拆除档位总成、发动机连接管路（D27）			6.33	
	28）板链输送线搬运			1.00	
	29）驻车制动总成（D28）			6.33	
	30）板链输送线搬运			1.00	
	31）地面线Ⅱ段下线			6.00	不安排或安排少量拆解内容
运输	32）搬运	转载平台		1.00	

（续）

项　目	工　序	工　装	内　容 ○ ⇒ ▽/D □①	加权平均 时间/min	备　注
底盘 动力 部件 拆卸	33）空中线Ⅱ段上线	转载平台		6.00	
	34）空中转载小车 搬运			1.00	
	35）拆除排气管、方 向机（K21）			7.17	
	36）空中转载小车 搬运			1.00	
	37）拆除前悬架、前 桥（K22）			7.17	
	38）空中转载小车 搬运			1.00	
	39）拆除后悬架、后 桥（K23）			7.17	
	40）空中转载小车 搬运			1.00	
	41）分离发动机、变 速器总成（K24）			6.67	
运输	42）搬运	转载平台		1.00	
外饰 内饰 拆卸	43）地面线Ⅲ段上线	转载平台		6.67	不安排或安 排少量拆解内容
	44）板链输送线搬运			1.00	
	45）拆除前后风窗玻 璃（D31）			6.67	
	46）板链输送线搬运			1.00	
	47）拆除车身内饰 （D32）			6.67	
	48）板链输送线搬运			1.00	
	49）拆除安全带总成、 发动机舱残余零件（D33）			6.67	
	50）板链输送线搬运			1.00	
	51）拆除地板、车身 残余零件（D34）			6.67	
	52）板链输送线搬运			1.00	
	53）拆除整车残余线 束、清理杂物（D35）			6.67	
	54）板链输送线搬运			1.00	
	55）地面线Ⅲ段下线			6.00	不安排或安 排少量拆解内容

① ○代表"加工过程"，⇒代表"转运过程"，▽代表"存放"，D代表"滞留"，□代表"检查"。

总的拆解原则是"先外后内""先门盖，后内饰"，所有内外饰件均在地面线上完成。具体分解如下：

1）地面线 I 段上完成轮胎、发动机盖、行李舱盖、刮水器、外反光镜和前后车门的拆解。

2）地面线 II 段上完成前后保险杠、前后灯总成、座椅、翼子板、挡泥板、方向盘、立柱、中控零部件、仪表板和驻车制动总成等的拆解。

3）地面线 III 段上完成线束和其他回收利用材料的拆解。

3. 退役乘用车的节拍式底盘和动力部件拆解工艺规划

退役乘用车的节拍式底盘和动力零部件拆解工艺规划见表 3-35。由于底盘和动力零部件在车辆的底部，且发动机和变速器的质量较大，在空中线 II 段中通过将退役乘用车吊离地面 1.8m 的高度进行拆解作业，且起吊高度随时可调。空中线 II 段主要完成排气管、方向机、前后桥、发动机和变速器等的拆解操作。

3.5.4　退役乘用车柔性高效拆解线的布局规划设计

3.5.4.1　拆解线规划设计原则

规划一条具有柔性、高效特点的退役乘用车拆解线，达到以下目标：

1）产能不小于 10 万辆/年。

2）兼容多种车型。

3）包含多段子线，子线间使用自动转载平台进行传输。

以规划目标为基础，规划设计过程中贯彻以下原则：

1）有效使用厂房空间。

2）兼顾易用性、安全性和舒适性。

3）考虑拆解车辆放置与操作的柔性。

4）拆解线分段设计。

5）拆解线使用节拍式工艺。

6）拆解线工位数最少。

7）拆解线设计为环线，即设计有返回线。

8）设计有维修支线。

3.5.4.2　拆解线总体规划

由于退役乘用车物料体积较大，进、出口应考虑分开布置，因此，厂房的两个门分别规划为拆解线物料的进口和出口。拆解线的总体规划如图 3-40 所示，线体形状为 L 形，线长达 180m。

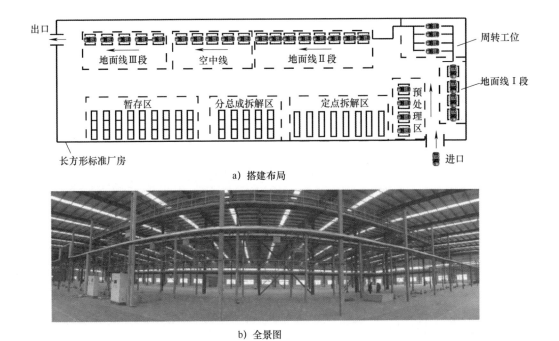

a) 搭建布局

b) 全景图

图 3-40　拆解线的总体规划

如果将预处理工位和周转工位均考虑为拆解线的子线，则拆解线可分为六段子线，如图 3-41 所示。预处理工位和地面线 I 段间通过叉车进行物料周转，其余各子线间通过转载平台进行物料周转。各子线的拆解内容规划如下：

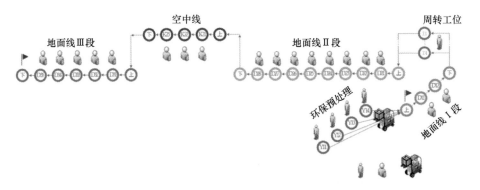

图 3-41　退役乘用车高效深度拆解流水线三维空间线路图

1）环保预处理工位，由 4 个子工位组成，用于排空废油液和制冷剂等。

2）地面线 I 段，用于拆除轮胎和"四门两盖"。

3）周转工位，由 4 个过渡工位组成，用于地面线 I、II 段不同步时退役乘用车的临时缓冲。

4）地面线Ⅱ段，用于拆卸发动机相连管路、接头及内外饰件等。

5）空中线，用于拆除油箱、排气管、前后桥及移除发动机和变速器等。

6）地面线Ⅲ段，用于拆卸车体线束及其他回收利用材料。

在拆解线周边布置有分总成拆解区、定点拆解区和暂存区。分总成拆解区用于拆解线工位分总成的精细化拆解；定点拆解区用于离线车辆零部件的定点拆解；暂存区用于合格零部件的临时周转。

3.5.4.3 预处理工位的布局规划

1. 预处理工位规划目标

设置退役乘用车环保预处理工位的目的是去除退役乘用车中会对环境造成影响的制冷剂和废油液，如燃油、发动机油、防冻液、洗窗液、变速器油、制动液、助力泵油和空调制冷剂等。对退役乘用车进行环保预处理规划时设定以下目标：

1）收集的污染物须分类存储。

2）处理时不得污染土壤和地下水源。

2. 预处理工位规划内容

在满足预处理工位规划目标的基础上，应兼顾生产率。对预处理工位进行规划时应遵循以下原则：

1）制冷剂收集时须使用专用设备，并分类存储。

2）废燃油收集时须使用专用设备。

3）做好地面防渗漏处理。

4）做好污水收集工作。

下面介绍预处理工位的详细工艺和布局规划。

乘用车中使用的制冷剂有两种：R12和R134a。这两种制冷剂具有不同的成分和性质，须使用氟利昂抽取机分类收集存储。

退役乘用车残余燃油具有较大的回收利用价值，然而，若处理不当，极易造成环境污染，甚至可能引发事故，须使用防爆设计的退役乘用车油箱钻孔装置进行抽取。退役乘用车油箱钻孔装置的钻头与油箱塑料间不会产生火花，以保证操作的安全性。

在以上专用设备的基础上，采用一体化预处理平台（图3-42），降低了工人的操作强度，提升了环保预处理的工作效率。

对10种不同类型乘用车进行预处理试验，结果表明，预处理的最大时长为

20min。退役乘用车进入拆解线的时机依赖于节拍时间和预处理操作的完成时间。然而废油液的量是不确定的，因此，退役乘用车进入拆解线的时间点也存在不确定性。解决的方法是放置多个并行预处理站。考虑到7min的节拍时间，研究中规划了四个平行的预处理工位，由两名工人负责。

a）侧面图　　　　　　　　　　　　b）正面图

图3-42　一体化预处理平台

整个抽油液区域禁烟防火，地面防渗漏、可清洗，周边布置有油污排水沟并通至废液收集池和油水分离器。通过预处理收集到的废油液存储区位于车间外部，以进一步保证预处理场地的安全性。

3.5.4.4　地面拆解线的布局规划

地面拆解线规划为进行发动机舱零部件和内外饰件的拆解作业。地面拆解线采用板链的结构型式，因此适用于退役乘用车的运输作业。地面拆解线基于PLC进行控制，从而能有效地控制工位的节拍，为节拍式拆解工艺做好了硬件上的准备。

1. 地面拆解线规划目标

地面拆解线用于拆卸退役乘用车周边及内部的可再利用零部件和可再回收利用材料。对退役乘用车地面拆解线进行规划时设定以下目标：

1）保护性拆解指定的零部件。

2）破坏性拆解回收利用材料。

3）零部件或材料在场地分类清晰。

2. 地面拆解线规划内容

在满足地面拆解线规划目标的基础上，应兼顾生产率，对地面拆解线进行规划时应遵循以下原则：

1）整合"破坏性拆解"和"保护性拆解"两项原则，建立动态看板系统。

2）进行回收利用材料的分类质量检查。

3）建立有效的预警机制。

地面拆解线布局遵循总体规划方案，划分为三段子线，如图3-41所示。整个地面线拆解贯彻"破坏性拆解"和"保护性拆解"两大原则，根据拆解工艺要求，在各工位依次破坏性拆卸回收利用材料。对于可再利用零部件，建立动态看板系统，即在前续两三个工位放置看板，以显著标识或图像提醒拆解人员不得损伤指定的再利用零部件，并在指定工位对再利用零部件进行保护性拆解。

动态看板系统可以实现指定零部件的保护性拆解，对于拆解工位任务失败的情况必须做出预警，以使后续工位人员在拆解时心中有数，在无法实现指定零部件的保护性拆解时，及时将拆解车辆调离拆解线进一步处理。

地面线采用板链传输方式（图3-43a），基于PLC进行控制。板链宽2m，兼容表3-36中统计的乘用车宽度尺寸，验证了板链传输方式的可行性。

a）地面板链传输线

b）污水处理

c）空中轨道

d）举升车辆

图3-43　拆解线图片

回收利用材料的拆卸和收集是退役乘用车拆解线的主要功能之一，为实现材料的有效分类，应做好拆解人员对常见零部件材料和材料标识的认知培训。此外，应安排专门的质量检查人员，对拆解材料分类情况进行检查和评定，以提高材料分类的质量，提升材料的利用效率。

▶ 3.5.4.5 空中拆解线的布局规划

空中拆解线通过柔性转载平台进行线体间的过渡传输。柔性转载平台可以按照设定的轨道进行运动，从而解决线体的转向和多子线体间的转载问题。空中拆解线进行作业时，退役乘用车直接夹持在柔性转载平台上，转载平台的刚度保证了拆解作业时作业平台的安全性与稳定性。柔性转载平台可以电动升降，以调整拆解作业高度，适应不同身高人群的拆解作业需求。柔性转载平台在大量车型参数统计的基础上进行设计，因而适用于多种车型的运输和拆解作业，体现了转载柔性。

▶ 1. 空中拆解线规划目标

空中拆解线用于拆卸退役乘用车底盘零部件或材料。对退役乘用车空中拆解线进行规划时设定以下目标：

1）保护性拆解指定的底盘零部件。

2）破坏性拆解回收利用材料。

3）零部件或材料在场地分类清晰。

4）加强安全生产管理。

▶ 2. 空中拆解线规划内容

在满足空中拆解线规划目标的基础上，应兼顾生产率，对空中拆解线进行规划时应遵循以下原则：

1）整合"破坏性拆解"和"保护性拆解"两项原则，建立动态看板系统。

2）进行回收利用材料的分类质量检查。

3）安全防护第一，检修第二。

由于退役乘用车底盘零部件拆解时需要特定的方位，因此，通过转载平台举升车辆的方法来提供充足的操作空间，人在车辆下方进行拆解作业。尽管转载平台在设计上充分考虑了安全因素，但仍要培训员工安全生产的意识，及时做好设备的检修和安全防护工作。

同地面拆解线一样，空中拆解线也遵循"破坏性拆解"和"保护性拆解"两大原则，对指定保护性拆解零部件通过动态看板系统进行监督管理，而对回收利用材料加强分类质量检查，保证零部件或材料在场地堆放时分类清晰。

▶ 3.5.5 退役乘用车柔性高效拆解线的柔性转载输送系统设计

根据规划的 L 形分段拆解线布局，退役乘用车拆解时由一段线体过渡到另一段线体，拆解子线的方向转变 90°。这种情况下，采用转载平台举升拆解车辆，并借助空中轨道进行转向是一种可行的柔性转载输送方案。

3.5.5.1 退役乘用车柔性高效拆解线的柔性转载车型的界定

乘用车是指在其设计和技术特性上主要用于运载乘客及其随身行李和临时物品的汽车，一般包含驾驶人座位在内的总座位数最多不超过 9 个。按照 GB/T 3730.1—2001，乘用车可以分为 11 类。这里主要考虑小型乘用车、普通乘用车、多用途乘用车和越野乘用车 4 种类别，定义如下：

1）小型乘用车，具有封闭式车身，后部空间较小，车顶或顶盖为固定式的硬顶（一些车型的部分顶盖可开启），座位排数 ≥1，座位数 ≥2，侧窗数 ≥2，有 2 个侧门，也可有 1 个后门。

2）普通乘用车，具有封闭式车身，车顶或顶盖为固定式的硬顶（一些车型的部分顶盖可开启），座位排数 ≥2，座位数 ≥4，后排座椅可折叠或移动从而形成装载空间，有 2~4 个侧门、1 个后门。

3）多用途乘用车（multi-purpose vehicle，MPV），兼具普通乘用车、旅行车和商务车的功能，如途安、GL8 等，座位数为 7~9 座。

4）越野乘用车（sport utility vehicle，SUV），是运动型多功能车的代称。在设计上所有车轮同时驱动（包括一个驱动轴可以脱开的车辆），车辆的几何、技术特性允许其在非道路上行驶。越野乘用车可以分为两种：一种是以普通乘用车平台为基础、兼具普通乘用车的舒适性和越野车通过性的车型，如瑞虎 3、途观等；另一种是纯粹的越野车、跨界车和混型车，如牧马人、宝马 X6 等。越野乘用车的座位数为 5~7 座。

在上述 4 种车型范围内，对国内 1000 多种乘用车车型尺寸数据，按照座位数进行分类统计，得到各乘用车的尺寸特征参数（包括车身宽度、轴距、轮胎直径和底盘高度）（表 3-36），从而为转载平台建立提供设计依据。

表 3-36　乘用车的尺寸特征参数　　　　（单位：mm）

座 位 数	车身宽度	轴　　距	轮胎直径	底盘高度
2~5	1500~1750	2100~2500	480~550	150~200
5~7	1700~2050	2300~2900	510~680	180~320
7~9	1800~2100	2700~3200	610~740	200~360

3.5.5.2 退役乘用车柔性高效拆解线的柔性转载平台

退役乘用车柔性高效拆解线转载平台主要用于拆解线多段子线不同方向间

的转载过渡，同时可以适应于转载车型界定的多种尺寸，从而实现柔性转载的目的。

▶▶ 1. 柔性转载平台整体方案设计

根据图 3-40 所示的布局规划，柔性转载平台的功能设计为：当地面线与周转工位或空中线间需要转运拆解车辆时，由转载平台抓取车辆并提升至一定的高度，然后吊运至周转工位或下一段线体的初始工位，吊运过程中轨迹方向可能会改变。

根据功能需求，转载平台采用以下设计方案：

1）转载平台基于表 3-36 所列数据进行设计，兼容小型乘用车、普通乘用车、多用途乘用车和越野乘用车 4 种车型。转载平台使用一组可开合吊臂，方便拆解车辆上下线。吊臂与车身配合处使用带凹槽摩擦块，可增大摩擦力，增强安全性。设定吊臂下端固定块距离地面的高度 ≥150mm；同侧吊臂两个固定块之间距离 ≤1600mm；吊臂闭合时，吊具与吊臂之间的最小距离 ≤1500mm；吊臂处于最大张开位置时，吊具与吊臂之间的最大距离 ≥2100mm。

2）转载平台的升降基于剪式机构进行设计，以 2 个电动葫芦作为动力源，具有自锁性强、横向稳定性高的特点。因此，转载平台具有较高的安全性。

3）转载平台的动作过程采用 PLC 控制，控制系统包含电动机驱动模块、限位控制模块、信息交互模块、运动传感器模块和位置传感器模块等。

▶▶ 2. 柔性转载平台在空中线上的布局

结合底盘整体拆解工艺和各工位的工序安排，底盘拆解空中线如图 3-44 所示，由拆解线、返回线和维修线组成。转载平台在上述各线上的工作状态如图 3-45 所示。由于现阶段大部分工艺仍需要工人参与手工拆解，机器只起到辅助定位和运输作用，因此，空中线必须将车身吊起，使其符合工人站立操作的人体工学要求。汽车底盘的高度应在 1700 ~ 1800mm 之间。

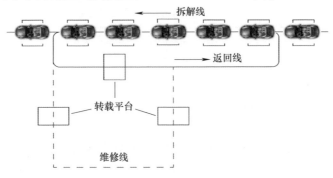

图 3-44　拆解空中线的平面布置

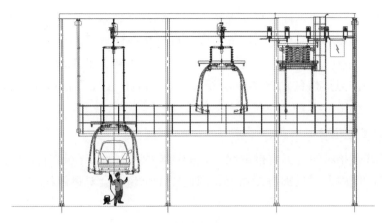

图 3-45　底盘拆解线立面图

▶ 3. 柔性转载平台的控制程序设计原则

该拆解线体积庞大，占地面积大，涉及众多机械和自动化装置，为调试方便，加入各段子线的独立控制功能。调试时，每段子线单独运转，不影响其他子线。正常拆解时，可设置子线间的同步节拍来满足拆解线的总体运行节拍。

不同拆解子线通过转载平台衔接。转载平台的柔性除了体现在对不同车型的兼容外，还体现为在转运车辆时根据轨道动态改变转运的方向。转载平台具有人工控制和自动控制两种功能。

1）人工控制时，由操作工人决定转载时机，操作转载平台夹持车辆、提升车辆及柔性转运车辆。

2）自动控制时，转载平台自动识别转载工位上的车辆，并根据下一工位或周转工位上的车辆信号判断转载时机，然后自动夹持车辆、提升车辆及柔性转运车辆。

对于工位超时的不确定情况，为防止前后两个转载平台间发生碰撞进而损害线体，在转载平台控制程序中设定当前后两个转载平台的间隔距离小于允许值时，后一个转载平台就会停止并发出警报，且随着前一个转载平台继续向前移动警报自动解除，此时，后一个转载平台接着自动向前移动。

3.6　退役乘用车柔性高效拆解线的平衡与优化

▶ 3.6.1　退役乘用车柔性高效拆解线的不确定性因素与应对策略

▶ 3.6.1.1　拆解顺序 Pareto 最优下的拆解线平衡问题

由于决策者、工厂资源情况和市场行情等的不同，拆解深度和拆解顺序规划时存在不确定性。不同的拆解深度和拆解顺序会造成不同的成本、收益和环境影响，但存在 Pareto 最优的拆解深度和拆解顺序使单位环境影响下的盈利最大。因此，在进行退役乘用车拆解线规划时，结构相似的车型采用 Pareto 最优的拆解顺序，但拆解线的产能仍会受到工位超时、工位空闲等不平衡问题的影响。

1. 工位超时

拆解线节拍时间是影响拆解线产能的因素之一，而工位超时是指零部件在工位节拍时间内未完成拆解的情况，因此，工位超时会对拆解线的产能产生较大影响。

2. 工位空闲时间

影响拆解线产能的另一因素是拆解线的平衡。工位和设备利用率越高，相应的空闲时间就越少，工位就越平衡。因此，提高工位和设备利用率的关键就是减少工位空闲时间。在工位的平衡分析中，除减少瓶颈工位的操作时间外，重新分配工位内容和减少工位间操作时间的差异也是重要的技术手段。

3.6.1.2 退役乘用车柔性高效拆解线不平衡问题的应对策略

工位超时和工位空闲问题的应对策略可总结为以下四个方面：

1）在退役乘用车上线前，技术评估人员应根据退役乘用车注销时的登记资料和现场检查情况，对零部件可能的拆解情况做出预判。

2）加强工人的技能培训，逐渐提高其操作的熟练程度。技术工人的培训必须包括以下内容：对于必须进行保护性拆解的零部件，在初步尝试无法正常拆解的情况下应及时上报，或者将退役乘用车调离拆解线进行特殊处理，或者及时采用破坏性拆解手段进行拆除。

3）通过监测瓶颈工位，采用更加先进有效的机械工具来提高效率，如采用破坏性拆解工具来解除零部件的连接。

4）加强拆解线设备的监测和维护，减少拆解线的中断时间，从而保证工位操作时间小于规定的节拍时间。

此外，退役乘用车拆解线中的工位超时和工位空闲问题还需要综合拆解工艺规划、定点拆解和分总成的精细化拆解三种方案来解决。

1. 拆解工艺规划

针对需要保护性拆解的零部件，如果通过预估确定采用破坏性拆解方法拆卸相邻零部件仍不能满足工位节拍要求时，有必要将工位拆解内容延伸至相邻工位（图 3-46），而将前后其他工位的拆解内容进行压缩和破坏性拆解，从而有效保证保护性拆解零部件的品质和拆解线的平衡。

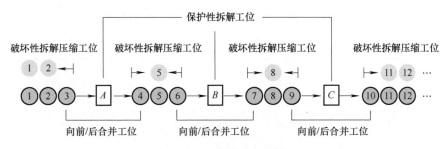

图 3-46　拆解线完全拆解作业

▷▷ 2. 定点拆解

对于车辆的加装零部件，需要在定点拆解区进行拆解。此外，定点拆解区也用于因拆解任务失败造成的拆解线调离车辆的处理。

▷▷ 3. 分总成拆解

分总成的精细化拆解在分总成拆解区中进行。分总成的精细化拆解主要针对附加值较大的再制造零部件，如发动机和变速器。

▷ 3.6.2　退役乘用车柔性高效拆解线一体化预处理工位的平衡与优化

环保预处理是退役乘用车回收利用中一个重要的环节，其重点是蓄电池的拆卸、安全气囊的引爆和废油液的排空处理，其中，废油液的残留量及其排空时长具有不确定性。另外，不同种类废油液分类回收的法规要求使环保预处理周期的确定变得复杂。对退役乘用车环保预处理工位开展工序优化与平衡调度问题的研究，有助于企业快速确定生产排程，优化工艺路径。

▷ 3.6.2.1　环保预处理基本工序

退役乘用车的环保预处理包括将车内的液体废弃物、固体易燃易爆物及蓄电池等移除的处理过程。液体废弃物主要包括燃油、发动机油、防冻液、风窗清洗液、变速器油、制动液、助力泵油和空调制冷剂等。固体易燃物主要以安全气囊及橡胶饰条等饰件为主。

报废汽车的环保预处理一般使用专用工具，如：齿轮油泵，用于车况较好情况下冷却液、变速器油等的排空；燃油快速排放专用设备，用于塑料油箱中燃油的排放；安全气囊多联引爆装置，用于车辆中多个气囊的同时引爆，避免了拆解过程中气囊因静电和碰撞等因素所带来的潜在危险。

通过对 10 辆退役乘用车的环保预处理试验，得到各环保预处理内容的平均处理时间，见表 3-37。工序安排的原则是：蓄电池作为优先拆除的对象，安全气囊在废油液处理前完成引爆，尽可能先处理油性废液再处理水性废液。

表 3-37　环保预处理工序

代　号	工　序	处理时间/min				前 一 工 序
		最小值	最大值	平均值	标准差	
a	拆除蓄电池	1.00	0.60	0.80	0.12	无
b	引爆安全气囊	1.20	0.80	1.07	0.14	a
c	排空燃油	9.00	4.60	7.08	1.50	b
d	排空机油	6.20	3.20	4.70	1.03	b
e	排空变速器油	2.50	1.80	2.11	0.26	b
f	排空制动液	8.60	6.00	7.23	0.77	b
g	排空助力泵油	2.20	1.20	1.64	0.33	b
h	排空风窗清洗液	1.80	1.00	1.53	0.25	c, d, e, f, g
i	排空冷却液	4.80	3.40	4.16	0.46	c, d, e, f, g

拆解线的设计节拍为 7min/辆（其中输送时间为 1min），因环保预处理工作时间超过了节拍时间，故考虑设置多个预处理平台，使单个预处理平台的工作节拍变为 6min/辆的倍数（不计入输送时间），但总体工位节拍仍保持 6min/辆。

3.6.2.2　环保预处理工序间的逻辑关系

根据表 3-37 中各预处理工序间的前后关系可绘制出相应的逻辑关系，如图 3-47 所示。其中，虚线表示虚工序；整数数字代表从始点 0 至终点 11 的各个状态。

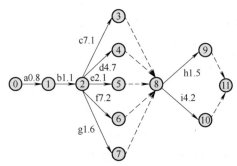

图 3-47　环保预处理工序间的逻辑关系

3.6.2.3　环保预处理工序间逻辑关系的优化

环保预处理工序间的逻辑关系根据 ECRSI 调优法进行优化。ECRSI 是五个英文单词的首字母：Elimination（消除不必要的操作任务）、Combination（合并工作单元或操作内容）、Rearrangement（重新排列工作单元的内容和任务）、Simplification（简化工作单元的操作方法）、Increase（增加必要的工作单元内容）。

因工序间的排列有多种方式，可转化为如下优化模型，通过编制计算机程序来求解：将给定的 9 个数（前 2 个数顺序已定）排成 N 种组合（不限定组合中数的个数），每个数只能使用一次，使每一种组合中的各数之和都不大于 12，且前 $N-1$ 种组合的值分别定为 12，第 N 种组合的值以该组合中的各数之和表示，最终使所有 N 种组合的值之和最小。

由解的结果可以确定，所耗总工作时间最少的路径为 0.8 1.1 7.1 2.1 ‖ 4.7 7.2 ‖ 1.6 1.5 4.2，最少工作时间为（12 + 12 + 7.3）min = 31.3min，逻辑关系如图 3-48 所示。

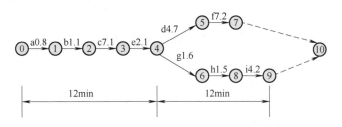

图 3-48　优化后的环保预处理工序间的逻辑关系

将最早和最晚发生时刻表示在逻辑图中即可得到统筹图，如图 3-49 所示。其中，粗实线表示关键路径；状态顶点上方方框内的数字分别代表最早开工时刻和最晚开工时刻。

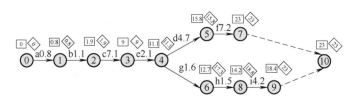

图 3-49　环保预处理工序统筹图

3.6.2.4　环保预处理工序的平衡调度

根据上述分析结果，可以将单个环保预处理平台的节拍设置为 24min，分三个工作单元来完成。其中，"a—b—c—e 工作单元"的工作内容为拆除蓄电池、引爆安全气囊、排空燃油、排空变速器油，工作时间为 11.1min；"d—f 工作单元"的工作内容为排空机油和排空制动液，工作时间为 11.9min；"g—h—i 工作单元"的工作内容为排空助力泵油、排空风窗清洗液、排空冷却液，工作时间为 7.3min。"d—f 工作单元"和"g—h—i 工作单元"同时进行。为配合整条拆解线 7min/辆（其中传输 1min）的节拍要求，环保预处理过程应并联 4 个预处理平台以平衡 6min/辆的节拍。用横道图表达则如图 3-50 所示。

工作单元	人数	工作时间/min	操作时间
a—b—c—e	1	11.1	■■■■■■■■■■■■■■■■■■ ■■■■■
d—f	1	11.9	■■■■■■■■■■■■■■■■■■■ ■■■■■
g—h—i	1	7.3	■■■■■■■■■■■■■■■

图 3-50　环保预处理平台的横道图

环保预处理平台的平衡效率 $\eta = \dfrac{S}{H} \times 100\% = \dfrac{11.1 + 11.9 + 7.3}{11.9 \times 3} \times 100\% = 84.87\%$。生产平衡损失率 $\phi = 1 - \dfrac{S}{H} = 15.13\%$。其中，$S$ 为各工作单元的工作时间总和；H 为费时最长工作单元的操作时间和工作站数的乘积。由于环保预处理平台的平衡效率大于 80%，因此满足生产正常排产要求。操作过程中，可以适当增加第三工作单元的工作内容，从而进一步降低生产平衡损失率。

3.6.3　退役乘用车柔性高效拆解线的平衡与拆解工艺优化

3.6.3.1　退役乘用车柔性高效拆解线的平衡问题

拆解线可以实现较高的拆解产能，且劳动力成本较低。然而，退役产品在结构、质量、可靠性和工况等方面表现出高度的不确定性，因此，不能简单地认为拆解是装配操作的逆向过程。与目前成熟的装配线技术相比，拆解线技术仍处于探索阶段，许多装配线的平衡技术仍可作为拆解线平衡技术的借鉴。拆解线和装配线的工艺差别见表 3-38。

表 3-38　拆解线与装配线的工艺差别

比较方面	差 异 点	装 配 线	拆 解 线
复杂性	问题的复杂性	NP-hard	NP-hard
	与顺序相关的复杂性	高 （结构和功能上的 顺序约束）	中 （基本为结构上的 顺序约束）
已有方法	已知线体优化技术	多	无
	已知的性能测试方法	多	无
需求	依赖于需求	是	是
	需求的来源	单一	多种
	需求的实体	终端产品	单个零部件
顺序	存在顺序关系	是	是
不确定	与零部件质量相关的不确定性	低	高
	与零部件数量相关的不确定性	低	高
	与工位和材料处理系统相关的不确定性	低、中	高
特点	适合多种产品类型	是	是
	流向	收敛	发散
	线体柔性要求	多种	多种
	稳健性要求	中	高

》3.6.3.2　退役乘用车柔性高效拆解线仿真模型

　　物流仿真系统的优势是不需要建立复杂的数学模型，并且在仿真系统中可以根据真实尺寸进行建模，避免了传统最优化方法对模型的过度简化，兼顾精度的同时降低了求解难度。对于复杂的生产系统，传统最优化方法建模过于复杂，精确解的求取过于困难，在这种情况下，仿真成为一种可行的理想途径。

　　在现有物流系统仿真分析应用程序中，Arena 起源于著名的 SIMAN/CINEMA 仿真系统，具有强大的系统功能性和灵活性，而且大大扩展了求解问题的范围。Arena 的用户界面和动画元素十分友好，易于使用，集成了 VB 或 C 语言等常用程序语言，拓展了应用的功能性，增强了建模能力。Arena 应用程序中包含多种建模模板，且模型的构建采用层次结构，保证了建模的效率和细节上的准确性，增强了操作的灵活性。

　　选用 Arena 应用程序作为系统仿真工具，以车型和结构相似的退役乘用车为研究对象，以多段线体柔性组合而成的拆解线为载体，开展退役乘用车拆解线的平衡与优化系统仿真，目的是分析和验证其有效性，并找出潜在缺陷以便改进。具体内容如下：

1）分析拆解线工作站的数量、拆解线节拍以及拆解线产能。

2）验证拆解线规划设计的有效性，为改进提供预测和参考。

▶1. 退役乘用车柔性高效拆解线模型的假设条件

与内在复杂的数学计算相比，系统仿真的主要优点是直观、易于理解，且可以便捷地修改相关参数。这可能是大型工业系统进行可视化性能评价的唯一途径。Arena 已证明在评价复杂的物流系统方面是成功的。本节利用 Arena 作为退役乘用车拆解线的建模和仿真工具，模拟其平衡和获取产能信息。对建立仿真模型阶段的假设如下：

1）拆解线是节拍式的，报废汽车的供应是无限的。

2）每个工位的拆解任务都是提前安排的并且相对固定。

3）使用手动操作的机械或气动工具完成每项任务。

4）在一个工位上只拆解一辆车。

5）车辆进入的节奏取决于该拆解线的节拍时间。

6）叉车或转载平台每次只能运输一辆车。

7）只有当线路静止且初始站点为空时，才能将新的待拆车辆放置在第一个拆解子线上，这可以通过自动控制技术来保证。

8）每个任务的拆解时间（任务处理时间）基于实际的拆解试验，一个站点上的所有任务处理时间之和构成了工位时间，这涉及一个节拍下不同任务的合理组合。

9）根据设计规划，预备时间和模拟时间都是确定的。

10）无故障工作时间（250 天）占一年实际总的生产时间（280 天）的90%。

11）拆解线上的对象经过完全拆解得到零部件、分总成或材料，这是根据表 3-23 所列的预分类得到的。

12）优先关系安排合理，拆解中不会进行调整。

13）每天两班制，一周工作五天。

▶2. 退役乘用车柔性高效拆解线模型的系统元素分析

仿真模型中的移动对象可认为有两种类型：永久实体和临时实体。在报废汽车拆解线系统中，在其上使用的工位和相关设备被定义为永久实体，而工位上的被拆解车辆被定义为临时实体。临时实体的变化会导致设备状态和队列长度的改变。永久实体的状态只能是忙或空闲，临时实体的状态可以是拆解前的等待状态和拆解后的离开状态。系统事件分为三类：到达事件、离开事件和系统强制终止事件。仿真时间随系统计时器变化。

Arena 仿真模型基于图 3-51 所示的拆解线布局构建。整个拆解线由五条拆解支线合成：预处理工位用来清除废油液；地面线Ⅰ段用于分离轮胎、车门、发动机盖和行李舱盖，以及前后保险杠；地面线Ⅱ段则用于拆解车辆的内饰和外饰件；空中线Ⅱ段用来去除变速器和发动机，以及底盘零部件和分总成；地面线Ⅲ段用于清除可拆解的残余零部件，如线束等，随后，剩余壳体被转运至破碎机进行破碎处理。所有拆解工位均使用机器模型（线路启动、处理、线路停止）构建，其中"输入"和"输出"分别表示每个子线的输入工位和输出工位。根据实际资源和运输类型，使用了 Arena 中的基本模块、高级模块和高级传输模块等总计 19 个模块。根据上述信息定义每个拆解过程优先级以及关于占用、延迟和释放的相关特征。空中线Ⅰ段中的五个拐角和目前仅有的一个处理工位通过工位模块定义为缓冲工位，这实际上通过增加工位数增强了线路的可靠性。除了对预处理工位进行修改外，拆解线的原始设计也需要这个定义。最长处理时间规定须小于 6min，因此当时间到达时，无论工位任务是否完成，工位上的工件都必须转移到下一个工位。这种情况对于每个输出工位来说更为重要，因为如果没有及时传输，可能会导致线体停止运转。仿真前需要定义运行参数。设置预热时间为 30 天，重复周期为 250 天，每天工作 16h。为方便观察线体的可靠性和运行情况，采用单次仿真来替代重复仿真。仿真运行完成后，可以获得一项报告即类别概要，从中可以查看线体性能、线体的利用率、输入和输出数量以及资源和队列的变化情况。

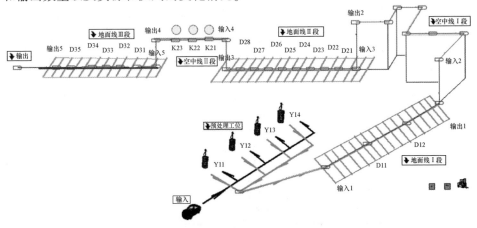

图 3-51 基于 Arena 的拆解线布局

▶ 3. 退役乘用车柔性高效拆解线模型的系统参数确定

退役乘用车柔性高效拆解线由预处理工位及地面线Ⅰ、Ⅱ、Ⅲ段，空中线Ⅰ、Ⅱ段共五条子线组成，见表3-39。需要给定每条子线的工位数量和操作时间。工位数总计29个。预期每7min拆解一辆报废汽车。输入工位和输出工位用于转载，不进行拆解作业。各工位操作时间来自3.5.2节中10辆退役乘用车的拆解试验。两相邻工位间的转载时间根据表3-40所列的实际距离以及非累积输送机和转载平台的速度计算得出。

表3-39　工位和相应的操作时间

序　号	子　线	工　位	数　量	操作时间/min
1	预处理工位	前处理 Y11～Y14	4	(14, 17, 20) *
2	地面线Ⅰ段	输入1	1	0.5
3		D11	1	(6, 8, 10) *
4		D12	1	(7, 10, 12) *
5		输出1	1	0.5
6	空中线Ⅰ段	输入2	1	0
7		输出2	1	0.5
8	地面线Ⅱ段	输入3	1	0
9		D21	1	(8, 10, 12) *
10		D22	1	(4, 5, 6) *
11		D23	1	(4, 5, 6) *
12		D24	1	(6, 9, 11) *
13		D25	1	(7, 9, 10) *
14		D26	1	(4, 7, 8) *
15		D27	1	(8, 10, 12) *
16		D28	1	(8, 10, 13) *
17		输出3	1	0.5
18	空中线Ⅱ段	输入4	1	0
19		K21	1	(10, 13, 16) *
20		K22	1	(9, 13, 15) *
21		K23	1	(11, 13, 15) *
22		输出4	1	0.5
23	地面线Ⅲ段	输入5	1	0
24		D31	1	(5, 8, 10) *
25		D32	1	(7, 8, 9.5) *
26		D33	1	(6, 8, 10) *
27		D34	1	(5, 8, 11) *
28		D35	1	(6, 8, 10) *
29		输出5	1	0

注：* 标注的操作时间以三角分布形式表示。

表 3-40　站间传输时间

输入工位	输出工位	转运工具	数量	距离/m	速度 / (m/min)	时间 /min
前处理	输入 1	叉车	2	6	6	1
输入 1	输出 1	非累积输送机 1	1	18	6	3
输出 1	输入 2	转载平台 1	2	6	6	1
输入 2	输出 2			67.7	15	4.5
输出 2	输入 3			6	6	1
输入 3	输出 1			67.7	67	1
输入 3	输出 3	非累积输送机 2	1	54	6	9
输出 3	输入 4	转载平台 2	4	3	6	0.5
输入 4	输出 4			24	6	4
输出 4	输入 5			3	6	0.5
输入 5	输出 3			24	24	1
输入 5	输出 5	非累积输送机 2	1	36	6	6

4. 退役乘用车柔性高效拆解线模型的边界定义与信息流

退役乘用车柔性高效拆解线的边界定义为从退役乘用车预处理阶段开始直至破碎前的拆解过程，相关信息流如图 3-52 所示。退役乘用车经收集和分类后，首先进行环保预处理，然后拆卸内外饰件及底盘零件和动力部件，从而获得再使用、再利用和再制造的原材料或零部件。采用拆解线方法可以有效减少废弃物填埋量。

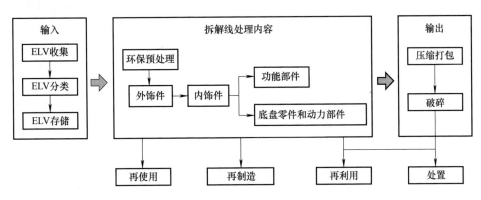

图 3-52　退役乘用车拆解线模型的边界

3.6.4 退役乘用车柔性高效拆解线的平衡与优化仿真结论

3.6.4.1 退役乘用车柔性高效拆解线的平衡与优化仿真

本章描述的退役乘用车柔性高效拆解线的车间布局为 L 形，工序类型为直列型，工序分析见表 3-41。平衡与优化过程如下：首先考虑通过增加人力的方法来平衡生产线，将平衡后各工位的加权平均时间代入 Arena 逻辑分析模型中进行综合分析求解。初步仿真得到的年产量为 26007 辆，未达到 30000 辆的年产量要求，因此，需要对各工序进行具体分析和改善（表 3-42）。

表 3-41 退役乘用车柔性高效拆解线工序分析表（改善前）

子 线	工 序	内 容 ○ ⇒ ▽/D □	加权平均 时间/min	备 注
环保处理	1）环保预处理（Y11～Y14）		20.00	4 个预处理平台同时工作
运输	2）叉车搬运		1.00	
地面线 I 段	3）地面线 I 段上线		6.00	不安排或安排少量拆解内容
	4）板链输送线搬运		1.00	
	5）拆除轮胎、发动机盖、行李舱盖（D11）		6.33	
	6）板链输送线搬运		1.00	
	7）拆除刮水器、外反光镜、前后车门（D12）		6.33	
	8）板链输送线搬运		1.00	
	9）地面线 I 段下线		6.00	不安排或安排少量拆解内容
运输	10）转载平台搬运		1.00	
空中线 I 段	11）空中过渡工位（K11）		6.00	缓冲和转向工位，不安排拆解内容
运输	12）转载平台搬运		1.00	
地面线 II 段	13）地面线 II 段上线		6.00	不安排或安排少量拆解内容
	14）板链输送线搬运		1.00	
	15）拆除前后保险杠和前后灯总成及座椅（D21）		5.83	
	16）板链输送线搬运		1.00	
	17）拆除翼子板、挡泥板（D22）		6.17	

子　线	工　序	内　容 ○ ⇒ ▽/D □	加权平均 时间/min	备　注
地面线Ⅱ段	18）板链输送线搬运		1.00	
	19）拆除方向盘、立柱（D23）		6.17	
	20）板链输送线搬运		1.00	
	21）拆除音箱、空调面板、点烟器、仪表支架、散热器、冷凝器、冷煤罐、干燥瓶（D24）		6.67	
	22）板链输送线搬运		1.00	
	23）拆除仪表、仪表板、控制线束和电脑版（D25）		6.17	
	24）板链输送线搬运		1.00	
	25）拆除空调系统、发动机连接管理（D26）		7.00	
	26）板链输送线搬运		1.00	
	27）拆除档位总成、发动机连接管路（D27）		6.33	
	28）板链输送线搬运		1.00	
	29）驻车制动总成（D28）		6.33	
	30）板链输送线搬运		1.00	
	31）地面线Ⅱ段下线		6.00	不安排或安排少量拆解内容
运输	32）转载平台搬运		1.00	
空中线Ⅱ段	33）空中线Ⅱ段上线		6.00	
	34）转载平台搬运		1.00	
	35）拆除排气管、方向机（K21）		7.17	
	36）转载平台搬运		1.00	
	37）拆除前悬架、前桥（K22）		7.17	
	38）转载平台搬运		1.00	
	39）拆除后悬架、后桥（K23）		7.17	
	40）转载平台搬运		1.00	
	41）分离发动机、变速器总成（K24）		6.67	
运输	42）转载平台搬运		1.00	
地面线Ⅲ段	43）地面线Ⅲ段上线		6.67	不安排或安排少量拆解内容
	44）板链输送线搬运		1.00	
	45）拆除前后风窗玻璃（D31）		6.67	
	46）板链输送线搬运		1.00	
	47）拆除车身内饰（D32）		6.67	
	48）板链输送线搬运		1.00	

（续）

子 线	工 序	内 容 ○ ⇒ ▽/D □	加权平均 时间/min	备 注
地面线Ⅲ段	49）拆除安全带总成、发动机舱残余零件（D33）		6.67	
	50）板链输送线搬运		1.00	
	51）拆除地板、车身残余零件（D34）		6.67	
	52）板链输送线搬运		1.00	
	53）拆除整车残余线束、清理杂物（D35）		6.67	
	54）板链输送线搬运		1.00	
	55）地面线Ⅲ段下线		6.00	不安排或安排少量拆解内容

表 3-42　退役乘用车柔性高效拆解线工艺分析改善点

项目	改善的着眼点	检 查 是	检 查 否	说 明
加工	是否有瓶颈工位	●		瓶颈工位主要发生在空中线Ⅲ段，可以通过破拆工具来解决
	能否提高作业员的技能	●		提高技能可以提高再使用、再制造件的数量，有利于保证在节拍要求时间内完成工位拆解内容。但在每段规定最末工位需要加入破拆环节，以确保当前拆解内容完全被拆解且不影响后续工位的拆解
	能否提高设备的能力	●		可以逐步开发一些专用工具，使各工位的拆解时间进一步缩短
	可否合并一些作业	●		鉴于车型结构复杂程度不一，各工位的拆解内容可以适当融合，即不严格限定各工位的拆解内容，但需要限定各段线的拆解内容
搬运	能否减少搬运的次数		●	
	能否缩短搬运的距离		●	
	能否通过布局的改善来取消或减少搬运工作		●	
	搬运的设备是否好用		●	
检查	能否减少检查的次数		●	
	有没有可以取消的检查		●	
	检查的方法是否不合适		●	
	检查时间能否缩短		●	

（续）

项目	改善的着眼点	检查		说　明
		是	否	
停滞	能否通过合理的生产安排来减少停滞时间		●	
	能否减少生产批量		●	

退役乘用车柔性高效深度拆解线采用了叉车、板链和转载平台三种运输方式。叉车和转载平台可以控制运输时间，而板链输送线却同时控制了运输时间和加工时的暂停时间，且每个工位的加工时间取决于所有工位的最长加工时间。因此，如果有一个工位时间大于节拍要求的工位拆解时间（6min），必然导致拆解线产能下降。考虑退役乘役车报废时的车况不一，准确地限定每一个零部件的拆解时间是不现实的，所以最好的方式是分段包干的方式。严格控制6min/工位的节拍，在规定的若干个工位内完成指定的拆解内容，如果运行到规定的工位仍然有部分零部件未被拆解下来，则采用液压剪等破坏性拆解手段进行拆解。这种拆解方式的优点是可以确保6min/工位的节拍稳定运行，并实现再使用和再制造零部件数量的最大化。改善后的工序分析见表3-43。将改善后的各工序时间值重新代入 Arena 仿真模型中进行分析，得到的年产量为30172万辆，达到了拆解线要求的产能指标。改善后设备的利用率如图3-53所示。

表 3-43　退役乘用车柔性高效拆解线工序分析表（改善后）

子　线	工　序	内　容 ○ ⇒ ▽/D □	加权平均时间/min	备　注
环保处理	1）环保预处理（Y11～Y14）		24.00	4个预处理平台同时工作
运输	2）叉车搬运		1.00	
地面线Ⅰ段	3）地面线Ⅰ段上线		6.00	不安排或安排少量拆解内容
	4）板链输送线搬运		1.00	
	5）拆除轮胎、发动机盖、行李舱盖（D11）		6.00	
	6）板链输送线搬运		1.00	
	7）拆除刮水器、外反光镜、前后车门（D12）		6.00	
	8）板链输送线搬运		1.00	
	9）地面线Ⅰ段下线		6.00	不安排或安排少量拆解内容

（续）

子　线	工　序	内　容 ○ ⇒ ▽/D □	加权平均 时间/min	备　注
运输	10）转载平台搬运		1.00	
空中线Ⅰ段	11）空中过渡工位（K11）		6.00	缓冲和转向工位，不安排拆解内容
运输	12）转载平台搬运		1.00	
地面线Ⅱ段	13）地面线Ⅱ段上线		6.00	不安排或安排少量拆解内容
	14）板链输送线搬运		1.00	
	15）拆除前后保险杠和前后灯总成及座椅（D21）		6.00	
	16）板链输送线搬运		1.00	
	17）拆除翼子板、挡泥板（D22）		6.00	
	18）板链输送线搬运		1.00	
	19）拆除方向盘、立柱（D23）		6.00	
	20）板链输送线搬运		1.00	
	21）拆除音箱、空调面板、点烟器、仪表支架、散热器、冷凝器、冷媒罐、干燥瓶（D24）		6.00	
	22）板链输送线搬运		1.00	
	23）拆除仪表、仪表板、控制线束和电脑版（D25）		6.00	
	24）板链输送线搬运		1.00	
	25）拆除空调系统、发动机连接管路（D26）		6.00	
	26）板链输送线搬运		1.00	
	27）拆除档位总成、发动机连接管路（D27）		6.00	
	28）板链输送线搬运		1.00	
	29）手刹总成（D28）		6.00	
	30）板链输送线搬运		1.00	
	31）地面线Ⅱ段下线		6.00	不安排或安排少量拆解内容
运输	32）转载平台搬运		1.00	
空中线Ⅱ段	33）空中线Ⅱ段上线		6.00	
	34）转载平台搬运		1.00	配备破拆工具
	35）拆除排气管、方向机（K21）		6.00	配备破拆工具
	36）转载平台搬运		1.00	
	37）拆除前悬架、前桥（K22）		6.00	配备破拆工具
	38）转载平台搬运		1.00	
	39）拆除后悬架、后桥（K23）		6.00	配备破拆工具
	40）转载平台搬运		1.00	
	41）分离发动机、变速器总成（K24）		6.00	

子　　线	工　　序	内　容 ○ ⇒ ▽/D □	加权平均 时间/min	备　注
运输	42）转载平台搬运		1.00	
地面线Ⅲ段	43）地面线Ⅲ段上线		6.00	不安排或安排少量拆解内容
	44）板链输送线搬运		1.00	
	45）拆除前后风窗玻璃（D31）		6.00	
	46）板链输送线搬运		1.00	
	47）拆除车身内饰（D32）		6.00	
	48）板链输送线搬运		1.00	
	49）拆除安全带总成、发动机舱残余零件（D33）		6.00	
	50）板链输送线搬运		1.00	
	51）拆除地板、车身残余零件（D34）		6.00	
	52）板链输送线搬运		1.00	
	53）拆除整车残余线束、清理杂物（D35）		6.00	
	54）板链输送线搬运		1.00	
	55）地面线Ⅲ段下线		6.00	不安排或安排少量拆解内容

▷▷3.6.4.2　退役乘用车柔性高效拆解线的拆解工艺优化改进

通过设计四种不同的方案来验证不同条件对拆解线产能和资源利用率的影响，仿真结果见表3-44。预热期按单班制设定，即8h。重复时长设定为300天或250天，并且每天的工作时长是一班或两班。前三个方案年工作时长为300天，安排单班制工作，而方案④的工作时长为250天且安排两班制工作。方案①和④采用了固定节拍，而方案②和③使用试验数据作为任务时间来推动线体以一定的节奏运行。前两个方案允许每个工位拥有一个无限长队列，而后两个方案不允许有排队情况发生。结果表明，四种方案均存在瓶颈，但方案①和④在资源利用率和生产率方面都优于方案②和③，这主要是由试验数据导致的节拍问题引起的。此外，方案①的瓶颈问题表明预处理工位不足，而方案④的瓶颈则表示柔性缓冲可以处理油液量或多或少带来的不确定性。方案②和③结果相同表明产能与队列无关，但与资源利用率直接相关。在这种情况下，当仅为获取产能信息时，队列可以被视为内部处理机制。由于方案②和③的性能较差，对于拆解线并不推荐使用，这说明拆解线必须是节拍式的，即必须确保节拍时间。由此可以得出结论：若加工位数量足够，方案①可以获得平衡，但方案④直接可以获得满意的整体性能，满足30000辆/年的产能要求。对于这种拆解线，适当的节拍时间和两班制工作安排对于线体平衡至关重要。

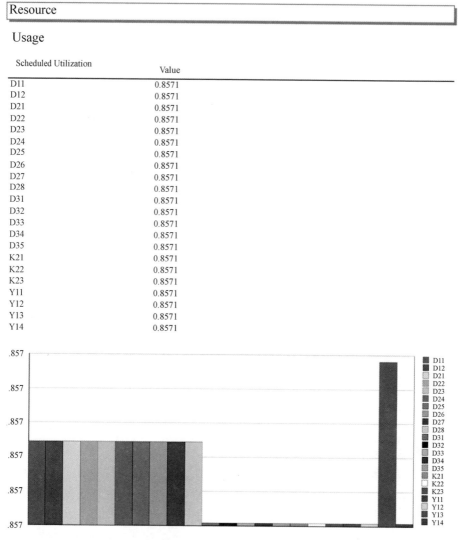

Resource	
Usage	

Scheduled Utilization	Value
D11	0.8571
D12	0.8571
D21	0.8571
D22	0.8571
D23	0.8571
D24	0.8571
D25	0.8571
D26	0.8571
D27	0.8571
D28	0.8571
D31	0.8571
D32	0.8571
D33	0.8571
D34	0.8571
D35	0.8571
K21	0.8571
K22	0.8571
K23	0.8571
Y11	0.8571
Y12	0.8571
Y13	0.8571
Y14	0.8571

图 3-53 退役乘用车柔性高效拆解线平衡后的设备利用率

表 3-44 不同条件下的仿真结果

方案	条　件	产能/（辆/年）	平均节拍/min	资源利用率
①	固定节拍；300 天/年；单班；无限队列长度；有四个平行的预处理工位，每个操作时长 5min	20456	6.34	

方案	条件	产能/（辆/年）	平均节拍/min	资源利用率
②	根据试验结果确定工位操作时间；300 天/年；单班；无限队列长度；有四个平行的预处理工位，每个操作时长 5min	3498	37.80	
③	单班；零队列长度；四个平行的预处理工位，每个操作时长 5min	3499	37.80	
④	固定节拍；250 天/年；两班；零队列长度；四个平行的预处理工位，每个操作时长 20min	30171	7.16	

　　总体而言，这四种方案反映了不同的关注点，包括队列长度、节拍、预处理时间和生产率。仿真结果表明队列长度并不影响最终的产能。相比之下，节拍是一个关键因素，可能会对拆解线的平衡产生重大影响。由于设备和工艺相同，成本效率可以通过拆解效率来体现。方案①的平均速度为 8.5 辆/h，比方案④快 1 辆/h，但远超过其他方案。然而，作为主要瓶颈之一，预处理过程应保持 20min 的最短时间，这对于确保尽可能充分地排出废油液是必要的。最终将方案④视为最佳方案。

　　拆解试验数据是搭建拆解线和工艺规划设计的基础，但仿真结果显示产能方面出现波动。该现象在参考文献中也有提及，其主要原因来自于以下两个方面：

　　（1）不同的汽车结构　退役乘用车是一种特别复杂的消费品。很难保证回收的退役乘用车来自同一制造商，更不用说相同类型，尽管提前分类可以在一定程度上改善这种情况。即使对于同一工位，不同的结构也不可避免地导致拆解时间不同。基于这种情况，本书所采用的试验数据是通过对 10 辆不同结构的乘用车进行拆解测试而得到的。其次，由于不同的消费需求，车辆会因改装等原因造成零部件发生变化，变化越大，线体的不平衡就越明显。

　　（2）工人操作的熟练程度　报废汽车的拆解操作工人需要具备一些关于车

辆构造的知识。加工效率和工人的知识量将相互促进。然而，即使对于相同的训练，由于学习和理解能力不同，以及车辆构造上的复杂性和不一致性都会造成任务时间不同，这也是导致线体不平衡的原因之一。

针对不平衡问题中工人操作时间的不确定性，一种可能的解决方案是，通过工位配备破拆工具来处理在当前限制时间内难以完成的任务，以确保预期的节拍时间。应注意，使用破拆工具时不应损坏后续工位的其他回收零部件，每个工位的作业人员都应了解所有计划回收的零部件。提高工人的熟练程度也有助于确保在节拍时间内完成指定的任务。此外，应该利用一些专用设备来提高报废汽车拆解线的效率。

考虑退役乘用车的多样性，一个拆解任务所需的拆解时间可能大于工位节拍时间，此时可将拆解任务分配至同一条子线中前后连续的多个工位，但在工艺规划时应将工人返回拆解任务首个工位的时间纳入工作时间计算中。

▶▶3.6.4.3　退役乘用车柔性高效拆解线的线体优化改进

图 3-54a 所示为目前的拆解线布局，从中可以看到地面线Ⅱ段和空中线Ⅱ段之间的明显区别。这种布局存在一个缺点，即必须在要求的时间内完成空中线Ⅱ段的拆解任务以避免停滞。遗憾的是，来自变速器和发动机以及底盘部件的沉重负荷可能使得工位相对不足，这显然增加了调度的难度，因此，可能为了满足固定节拍的需求而放弃一些零部件的拆解。相比之下，图 3-54b 所示的布局模糊了这种区别，并且这些部件或分总成可以在更多的工位范围中完成拆解。它删除了空中线Ⅰ段的分支，并通过去除过渡工位使整条线更加紧凑。此外，新形成的混合线可以进行地面和空中操作，输入和输出工位都可以转换成操作工位。这种改变有助于提高生产率和资源利用率。因此，它可以成为未来拆解线规划的替代方案。

对于退役乘用车拆解线，有三种运输方式，即叉车、转载平台和板链。前两种方法通过调整传输速度可以很容易地进行控制，而第三种方法却要求比节拍（6min）更少的时间，否则产能降低在所难免。对具有不同工况的报废汽车来说，严格限制每个任务时间是不切实际的，这可能是拆解过程与装配过程不同的主要原因。对于这种情况，最好的解决方案是明确责任管理。如果工人发现未完成的任务，同时没有给出部件必须保持完整的特殊警报，他有权以破坏性的方式与适当的工具拆解部件以维持规则所要求的循环时间。为避免故意损坏并优化可重复使用或再制造的部件拆解，应制订奖励机制。表 3-44 中的方案④表明了成功的拆解线平衡优化过程，模拟产能为 30171 辆/年，符合设计要求。

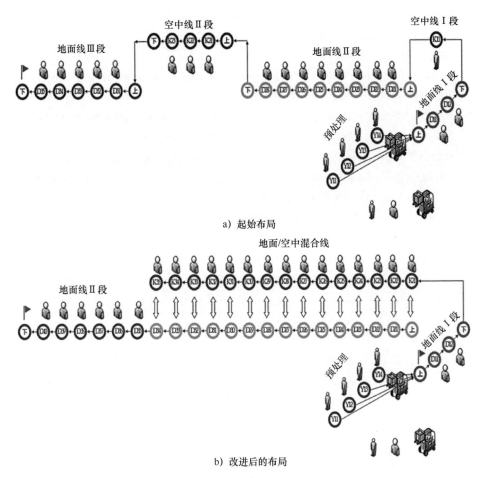

a) 起始布局

b) 改进后的布局

图 3-54 拆解线的改进

参考文献

[1] 胡纡寒. 汽车回收政策对报废汽车回收率影响研究 [D]. 长沙：湖南大学，2009.

[2] SURESH G, VINOD V V, SAHU S. A genetic algorithm for assembly line balancing [J]. Production Planning & Control, 1996, 7 (1)：38-46.

[3] HUANG H T, WANG M H, JOHNSON M R. Disassembly sequence generation using a neural network approach [J]. Journal of Manufacturing Systems, 2000, 19 (2)：73-82.

[4] 余建军，孙树栋，郝京辉. 免疫算法求解多目标柔性作业车间调度研究 [J]. 计算机集成制造系统，2006，12 (12)：1643-1650.

[5] ZHOU Z, LIU J, PHAM D T, et al. Disassembly sequence planning：recent developments and

future trends [J]. Proceedings of the Institution of Mechanical Engineers, Part B: Journal of Engineering Manufacture, 2019, 233 (5): 1450-1471.

[6] REVELIOTIS S A. Modelling and controlling uncertainty in optimal disassembly planning through reinforcement learning [C] // IEEE International Conference on Robotics and Automation, 2004. New Orleans: IEEE, 2004: 2625-2632.

[7] REVELIOTIS S A. Uncertainty management in optimal disassembly planning through learning-based strategies [J]. IIE Transactions, 2007, 39 (6): 645-658.

[8] RICKLI J L. The effect of uncertain end-of-life product quality and consumer incentives on partial disassembly sequencing in value recovery operations [D]. Blacksburg: Virginia Tech, 2013.

[9] ALTEKIN F T, AKKAN C. Task-failure-driven rebalancing of disassembly lines [J]. International Journal of Production Research, 2012, 50 (18): 4955-4976.

[10] 乔超, 唐慧佳, 王春红. 一种基于选择的遗传算法 [J]. 计算机工程与应用, 2007, 43 (1): 70-73.

[11] 张立行, 金琦, 魏振华. 不确定性智能规划算法研究 [J]. 计算机与数学工程, 2016, 44 (11): 2148-2152.

[12] BELLMAN R E, ZADEH L A. Decision-making in a fuzzy environment [J]. Management Science, 1970, 17 (4): B141-B164.

[13] 陈月明, 刘亚平, 袁士宝. 油田开发中的不确定性问题及其求解方法 [J]. 中国石油大学学报 (自然科学版), 2007, 31 (4): 46-50.

[14] FORTON O T, HARDER M K, MOLES N R. Value from shredder waste: ongoing limitations in the UK [J]. Resources, Conservation and Recycling, 2006, 46 (1): 104-113.

[15] MCGOVERN S M, GUPTA S M. A balancing method and genetic algorithm for disassembly line balancing [J]. European Journal of Operational Research, 2007, 179 (3): 692-708.

[16] RICKLI J L, CAMELIO J A. Partial disassembly sequencing considering acquired end-of-life product age distributions [J]. International Journal of Production Research, 2014, 52 (24): 7496-7512.

[17] 柯俊, 史文库, 钱琛, 等. 采用遗传算法的复合材料板簧多目标优化方法 [J]. 西安交通大学学报, 2015, 49 (8): 102-108.

[18] 张则强, 蔡宁, 曾艳清, 等. 面向再制造的拆卸线平衡问题建模理论及求解方法综述 [J]. 中国机械工程, 2018, 29 (21): 2636-2645.

[19] KAZMIERCZAK K, NEUMANN W P, WINKEL J. A case study of serial flow car disassembly: ergonomics, productivity and potential system performance [J]. Human Factors and Ergonomics in Manufacturing & Service Industries, 2007, 17 (4): 331-351.

第 4 章

——

不确定条件下的汽车零部件再利用：以共轨喷油器为例

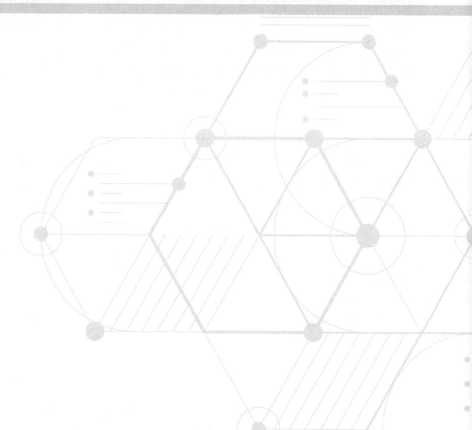

4.1 共轨喷油器的再利用策略

4.1.1 共轨喷油器的失效模式

在再制造柴油机零部件中，基础件和国产配件再制造技术研究的重点集中于恢复零部件表面状况的再制造工艺、回收旧件相关的逆向物流和旧件评估等。增压器、发电机、起动机、机油泵、水泵等外部配件主要由国内 OES（原型设备供应商）供应，由于原型设备供应商生产和研发的技术经验丰富，所以开展再制造运营的难度不大。目前，国内大部分 OES 都开展了再制造活动，为柴油机再制造企业提供配套服务，使再制造柴油机的成本得到了很好的控制。而以电控燃油系统为代表的外资品牌柴油机配件严重制约了我国柴油机再制造产业的发展。应用于高排放等级的共轨系统主要由外资品牌博世、德尔福、电装等生产，售后系统和配件供应被这些企业所控制。国内还不能生产出满足柴油机生产企业配套要求的产品，而共轨系统的成本占柴油机生产成本的比例又较高，这使得柴油机再制造企业采购燃油系统的成本控制有很大的难度，压缩了国内柴油机再制造企业的盈利空间。从柴油机再制造策略来看，匹配有共轨系统的国Ⅲ和国Ⅳ柴油机有更好的升级潜力，部分机型通过优化后处理系统即可满足当前排放标准的要求，因此从战略层面上来看，开展共轨喷油器再制造符合未来柴油机再制造产业发展的需求。此外，从柴油机后市场和柴油机再制造产业发展的角度来看，对于再制造共轨喷油器的需求也日趋急迫，开展共轨喷油器再制造关键技术的研究在某种程度上决定了柴油机再制造产业发展的未来。

共轨喷油器是共轨系统中成本最高的零部件，同时也是柴油机的易损件，外资品牌对共轨喷油器产业的控制决定了采用 OEM（原始设备制造商）再制造模式无法达到再制造产品成本控制的要求，开展共轨喷油器的第三方再制造关键技术研究是突破技术壁垒的关键。第三方再制造企业在开展共轨喷油器再制造运营时需要满足两方面要求：首先要降低再制造产品的生产成本，其次要保障再制造产品的性能满足主机厂和售后服务体系的要求。降低再制造产品的生产成本是开展第三方再制造运营的先决条件，设定适当的再制造工艺及提高旧件的再利用率是达成这一目标的重要途径。共轨喷油器第三方再制造工艺设定取决于回收旧件的状况，需要通过失效方式、失效机理及失效对喷油器性能影响的综合分析来确定，其核心环节在于确定零部件是否可以被再利用（零部件的可再利用性判定）。

再制造以旧件为毛坯，回收旧件的来源和状况对再制造的工艺设定有着至关重要的影响。目前用于再制造的旧共轨喷油器主要要有以下三个主要来源：发动机生产商三包退赔机上的故障件、共轨喷油器再制造公司通过以旧换再制造的方式获取的旧件、维修站在销售新件或维修过程中向顾客回购的旧件。其中，维修站回收的旧件数量相对较多但旧件状况相对较差。通过在维修站收集共轨喷油器的维修记录，可以获取足够信息来支撑零件可再利用性的定性分析。通过统计售后维修过程中的故障判定及对应的维修信息，可以整理分析出共轨喷油器各组件的失效模式。对共轨喷油器进行维修检测时，首先利用博世 EPS815或哈特里奇 CRi-PC 等检测设备对共轨喷油器的喷油特性进行静态性能测试，从静态性能测试结果推断可能发生损坏的零件部位。然后，将喷油器拆解，目测检查旧件的状态，将损坏的零件替换掉，并重新装配调试，完成维修过程。

经过在上海和浙江宁波两家博世维修站的实地调研，汇总、统计了 105 支博世品牌共轨喷油器在售后维修中出现的故障情况及相关维修信息，见表 4-1。表 4-1 中信息统计代码共由四部分内容组成，包含信息为共轨喷油器的品牌与型号、静态测试超限部分的代码、故障模式以及维修方法。各部分代码信息所表达的含义如图 4-1 所示。以 B120130-VLIH-H-ac 为例，表示 Bosch 04451120130喷油器经检测发现在满负荷工况下喷油量过高，拆解清洁后发现喷嘴喷孔损伤，需要更换喷嘴进行修复（如果发现此喷油器在满负荷工况下除了喷油量过高外，急速工况喷油量也过高，则可以记录如下：B120130-VLIHLLIH-H-ac）。其中，第一位 B 代表 Bosch，120130 为喷油器序号后六位，VLIH 为满负荷工况下喷油量过高，H 为喷嘴喷孔损伤，ac 为通过拆卸、超声波清洗及更换喷嘴进行修复。

表 4-1　共轨喷油器故障和维修统计

序号	信息统计代码	序号	信息统计代码	序号	信息统计代码
1	B120074-VLTLIH-H-ac	10	B120074-LLIL-L-ac	19	B120110-VLTLIH-H-ac
2	B120074-VLTLIL-L-ac	11	B120074-LLIL-L-ac	20	B120110-VLTLIH-H-ac
3	B120074-VLTLIH-H-ac	12	B120074-LLIL-L-ac	21	B120110-VLTLIH-H-ac
4	B120074-VLTLIH-H-ac	13	B120110-LLVEIH-B-ac	22	B120110-VLTLIH-H-ac
5	B120074-VLTLIH-H-ac	14	B120110-LLVEIH-B-ac	23	B120110-VLTLIH-H-ac
6	B120074-VLTLIH-H-ac	15	B120110-LLVEIH-B-ac	24	B120110-VLIHBH-BF-ace
7	B120074-VLTLIH-H-ac	16	B120110-VLTLIL-L-a	25	B120040-VLTLIH-B-ac
8	B120074-LLIL-L-ac	17	B120110-VLTLIL-L-a	26	B120040-VLTLIH-H-ac
9	B120074-LLIL-L-ac	18	B120110-VLTLIH-H-ac	27	B120040-VLTLIH-H-ac

（续）

序号	信息统计代码	序号	信息统计代码	序号	信息统计代码
28	B120040-VLTLIH-H-ac	54	B120110-VLIH-B-ac	80	B120074-VLBH-F-ae
29	B120040-VLTLIH-H-ac	55	B120110-VLIH-B-al	81	B120074-VLIH-B-ac
30	B120040-LLVEIH-B-ac	56	B120110-VLIH-B-al	82	B120110-LLIL-L-ac
31	B120040-LLVEIH-B-ac	57	B120110-LLIL-L-ac	83	B120110-VLBH-F-ae
32	B120040-LLVEIH-B-ac	58	B120110-LLIL-L-ac	84	B120110-VLBH-M-ag
33	B120040-LLVEIH-B-ac	59	B120040-VLVELLIL-C-a	85	B120110-VLBH-M-ag
34	B120040-LLVEIH-B-ac	60	B120040-VLIH-B-ac	86	B120110-VLBH-F-ae
35	B120040-LLVEIH-B-ac	61	B120040-VLIH-B-ac	87	B120110-VLBH-F-ae
36	B120074-VLIH-B-al	62	B120040-VLIH-B-al	88	B120110-VLBH-F-ae
37	B120074-VLIH-B-ac	63	B120040-VLIH-B-al	89	B120110-VLBH-F-ae
38	B120074-VLIH-B-ac	64	B120040-VLIH-B-al	90	B120110-VLBH-F-ae
39	B120074-VLIH-B-al	65	B120040-TLIH-B-ac	91	B120110-VEIL-L-a
40	B120074-VLIH-B-al	66	B120040-VEIL-L-a	92	B120110-VEIL-L-a
41	B120074-VLIH-B-al	67	B120040-VEIL-L-a	93	B120110-VEIL-L-a
42	B120074-VLIH-B-ac	68	B120040-VEIL-L-a	94	B120040-LLIL-L-ac
43	B120074-VLIH-B-ac	69	B120040-VEIL-L-a	95	B120040-VLBH-F-ae
44	B120074-VLIH-B-ac	70	B120040-VEIL-L-a	96	B120040-VLBH-F-ae
45	B120074-VLIH-B-ac	71	B120074-VLBH-M-ag	97	B120040-VLBH-F-ae
46	B120074-VLIH-B-ac	72	B120074-VLBH-A-ae	98	B120040-VLBH-F-ae
47	B120074-VLIH-B-al	73	B120074-VLBH-M-ag	99	B120040-VLBH-F-ae
48	B120110-VLIH-B-ac	74	B120074-VLBH-F-ae	100	B120040-VLBH-F-ae
49	B120110-VLIH-B-ac	75	B120074-VLBH-M-ag	101	B120040-VLBH-F-ae
50	B120110-VLIH-B-al	76	B120074-VLBH-M-ag	102	B120040-VLBH-F-ae
51	B120110-VLIH-B-al	77	B120074-VLBH-M-ag	103	B120040-VLBH-M-ag
52	B120110-VLIH-B-al	78	B120074-VLBH-M-ag	104	B120040-LLIL-L-ac
53	B120110-VLIH-B-al	79	B120074-VLBH-M-ag	105	B120040-LLIL-L-ac

对获取的旧件信息进行整理汇总后，形成不同组件的失效模式，以及对应的故障模式和静态性能测试结果，见表4-2。各组件可能的失效模式可以分为磨损、堵塞、断裂、穴蚀、塑性变形等。失效零件的微观表面如图4-2所示。从统计的情况来看，容易发生失效的部位主要集中在针阀组件和阀组件，尤其是通

过更换针阀组件来维修的状况达到总失效量的一半。图 4-3 所示为共轨喷油器维修方法及故障模式的统计情况。同时还可以发现，即使静态性能测试结果一样，造成喷油器失效的原因也可能不同。例如，当静态性能测试结果显示满负荷工况下回油量大时，导致此现象的原因可能是阀座组件磨损、阀组件磨损、高压密封圈变形、针阀组件磨损、喷孔堵塞等故障，需要通过拆解和对各零部件进行具体检查或检测，才能确定具体的损坏部位。

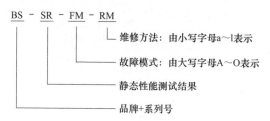

图 4-1　共轨喷油器故障和维修信息代码

1）品牌代码：Bosch 缩写为 B，Denso 缩写为 D，Delphi 缩写为 De，Cummins 缩写为 C；2）静态性能测试结果：满负荷为 VL（喷油为 I，回油为 B）、中负荷为 TL（I）、怠速为 LL（I）、预喷为 VE（1），油量过高为 H，油量过低为 L；3）故障模式：A 为阀座颗粒磨损，B 为喷嘴喷孔颗粒磨损，C 为喷油器内部脏，D 为喷油器运动部件卡死，E 为阀座侧面 Z 孔被堵，F 为阀杆导向或针阀导向磨损，G 为电磁阀烧坏，H 为喷嘴喷孔损伤，I 为阀球颗粒磨损，J 为阀座开裂，K 为喷嘴肩部开裂，L 为喷嘴喷孔被堵或积炭，M 为高压密封圈变形，N 为高压支撑圈开裂变形，O 为内进油型喷油器进油口损伤；4）维修方法：a 为拆卸、超声波清洗，b 为打磨，c 为更换喷嘴，d 为更换阀球，e 为更换阀组件，f 为更换弹簧，g 为更换高压密封圈，h 为更换支撑圈，i 为更换喷油器体，j 为更换电磁铁，k 为调整衔铁升程，l 为调整针阀升程

表 4-2　共轨喷油器各组件失效模式统计

组　件	失效模式	故障模式	静态性能测试结果
电磁阀组件	磨损	阀球颗粒磨损	回油量大，满负荷点可能油量大
	堵塞	电磁阀内脏	喷射不稳定，可能回油量和喷油量大
		电磁阀卡死	电磁阀无动作
	烧毁	过电烧坏	没有喷射或喷射异常
阀组件	磨损	阀座颗粒磨损	回油量大，满负荷点油量大
		柱塞偶件磨损	低怠速点油量小，可能回油量大
	堵塞	阀组件内脏	喷射不稳定，可能回油量和喷油量大
		阀组件卡死	喷射量小或不喷射
		进油节流孔堵塞	喷油量超大
	断裂	高压支撑圈开裂变形	可能回油量大
		阀座开裂	不能减压，回油量大
	塑性变形	高压密封圈变形	回油量大

（续）

组　件	失效模式	故 障 模 式	静态性能测试结果
针阀组件	磨损	喷嘴喷孔颗粒磨损	满负荷点油量大
		针阀偶件磨损	低怠速点油量小，可能回油量大
	堵塞	针阀内脏	喷射不稳定、可能回油量和喷油量大
		针阀卡死	喷射量小或不喷射
		油嘴喷孔被堵或积炭	喷油量小，尤其在满负荷点
	断裂	喷嘴喷孔损伤	喷射量偏小
		喷嘴肩部开裂	不能减压，喷嘴紧固下端泄漏
喷油器体	断裂	内进油型进油口损伤	回油量大，无法建立压力
		外进油型进油接头松动	向外漏油

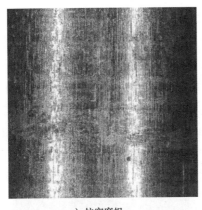

a）柱塞磨损

b）钢球阀座磨损

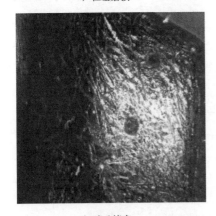

c）喷孔堵塞

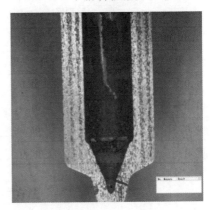

d）喷孔及针阀体内部积炭

图 4-2　共轨喷油器失效模式的微观表面

e）断裂　　　　　　　　　　f）穴蚀损伤

图 4-2　共轨喷油器失效模式的微观表面（续）

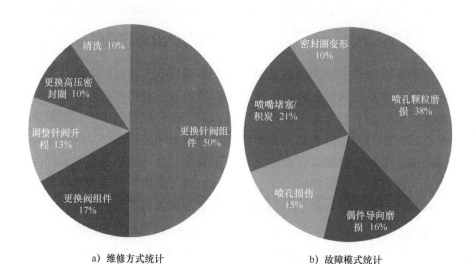

a）维修方式统计　　　　　　　　b）故障模式统计

图 4-3　共轨喷油器维修方法与故障模式统计情况

从维修店回收的旧共轨喷油器服役时间较长，旧件状况相对较差。而柴油机生产企业三包退赔机中的故障件状况相对较好，一般情况下旧件服役时间较短，零件在使用过程中的变化较小，有更好的可再利用性。从故障模式的统计数据来看，磨粒磨损及积炭等颗粒物引起的油道堵塞是导致共轨喷油器失效的主要原因。零件在使用过程中的变化是影响其可再利用性的关键因素，因此，需要从失效机理的角度分析零件的变化趋势，为定量分析零件的可再利用性提供依据。

▶4.1.2 失效机理分析

结合 4.1.1 节中的调研信息，各组件可能的失效模式可以分为磨粒磨损、堵塞、断裂、穴蚀、塑性变形等。其中，断裂和塑性变形主要是由于运动件的频繁冲击或者拆卸过程中操作不当导致的，而磨粒磨损、堵塞和穴蚀的产生与共轨喷油器的结构和工作原理相关。

▶1. 磨粒磨损

共轨系统在使用时会有固体颗粒物侵入或产生，其来源主要有管路安装过程中灰尘侵入、外部灰尘通过油箱进入系统、高压油泵磨损产生以及低压油泵磨损产生等。由于国内部分地区燃油品质不达标，导致颗粒物含量偏高，会加速滤清器的失效，如果不进行及时更换则会导致滤芯被破坏，颗粒物直接进入燃油系统。此外，共轨喷油器在使用过程中也会产生固体颗粒物，如磨损、积炭、穴蚀等都可能产生固体颗粒物，通过控制燃油系统的固体颗粒物数量可以有效延长共轨喷油器的使用寿命。

喷油器偶件上的划痕是由于油液中的固体颗粒物造成的，固体颗粒物对偶件表面的划伤主要是通过磨粒磨损作用产生的。影响磨损速率的固体颗粒物特性包括浓度、尺寸、形状和硬度，其中，颗粒物浓度与磨损速率成正比。固体颗粒物尺寸的影响与偶件间隙的大小相关。较大的颗粒会导致油孔堵塞或者运动件卡死，较细微的颗粒对喷油器影响不大，而与偶件间隙大小差不多的颗粒是造成偶件磨损的主要因素。

▶2. 堵塞

堵塞也是由共轨喷油器内的固体颗粒物导致的，颗粒物附着在零件壁面或孔道周围，造成运动件的运动性能和孔道的流通性能下降，其中，积炭是造成堵塞的重要原因之一。喷油器的喷孔附近容易发生积炭，针阀关闭后在喷孔附近残留的燃油在高温高压作用下发生裂化反应，生成的积炭堆积在喷孔内部和出口周围，改变喷口的原始结构，对燃油的雾化和燃烧特性有很大的影响，情况严重时会造成堵塞。喷油器内部也会产生积炭，影响喷油器内部运动件的运动性能，导致操纵性能下降，进而影响发动机的怠速性能和运转稳定性。积炭产生的原因主要有：与燃油添加剂相关的有机聚合物、燃油降解的产物以及金属盐对燃油的污染。积炭的产生与驾驶模式及使用的燃油有直接关系，可以利用积炭清洁添加剂来控制积炭的产生。

▶3. 穴蚀

对使用过的共轨喷油器拆解后进行零件检测时，可以发现在针阀尖部有穴蚀的产生。燃烧室内的气压低于燃油的饱和蒸气压时，流体中有气泡析出形成空穴，燃油的流动状态从单相流动变为气液两相流。气泡随着压力的升高会湮灭，伴随产生剧烈的振动放出大量的热。在频繁的振动作用下，金属零件表面出现裂纹，裂纹延伸扩大后产生金属碎屑，形成造成磨损的固体颗粒物，这一过程就称为穴蚀。在柴油机喷油器中，空穴的形成有利于燃油雾化的发展，因为空穴可以增强油流初步的破碎以及后续的雾化。部分研究认为，穴蚀的形成受几何因素和动态参数的影响。几何因素包括喷嘴类型、喷孔入口曲率、喷孔长度、喷孔进出口孔径比及其表面粗糙度等。动态参数包括应用环境的压力梯度、针阀升程和针阀离心率等。减少由于穴蚀造成的金属碎屑脱落，主要通过强化穴蚀区域金属空气面强度及改变喷嘴几何尺寸的方法来实现。

通过失效机理分析可知，除燃油质量影响外，共轨喷油器故障产生的主要原因是使用与维护不当，在保持共轨系统内部清洁度的条件下可有效延长共轨喷油器的使用寿命。共轨系统中的颗粒污染物是造成共轨喷油器故障的主要因素，会造成运动件的磨损及喷孔等功能孔道的堵塞。大部分零件在磨粒磨损的作用下会产生结构尺寸变化，而由于堵塞造成的孔道功能失效也会在彻底清洁后得到恢复，在零件的结构尺寸变化量不超过一定限度的情况下部分零件可以直接再利用。

▷▷ 4.1.3　共轨喷油器再制造工艺

从失效方式和失效机理角度来看，磨粒磨损引起的结构尺寸变化是影响共轨喷油器性能最主要的因素，可以从共轨喷油器结构原理角度探讨结构尺寸变化对喷油器性能的影响。按照控制方式不同，共轨喷油器可分为高速电磁阀控制式和压电驱动高速开关阀控制式。在此以较为常见的高速电磁阀共轨喷油器为例探讨使用对共轨喷油器性能的影响。

如图4-4所示，共轨喷油器可以分为电磁阀组件、阀组件、喷油器体、针阀组件、高压密封圈和进油接头等。共轨喷油器的进油接头始终与共轨管相连，高压燃油从接头经过进油节流孔流入喷油器的控制腔和高压油道内，控制腔和喷油器体油道中的燃油压力始终保持与共轨管内的压力一致。如图4-4a所示，在电磁阀不通电时，其衔铁在复位弹簧的作用下将阀球顶在阀座上，关闭了回油节流孔，由于节流孔出口与圆球的接触面积很小，所以作用在球阀上的力小于弹簧力而使球阀无法开启，从而使球阀保持密封状态。控制腔中的高压燃油作用在柱塞的上方形成向下的力，同时高压燃油也通过油道进入盛油腔作用在针阀的两个锥面上形成向上的力，由于压力大小一致但柱塞上表面明显大于针阀锥面承压部分的面积，所以针阀无法打开。此时，共轨喷油器处于关闭状态不能工作。如图4-4b所示，当电磁阀被驱动，衔铁被吸合而使球阀打开，控制腔的燃油就可以从回油节流孔中流出进入回油管路。由于回油节流孔的直径大于进油节流孔直径，所以控制腔内的燃油体积不断减少，控制腔压力下降，柱塞上方封闭针阀的力减小。由于进油节流孔直径远小于高压油道直径，所以作用在针阀锥面的力变化不大，当针阀锥面上向上的力大于作用在柱塞上向下的力时，针阀开启，喷油器开始喷油。共轨喷油器是共轨系统的核心部件，是集"机电液"于一体的复杂机电产品，在对共轨喷油器喷油性能进行分析时，需要综合考虑高速开关阀启闭控制、柱塞和针阀等运动件在液压力和弹簧力作用下的运动情况以及内部流道内压力和流量的变化。

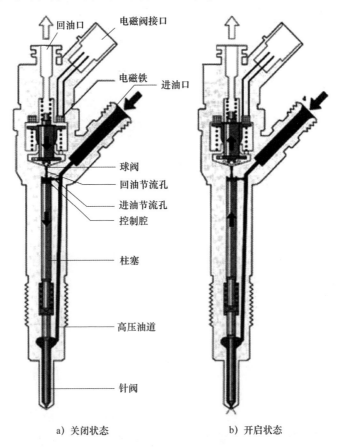

a) 关闭状态　　　　　　　b) 开启状态

图4-4　共轨喷油器的结构

▶▶ 1. 电磁阀组件

电磁阀组件的结构如图4-5所示。当电磁阀通电时，衔铁在电磁力的作用下运动到最上端的位置，此时衔铁与电磁阀平面没有直接接触，留有一定的间隙，即空气余隙。一旦电磁阀停止通电，衔铁心和球阀在弹簧力的作用下向下运动，衔铁盘也随之向下运动。当阀球运行到最下端的位置时，衔铁盘由于惯性还能继续向下运动，向下运动的最大位移称为缓冲升程（过升程）。缓冲升程对单次喷射没有影响，但是如果在极短时间间隔内连续喷射两次及两次以上时，会对总的喷射量有显著影响。

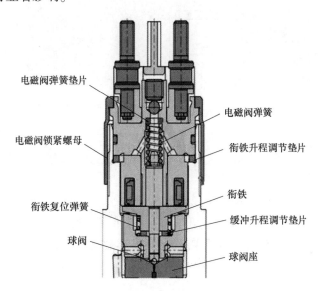

图 4-5　博世共轨喷油器电磁阀组件的结构

在电磁阀上方的弹簧上面有一个弹簧垫片，通过调节该垫片的厚度就可以调整弹簧的预变形量，控制弹簧力的大小进而控制衔铁的吸合和释放时间，影响实际喷油持续期。当加厚垫片时，开启电磁阀所需的电磁力变大，吸合时间延长及释放时间缩短，实际喷油持续期缩短导致喷油量减小。在电磁阀和喷油器体之间有个衔铁升程调节垫片，通过调节该垫片的厚度就可以调节衔铁和球阀的升程。当加厚垫片时球阀升程变大，球阀和阀座间的截留面积会变大，控制腔内的燃油能够快速回流，使针阀开启速度加快，从而使喷油量变大，尤其对预喷油量影响最大。缓冲升程调节垫片位于阀座锁紧螺母和衔铁之间，主要影响衔铁由于惯性向下运动的行程，当加厚该垫片时衔铁下行行程减小，衔铁快速归位，为下次喷射做好准备，则在连续喷射时电磁阀的实际开启时间会延长，总的喷油量会增大。除了影响电磁阀吸合释放运动行程的垫片厚度以外，还需要考虑电磁阀弹簧的刚度、衔铁复位弹簧的刚度以及衔铁的质量。在使用过程中，阀座的磨损会增大衔铁升程的大小，同时也会影响电磁阀弹簧的预压缩量，但由于磨损量一般较小，对弹簧力的大小影响不大，所以假设电磁阀组件中受到使用影响的结构参数为衔铁升程。

以上讨论的仅仅是电磁阀机械部分的结构参数，电磁阀的开启和关闭受到电磁铁性能的影响。电磁阀的开启和关闭的运动特性是电磁力、弹簧力及液压力综合作用的结果。电磁力 F_d 的大小可由式（4-1）计算。

$$F_d = \frac{1}{2N^2\mu_0 (\Sigma_1 + \Sigma_2)} \left\{ \int_0^t [U(t) - RI(t)] dt \right\}^2 \qquad (4\text{-}1)$$

式中　μ_0——真空磁导率；

　　　N——线圈匝数；

Σ_1、Σ_2——静铁心和衔铁内、外吸合极面的面积；

　　$U(t)$——电压；

　　$I(t)$——电流；

　　R——线圈电阻。

▶▶ 2. 阀组件

阀组件由球阀座和柱塞组成。这组偶件间包围形成的空间为控制腔，与控制腔相连的是进油节流孔（Z孔）和回油节流孔（A孔）。回油节流孔通过圆柱形连接孔与电磁阀的阀球相连形成开关球阀。这两个节流孔控制和调节喷油器的喷射过程和喷射特性。当球阀开启时，控制腔内的高压柴油经过回油节流孔和球阀与阀座间的间隙进入回油通道，虽然有燃油不断从进油节流孔中补充到控制腔中，但由于回油节流孔孔径大于进油节流孔，所以控制腔内压力下降，柱塞上行。回油节流孔和回油通道间的压差很大，会使回油节流孔内出现空穴现象，进一步发展会阻塞流动，使节流孔内的单一液体流动变成了气液两相流，从而使实际流量系数发生变化，影响回油节流孔的实际流量，最终影响喷油器的喷射特性。

阀组件中除了进油节流孔径和回油节流孔径两个重要的尺寸参数外，还包含另外两个重要的结构参数：球阀座与阀球形成密封面的锥面角度以及柱塞偶件间的间隙。阀球和球阀座的锥面形成了环形节流槽式"节流孔"，即阀球抬起的高度不同，其与锥面形成的节流面积也不同，从而与节流口内外压差的综合作用影响回油节流孔的流量系数、收缩系数以及空穴数的变化。对偶件间的间隙要求比较严苛，既要可靠地实现柱塞的往复运动，又要控制泄漏量以免控制腔压力下降。一般间隙值的选取要求是保证系统可靠工作的前提下尽可能减小径向间隙。在柱塞上开环形均压槽对减少泄漏量有一定的帮助。偶件间隙泄漏量 q 计算公式为式（4-2）。阀组件的结构如图4-6所示。在使用过程中，磨粒磨损会导致进油节流孔直径、回油节流孔直径和偶件间隙扩大，缝隙长度则不会发生改变。

$$q = \pi d \left(\frac{\Delta p}{12 \mu l} \delta^3 \pm v \frac{\delta}{2} \right) \tag{4-2}$$

式中　d——柱塞直径；

Δp——缝隙进出口压力差；

μ——油液动力黏度；

δ——偶件间隙；

l——缝隙长度；

v——缝隙内外表面相对运动速度。

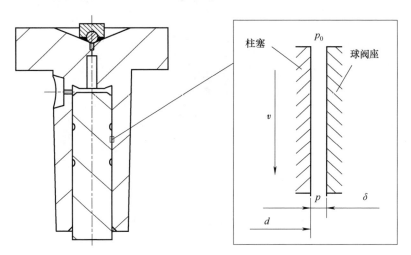

图 4-6　博世共轨喷油器阀组件的结构

⯈ 3. 针阀组件

针阀的开启是在液压力和弹簧力综合作用下实现的。盛油腔的高压燃油直接作用在针阀的下锥面上，当上方回油节流孔开启引起控制腔压力下降时，向上的液压力将克服针阀复位弹簧的弹簧力和控制腔内作用在柱塞上表面的液压力，推动针阀向上运动，开始喷油。如图 4-7 所示，在针阀复位弹簧的上方有针阀弹簧垫片用于调节弹簧的弹簧力，当垫片加厚时弹簧力增加，开启针阀的时间会延后而针阀关闭的时间会提前，导致实际喷油时间缩短，实际喷油量减少。同时，在柱塞和针阀之间有针阀升程调节垫片，用于调整针阀升程，垫片越厚，针阀的升程越小，会减小实际喷油量，尤其对满负荷工况影响较大。

针阀体与喷油器体为平面密封，靠拧紧锁紧螺母来保证高压下不泄漏。针阀与针阀体是一组偶件，其功能、要求及泄漏油量的计算方法与柱塞偶件相同，可参考式（4-2）。喷油器喷嘴可根据结构不同分为 VCO（valve covers orifice）型和 mini-sac 型（图 4-8）。影响喷油特性的参数很多，包括喷孔数量 N、喷孔直径 d_e、针阀密封直径 d_b、针阀体锥面角度 σ、针阀锥面角度 α 等。在使用过程中，喷孔数量、针阀体锥面角度等大多数结构参数并不会发生改变，只有喷孔直径和针阀升程会由于磨损而变大。

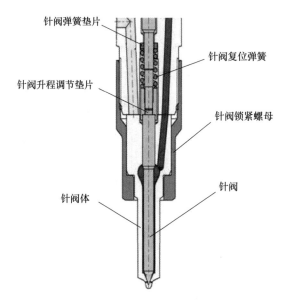

图 4-7　博世共轨喷油器针阀组件

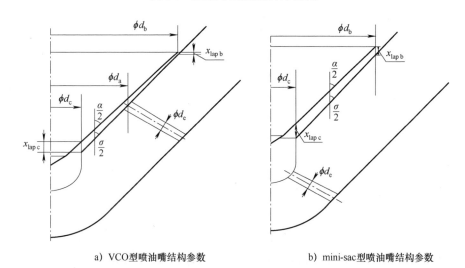

a）VCO型喷油嘴结构参数　　　　b）mini-sac型喷油嘴结构参数

图 4-8　VCO 型与 mini-sac 型喷油嘴结构参数

综上所述，共轨喷油器的大部分结构参数在使用过程中并不会发生改变，尤其是那些不会发生相对移动或用于定位的结构参数，如电磁阀弹簧刚度、弹簧垫片厚度、阀座锥角、偶件密封长度、针阀锥面角度、喷孔数量等。而部分结构参数会随着使用过程而发生改变，当变化量超过一定限度时将导致共轨喷油器失效。共轨喷油器零件的寿命主要由磨损情况决定，在售后维修过程中通过清洁就可以恢复部分共轨喷油器性能。故障统计信息可以初步说明零件的可再利用性，定性说明采用高再利用率共轨喷油器再制造工艺的可行性，而无须采用 OEM 模式而更换所有的关键零件。在此基础上，确定高再利用率共轨喷油器的第三方再制造工艺路线，如图 4-9 所示。

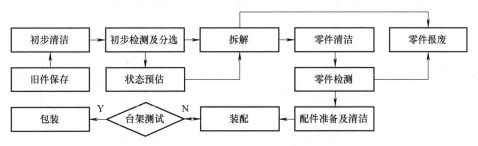

图 4-9　共轨喷油器的第三方再制造工艺路线

共轨喷油器第三方再制造工艺与一般机电产品的再制造工艺有明显的差别，主要集中在清洁、性能评估、零件检测和装配四个方面，具体技术细节差异如下：

1）清洁。在初步清洁工序中，要用高压冲洗回收旧件的外部污垢，在冲洗前要将喷油器的所有油口都封堵好，避免外部污垢进入喷油器内。外部冲洗干净后，去掉所有油口堵头，进行超声波清洗。在零件拆解后的零件清洁工序中，将零件进行超声波清洗，选择可以溶解锈迹和积炭的清洗剂，可根据零件状况适当调高温度并延长清洗时间，确保被堵塞的孔道和附着在零件表面的污染物被清理掉。在配件准备及清洁工序中，要将所有的零件都清洁干净，避免将污染物带入装配好的再制造产品中。清洁工作是再制造环节中需要重点关注的内容，是保障再制造产品质量的先决条件。

2）性能评估。在初步检测及分选工序中，需要用万用表测量喷油器电磁阀的电阻值，若不满足阻值要求则说明电磁阀损坏，不能进行台架测试，则需要直接进行拆解。若电磁阀良好，目测喷油器有没有明显的机械损伤，如接线柱断裂、针阀体碎裂、油管接头损伤等故障，然后进行台架测试，通过静态性能测试来初步判断损坏部位。在台架测试工序中，对装配好的再制造共轨喷油器进行台架测试，根据制订的再制造产品出厂检测技术要求进行判定，满足检测技术要求的再制造产品被认为是合格件。再制造产品的性能评估是进行产品状态预估、再制造产品出厂检测的关键环节。

3）零件检测。通过目测可以确定部分零件的基本状况，如观察喷嘴的雾化状况来确定喷嘴是否满足再利用要求等。对阀组件和针阀组件的检测要借助专用设备，如电子体视显微镜和内窥镜，观察密封锥面的磨损情况，利用流量监测设备确定喷孔尺寸、进出油节流孔尺寸以及偶件间隙等，甄别出可以再利用的零部件。零件检测的重点是判定零件的后续使用价值，通过零件检测可以对零件进行分选，判定零件是报废件、可再利用件还是可再制造件。

4）装配。共轨喷油器的装配重点在于结构参数的匹配，将可以再利用的零部件与不同厚度的调节垫片进行匹配，确保所有零部件在匹配安装后可以达到总成性能检测的技术要求。对于装配后不能满足总成性能评估要求的再制造件，需要在拆解后重新进行结构参数的匹配，会影响再制造产品的质量和生产率。

第三方再制造与OEM再制造的主要差别在于技术信息的获取。在原始制造技术资料缺失的条件下开展共轨喷油器再制造，需要针对部分再制造工艺的关键环节进行研究。对于共轨喷油器再制造工艺的技术细节来说，需要重点突破状态预估与台架测试环节中测试内容及技术要求的相关内容、零件检测环节中零件结构尺寸可再利用区间的确定以及装配环节中零件结构尺寸匹配的相关内容等。其中，总成性能测试技术要求的明确为建立再制造质量保证体系提供了理论指导，而零件结构尺寸可再利用区间及结构参数匹配的研究有助于零件可再利用性评价方法的制订及提高再制造共轨喷油器的一次性装配合格率，降低生产成本并提升产品的生产率。

开展共轨喷油器第三方再制造的主要目标是实现再制造产品的成本降低及保障产品的安全可靠。共轨喷油器零件的可再利用性分析为设定高再利用率的共轨喷油器再制造工艺提供了依据，使降低再制造共轨喷油器的生产成本得以实现。从OEM售后体系和产品失效分析中获取的技术信息可以为再制造工艺的技术细节提供线索，将再制造产品与维修件、翻新件、拼装件等区别开。同时，通过对再制造工艺环节的性能评估、参数匹配、测试方法等内容的科学分析及设定，实现对再制造产品质量的有效控制。

4.2 再制造共轨喷油器的总成性能评估方法

4.2.1 再制造共轨喷油器总成性能评估的测试环境要求分析

是否建立质量保障体系是区别再制造与翻新、拼装等概念的重要特征之一，对再制造共轨喷油器进行性能评估是进行故障判定及保证再制造产品质量的关键环节。在进行再制造共轨喷油器总成性能评估时，由于缺乏 OEM 相关技术资料，需要针对再制造共轨喷油器总成性能评估的测试环境要求及再制造产品技术要求进行研究。本节将以相关国家及行业标准和 OEM 售后技术信息为基础，搭建共轨喷油器总成性能检测平台，对再制造共轨喷油器总成性能评估方法进行研究。

随着排放标准的提高，柴油机对于燃油系统的要求更为严苛，需要在优化喷油器喷雾特性的同时，进一步加强喷射控制的准确性和柔性。喷油压力不断提高、快速的响应特性、准确灵活的喷油定时等诸多方面的要求都关系到燃油系统的性能表现。第三方再制造与 OEM 再制造的主要差别在于技术信息的获取，原始制造技术资料缺失是第三方再制造最大的障碍。共轨喷油器的性能测试和故障判定主要依靠博世、哈特里奇、EFS 等外资企业研发的设备来完成，这些设备主要面向 OEM 的售后服务或者新品开发。目前，国内研发的共轨喷油器性能测试平台的技术水平距离满足再制造性能检测的需求尚有一定差距。通过综合考虑经济因素、售后服务及再制造性能检测需求，结合 JB/T 12040—2015《柴油机电控共轨喷油器试验台技术条件》和 GB/T 25367—2010《柴油机电控共轨喷油系统　喷油器总成　技术条件》的要求，开展了再制造共轨喷油器总成性能评估的测试环境要求分析，并搭建了检测平台。再制造产品的坯料是现有流通产品，鉴于我国市场上主流的共轨喷油器均采用电磁阀驱动，因此，再制造共轨喷油器总成性能评估方法主要以电磁阀驱动式共轨喷油器为对象，从明确共轨喷油器性能检测过程中需要检测的主要技术性能参数入手，逐步解析出再制造共轨喷油器性能检测的技术要求。

4.2.1.1　再制造共轨喷油器的主要技术性能参数

1. 循环喷油量

共轨系统的喷油压力独立于发动机转速，可以自由设定喷油定时和喷油量，并可以利用多次喷射来调节喷油曲线形状，实现理想的喷油规律。根据加速踏板的开度及其工况适时调整喷油量的大小，可以使发动机具有良好的喷油特性，优化燃烧过程，并使发动机油耗、噪声和排放等性能指标明显改善，因此，对于喷油器在不同工况下喷油量的准确性有很高的要求。测试准确度是指测定结果与真实值之间的接近程度，对喷油量一般以 mm^3/st（每次喷射立方毫米）为计量单位。在 GB/T 25367—2010 中对喷油量准确性的要求为"共轨喷油器在标定工况测得的喷油量与柴油机要求的标定工况循环喷油量相比，其喷油量偏差应小于±7％"。循环喷油量是再制造共轨喷油器的核心功能指标，是总成性能评估的监控重点。

▶▶ 2. 泄漏量和功能回油量

泄漏量（又称静态泄漏量）是指在确定的共轨压力条件下，喷油器不喷油时高压燃油经过机械零部件间隙泄漏至低压区的油量。功能回油量（又称动态回油量）是指喷油器为了实现自身的喷射性能从高压油道返回低压油道的油量，主要是在喷油器球阀开启状态时部分油液通过回油节流孔到衔铁组件周围回油通道的油量。泄漏量是连续产生的，一般采用 mL/min 为计量单位。功能回油伴随喷油过程同步产生，其计量单位与喷油量一致。在 GB/T 25367—2010 中要求共轨喷油器的功能回油量应小于喷油量的 50％。功能回油量可以反映再制造共轨喷油器的基本状况，通过测量柴油机在装共轨喷油器的功能回油量可以初步判定共轨喷油器是否发生故障。

▶▶ 3. 启喷响应特性

发动机要求喷油器在准确的时间以正确的雾化状态喷射准确体积的燃油。启喷响应特性是指从喷油器电磁铁开始通电到喷油器开始喷油之间的时间间隔，通常在 300~800μs 之间。多次喷射技术是优化缸内燃油喷射、雾化、混合气形成进而控制燃烧的重要技术手段。一般在一个工作循环内喷油器需要喷油 3~6次，多次喷油之间要有明显的界限且油量可控，其中预喷的脉宽最短可达160μs，两次喷射之间的间隔时间最短可达 80μs。在 GB/T 25367—2010 中要求共轨喷油器的喷油开启延迟应小于 550μs。再制造共轨喷油器启喷响应特性对再制造产品的影响不大，对于电磁阀主要采用再利用的形式，原型产品的启喷响应特性已验证过，在再制造生产过程中无须再次验证。

▶▶ 4. 雾化效果

喷油器的喷雾特性包括雾化粒度、油雾分布、油束方向、射程和扩散锥角等。喷油的雾化效果直接影响燃烧过程和尾气的生成。燃油雾化状况主要受喷孔形状、喷孔表面状态、燃烧室内气流压力和流动状态等因素的影响。在 GB/T 25367—2010 中要求喷出的燃油呈雾状，不应有明显的肉眼可见的飞溅油粒、连续的油柱和极易判别的局部浓、稀不均匀现象。喷油开始和终了应明显，并应伴有符合喷嘴偶件结构特点的特有声响或针阀的颤振声响。再制造共轨喷油器的雾化效果与喷嘴状况有关，在没有堵塞和机械损伤的情况下，可实现与原型产品同样的雾化效果。

▷▷ 5. 喷油的一致性

喷油的一致性表征了喷油器工作的可靠性，一般采用标准差来表示。由于轨压的波动、驱动电流的波动以及喷油器本身机械和液压特性等因素的影响，喷油器在同一工况下进行连续喷射，其喷射的油量会有偏差。偏差的大小直接影响喷油器的可靠性，过大的偏差会造成发动机运行不平稳。通过进行重复测试，利用测试值的标准差来表征喷油器工作的稳定性是目前各喷油器生产企业的一致做法。标准差反映了各测试值之间的离散程度，标准差越小则重复性越好。测试时，在确定的共轨压力和驱动脉宽条件下，喷油器进行连续喷射，对多次喷射油量的结果进行标准差计算，要求标准差在一定限值范围以内。在GB/T 25367—2010中对喷油量重复性的要求为"共轨喷油器每200次喷油量，当单次喷油量≥10 mm^3/st 时，其标准差 < 0.6；当单次喷油量 < 10 mm^3/st 时，其标准差 < 0.3。"再制造共轨喷油器的所有零件要被重新匹配，产品的可靠性要重新被验证，是再制造出厂检测的重点监控内容。

共轨喷油器应用于多缸发动机，除了要求单支喷油器的喷射一致性外，还对成组喷油器的喷射一致性有要求。当各喷油器喷油量差异较大时，会导致各缸工作能力不一致，增大柴油机的噪声，引起油耗和排放增加。虽然这种差异可以通过在线分缸均衡控制，但这无疑增加了ECU（电子控制单元）的计算量，会占用更多的资源。在GB/T 25367—2010中要求同一组喷油器中最大和最小油量值对该组平均油量值的油量偏差不超过一定限值，不同标定工况下的限值要求不同。

▷▷ 6. 喷油器修正码

喷油器修正码（IQA码）用来正确设定每个共轨喷油器的喷油量，其调节值为单个喷油器工况点的喷油量相对于标准值的偏差，喷油量–脉宽时间调整关系如图4-10所示。

IQA码的作用是通过对喷油器的脉宽进行修正，以保证所有出厂喷油器的喷油量和标准喷油量一致，平衡不同喷油器之间的生产偏差。在ECU和共轨喷油器出厂时，并不需要刷写IQA码，而在主机厂装配发动机时，将喷油器的IQA码刷写进ECU相应的缸位置，实现喷油器和发动机的良好匹配，满足排放要求。在喷油器生产过程中，加工精度、喷油器测试精度都会影响喷油器的误差，采用IQA码修正的方式使喷油量与标准值尽量靠近，从而可以放宽制造精度的要求。在博世的IQA码中包括ECU对喷油器喷油量的调整值、油量增量、校验和虚拟位，通过十六进制码的转换生成7位字母和数字的组合。对于国内国Ⅲ和国Ⅳ阶段的商用车所采用的博世共轨系统，通常不需要刷写 IQA 码，而对于乘用车使用的共轨系统及电装、德尔福等公司生产的喷油器则必须刷写喷油器修正码。

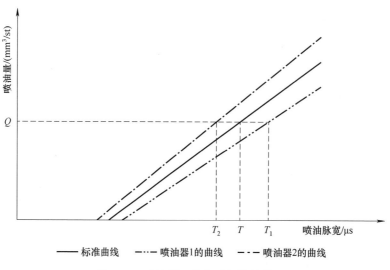

图 4-10　喷油量－脉宽时间调整关系

▶ 4.2.1.2　再制造共轨喷油器总成性能评估的测试环境要求

为满足再制造共轨喷油器总成性能评估的要求，需要搭建再制造共轨喷油器性能检测平台，对影响再制造产品质量的关键性能指标进行检测，判定再制造共轨喷油器和旧件的性能状态。

▶ 1. 评估检测环境所需具备的功能

检测平台需要实现再制造共轨喷油器的循环喷油量、喷油器的响应特性、喷油器的静态泄漏量、功能回油量及喷油雾化性能等技术性能的检测。其中，循环喷油量是喷油器性能测试的重点，除了准确测量喷油量外还要保证重复测量的一致性。喷油器的响应特性取决于电磁阀的响应速度，而该响应速度与电磁铁的电阻值直接相关，可以通过测量电磁阀的电阻值来间接表征喷油器的响应特性。喷油器的静态泄漏量与功能回油量也是影响喷油器喷油特性的重要因素，可间接影响循环喷油量及喷油速率。对于喷油雾化性能一般采用目测，观察是否有明显的雾化不良现象。

评定喷油器喷射性能的方法主要有：静态喷射点法（静态性能测试）、动态喷射曲线法和喷射重复性能测试法。在不同的生命周期阶段，对于喷油器喷油量测试的方法有所不同。在产品研发阶段，主要采用动态喷射曲线法；在产品生产阶段，主要是在静态喷射点法的基础上进行喷射重复性能测试；而在售后服务阶段，只采用静态喷射点法。再制造喷油器循环喷油量测试可以通过静态喷射点法来实现。静态喷射工况点的选取参照喷油器的喷射曲线，代表了喷油器喷射曲线的不同区域，并且对每个静态测试点的油量规定了上、下限，相当于规范了喷油器动态喷射曲线的形状。由于再制造共轨喷油器主要应用于售后服务阶段，可以参照博世等公司在售后服务阶段采用的技术要求来设定再制造共轨喷油器性能评估的测试环境要求和产品技术要求。

▶ 2. 性能评估测试环境的影响因素

采用静态喷射点法对再制造共轨喷油器进行性能测试，要求检测平台可以按照指定工况点任意设定共轨压力（轨压）、喷油脉宽、喷射次数、喷射频率和油泵转速。共轨系统的特点在于将发动机转速与燃油的喷射相分离，实现对燃油喷射量、喷射规律的柔性控制，这使得油泵的转速与轨压的设定并不存在直接的比例关系，而是要求随着轨压的提高而提高供油频率（油泵转速）以满足轨压控制的精度要求。在实际使用中由于喷油正时的要求，需要将共轨喷油器的喷射频率设定为与发动机转速保持一定的比例关系，但在进行台架试验时则无须与发动机转速相关联，只需将喷射频率控制在一定的范围内，保证轨压在大喷油脉宽条件下不会因喷射频率过高而产生剧烈波动。

轨压精确控制是保证喷油量和回油量测量准确的重要基础，而对于油量的准确计量除了要选用高精度的流量计外，还需要对被测燃油的温度进行控制。共轨喷油器喷油时的轨压最高可达 160MPa 以上，虽然喷油时间很短但依然可以喷射大量燃油。柴油的黏度、密度等物理属性受到温度的影响，在对喷油器进行重复性测试时，温度差别会导致油量测量值在一定范围内波动。同时，检测平台进行燃油喷射时，是将燃油的压力转化为燃油喷射的速度并产生大量的热，会加热喷射出来的燃油和返回到油箱里的燃油，而大部分流量计都采用容积式计量的方式，温度的波动也会对计量单元的精度产生影响。因此，对测试平台进行温度控制时仅仅控制油泵进油口处的燃油温度是不够的，还需要将流量计受温度的影响考虑在内。

▶ 3. 性能评估测试环境的技术要求

综合相关检测标准和 OES 的售后技术要求，再制造共轨喷油器总成性能评估检测平台的技术要求设定见表 4-3。此外，检测平台还应具备自检监控系统和人机交互系统。由于检测平台在部分工况下液压介质压力会达到 160MPa，管道泄漏及安全阀故障会危及操作人员的安全，需要对轨压、燃油温度、电机转速进行实时监控并可以通过系统软件进行自动紧急关闭。通过人机交互系统可以设定运行工况，监控检测平台状态，显示测试过程及结果等。

表 4-3　再制造共轨喷油器总成性能评估检测平台的技术要求

项　　目	要　　求
测试项目	循环喷油量、回油量、喷油响应等，可支持设定预喷、怠速、中负荷、满负荷等多种不同工况
油量测试范围	$25 \sim 250 mm^3 / st$
喷油频率调节范围	$0 \sim 30 Hz$
喷油脉宽调节范围	$0.1 \sim 2 ms$
最大驱动电流范围	$(20 \sim 25) A \pm 1A$
保持电流控制范围	$10A \pm 1A$
流量计精度	5‰
油温控制	$40℃ \pm 2℃$
轨压调节范围	$20 \sim 160 MPa$
轨压控制精度	$\pm 1 MPa$
转速调节范围	$100 \sim 2500 r/min$
转速控制精度	$\pm 1 r/min$
燃油过滤精度	不低于 $3 \mu m$

4.2.2　再制造共轨喷油器总成性能评估检测平台及其性能验证

4.2.2.1　检测平台工作原理

再制造共轨喷油器性能评估检测平台如图 4-11 所示。低压单元将燃油从油箱泵入过滤系统和油路单元，利用油路单元的液压换向阀实现燃油的分配。在安装或拆除被测共轨喷油器时，燃油进入夹具系统，实现自动装夹；在进行共轨喷油器性能测试时，燃油进入过滤器和加热单元后输送到高压泵进口，实现向高压系统输送清洁、恒温的燃油。与共轨系统的工作原理一致，高压油泵单元、共轨管、共轨喷油器和压力传感器形成闭环回路，通过调节油泵转速、比例节流阀控制频率及脉宽、喷油器控制频率及脉宽保证压力波动在限值范围内。利用计量单元测量喷油量和回油量，并用压力传感器测量喷油器响应。由 PC 和单片机组成上、下位机，采集转速、温度、压力等信号，利用 CAN（控制器局域网络）通信实现数据传输，实现数据的实时监控以及指令的上传和下发。

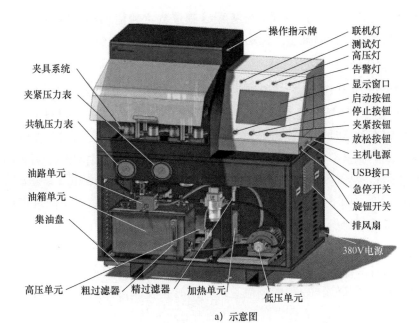

操作指示牌
夹具系统
夹紧压力表
共轨压力表
油路单元
油箱单元
集油盘
联机灯
测试灯
高压灯
告警灯
显示窗口
启动按钮
停止按钮
夹紧按钮
放松按钮
主机电源
USB接口
急停开关
旋钮开关
排风扇
380V电源
高压单元　粗过滤器　精过滤器　加热单元　低压单元

a）示意图

b）现场图

图 4-11　再制造共轨喷油器性能评估检测平台

　　在对共轨喷油器进行静态测试时，首先将燃油温度控制在要求的范围内，根据被测共轨喷油器的具体工况点要求，调节变频电机使高压油泵的转速固定在要求的数值范围内，调节共轨管内的燃油压力在要求的范围之内，根据配置的喷油器测试参数，设定喷射频率、喷射次数、喷射驱动脉宽，驱动共轨喷油器进行喷射。利用流量计、压力传感器等测量装置和传感器，检测在此工况点再制造共轨喷油器的喷油量、回油量、喷油响应等性能参数。

≫ 1. 轨压控制

检测平台应可以在指定范围内任意设定工况，可以将轨压偏差控制在 ±1MPa 范围内。轨压控制系统主要由高压喷油回路和低压供油回路组成。低压供油回路将燃油从油箱中吸出经过滤装置送到高压喷油回路入口，保证满足高压回路进油的流量需求及清洁度要求。高压喷油回路由带比例节流阀的高压油泵和带压力传感器的高压油轨组成，通过脉冲宽度调制（PWM）信号调节比例节流阀的开度来调节进入高压系统的燃油量，与压力传感器形成闭环回路，并利用带预补偿的比例积分微分（PID）反馈控制技术确保轨压的稳定。轨压控制回路如图 4-12 所示。轨压控制的难点在于喷射开启瞬间的压降及喷射结束瞬间的压力过度补偿造成的轨压剧烈波动，可通过适当提高油泵转速和比例节流阀的控制频率来提高轨压控制的响应速度，同时在喷油器开启阶段和关闭阶段进行轨压的预调节，以适应压力调节的快速响应及轨压波动要求。

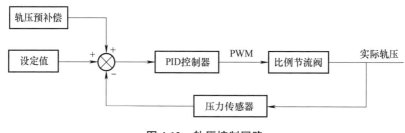

图 4-12　轨压控制回路

≫ 2. 温度控制

为了保证测量的精度，需要对进入高压油泵和进入流量计内燃油的温度进行控制。由于油箱容积较大，若对整个油箱进行温度控制，则温度响应迟缓且能耗高。在开发的检测平台中，将油箱容积分割成两部分，靠近供油侧的部分体积较小，并将加热器和温度传感器安装在这一侧，可提高升温响应，同时降低回油扰动对油液清洁度的影响。温度传感器与加热器形成闭环回路，控制吸油口温度稳定在 40℃ ±2℃ 范围内。由于共轨喷油器喷油过程会将油液加热，在进行重复性测试时被测油液会将流量计不断加热，使得容积式流量计的测试精准度下降。利用冷却器（冷却液或冷却风扇）与温度传感器形成闭环回路，对流量计温度进行实时控制，保证每次测量时流量计的温度都控制在一个稳定值，改善测量的一致性。温度控制回路如图 4-13 所示。

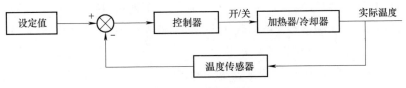

图 4-13　温度控制回路

⫸ **3. 喷油器驱动**

在国内市场上应用的共轨喷油器绝大多数都采用电磁阀控制式，使用的电磁阀为高速电磁开关阀。为保证电磁阀的响应特性，需要使开启电流在短时间内上升到25A甚至更高，在电磁阀开启后将电流降低至保持开启所需的电流值（10A左右）以降低能耗及减少电磁阀发热，这就对电磁阀驱动电路提出了响应速度、电流值调节等要求。本检测平台采用高低压分时驱动模式，由电压调节模块调节高边电路和低边电路的供电电压，利用脉冲宽度调制（PWM）技术，通过绝缘栅双极型晶体管（IGBT）控制高低边电路的通断及保持时间，协同调节喷油器的启闭特性及喷油时间，进而实现对喷油速率的精确控制。共轨喷油器驱动电路如图4-14所示。喷油器驱动参数根据所测试的不同品牌共轨喷油器进行微调，满足博世、德尔福、电装等品牌再制造共轨喷油器的性能检测要求。

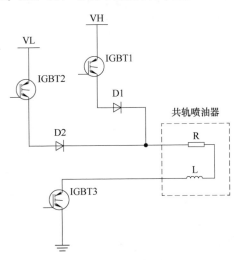

图 4-14　共轨喷油器驱动电路

⫸ **4.2.2.2　检测平台的性能验证**

⫸ **1. 静态性能测试准确性对比验证**

与博世或哈特里奇相同功能的测试台进行对标是检验再制造共轨喷油器总

成性能评估检测平台性能最直接的方式。选取一支博世 0445110335 共轨喷油器，分别在博世 EPS815 和自研的再制造共轨喷油器性能评估检测平台（图4-11）上进行测试，通过对比测量结果来验证检测平台的测量准确性，测试结果如图 4-15 所示。博世 0445110335 测试限值要求与测试结果对比见表4-4。

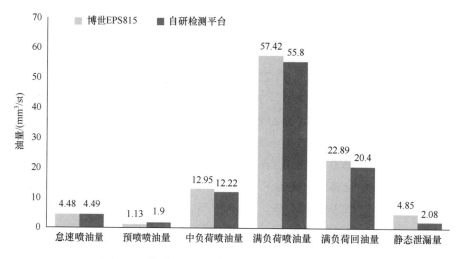

图 4-15　博世 EPS815 与自研检测平台的对比测试

表 4-4　博世 0445110335 测试限值要求与测试结果对比　（单位：mm³/st）

博世 0445110335 测试限值要求				自研的检测平台与 EPS815 测试对比		
参　　　数	上限	下限	极差	EPS 815	自研检测平台	测 试 差 值
满负荷回油量	56	18	38	22.89	20.4	2.49
满负荷喷油量	63.4	55.4	8	57.42	55.8	1.62
中负荷喷油量	16.4	11.6	4.8	12.95	12.22	0.73
预喷喷油量	2.8	0.3	2.5	1.13	1.9	0.77
怠速喷油量	7	3	4	4.48	4.49	0.01

选取一支德尔福 EJBR03301D 共轨喷油器，分别在哈特里奇 CPi-PC 和自研的再制造共轨喷油器性能评估检测平台进行同样的测试对比（哈特里奇是德尔福的子公司，德尔福生产的共轨喷油器的售后服务由哈特里奇品牌的检测设备来完成），测试结果如图 4-16 所示。德尔福 EJBR03301D 测试限值要求与测试结果对比见表 4-5。

通过测试结果对比可以发现，在采用相同测试工况对同一款共轨喷油器进行静态性能测试时，自研的再制造共轨喷油器性能评估检测平台可以获得较为准确的测量结果，测试数据的对比差值远小于新品性能检测限值要求的极差。

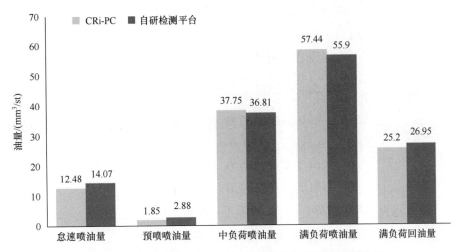

图 4-16 哈特里奇 CRi-PC 与自研检测平台的对比测试结果

表 4-5 德尔福 EJBR03301D 测试限值要求与测试结果对比 （单位：mm³/st）

| 德尔福 EJBR03301D 测试限值要求 | | | | 自研的检测平台与 CPi-PC 测试对比 | | |
参　　数	上限	下限	极差	CPi-PC	自研检测平台	测 试 差 值
满负荷回油量	35	20	15	25. 2	26. 95	1. 75
满负荷喷油量	65	51	14	57. 44	55. 9	1. 54
中负荷喷油量	43	33	10	37. 75	36. 81	0. 94
预喷喷油量	7. 5	3. 8	3. 7	1. 85	2. 88	1. 03
怠速喷油量	17	9	8	12. 48	14. 07	1. 59

▶▶ 2. 测试一致性对比验证

相对于喷油特性测量的准确性，测试的一致性能代表检测平台的稳定性。由于压力波动、驱动电流波动等因素的干扰，会造成性能测试结果在一定范围内波动，通过重复性测量可以确定油量测量的一致性。参照行业标准中重复性测试的要求，对各种品牌的共轨喷油器在标准工况下重复测试 10 次喷油量及指定工况的回油量，计算所有测量油量的标准差。参照 GB/T 25367—2010 中对喷油量重复性的要求，当单次喷油量 ≥10mm³/st 时，其标准差 <0.6；当单次喷油量 <10mm³/st 时，其标准差 <0.3。标准差的计算公式如下：

$$s(\bar{x}) = \sqrt{\frac{1}{(n-1)}\sum_{i=1}^{n}(x_i - \bar{x})^2} \tag{4-3}$$

式中　　x_i——对喷油量或回油量第 n 次独立重复测量所得的油量值（$i = 1$，2，3，$\cdots$，n），对于喷油量和动态泄漏量的单位为 mm^3/st，而对于静态泄漏量单位为 mL/min；

　　$\bar{x} = \dfrac{1}{n}\sum_{i=1}^{n}x_i$——对喷油量或回油量 n 次独立重复测量所得结果的算术平均值；

　　$s(\bar{x})$——采用 n 次测量所得结果的算术平均值作为喷油量和回油量的最佳估计值时，算术平均值的试验标准差；

　　n——测量次数（此处取 $n = 10$）。

对博世 0445110335 及德尔福 EJBR03301D 共轨喷油器性能参数（怠速喷油量、预喷喷油量、中负荷喷油量、满负荷喷油量、满负荷回油量及静态泄漏量）的重复性测试结果如图 4-17 和图 4-18 所示。

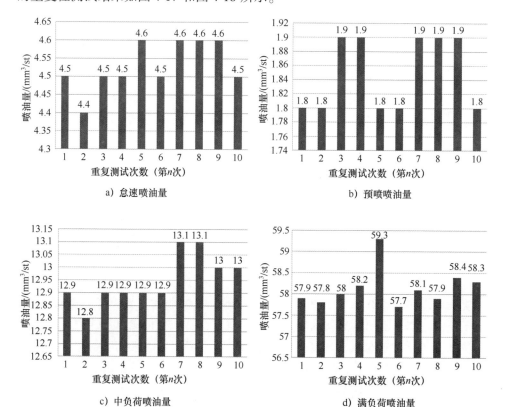

图 4-17　博世 0445110335 重复性测试结果

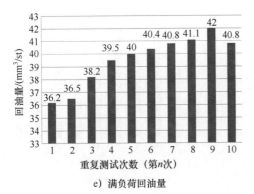

e）满负荷回油量

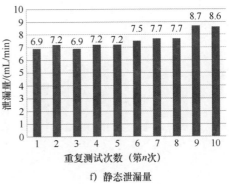

f）静态泄漏量

图 4-17　博世 0445110335 重复性测试结果（续）

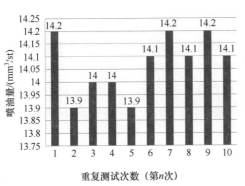

a）怠速喷油量

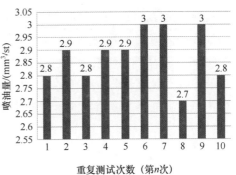

b）预喷喷油量

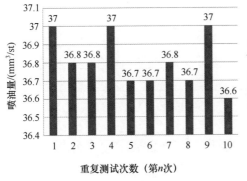

c）中负荷喷油量

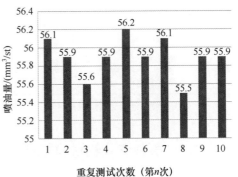

d）满负荷喷油量

图 4-18　德尔福 EJBR03301D 重复性测试结果

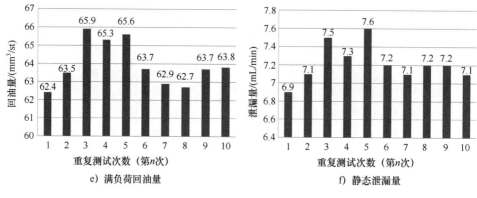

图4-18　德尔福 EJBR03301D 重复性测试结果（续）

图4-17和图4-18各包含6张小图，分别为6个性能参数的重复性测试结果。通过对比重复性测试的标准差值和限值可以发现，利用自研的再制造共轨喷油器性能评估检测平台对博世0445110335、德尔福 EJBR03301D 以及电装6791-02Q03624等品牌共轨喷油器进行重复性测试，其结果满足 GB/T 25367—2010 规定的一致性限值要求，见表4-6。可以认定本检测平台的测试准确性及稳定性良好，可以满足共轨喷油器的再制造生产检测、售后故障鉴定及新品生产检测等多种检测任务的要求。

表4-6　检测平台重复性测试的一致性表现　（单位：mm³/st）

参　　数	博世 0445110335		德尔福 EJBR03301D		电装 679102Q03624	
	平均值	标准差	平均值	标准差	平均值	标准差
怠速喷油量	4.53	0.02	14.07	0.12	8.43	0.06
预喷喷油量	1.85	0.02	2.88	0.1	1.41	0.07
中负荷喷油量	12.95	0.03	36.81	0.14	47.87	0.23
满负荷喷油量	58.16	0.14	55.9	0.22	102.06	0.35

注：表中以喷油量重复测试的平均值作为单次喷油量，区分标准差的限值要求。

▶ 4.2.3　再制造共轨喷油器总成性能评估的产品技术要求分析

在对再制造共轨喷油器进行重复性测试时，对于测试工况和标准差限值的要求主要参考现有标准，但从博世、德尔福等品牌售后技术要求的内容来看，标准中的部分要求并不精准，部分内容并不适用于再制造产品的性能检测，需要对静态性能测试要求和标准差限值区间的划分及要求做进一步讨论。

▶4.2.3.1 再制造共轨喷油器静态性能测试工况要求

通过分析对比博世 EPS815 试验台、哈特里奇 CRi-CP 试验台及 JB/T 12040—2015《柴油机电控共轨喷油器试验台技术条件》的测试内容，可以得到关于静态喷射点法技术要求的相关信息。表 4-7、表 4-8 和表 4-9 所列数据分别是博世 EPS815 试验台、哈特里奇 CRi-CP 试验台和标准 JB/T 12040—2015 对博世 0445110335 型共轨喷油器进行静态喷射点法测试的工况要求。可以发现工况点的参数要求及测试内容有一定的差异。

表 4-7　博世 EPS815 试验台对博世 0445110335 喷油器的静态性能测试要求

工　况	轨压/MPa	脉宽/μs	转速/（r/min）	油量/（mm³/st）
满负荷回油	145	800	1000	46 ± 28
满负荷喷油	145	800	1000	59.4 ± 4
中负荷喷油	60	630	1000	14 ± 2.4
预喷喷油	60	290	1000	1.55 ± 1.25
怠速喷油	30	690	1000	5.0 + 2.0

供油温度：（40 ± 2）℃；轨压控制：± 1MPa

表 4-8　哈特里奇 CRi-PC 试验台对博世 0445110335 喷油器的静态性能测试要求

工　况	轨压/MPa	脉宽/μs	转速/（r/min）	喷油量/（mm³/st）	回油量/（mm³/st）	响应时间/μs
满负荷	130	1000	1500	72.5 ± 2.5	18 ～ 28	325 ～ 405
中负荷	80	800	1000	31.5 ± 2.5	8.0 ～ 15	325 ～ 410
预喷	80	750	1000	0.75 ± 0.45	5.0 ～ 11	320 ～ 410
怠速	30	220	400	4.5 ± 1.5	5.0 ～ 10	480 ～ 570

供油温度：（40 ± 2）℃；轨压控制：± 0.5MPa

表 4-9　JB/T 12040—2015 对博世 0445110335 喷油器的静态性能测试要求

工　况	轨压/MPa	脉宽/μs	转速/（r/min）	油量偏差	响应时间/μs
最大扭矩点	160	1800	800	± 3%	≤550
标定点	80	2000	800	± 3%	
怠速点	40	700	800	± 12%	
单次喷油量 2 ～ 5mm³ 的测试点	—	—	—	± 1mm³	

供油温度：（40 ± 2）℃；轨压控制：± 1MPa

表 4-7 ～ 表 4-9 中，油量测量精度要求和工况点名称出自 GB/T 25367—

2010，工况点的参数要求数据出自 JB/T 12040—2015。

1. 测试工况点的数量及其参数

博世及哈特里奇对于喷油器的静态测试工况点数量及名称相同，分别为满负荷工况、中负荷工况、预喷工况和怠速工况。而在 GB/T 25367—2010 中，要求测试的工况点为标定点、最大扭矩点、怠速点及单次喷油量 $2\sim5\,mm^3$ 的测试点，在测试点数量方面与博世及哈特里奇的一致，可以将标准中的各个工况点与博世及哈特里奇的工况点对应起来，其中，单次喷油量 $2\sim5\,mm^3$ 的测试点对应预喷工况、标定点对应中负荷工况、最大扭矩点对应满负荷工况。三者对于同一型号喷油器工况点的参数要求各不相同，例如在对博世 0445110335 喷油器进行测量时，EPS815、CRi-CP 及 GB/T 25367—2010 的工况点（轨压/脉宽）参数分别为 $145\,MPa/800\,\mu s$、$130\,MPa/1000\,\mu s$ 和 $160\,MPa/1800\,\mu s$。

2. 工况点的技术要求

为满足静态性能测试的要求，需要对测试环境进行控制，需要控制的内容主要包括测试用油的油温、轨压控制精度和高压泵的转速等。EPS815、CRi-CP 及 JB/T 12040—2015 对于测试用油的供油温度要求是一致的，要求把供油温度控制在 $40\,℃\pm2\,℃$。而对于轨压的控制精度，以 CRi-CP 最为严格，要求实时轨压值达到测试点要求值的 $\pm0.5\,MPa$，而 EPS815 和 JB/T 12040—2015 的要求为 $\pm1\,MPa$。另外，EPS815 与 JB/T 12040—2015 要求所有工况的转速都采用同一值，而 CRi-CP 要求各工况转速各不相同。CRi-CP 采用不同转速的原因是其测试台的高压容积相对较小，需要通过改变转速来保证共轨管内的压力控制精度。

3. 工况点的测试内容

由于博世和哈特里奇的测试台主要用于售后服务阶段，其测试内容主要集中在影响喷油特性的喷油量及回油量上。相比较而言，哈特里奇 CRi-CP 试验台测试的内容更加全面，包括各工况的喷油量、回油量及喷油响应，并测试喷油器电磁阀的电阻值、供油及回油温度。而博世 EPS815 主要测试各工况的喷油量以及满负荷的回油量，也通过测试喷油器电磁阀电阻值的大小来判断喷油响应是否在合理范围内。对于喷油器的密封性及喷射雾化性能都主要通过目测来判断。大体来看，两种测试台的测试内容与 GB/T 25367—2010 的要求差别不大。

4.2.3.2 再制造共轨喷油器静态性能测试技术要求

参照行业主导品牌在售后环节中对喷油器性能的测试技术要求，并与当前国内标准进行对比，可以发现，对再制造喷油器的静态性能测试要求应在满足测试环境要求的条件下尽可能遵循 OEM 在售后环节的测试要求。但再制造产品的技术要求与维修要求不同，需要在原有测试要求的基础上进一步完善。

通过对博世 65 个型号的共轨喷油器测试要求进行统计及对比 EPS815 和 CRi-CP 的测试要求发现：

1）喷油量测试限值与测试值没有直接关系，而与轨压控制精度有关（标准要求为喷油量偏差应小于 ±7%）。

2）不同喷油器的回油量差异很大，并且与喷油量没有直接关系。这是因为不同喷油器结构不同，有些喷油器甚至没有回油（标准要求共轨喷油器的动态回油量应小于喷油量的 50%）。

3）单次喷油的喷油量从 1.2 mm³/st（预喷工况下）到 300 mm³/st（满负荷工况下）不等，而标准中只界定了大于或等于和小于 10 mm³/st 的标准差要求。

这说明仅参照共轨喷油器新品生产的国家标准无法实现对再制造产品的质量控制，除参照 OEM 的要求进行静态性能测试外，还需要进一步细化确定重复性测试标准差的限值要求。

▶ 4.2.3.3 再制造共轨喷油器重复性测试技术要求

再制造共轨喷油器的总成性能测试可由静态性能测试和重复性测试组成。除了要限定静态测试标准值和限值范围以外，还要确定重复性测试的标准差。标准差可由油量限值极差和油量分布规律确定。

▶ 1. 测试标准值及其限值范围

各喷油器生产厂商规定了喷油器在静态测试点的工况要求、油量标准值及油量极差范围。标准值是喷油器设计的理论值，加工误差和装配的影响会造成标准值的偏移。极差范围是保证喷油器准确喷射的可校正范围。在使用不同设备测试同一型号共轨喷油器时，测得的喷油量标准值会发生偏移，并且极差范围有所差异。产生差异的原因来自于轨压控制精度不同和驱动电路差异引起的电流特性不同。在同一测试平台上，由于每次喷油时喷油的实时压力和电流特性都不完全一致，导致在相同的工况及控制参数下，同一喷油器在各循环间存在差异。

由于喷油器驱动电路的电气特性、轨压控制精度等参数的差异，标准值的选取会发生改变，同时，其限值范围也会随轨压控制精度的高低而减小或增大。轨压控制精度越高，油量测量的一致性会越好，对应的喷油量及回油量限值范围就越小。因此可以认为，共轨喷油器驱动电路的电气特性的不同会造成标准值的偏移，而轨压控制精度决定了限值范围的大小。

通过对 65 种型号的博世共轨喷油器的静态测试点喷油量限值统计可以发

现，不同喷油量范围的极差也不同。以表4-4所示的博世0445110335喷油器为例，喷油器在满负荷、中负荷、预喷及怠速工况的喷油量极差分别为8mm³/st、4.8mm³/st、2.5mm³/st和4mm³/st，而博世0445120002喷油器在满负荷、中负荷、预喷及怠速工况的喷油量极差分别为10.4mm³/st、13.4mm³/st、8.4mm³/st和10.2mm³/st。根据博世共轨喷油器的静态测试点喷油量限值统计数据，将喷油量范围分段，按照限值极差最为严格的要求为基准整理为表4-10。

表4-10　博世共轨喷油器喷油量测试值的限值极差要求

喷油量范围/（mm³/st）	0~10	10~50	50~100	100~150	150~300
限值极差/（mm³/st）	1.9	4.8	6	8	15

▶▶ 2. 喷油特性指标重复测试分布状况分析

除确定喷油量测量值的限值极差外，还需要掌握同一型号不同共轨喷油器进行静态性能测试的油量分布和同一喷油器进行重复性测试的油量分布情况。对同一型号喷油器进行静态性能测试时，由于共轨喷油器在加工制造、装配调试过程中各个零件的结构尺寸、控制参数等会在一定范围内变化（即存在一定的加工误差和装配误差），从而使得各工况下喷油量存在一定的波动范围。而对于同一支共轨喷油器进行重复性测试时，各工况喷油量会在驱动电流及轨压波动的影响下产生波动。

在生产过程中，由于加工水平的限制，会根据零件各个参数的大小进行分组，即将各个参数的分布范围划分为若干子集，不同参数的不同子集进行排列组合形成不同的分组方案。相应地，采用该分组方案的零件装配成的共轨喷油器就会有不同的喷油特性波动范围。若采用随机匹配的方式，可以假定所生产的各喷油器的油量测试中值服从均匀分布。为提高一次性装配的合格率，可以通过一些算法来优化零件结构参数匹配工艺，使各喷油器的测试中值向标准值集中。

相关文献数据显示，对同一喷油器进行重复性测试时，喷油特性指标服从正态分布。在开展再制造共轨喷油器性能评估检测平台稳定性试验时，对不同品牌的共轨喷油器进行了长达数月的重复性测试，积累了大量统计性数据。利用Minitab软件对博世0445110335型喷油器120次静态性能测试的各工况下的喷油量及回油量数据进行分析，在置信水平 $\alpha = 0.05$ 的条件下利用Ryan-Joiner（R-J）检验可以判定，在各工况条件下的油量统计值服从正态分布（此检验方法与Shapiro-Wilk检验很相似，ISO将它定为标准检验方法），验证了对同一喷油器进行重复性测试时测试值服从正态分布。图4-19所示为测试值的分布直方图及R-J检验的判定结果。

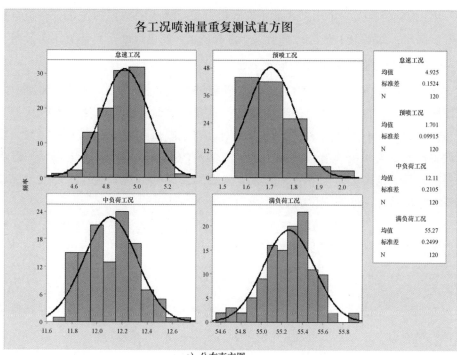

a）分布直方图

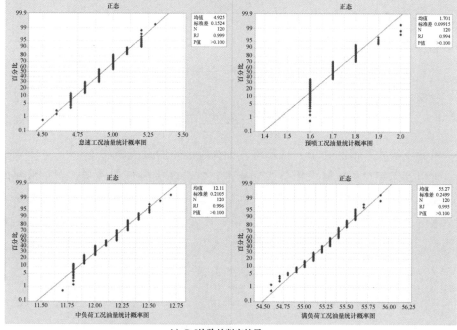

b）R-J检验的判定结果

图 4-19　喷油器油量重复测试结果的分布

R-J 检验可得到一个相关系数，它越接近 1 就越表明数据和正态分布拟合得越好。同时，如果 R-J 检验的 P 值大于选择的 α，则可以断定总体呈正态分布。

▶ **3. 重复性测试标准差的确定**

在生产过程中利用静态喷射点法对各喷油器进行测试时，其测试油量值的中值服从均匀分布，而对同一喷油器进行重复测试时，其测试油量值服从正态分布。在此条件下建立数学模型计算喷油量测试限值与测试标准差的关系。现选取置信水平为 0.05，置信区间为各工况油量的上下限，需要确定当喷油器为合格品且测试结果也为合格品时的标准差限值（合格是指喷油器在要求工况条件下的喷油量在限值范围以内）。

假设某测试工况的限值范围是 $a \sim b$，若各喷油器的测试油量值的中值 μ 服从均匀分布，则其概率密度函数为

$$f(\mu) = \frac{1}{b-a} \tag{4-4}$$

而对同一喷油器进行重复测试时，其测试油量值服从正态分布，则其概率密度函数为

$$f(x,\mu,\sigma) = \frac{1}{\sigma\sqrt{2\pi}} e^{-(x-\mu)^2/(2\sigma^2)} \tag{4-5}$$

式中　x——测量值；

　　　σ——标准差。

若要满足置信水平为 0.05 条件下的"当喷油器是合格品且测试结果也为合格"这一要求，则

$$P(\sigma) = \int_a^b \int_a^b \frac{f(x,\mu,\sigma)}{b-a} \mathrm{d}x\mathrm{d}\mu \geqslant 0.95 \tag{4-6}$$

解此不等式所得的关于 σ 的不等式即为标准差的限值要求。

可以利用等步长机械求积公式和标准正态分布表来近似确定在置信水平为 0.05 条件下油量极差与标准差要求之间的关系。如图 4-20 所示，参照正态分布积分表的步长大小，将积分区间分成等步长 $h = 0.01\sigma$，则可以将双重积分转化为

$$P(\sigma) = \int_a^b \int_a^b \frac{f(x,\mu,\sigma)}{b-a}\mathrm{d}x\mathrm{d}\mu > \frac{\sum\limits_{i=0}^{\frac{b-a}{h}-1} \Phi(a+ih)h}{b-a} \tag{4-7}$$

若要保证

$$P(\sigma) \geqslant 0.95$$

可以首先判定

$$\frac{\sum_{i=0}^{n-1} \Phi(a + ih)h}{nh} \geqslant 0.95 \qquad (4-8)$$

在确定最小 n 值后，基于此函数的对称性，可以确定

$$2nh = b - a \qquad (4-9)$$

则可以确定相应的标准差限值要求。则

$$\sigma_{0.05} \leqslant \frac{b - a}{12} \qquad (4-10)$$

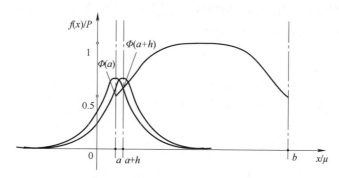

图 4-20　等步长机械求积法示意图

结合博世喷油量在不同喷油量范围的标准差限值，可以确定置信水平 $\alpha = 0.05$ 条件下的标准差限值要求。通过改变置信要求，同样也可以确定置信水平 $\alpha = 0.1$ 条件下的标准差限值要求，计算结果见表 4-11。

$$\sigma_{0.1} \geqslant \frac{5(b - a)}{33} \qquad (4-11)$$

表 4-11　博世共轨喷油器不同喷油量范围内的标准差限值

喷油量范围/（mm³/st）	0 ~ 10	10 ~ 50	50 ~ 100	100 ~ 150	150 ~ 300
限值极差/（mm³/st）	1.9	4.8	6	8	15
标准差（$\alpha = 0.05$）	0.16	0.40	0.50	0.66	1.24
标准差（$\alpha = 0.1$）	0.28	0.72	0.91	1.21	2.27
我国国家标准要求	0.3	0.6	0.6	0.6	0.6

在进行重复性测试时，利用多次测量的结果来计算标准差，由于测量真值是未知的，一般利用贝塞尔公式来计算，公式如下：

$$\sigma = \sqrt{\frac{\sum_{i=1}^{n} \nu_i^2}{n - 1}} \qquad (4-12)$$

式中　　n——测试次数；

　　　　ν_i——残余误差，第 i 个测量值与全部 n 个测试值的平均值之差。

将重复测试测量值的标准差与标准差限值进行比较，若小于标准差限值则说明喷油器的一致性良好，若大于标准差限值则说明其一致性不能满足要求。

对于重复性测试标准差限值研究的结论不仅仅适用于共轨喷油器再制造总成性能评估，同时可以推广至共轨喷油器新品生产领域。鉴于我国国家标准对共轨喷油器重复性测试的标准差限值过于宽泛，在进行新品生产时可以利用本数学模型计算重复性测试的标准差限值，但同时也要注意测试设备的技术要求不得低于再制造共轨喷油器总成性能评估的测试环境要求（见表 4-3）。

▶▶ 4. 检测平台稳定性的二次验证

按照测试环境要求搭建的检测平台可以实现对各种品牌共轨喷油器的性能检测，可以满足再制造产品的性能检测要求，在进行检测平台性能验证时所参照的技术指标要求主要源于国内的标准。通过对共轨喷油器重复性测试标准差限值的分析确定了检测平台在对同一喷油器进行重复性检测时所需遵循的限值要求。在 4.2.2.2 小节中对博世 0445110335 和德尔福 EJBR03301D 共轨喷油器进行了重复性测试，在此按照标准差分析得出的结论进行重新验证，选取表 4-6 中重复性测试计算所得的标准差值与表 4-11 中的标准差限值进行对比，可以发现重复性测试的精度也满足置信水平为 0.05 条件下的标准差限值要求（表 4-12），说明自研的再制造共轨喷油器性能评估检测平台可以得出和博世 EPS815 及哈特里奇 CRi-PC 相同的检测结论，满足对新品生产、再制造生产共轨喷油器及售后服务性能检测的需求。

表 4-12　博世 0445110335 和德尔福 EJBR03301D 重复性测试标准差判定

参　　数	博世 0445110335		德尔福 EJBR03301D	
	标　准　差	限　　值	标　准　差	限　　值
怠速喷油量	0.14	0.16	0.12	0.40
预喷喷油量	0.12	0.16	0.10	0.16
中负荷喷油量	0.10	0.40	0.14	0.40
满负荷喷油量	0.40	0.50	0.22	0.50

▶▶ 5. 再制造共轨喷油器总成性能评估方法

再制造共轨喷油器在进行静态性能测试时，测试限值要求和标准差的要求需要满足 OEM 在售后服务中规定的要求。当无法获取 OEM 的测试要求时，可通过测量多支同型号新品喷油器在不同工况下油量值然后计算平均值的方式，近似获得测试标准值。同时，根据测量油量值，按照表 4-11 确定标准差限值，以 12 倍的标准差作为油量测量极差 [由式（4-10）推算出]，确定该工况下的静态性能测试要求。

对于测试一致性标准差的要求，需要根据实际情况对区间范围和标准差要求进行细化。可以根据统计信息中油量分布较为集中部分，将油量范围分成 5 个区域，利用区域内的最小极差确定标准差限值要求。在静态性能测试要求明确的条件下，可以利用式（4-10）确定该型号共轨喷油器重复性测试标准差的要求。而对于静态性能测试要求不明确的情况，则可根据该工况下测试油量值查询表 4-11，确定该工况下的重复性测试标准差要求。

4.3　共轨喷油器的参数敏感性与零件可再利用性

4.3.1　结构参数变化与仿真模型的建立

保障共轨喷油器第三方再制造工艺正常开展的关键在于确定零件的可再利用性。通过共轨喷油器性能评估可以初步确定再制造旧件的基本状况，再结合零件在使用过程中的故障分析，可以确定影响共轨喷油器性能变化的关键结构参数。本节将从磨损引起的结构尺寸变化出发，以再制造共轨喷油器总成性能评估的测试环境要求和产品技术要求的研究结论为基础建立基于 AMESim 的共轨喷油器喷油性能仿真模型，探讨结构尺寸变化对喷油特性的影响，分析零件结构参数的敏感性及零件的可再利用性，为后续参数匹配、配装工艺的设定及提高一次性装配的成功率提供技术支撑。

4.3.1.1　使用过程中结构尺寸的变化

使用过程中，零件结构尺寸的变化会影响共轨喷油器的喷射性能。当尺寸变化过大时，喷油量和回油量将无法控制，引起共轨喷油器故障；而当尺寸变化不足以影响喷油性能时，则零件可以被再使用。共轨喷油器失效是其零件结构尺寸变化的极端结果，研究共轨喷油器结构参数的变化和失效之间的关系可以获得退役喷油器可再利用组件尺寸变化的极限，为提高再制造喷油器的再利用率提供参考。参照表 4-2 中列举的共轨喷油器故障模式可以发现，颗粒污染物是导致喷油器失效最主要的原因，大多数失效都与固体颗粒物相关。颗粒物对零件的影响主要是堵塞和磨粒磨损，堵塞可以在再制造清洁环节予以排除，因此本节讨论的结构尺寸变化主要受磨粒磨损的影响。影响共轨喷油器性能的结构参数很多，大部分运动件都会受到磨损的影响，因此，可以依据不同组件探讨参数变化对喷油性能的影响。

（1）电磁阀组件　电磁阀组件的大部分结构尺寸参数都是固定值，主要是为了满足电磁阀的响应特性而设定的，并不会随着使用而发生改变，如空气余隙、缓冲升程、电磁阀弹簧刚度、电磁阀弹簧垫片厚度、衔铁复位弹簧刚度、衔铁质量以及电磁阀的电磁特性等。电磁阀的阀球与阀组件的阀座形成球阀，在工作过程中反复启闭会造成阀球及阀座的磨损，从而造成衔铁升程发生改变。在此假设电磁阀组件中受到磨粒磨损影响的结构参数只有衔铁升程，而其他参数不会发生改变。

（2）阀组件　阀组件是由一组偶件组成的，阀座上的进油节流孔和回油节流孔尺寸都可能会随着磨粒的冲蚀磨损而变大。柱塞杆与阀座之间为间隙配合，影响喷油器性能的参数为偶件间隙及偶件密封长度，其中只有偶件间隙大小会受到磨粒磨损的影响，而偶件密封长度和偶件间形成控制腔的体积不会发生改变。在此假设使用过程中阀组件受磨粒磨损影响的结构尺寸参数共有三个，分别为进油节流孔直径、回油节流孔直径及阀组件偶件间隙。

（3）针阀组件　针阀组件也是由一组偶件组成的，在针阀体上的针阀座和喷孔都会受到磨损的影响从而导致针阀升程及喷孔尺寸的变化，而积炭的产生在一定程度上会减轻磨损的影响。针阀的密封直径、针阀锥角等形状尺寸一般不会发生改变，但与阀组件类似的是针阀与针阀体之间也为间隙配合，影响喷油器性能的偶件间隙会受到磨损的影响，而偶件密封长度则不会。在此假设使用过程中针阀组件受磨粒磨损影响的结构尺寸参数共有三个，分别为喷孔直径、针阀偶件间隙及针阀升程。

综上所述，在使用过程中受到磨粒磨损影响的结构尺寸参数共有七个，包括：衔铁升程、进油节流孔直径、回油节流孔直径、阀组件偶件间隙、喷孔直径、针阀偶件间隙及针阀升程。通过建立共轨喷油器仿真模型可以进一步量化结构参数对喷油特性的影响。

▶ 4.3.1.2　结构尺寸参数的确定

对共轨喷油器进行喷油性能仿真分析的前提是获取所有关键结构参数，对于 OEM 来说可以直接从新品设计环节获取，而第三方再制造及其他研究人员开展相关研究，则需要通过对各零部件进行测绘来获得相应的结构尺寸数据。共轨喷油器零部件的外部尺寸测量相对简单，而很多内部的孔道、锥面、空间结构等的尺寸很难直接测量得出。一般情况下，内部结构尺寸可以通过硅胶塑形后再进行测量或将零件剖开后直接利用超景深 3D 显微镜进行测量。

利用硅胶塑形的方法不会破坏零件的完整性，但在从零件中取出硅胶模型时有可能造成模型变形，尤其对细长孔部位影响较大，在喷孔、进油节流孔、回油节流孔等薄弱的部分很容易发生断裂和变形，如图 4-21 所示。利用超景深 3D 显微镜测量零件外部尺寸较为方便，测量零件内部结构尺寸时则需要破坏零件，将零件关键部位剖开后再测量相关的结构参数，如图 4-22 所示。需要测量内部结构尺寸的零件主要是针阀体和阀座，可以测得的结构参数尺寸包括孔径、长度、锥度等，但是无法直接确定控制腔、盛油腔等腔体的体积。对于腔体体积的测定可以利用 SolidWorks 等 3D 建模软件，将零件建模后确定各零件的位置关系，将空腔的轮廓线重新成型，并利用软件的计算功能确定体积的大小，如图 4-23 所示。

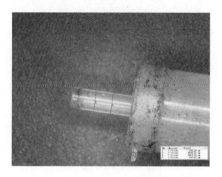
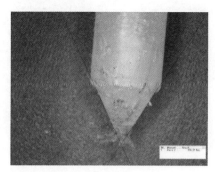

图 4-21　用硅胶塑形确定零件尺寸

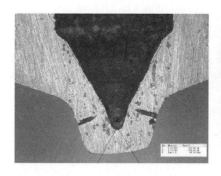

图 4-22　用超景深 3D 显微镜确定零件尺寸

⊯ 4.3.1.3　仿真模型的建立

AMESim 从所有模型中提取出构成工程系统的最小单元制作成图标模块，用户可以在模型中通过搭建图标模块系统来描述所有系统和零部件的功能，而不需要编制任何程序代码。利用图标模块可以设定所有的关键参数，其内部的数学模型确定了内部参数及进出口端参数之间的关系，通过图形模块之间的组合可以满足各系统仿真的需求。利用 AMESim 软件对共轨喷油器进行性能仿真需要参照喷油器的物理结构，通过解构各零件对喷油器工作性能的影响来选取适当的图标模块，从而建立共轨喷油器的简化仿真模型。前文已经定性分析了共轨喷油器中各结构参数对喷油器性能的影响，在此结合共轨喷油器的 3D 模型对图标模块的选取及其参数的设定进行进一步阐释，如图 4-24 所示。

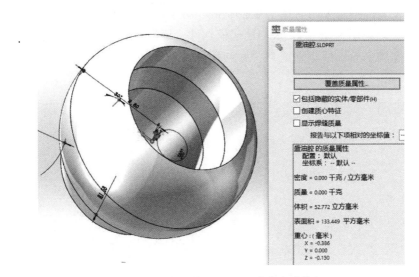

图 4-23　利用 SolidWorks 确定空腔体积

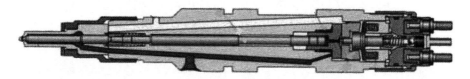

图 4-24　共轨喷油器 3D 模型

⫸ 1. 电磁阀组件仿真模型的建立

电磁阀组件仿真模型主要模拟电磁线圈在驱动电流的作用下产生电磁力，并与液压力共同克服弹簧力开启及关闭球阀的功能，如图 4-25 所示。控制腔内的高压燃油流经回油节流孔后作用在阀球下表面，形成向上的液压力。电磁阀弹簧将阀球压紧在阀座上，阀球下侧的液压力不足以推动球阀开启，在电磁阀不通电的情况下球阀处于关闭状态。当驱动电磁阀时，电磁阀驱动电路将 PWM信号转化为驱动电流作用在电磁线圈上，使线圈对衔铁产生向上的电磁力。电磁力和液压力的共同作用压缩电磁阀弹簧，推动阀球运动，使控制腔内燃油进入回油管路。在该仿真模型中，电磁阀线圈＋电磁阀驱动电路＋电磁阀控制信号模拟电磁力，电磁阀弹簧模拟弹簧力，球阀＋回油节流孔处的压力模拟液压力，衔铁的质量和衔铁升程用于计算电磁阀启闭特性。

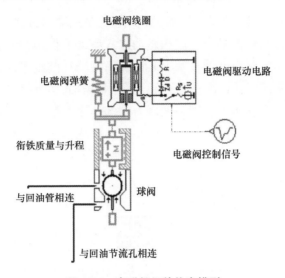

图 4-25　电磁阀组件仿真模型

▶▶ 2. 阀组件仿真模型的建立

阀组件仿真模型主要模拟进、回油节流孔综合作用下柱塞的运动状况，如图 4-26 所示。高压燃油通过进油节流孔进入控制腔，在电磁阀不通电的情况下，回油节流孔出口被封闭，柱塞在控制腔内高压燃油的作用下处于最下端，将针阀压紧在针阀座上。当电磁阀通电时，回油节流孔出口开启，由于回油节流孔尺寸大于进油节流孔，控制腔内燃油压力逐步降低，柱塞上行，喷油器开始喷

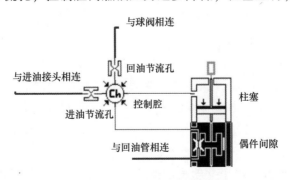

图 4-26　阀组件仿真模型

油。由于偶件间有间隙，控制腔内的燃油不断通过缝隙泄漏到回油管。该仿真模型由五个液压部件功能型图标模块组成，分别代表了控制腔、进油节流孔、回油节流孔、柱塞及偶件间隙（表征高压燃油泄漏过程）。

⧐ 3. 针阀组件仿真模型的建立

针阀组件仿真模型主要模拟针阀的运动及燃油的喷射过程，如图 4-27 所示。针阀的上端面直接与柱塞贴合，高压燃油进入盛油腔作用在针阀锥面上，在电磁阀不通电时，由于阀组件的柱塞上表面面积大于针阀锥面面积，且作用压力相同，所以针阀被压紧在针阀座上。在电磁阀通电时，控制腔内压力迅速下降，而针阀锥面处压力变化不大，则在液压力差的作用下推动针阀上行，实现燃油喷射。该仿真模型由五个液压部件功能型图标模块组成，分别代表了针阀偶件间隙（表征高压燃油泄漏过程）、盛油腔、针阀复位弹簧及锥面（盛油腔处）、针阀锥面（针阀阀座处）和喷嘴。

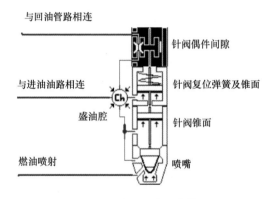

图 4-27　针阀组件仿真模型

⧐ 4. 共轨喷油器仿真模型的建立

共轨喷油器仿真模型是将电磁阀组件、阀组件和针阀组件的仿真模型连接在一起，添加燃油属性模块、压力油源模块、喷油量测量模块及回油量测量模块建立的，如图 4-28 所示。测试环境与 4.2.1.2 节中的要求一致，燃油类型按照 JB/T 12040—2015《柴油机电控共轨喷油器试验台技术条件》的要求选择 ISO 4113 标定液，燃油温度设定为 40℃ ±2℃，压力油源设定为非恒压源，燃油压力波动范围为 ±1MPa。通过此仿真模型可实现对共轨喷油器在不同工况下的喷油量及回油量的仿真分析。按照轨压 100MPa、脉宽 600μs 的工况进行共轨喷油器喷油特性的仿真研究，由于共轨喷油器的性能中更关注喷油性能的表现，且部分类型的共轨喷油器没有回油，所以主要集中在喷油性能的测试分析。

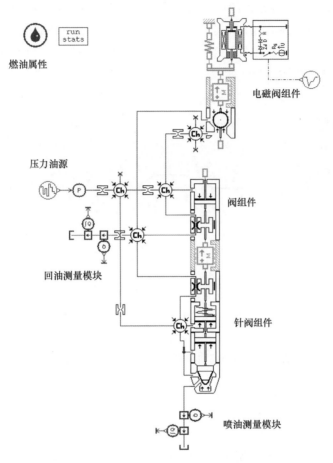

燃油属性

电磁阀组件

压力油源

阀组件

回油测量模块

针阀组件

喷油测量模块

图 4-28　共轨喷油器仿真模型

4.3.2　单一结构参数变化对喷油性能的影响

将测量的结构参数和驱动参数导入共轨喷油器仿真模型，通过改变结构参数值就可以模拟由结构参数变化引起的喷油量变化情况。在进行结构参数对喷油性能影响的分析前，可以利用仿真模型探讨轨压波动及燃油温度变化对喷油量测量的影响。然后将测量的结构参数假定为设计值，则可以通过重复性测试确定共轨喷油器在静态性能测试点的测试中值，结合前文提出的重复性测试标准差限值，以确定共轨喷油器是否满足一致性要求。

4.3.2.1　轨压波动和燃油温度的影响分析及测量限值的确定

图 4-29 所示为在不同轨压波动状况下多次仿真计算同一工况下的喷油量。可

以发现，随着轨压波动范围的增大，喷油量的极差和标准差都在增大（表4-13），当轨压波动超过一定限值时，测试值就无法准确显示喷油器的真实喷油性能。可以说明，喷油量对轨压的波动十分敏感，在测试过程中压力波动过大会干扰测量结果，这与检测平台性能验证的结论保持一致。

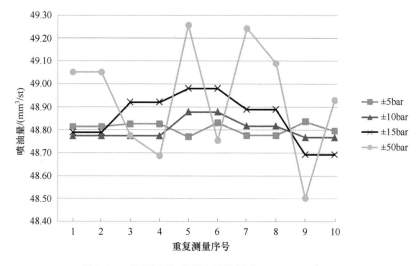

图4-29　轨压波动对喷油量的影响（$1\text{bar} = 10^5\text{Pa}$）

图4-30所示为在不同燃油温度状况下多次仿真计算同一工况下的喷油量。可以发现，随着燃油温度的升高，喷油量也相应增加（表4-14），当燃油温度变化超过一定值时，喷油量的测量值变化量有可能超过11%（此处按90℃与10℃时喷油量的差值与40℃时喷油量的比值来计算），远超喷油量限值的要求。可以

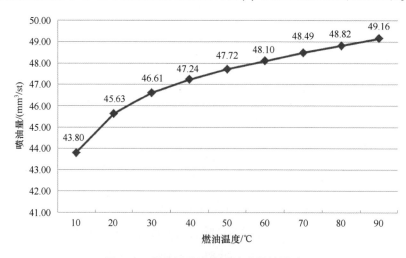

图4-30　燃油温度变化对喷油量的影响

说明，喷油量对燃油温度的变化也十分敏感，在测试过程中燃油温度变化过大会干扰测量结果。当不对燃油温度及测试台环境温度进行控制时，燃油在喷射过程中被持续加热，多次测量的结果会在大范围内波动，影响测量数值的准确性和一致性。

表4-13　不同轨压波动下的喷油量重复测量数据　　（单位：mm³/st）

轨压波动		±5bar	±10bar	±15bar	±50bar
重复测量序号	1	48.81	48.77	48.79	49.05
	2	48.81	48.77	48.79	49.05
	3	48.83	48.77	48.92	48.77
	4	48.83	48.77	48.92	48.69
	5	48.77	48.88	48.98	49.26
	6	48.83	48.88	48.98	48.75
	7	48.78	48.82	48.89	49.24
	8	48.78	48.82	48.89	49.09
	9	48.84	48.77	48.69	48.50
	10	48.80	48.77	48.69	48.93
平均值		48.81	48.80	48.85	48.93
标准差		0.025	0.044	0.108	0.249

表4-14　不同燃油温度下的喷油量测量数据　　（单位：mm³/st）

燃油温度	喷油量1	喷油量2	喷油量3	喷油量4	喷油量5	平均值
10℃	43.79	43.74	43.80	43.85	43.81	43.80
20℃	45.62	45.58	45.64	45.70	45.63	45.63
30℃	46.56	46.63	46.63	46.60	46.64	46.61
40℃	47.20	47.23	47.24	47.24	47.27	47.24
50℃	47.74	47.72	47.71	47.73	47.71	47.72
60℃	48.13	48.12	48.05	48.12	48.10	48.10
70℃	48.48	48.52	48.48	48.49	48.46	48.49
80℃	48.79	48.88	48.79	48.84	48.81	48.82
90℃	49.11	49.21	49.16	49.18	49.15	49.16

通过仿真分析轨压波动和燃油温度变化引起的燃油喷射性能的变化可以发

现，在没有准确的测试环境要求下很难获得精准的喷射性能测试结果，将测试环境要求导入仿真模型是开展共轨喷油器再制造性能研究的先决条件。在此基础上，对于测试要求比较清楚的共轨喷油器按照 OEM 要求执行，而对于测试要求未知的共轨喷油器则可参照 4.2.3.3 节中的内容由标准差限值推算出来。在此按照推算方法来确定静态测试限值要求，在 ±1MPa 压力波动及燃油温度为 40℃±2℃ 的条件下，将重复性仿真结果的平均值作为共轨喷油器在该工况下的测试中值，查询表 4-11 获得标准差限值为 0.4，通过式（4-10）计算出油量限值的上下限，则可以得到共轨喷油器在当前工况下的测试限值要求为 46.4 ~ 51.2mm³/st。

▶ 4.3.2.2 结构尺寸的可再利用范围

共轨喷油器在使用过程中会产生变化的结构尺寸主要集中在阀组件和针阀组件上。阀组件在使用过程中的结构尺寸变化包括：进油节流孔孔径变大，回油节流孔孔径变大，阀组件偶件间隙变大，阀座磨损引起的衔铁升程变大等（衔铁升程变化发生于阀座，但影响产生于电磁阀组件）。针阀组件在使用过程中的结构尺寸变化包括：喷孔变大，针阀偶件间隙变大，针阀座磨损引起的针阀升程变大等。通过仿真模型可以分析结构尺寸变化对喷油量的影响。首先利用仿真模型单一尺寸对喷油特性的影响进行分析，确定各结构尺寸的可再利用尺寸范围。

▶ 1. 进油节流孔直径对喷油特性的影响分析

以进油节流孔直径的测量值 0.23mm 为基础尺寸，设定步长为 0.002mm，进油节流孔直径在 0.22 ~ 0.24mm 之间变化。通过仿真分析可以发现，在其他结构尺寸保持不变的情况下，随着进油节流孔直径的变大，喷油量不断减小。喷油量从进油节流孔直径 0.22mm 对应的 51.78mm³/st 降低到 0.24mm 对应的 46.12mm³/st，并以此可以确定满足喷油量限值在 46.4 ~ 51.2mm³/st 范围内的进油节流孔直径的变化区间为 0.222 ~ 0.238mm，如图 4-31 所示。

▶ 2. 回油节流孔直径对喷油特性的影响分析

以回油节流孔直径的测量值 0.33mm 为基础尺寸，设定步长为 0.02mm，回油节流孔直径在 0.27 ~ 0.47mm 之间变化。通过仿真分析可以发现，在其他结构尺寸保持不变的情况下，随着回油节流孔直径的变大，喷油量不断增加。喷油量从回油节流孔直径 0.27mm 对应的 46.35mm³/st 增加到 0.47mm 对应的 50mm³/st，并以此可以确定满足喷油量限值在 46.4 ~ 51.2mm³/st 范围内的回油节流孔直径的变化区间为 0.28 ~ 0.47mm，如图 4-32 所示。

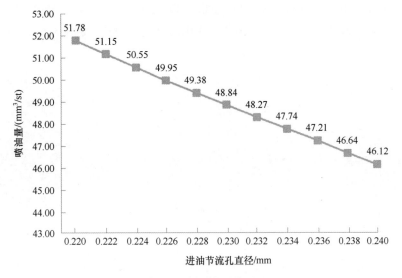

图 4-31　进油节流孔直径对喷油量的影响

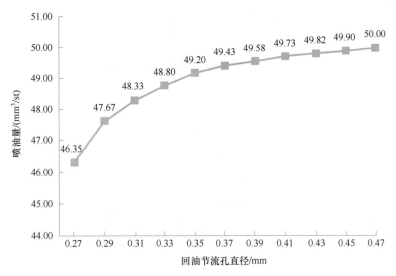

图 4-32　回油节流孔直径对喷油量的影响

▶ 3. 阀组件偶件间隙对喷油特性的影响分析

以阀组件偶件间隙的测量值 0.002mm 为基础尺寸，设定步长为 0.001mm，间隙值在 0.001 ~ 0.009mm 之间变化。通过仿真分析可以发现，在其他结构尺寸保持不变的情况下，随着阀组件偶件间隙的变大，喷油量的变化不大但总体趋势是增加的。喷油量从阀组件偶件间隙 0.001mm 对应的 48.84mm³/st 增加到

0.009mm 对应的 51.54mm³/st，并以此可以确定满足喷油量限值在 46.4 ~ 51.2mm³/st 范围内阀组件偶件间隙的变化区间为 0.001 ~ 0.008mm，如图 4-33 所示。

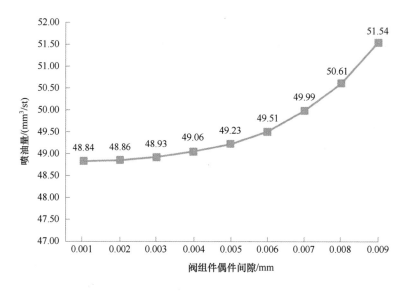

图 4-33　阀组件偶件间隙对喷油量的影响

▶ 4. 衔铁升程对喷油特性的影响分析

以衔铁升程的测量值 0.050mm 为基础尺寸，设定步长为 0.005mm，衔铁升程在 0.035 ~ 0.08mm 之间变化。通过仿真分析可以发现，在其他结构尺寸保持不变的情况下，随着衔铁升程的变大，喷油量不断增大。喷油量从衔铁升程 0.035mm 对应的 44.9mm³/st 增加到 0.08mm 对应的 51.37mm³/st，并以此可以确定满足喷油量限值在 46.4 ~ 51.2mm³/st 范围内衔铁升程的变化区间为 0.04 ~ 0.075mm，如图 4-34 所示。

▶ 5. 喷孔直径对喷油特性的影响分析

以喷孔直径测量值 0.15mm 为基础尺寸，设定步长为 0.001mm，喷孔直径在 0.145 ~ 0.155 mm 之间变化。通过仿真分析可以发现，在其他结构尺寸保持不变的情况下，随着喷孔直径的变大，喷油量不断增加。喷油量从喷孔直径 0.145mm 对应的 46.13mm³/st 增加到 0.155mm 对应的 51.52mm³/st，并以此可以确定满足喷油量限值在 46.4 ~ 51.2mm³/st 范围内喷孔直径的变化区间为 0.146 ~ 0.154mm，如图 4-35 所示。

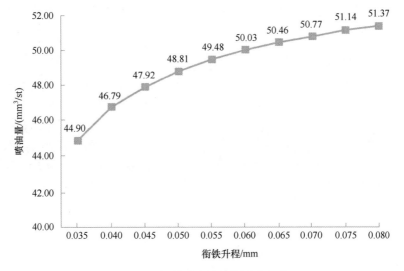

图 4-34　衔铁升程对喷油量的影响

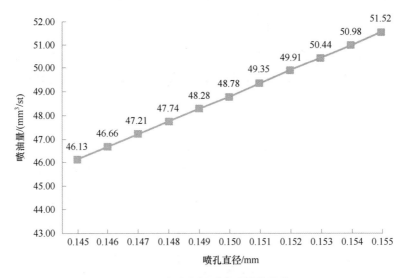

图 4-35　喷孔直径对喷油量的影响

▶▶6. 针阀组件偶件间隙对喷油特性的影响分析

以针阀组件偶件间隙测量值 0.002mm 为基础尺寸，设定步长为 0.001mm，间隙值在 0.001 ~ 0.011mm 之间变化。通过仿真分析可以发现，在其他结构尺寸保持不变的情况下，随着针阀组件偶件间隙的变大，喷油量的变化不大但总体趋势是增加的。喷油量从针阀组件偶件间隙 0.001mm 对应的 48.78mm³/st 增加到 0.011mm 对应的 49.01mm³/st，并以此可以确定满足喷油量限值在 46.4 ~ 51.2mm³/st 范围内针阀组件偶件间隙的变化区间为 0.001 ~ 0.011mm，如图 4-36 所示。

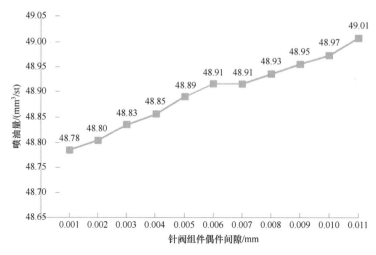

图 4-36 针阀组件偶件间隙对喷油量的影响

▶ 7. 针阀升程对喷油特性的影响分析

以针阀升程的测量值 0.25mm 为基础尺寸，设定步长为 0.005mm，针阀升程在 0.225 ~ 0.275mm 之间变化。通过仿真分析可以发现，在其他结构尺寸保持不变的情况下，随着针阀升程的变大，喷油量不断增大。喷油量从针阀升程 0.225mm 对应的 46.07mm^3/st 增加到 0.275mm 对应的 51.56mm^3/st，并以此可以确定满足喷油量限值在 46.4 ~ 51.2mm^3/st 范围内针阀升程的变化区间为 0.23 ~ 0.27mm，如图 4-37 所示。

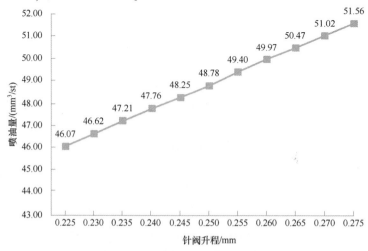

图 4-37 针阀升程对喷油量的影响

▶ 4.3.2.3 仿真结果分析

从这七个参数的变化对喷油量影响的仿真结果来看（表 4-15），可以发现进油节流孔直径、衔铁升程、喷孔直径和针阀升程的变化对喷油量的影响较为显著，回油节流孔直径的影响相对较小。偶件间隙的变化更多的是由表面划痕引起的，在测量时按照公称直径差值来计算间隙的变化，发生严重划痕或者偏磨的情况才会出现大的间隙变化，可以直接根据磨损情况确定是再利用还是废弃。从共轨喷油器再制造工艺的角度来看，需要重点检测进油节流孔直径和喷孔直径的合格情况，当结构尺寸超限时可判定零件不可再利用。而衔铁升程和针阀升程可以通过调节垫片来补偿（针阀座和球阀座有可能需要重新研磨，阀球磨损严重时会破损或严重划伤，则需要进行更换），较容易实现结构尺寸的调整。

表 4-15　关键结构尺寸限值初步控制范围表

结 构 尺 寸	限值范围/mm	极差/mm
进油节流孔直径	0.222 ~ 0.238	0.016
回油节流孔直径	0.29 ~ 0.47	0.18
阀组件偶件间隙①	0.001 ~ 0.008	0.007
衔铁升程	0.04 ~ 0.075	0.035
喷孔直径	0.146 ~ 0.154	0.008
针阀组件偶件间隙①	0.001 ~ 0.011	0.01
针阀升程	0.23 ~ 0.27	0.04

① 偶件间隙主要通过观察有无明显磨损、偏磨及机械损伤来判断，限值范围仅为参考。

▶ 4.3.3　多参数敏感性分析与零件可再利用性判定方法

通过零件的单一结构参数对喷油性能的影响分析可以初步确定零件结构尺寸的可再利用区间。为确定零件可再利用性分析过程中的监控重点，需要开展多结构参数的敏感性分析，将影响共轨喷油器喷油性能的各结构参数进行影响显著性排序，为零件可再利用性判定过程提供理论依据。

▶ 4.3.3.1　基于 Sobol 序列及 AMESim 仿真的多参数敏感性分析模型

参数敏感性分析可以确定影响系统最为显著的参数，尤其是针对多参数影响的复杂系统，确定不同结构参数对系统的影响情况可以有效提升系统控制的效率和准确性。在缺乏原始生产数据的条件下，采用统计类方法实现产品参数敏感性分析是较为直接和有效的。为确定再制造共轨喷油器零件的可再利用性，可以借助 AMESim 模型对参数匹配的结果进行仿真分析，利用统计类的方法实现可再利用性的量化分析，提高及优化再制造产品生产研发效率。前文已经仿真分析了使用过程中单一可变结构参数对喷油性能的影响，除了趋势性结论及可用范围的影响外，还需要探讨各结构参数对喷油量影响的敏感性，确定需要重点监控的结构参数类型，并结合仿真分析结果确定零件的可再利用性。单一结构参数对喷油量影响分析的结果显示除阀组件偶件间隙和针阀组件偶件间隙外（参考表 4-15），进油节流孔直径、回油节流孔直径、衔铁升程、喷孔直径、针阀升程的变化都会引起喷油量的变化，因此，可以将零件可再利用性分析的焦点集中在这五个参数的敏感性分析上。

由于每一个参数都可以在一定的范围内取值，由全部参数构成的变动组合数组则有无数种，采用随机数组计算的结果统计性较差，不便于快速准确形成有效的统计记录。利用有一定规律的伪随机数可以优化采样数组的分布状况，使数组分布更均匀，让计算结果更有代表性。为避免伪随机数的周期循环性，可以采用低差异序列作为采样数组，实现快速准确的数值计算及统计分析。在此可以利用 Sobol 序列（Sobol sequence）算法产生低差异随机数序列构造样本矩阵，将数据代入共轨喷油器性能 AMESim 仿真模型来计算不同样本条件下的喷油量，得出对应的输出矩阵，通过计算一阶影响指数和全局影响指数来实现对各影响参数的敏感性分析。敏感性分析模型可以由以下步骤来完成。

1. 利用 Sobol 序列构造样本矩阵

Sobol 序列着重于在概率空间内产生均匀分布，是计算机构造低差异随机序列较为高效的方法，采用位（bit）操作实现在高维度空间中的采样。Sobol 序列的每一个维度都是由底数为 2 的 Radical inversion 组成，但每一个维度的 Radical inversion 都有各自不同的生成矩阵。Radical inversion 运算的定义如下：

$$i = \sum_{l=0}^{M-1} a_l(i) b^l$$

$$\Phi_{b,C}(i) = (b^{-1} \cdots b^{-M}) [C(a_0(i) \cdots a_{M-1}(i))^{\mathrm{T}}] \tag{4-13}$$

式中　　i——任意整数；

　　　　b——进制数字；

　　$a_l(i)$——整数 i 转化为 b 进制后的第 l 位；

　　　　l——位数；

$\Phi_{b,C}(i)$——利用 Radical inversion 运算后获得的处于范围 $[0,1)$ 的数字。

如果将任意一个整数 i 表示成 b 进制的数字，然后把得到的数按位 $a_l(i)$

排成向量，再用这个向量和生成矩阵 C 相乘得到一个新向量，最后把新向量镜像到小数点右边得到另一个范围在 $[0,1)$ 的数字，就称为 Radical inversion 运算。

如前文所述，Sobol 序列的每一个维度都是由底数为 2 的 Radical inversion 组成，生成 Sobol 序列的过程可以假设在一维情况下产生一个序列 x_i（$0 < x_i < 1$），首先需要一个方向数合集 $v_1, v_2, \cdots, v_i$ 二进制小数，可以用两种方式来书写：

$$v_i = 0.\, v_{i1} v_{i2} v_{i3} \cdots$$

式中，v_{ij} 是 v_i 二进制小数在第 j 位的点，也可由式（4-14）来表示：

$$v_i = m_i / 2^i \qquad (4\text{-}14)$$

式中，m_i 是奇数且 $0 < m_i < 2^i$，为产生方向数 v_i，可以选取本原多项式：

$$p = x^d + a_1 x^{d-1} + \cdots + a_{d-1} x + 1$$

式中，$a_i \in \{0,1\}$（表示 a_i 只能为 0 或者 1），且本原多项式的自由度为 d。一旦选定本原多项式就可以利用其系数计算方向数 v_i：

$$v_i = a_1 v_{i-1} \oplus a_2 v_{i-2} \oplus \cdots \oplus a_{d-1} v_{i-d+1} \oplus v_{i-d} \oplus (v_{i-d}/2^d), i > d \qquad (4\text{-}15)$$

式中，$\oplus$ 代表逐位异或运算，因此可以由式（4-15）推算出 m_i：

$$m_i = 2a_1 m_{i-1} \oplus 2^2 a_2 m_{i-2} \oplus \cdots \oplus 2^{d-1} a_{d-1} m_{i-d+1} \oplus 2^d m_{i-d} \oplus m_{i-d}$$

需要注意的是，a_i 和 m_i 均为初始设定的参数（a_i 和 m_i 的取值范围如前文所述），并根据这些初始设定值来计算 v_i 的取值。

最终为了生成序列数 x_1，x_2，$\cdots$，x_n，可以利用式（4-16）进行计算：

$$x_n = b_1 v_1 \oplus b_2 v_2 \oplus \cdots \qquad (4\text{-}16)$$

式中，b_1，b_2，b_3，$\cdots$ 为 n 的二进制形式。

▶▶ 2. 参数敏感性的计算

为了进行参数敏感性分析，需要利用 Sobol 低差异随机数序列构造 $N \times 2D$ 的样本矩阵 M（N 为样本数，D 为变量个数），然后选取样本矩阵的前 D 列为计算矩阵 A，后 D 列为计算矩阵 B，然后通过将 B 矩阵的第 i 列替换 A 矩阵的第 i 列构造 D 个关联的计算矩阵，依次为 AB_1，AB_2，$\cdots$，AB_D。计算矩阵的构造方式如式（4-17）~ 式（4-20）所示。

$$M = \begin{bmatrix} a_{11} & a_{12} & \cdots & a_{1D} & b_{11} & b_{12} & \cdots & b_{1D} \\ a_{21} & a_{22} & \cdots & a_{2D} & b_{21} & b_{22} & \cdots & b_{2D} \\ \vdots & \vdots & & \vdots & \vdots & \vdots & & \vdots \\ a_{N1} & a_{N2} & \cdots & a_{ND} & b_{N1} & b_{N2} & \cdots & b_{ND} \end{bmatrix} \qquad (4\text{-}17)$$

$$A = \begin{bmatrix} a_{11} & a_{12} & \cdots & a_{1D} \\ a_{21} & a_{22} & \cdots & a_{2D} \\ \vdots & \vdots & & \vdots \\ a_{N1} & a_{N2} & \cdots & a_{ND} \end{bmatrix} \tag{4-18}$$

$$B = \begin{bmatrix} b_{11} & b_{12} & \cdots & b_{1D} \\ b_{21} & b_{22} & \cdots & b_{2D} \\ \vdots & \vdots & & \vdots \\ b_{N1} & b_{N2} & \cdots & b_{ND} \end{bmatrix} \tag{4-19}$$

$$AB_i = \begin{bmatrix} a_{11} & a_{12} & \cdots & b_{1i} & \cdots & a_{1D} \\ a_{21} & a_{22} & \cdots & b_{2i} & \cdots & a_{2D} \\ \vdots & \vdots & & \vdots & & \vdots \\ a_{N1} & a_{N2} & \cdots & b_{Ni} & \cdots & a_{ND} \end{bmatrix} \tag{4-20}$$

以上可以确定 $(D+2) \times N$ 组输入数据，将这些数据经过输入参数转化后代入 AMESim 仿真模型中。输入参数的控制范围为 $X_{ic} \sim X_{id}$，对应抽样样本的控制范围 $0 \sim 1$，输入参数转化公式为式（4-21）。通过模型仿真计算出对应的结果数据，如式（4-22）所示。

$$X_{Aij} = (X_{id} - X_{ic}) a_{ij} + X_{ic} \tag{4-21}$$

$$Y_A = \begin{bmatrix} y_{A1} \\ y_{A2} \\ \vdots \\ y_{AN} \end{bmatrix}, \quad Y_B = \begin{bmatrix} y_{B1} \\ y_{B2} \\ \vdots \\ y_{BN} \end{bmatrix}, \quad Y_{ABi} = \begin{bmatrix} y_{ABi1} \\ y_{ABi2} \\ \vdots \\ y_{ABiN} \end{bmatrix} \tag{4-22}$$

通过计算单个参数的方差对总输出方差的影响来分析各参数对总体目标函数的影响程度及参数间的交互关系。单一参数对总输出方差的影响称为主效应，参数单独作用和参数间的交互效应对总输出方差的影响称为全效应。一般将主效应 S_i 和全效应 S_{Ti} 作为参数敏感性指标。

利用计算样本 A、B、AB_i 的转化样本 X_A、X_B、X_{ABi} 和对应的仿真计算值 Y_A、Y_B、Y_{ABi} 计算对应的期望和方差。其中，式（4-23）为样本 A 对应的输出期望，式（4-24）为样本 A 对应的输出方差，式（4-25）为单一参数对系统方差的影响，式（4-26）为除某单一参数外其他所有参数对系统方差的影响。

$$E_A = \frac{1}{N} \sum_{j=1}^{N} y_{Aj} \tag{4-23}$$

$$\mathrm{Var}(Y_A) = \frac{1}{N} \sum_{j=1}^{N} y_{Aj}^2 - E_A^2 \tag{4-24}$$

$$\mathrm{Var}_{Xi}(E_{X\sim i}(Y\mid X_i)) = \frac{1}{N}\sum_{j=1}^{N} y_{Aj} y_{ABij} - E_A^2 \tag{4-25}$$

$$\mathrm{Var}_{X\sim i}(E_{Xi}(Y\mid X_{\sim i})) = \mathrm{Var}(\boldsymbol{Y}_A) - \frac{1}{N}\sum_{j=1}^{N} y_{Aj}(y_{Aj} - y_{ABij}) \tag{4-26}$$

最终计算出第 i 个变量的主效应 S_i［又称一阶影响指数，表示第 i 个变量"单独"对模型总体方差的贡献，见式（4-27）］与全效应 S_{Ti}［又称全局影响指数，表示第 i 个变量直接和间接对模型输出的总影响，见式（4-28）］，根据全效应值的大小来确定各变量参数的敏感性（值越大显著性越大），而主效应和全效应的值是否有差异是判断第 i 个变量是否与其他变量有交互作用的标志。

$$S_i = \frac{\mathrm{Var}_{Xi}(E_{X\sim i}(Y\mid X_i))}{\mathrm{Var}(\boldsymbol{Y}_A)} \tag{4-27}$$

$$S_{Ti} = 1 - \frac{\mathrm{Var}_{X\sim i}(E_{Xi}(Y\mid X_{\sim i}))}{\mathrm{Var}(\boldsymbol{Y}_A)} \tag{4-28}$$

▶▶ 4.3.3.2 再制造共轨喷油器可变结构参数敏感性分析

如前文所述，再制造共轨喷油器的可变结构参数共有七个，去掉参考结构参数阀组件偶件间隙和针阀组件偶件间隙外，着重分析影响喷油量敏感性的进油节流孔直径、回油节流孔直径、衔铁升程、喷孔直径、针阀升程五个结构参数。按照 4.3.3.1 节介绍的方法，首先构造 Sobol 序列的样本矩阵 $\boldsymbol{M}$（N 取 4，D 为 5，样本矩阵 $\boldsymbol{M}$ 为 4×10 阶）：

$$\boldsymbol{M} = \begin{bmatrix} 0.5 & 0.5 & 0.5 & 0.5 & 0.5 & 0.625 & 0.125 & 0.375 & 0.375 & 0.125 \\ 0.25 & 0.75 & 0.25 & 0.75 & 0.25 & 0.375 & 0.375 & 0.625 & 0.125 & 0.875 \\ 0.75 & 0.25 & 0.75 & 0.25 & 0.75 & 0.875 & 0.875 & 0.125 & 0.625 & 0.375 \\ 0.125 & 0.625 & 0.875 & 0.875 & 0.625 & 0.0625 & 0.9375 & 0.6875 & 0.4375 & 0.8125 \end{bmatrix}$$

对样本矩阵进行转化，生成七个计算矩阵：

$$\boldsymbol{A} = \begin{bmatrix} 0.5 & 0.5 & 0.5 & 0.5 & 0.5 \\ 0.25 & 0.75 & 0.25 & 0.75 & 0.25 \\ 0.75 & 0.25 & 0.75 & 0.25 & 0.75 \\ 0.125 & 0.625 & 0.875 & 0.875 & 0.625 \end{bmatrix}$$

$$\boldsymbol{B} = \begin{bmatrix} 0.625 & 0.125 & 0.375 & 0.375 & 0.125 \\ 0.375 & 0.375 & 0.625 & 0.125 & 0.875 \\ 0.875 & 0.875 & 0.125 & 0.625 & 0.375 \\ 0.0625 & 0.9375 & 0.6875 & 0.4375 & 0.8125 \end{bmatrix}$$

$$AB_1 = \begin{bmatrix} 0.625 & 0.5 & 0.5 & 0.5 & 0.5 \\ 0.375 & 0.75 & 0.25 & 0.75 & 0.25 \\ 0.875 & 0.25 & 0.75 & 0.25 & 0.75 \\ 0.0625 & 0.625 & 0.875 & 0.875 & 0.625 \end{bmatrix}$$

$$AB_2 = \begin{bmatrix} 0.5 & 0.125 & 0.5 & 0.5 & 0.5 \\ 0.25 & 0.375 & 0.25 & 0.75 & 0.25 \\ 0.75 & 0.875 & 0.75 & 0.25 & 0.75 \\ 0.125 & 0.9375 & 0.875 & 0.875 & 0.625 \end{bmatrix}$$

$$AB_3 = \begin{bmatrix} 0.5 & 0.5 & 0.375 & 0.5 & 0.5 \\ 0.25 & 0.75 & 0.625 & 0.75 & 0.25 \\ 0.75 & 0.25 & 0.125 & 0.25 & 0.75 \\ 0.125 & 0.625 & 0.6875 & 0.875 & 0.625 \end{bmatrix}$$

$$AB_4 = \begin{bmatrix} 0.5 & 0.5 & 0.5 & 0.375 & 0.5 \\ 0.25 & 0.75 & 0.25 & 0.125 & 0.25 \\ 0.75 & 0.25 & 0.75 & 0.625 & 0.75 \\ 0.125 & 0.625 & 0.875 & 0.4375 & 0.625 \end{bmatrix}$$

$$AB_5 = \begin{bmatrix} 0.5 & 0.5 & 0.5 & 0.5 & 0.125 \\ 0.25 & 0.75 & 0.25 & 0.75 & 0.875 \\ 0.75 & 0.25 & 0.75 & 0.25 & 0.375 \\ 0.125 & 0.625 & 0.875 & 0.875 & 0.8125 \end{bmatrix}$$

为了将计算矩阵的数据输入到共轨喷油器 AMESim 仿真模型中，需要结合表 4-15 和式（4-21）对计算数据进行转化，生成输入参数矩阵：

$$X_A = \begin{bmatrix} 0.23 & 0.38 & 0.0575 & 0.15 & 0.25 \\ 0.226 & 0.425 & 0.04875 & 0.152 & 0.24 \\ 0.234 & 0.335 & 0.06625 & 0.148 & 0.26 \\ 0.224 & 0.4025 & 0.070625 & 0.153 & 0.255 \end{bmatrix}$$

$$X_B = \begin{bmatrix} 0.232 & 0.3125 & 0.053125 & 0.149 & 0.235 \\ 0.228 & 0.3575 & 0.061875 & 0.147 & 0.265 \\ 0.236 & 0.4475 & 0.044375 & 0.151 & 0.245 \\ 0.223 & 0.45875 & 0.064063 & 0.2625 & 0.2625 \end{bmatrix}$$

$$X_{AB1} = \begin{bmatrix} 0.232 & 0.38 & 0.0575 & 0.15 & 0.25 \\ 0.228 & 0.425 & 0.04875 & 0.152 & 0.24 \\ 0.236 & 0.335 & 0.06625 & 0.148 & 0.26 \\ 0.223 & 0.4025 & 0.070625 & 0.153 & 0.255 \end{bmatrix}$$

$$X_{AB2} = \begin{bmatrix} 0.23 & 0.3125 & 0.0575 & 0.15 & 0.25 \\ 0.226 & 0.3575 & 0.04875 & 0.152 & 0.24 \\ 0.234 & 0.4475 & 0.06625 & 0.148 & 0.26 \\ 0.224 & 0.45875 & 0.070625 & 0.153 & 0.255 \end{bmatrix}$$

$$X_{AB3} = \begin{bmatrix} 0.23 & 0.38 & 0.053125 & 0.15 & 0.25 \\ 0.226 & 0.425 & 0.061875 & 0.152 & 0.24 \\ 0.234 & 0.335 & 0.044375 & 0.148 & 0.26 \\ 0.224 & 0.4025 & 0.064063 & 0.153 & 0.255 \end{bmatrix}$$

$$X_{AB4} = \begin{bmatrix} 0.23 & 0.38 & 0.0575 & 0.149 & 0.25 \\ 0.226 & 0.425 & 0.04875 & 0.147 & 0.24 \\ 0.234 & 0.335 & 0.06625 & 0.151 & 0.26 \\ 0.224 & 0.4025 & 0.070625 & 0.1495 & 0.255 \end{bmatrix}$$

$$X_{AB5} = \begin{bmatrix} 0.23 & 0.38 & 0.0575 & 0.15 & 0.235 \\ 0.226 & 0.425 & 0.04875 & 0.152 & 0.265 \\ 0.234 & 0.335 & 0.06625 & 0.148 & 0.245 \\ 0.224 & 0.4025 & 0.070625 & 0.153 & 0.2625 \end{bmatrix}$$

将参数矩阵代入仿真模型后，进行仿真计算可以得到结果矩阵：

$$Y_A = \begin{bmatrix} 50.397 \\ 50.709 \\ 49.488 \\ 55.574 \end{bmatrix}, \quad Y_B = \begin{bmatrix} 46.196 \\ 51.011 \\ 47.465 \\ 54.388 \end{bmatrix}, \quad Y_{AB1} = \begin{bmatrix} 49.771 \\ 50.222 \\ 49.018 \\ 55.805 \end{bmatrix}, \quad Y_{AB2} = \begin{bmatrix} 49.392 \\ 50.062 \\ 50.387 \\ 55.745 \end{bmatrix}$$

$$Y_{AB3} = \begin{bmatrix} 49.868 \\ 50.087 \\ 46.819 \\ 55.092 \end{bmatrix}, \quad Y_{AB4} = \begin{bmatrix} 49.781 \\ 47.999 \\ 51.205 \\ 53.424 \end{bmatrix}, \quad Y_{AB5} = \begin{bmatrix} 48.669 \\ 53.637 \\ 47.954 \\ 56.42 \end{bmatrix}$$

参照前文计算方法可以将各参数的主效应 S_i 与全效应 S_{Ti} 计算出来，计算结果汇总为表 4-16。

表 4-16 各参数主效应与全效应数据表

结构性能参数	主 效 应	全 效 应	排 序
进油节流孔直径	−1.9661	2.9654	3
回油节流孔直径	−0.3107	1.3107	5
衔铁升程	−8.6558	9.6558	1

（续）

结构性能参数	主 效 应	全 效 应	排 序
喷孔直径	− 8.0290	9.0290	2
针阀升程	2.4453	− 1.4453	4

从敏感性分析的结果来看，各结构参数之间均相互关联，影响喷油特性最为显著的各结构参数排序为衔铁升程、喷孔直径、进油节流孔直径、针阀升程、回油节流孔直径。参数敏感性分析的结果与表4-15中各结构参数的尺寸控制范围大小并没有直接关系，因此，不能简单根据尺寸控制范围的大小来说明喷油量对各参数的敏感性，这一结果为零件的可再利用性判定提供了数据支撑。

4.3.3.3 零件可再利用性判定方法

共轨喷油器分为四部分：喷油器体、电磁阀组件、阀组件和针阀组件。喷油器体与针阀体的接触表面为静密封面，喷油器体与球阀座的接触表面同样为静密封面，还有四处螺纹用于固定针阀体、球阀座、电磁阀组件及进油接头，在没有明显机械损伤的情况下可以直接利用。对于电磁阀组件，需要通过测量电阻值来确定线圈功能，重点观察电磁阀组件中阀球的磨损，在必要的情况下进行更换。对于阀组件，首先要确定偶件配合部位是否发生明显磨损或者偏磨以及是否有机械损伤，同时需要确定球阀座是否严重磨损，目测合格的零件需要测量进油节流孔直径和回油节流孔直径。针阀组件的检测与阀组件类似，同样需要排除偶件接触面的磨损及机械损伤情况，需要用内窥镜对针阀座面的情况进行检查，检测合格的零件需要测量喷孔直径。

检测零件的表面状况是确定零件可再利用性的首要条件，在排除电气故障、机械损伤等明显缺陷外，需要通过测量来确定结构尺寸是否在可用范围以内。零件可再利用性分析的结构尺寸可用限值可参照表4-15初步确定。根据参数敏感性分析的结果可以设定需要重点监控的结构参数，按照顺序依次为衔铁升程、喷孔直径、进油节流孔直径、针阀升程、回油节流孔直径。但由于衔铁升程和针阀升程都依靠垫片来调节，而大部分升程调节垫片在重新进行再制造产品装配时都需要进行更换，因此，对于衔铁升程和针阀升程的调节较为容易实现，与零件的可再利用性并没有太直接的关系。垫片与高压密封圈等类似，都属于易损件，而且成本相对较低，不列为需要回收再利用的关键零件。

参照共轨喷油器再制造工艺的内容，将旧件可再利用性评价分为两个阶段：首先利用目测、电阻测量和设备检测等方式将有机械损伤、偏磨、磨损严重等故障的零件初步剔除；然后利用测量装置对喷孔直径、进油节流孔直径、回油节流孔直径进行测量，确定结构尺寸在可用范围内，并根据参数敏感性分析的结论重点保障喷孔直径和进油节流孔直径的尺寸靠近中位。

4.4 基于关联结构参数匹配模式的共轨喷油器再利用

▶ 4.4.1 关联结构参数对喷油性能的影响研究

再制造过程中需要将共轨喷油器旧件进行彻底拆解，在进行再制造产品装配时需要将所有的结构参数进行重新匹配，并需要经过总成性能评估来验证再制造产品的性能。在缺乏原型产品装配技术要求的情况下，若将所有结构参数进行随机匹配，则会造成一次性装配合格率较低的状况。而对不满足性能要求的共轨喷油器需要进行重新拆解和匹配，会造成生产率下降及人力成本浪费。零件配装方式表明了各结构参数间的关联关系，因此，各结构参数对喷油性能的影响并非相互独立，可以通过分析关联参数对喷油性能的影响，为参数分级匹配提供理论依据。

在批量相对较小的情况下，可以通过保留原匹配关系的形式来降低参数匹配的难度。对旧件进行拆解清洗时，要注意将原装零件统一放置在一起，经过检测和测量后保留所有可以再利用的零件，然后添加需要替换的零件进行配装。这一要求主要是为了保证通过少量微调即可实现正确配装，而无须将所有的配件都重新匹配，以降低配装的难度。

进行共轨喷油器再制造时，需要根据旧件的状况选择更换零件或再利用，导致在很多情况下同时有多个结构参数的变化和调整。在对各结构参数进行重新匹配时，首先要满足组件内部结构参数的匹配关系。例如：在对衔铁升程和针阀升程进行调整时，可以改变垫片的厚度，实现单一结构参数的调整，来满足与其他结构参数的匹配关系；更换阀组件时，涉及进油节流孔直径、回油节流孔直径、衔铁升程和阀组件偶件间隙尺寸变化带来的综合影响；更换针阀组件时，涉及喷孔直径、针阀升程和针阀偶件间隙尺寸变化带来的综合影响。更换针阀组件和阀组件是共轨喷油器在售后维修过程中最常见的方式，而在进行再制造时也通常是以组件的方式进行重新匹配安装。利用共轨喷油器仿真模型可以对更换组件的参数匹配方式进行仿真计算，进行同一组件上的关联结构参数对喷油性能的影响分析。

▶ 4.4.1.1 更换阀组件方式下关联参数对喷油性能的影响

共轨喷油器再制造环节中对阀组件进行更换时，涉及四个参数的变化。其中，衔铁升程可以通过调节垫片进行补偿，对于偶件间隙可以通过目测将磨损严重及偏磨的零件剔除，最重要的是进油节流孔直径和回油节流孔直径变化对喷油量的综合影响。

图 4-38 和表 4-17 所示为不同进油节流孔直径和回油节流孔直径共同影响下的喷油量仿真结果（图 4-38 和表 4-17 中部的浅色部分表示在此参数区间内共轨喷油器的喷油量满足限值要求），发现进油节流孔直径和回油节流孔直径的变化对喷油量的影响相反，即随进油节流孔直径的增大喷油量不断减小，而随回油节流孔直径的增大喷油量不断增加。即使进油节流孔和回油节流孔直径都在各自的初步控制范围以内，但在两者的综合影响下喷油量的变化范围却扩展到 $28.7 \sim 52.7 \mathrm{mm}^3/\mathrm{st}$，远远超出了喷油量限值要求的范围，这也从侧面说明了 4.2.3.3 小节中随机装配条件下不同共轨喷油器在同一工况下的油量测量值在油量限值范围内服从均匀分布的假设是成立的。

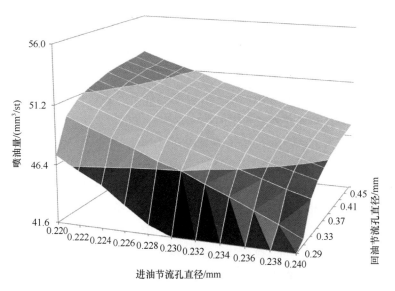

图 4-38 进油节流孔直径与回油节流孔直径对喷油量的综合影响

表 4-17 进油节流孔直径与回油节流孔直径共同影响下的喷油量仿真数据（单位：$\mathrm{mm}^3/\mathrm{st}$）

回油节流孔直径/mm	进油节流孔直径/mm										
	0.22	0.222	0.224	0.226	0.228	0.23	0.232	0.234	0.236	0.238	0.24
0.29	47.2	46.1	45.1	43.7	42.4	40.4	38.5	36.3	34.3	31.5	28.7
0.31	49.9	49.2	48.5	47.8	47.0	46.4	45.5	44.7	43.9	43.0	42.0
0.33	50.9	50.2	49.5	48.9	48.3	47.6	47.0	46.4	45.8	45.2	44.7

回油节流孔直径/mm	进油节流孔直径/mm										
	0.22	0.222	0.224	0.226	0.228	0.23	0.232	0.234	0.236	0.238	0.24
0.35	51.4	50.8	50.2	49.5	49.0	48.3	47.8	47.2	46.6	46.1	45.6
0.37	51.7	51.1	50.5	49.9	49.4	48.8	48.2	47.7	47.2	46.7	46.1
0.39	52.1	51.5	50.9	50.2	49.7	49.1	48.6	48.1	47.5	47.0	46.6
0.41	52.3	51.7	51.1	50.5	49.9	49.4	48.8	48.4	47.8	47.3	46.8
0.43	52.4	51.9	51.3	50.7	50.1	49.6	49.0	48.5	48.1	47.5	47.1
0.45	52.5	51.9	51.4	50.8	50.3	49.7	49.2	48.7	48.2	47.7	47.2
0.47	52.7	52.1	51.5	51.0	50.4	49.8	49.3	48.8	48.3	47.8	47.4

选取表4-17中每列的值对应的进油和回油节流孔直径两个参数，计算其比值可以发现，在满足静态性能测试要求的参数区域内，当进、回油节流孔直径比接近0.58时，喷油量可以控制在工况限值以内。在共轨喷油器的使用过程中，进、回油节流孔直径都会因磨粒冲蚀磨损变大，在孔径不超限且保持适当比例的条件下可以被再利用。

阀座磨损会造成衔铁升程变大，与其相关联的结构参数是进油节流孔直径和回油节流孔直径。从4.3节中参数敏感性分析的结果来看，三个结构参数的敏感性排序为衔铁升程、进油节流孔直径和回油节流孔直径。其中，喷油量对于回油节流孔直径的变化相对最不敏感，且进油节流孔和回油节流孔尺寸要保持一定的比例。因此，通过对进油节流孔直径和衔铁升程交叉影响下的喷油量进行仿真，可以间接确定更换阀组件情况下各结构参数的关联影响关系。

图4-39及表4-18中的数据显示（图4-39及表4-18中部的浅色部分表示在此参数区间共轨喷油器的喷油量满足限值要求），当进油节流孔直径变大时，增加衔铁升程可以将喷油量控制在工况限值以内。在共轨喷油器实际使用过程中，进、回油节流孔直径都会因磨粒冲蚀磨损变大，衔铁升程会由于阀座及阀球磨损而变大，与满足喷油量控制要求的参数变化趋势一致，从而增加了阀组件的可再利用性。通过增加衔铁升程来匹配进油节流孔直径变大的方式可以在一定范围内满足喷油性能的要求，但衔铁升程的调整幅度应控制在一定范围内。

4.4.1.2 更换针阀组件方式下关联参数对喷油性能的影响

更换针阀组件涉及喷孔直径、针阀偶件间隙及针阀升程的重新匹配。对于针阀偶件间隙，通过目测可以将磨损严重及偏磨的零件剔除，因此，可将更换针阀组件的参数匹配问题简化为喷孔直径和针阀升程的关联性影响分析。从阀组件关联结构参数影响分析的结果可以推断出喷孔直径在使用中的变化可以通过调整针阀升程来平衡。

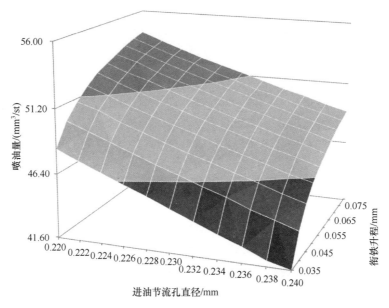

图 4-39　进油节流孔直径与衔铁升程对喷油量的综合影响

表 4-18　进油节流孔直径与衔铁升程共同影响下的喷油量仿真数据　（单位：mm³/st）

进油节流孔直径/mm	衔铁升程/mm									
	0.035	0.040	0.045	0.050	0.055	0.060	0.065	0.070	0.075	0.080
0.220	48.27	49.90	50.93	51.77	52.44	52.85	53.24	53.65	53.96	54.22
0.222	47.57	49.27	50.43	51.16	51.79	52.24	52.76	53.07	53.34	53.58
0.224	46.87	48.64	49.69	50.51	51.18	51.73	52.06	52.47	52.78	52.99
0.226	46.20	48.00	49.11	49.92	50.60	51.12	51.50	51.91	52.26	52.40
0.228	45.55	47.35	48.50	49.37	50.05	50.51	50.99	51.38	51.62	51.90
0.230	44.84	46.76	47.92	48.85	49.47	49.96	50.40	50.86	51.13	51.40
0.232	44.14	46.13	47.41	48.21	48.94	49.41	49.84	50.31	50.54	50.89
0.234	43.44	45.57	46.83	47.68	48.39	48.96	49.41	49.78	50.12	50.36
0.236	42.78	44.89	46.28	47.18	47.84	48.39	48.87	49.28	49.58	49.92
0.238	42.04	44.35	45.69	46.61	47.40	47.94	48.42	48.75	49.11	49.39
0.240	41.28	43.78	45.18	46.17	46.85	47.36	47.88	48.32	48.63	48.94

在图 4-40 和表 4-19 中展示了喷孔直径与针阀升程两个参数对喷油量的综合影响（图 4-40 和表 4-19 中部的浅色部分表示在此参数区间共轨喷油器的喷油量满足限值要求）。当喷孔直径由于磨损变大时，可以通过减小针阀升程将喷油量控制在限值范围以内。需要注意的是，利用减小针阀升程来补偿喷孔直径的增大，可补偿的范围有限。当喷孔直径超过一定值时，则无法通过调整针阀升程来满足油量控制要求。

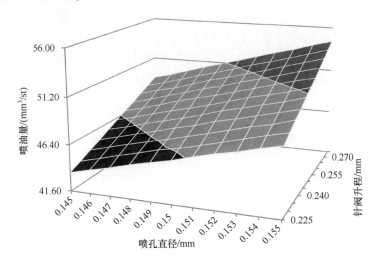

图 4-40 喷孔直径与针阀升程对喷油量的综合影响

表 4-19 喷孔直径与针阀升程共同影响下的喷油量仿真数据　　（单位：mm³/st）

针阀升程/mm	喷孔直径/mm										
	0.145	0.146	0.147	0.148	0.149	0.15	0.151	0.152	0.153	0.154	0.155
0.225	43.52	44.03	44.51	45.09	45.57	46.01	46.60	47.14	47.57	48.12	48.61
0.23	44.04	44.58	45.13	45.63	46.19	46.56	47.08	47.61	48.17	48.72	49.20
0.235	44.59	45.13	45.65	46.15	46.60	47.14	47.66	48.21	48.76	49.20	49.83
0.24	45.09	45.61	46.14	46.67	47.21	47.69	48.32	48.76	49.30	49.81	50.30
0.245	45.65	46.11	46.70	47.20	47.69	48.25	48.89	49.34	49.88	50.36	50.97
0.25	46.15	46.67	47.22	47.77	48.23	48.78	49.34	49.95	50.40	50.94	51.54
0.255	46.67	47.17	47.75	48.35	48.86	49.33	49.92	50.45	51.03	51.58	52.05
0.26	47.14	47.68	48.29	48.84	49.43	49.89	50.54	51.03	51.58	52.16	52.68
0.265	47.74	48.29	48.73	49.33	49.96	50.46	51.00	51.54	52.15	52.71	53.30
0.27	48.25	48.74	49.31	49.91	50.42	50.98	51.62	52.12	52.68	53.27	53.88
0.275	48.78	49.29	49.90	50.50	51.05	51.61	52.19	52.78	53.28	53.92	54.47

▶ 4.4.2 关联结构匹配关系研究

▶ 4.4.2.1 阀组件结构参数的重新匹配

在更换阀组件时，首先要确保进、回油节流孔的尺寸匹配符合喷油量控制要求，由于进、回油节流孔的尺寸无法补偿，所以只能按照仿真分析的结果进行参数匹配。表 4-20 是利用表 4-17 中的数据对结构参数进行分级（表中深色部分为参数分级匹配后喷油量在限值要求范围以内，而字体加粗的部分为参数匹配后喷油量在限值要求范围以外），不同级别的结构参数进行匹配后可获得稳定的喷油性能。如在其他结构参数得到有效匹配的情况下，将 A1-B1 组合、A2-B2 组合以及 A3-B3 组合所获得的喷油量控制效果一致。

表 4-20　进油节流孔直径与回油节流孔直径匹配的喷油量　　（单位：mm³/st）

回油节流孔直径/mm		进油节流孔直径/mm										
		B1			B2				B3			
		0.22	0.222	0.224	0.226	0.228	0.23	0.232	0.234	0.236	0.238	0.24
A1	0.31	49.9	49.2	48.5	47.8	47.0	**46.4**	**45.5**	**44.7**	**43.9**	**43.0**	**42.0**
	0.33	50.9	50.2	49.5	48.9	48.3	47.6	47.0	46.4	**45.8**	**45.2**	**44.7**
A2	0.35	**51.4**	50.8	50.2	49.5	49.0	48.3	47.8	47.2	46.6	**46.1**	**45.6**
	0.37	**51.7**	51.1	50.5	49.9	49.4	48.8	48.2	47.7	47.2	46.7	**46.1**
	0.39	**52.1**	**51.5**	50.9	50.2	49.7	49.1	48.6	48.1	47.5	47.0	46.6
	0.41	**52.3**	**51.7**	51.1	50.5	49.9	49.4	48.8	48.4	47.8	47.3	46.8
A3	0.43	**52.4**	**51.9**	**51.3**	50.7	50.1	49.6	49.0	48.5	48.1	47.5	47.1
	0.45	**52.5**	**51.9**	**51.4**	50.8	50.3	49.7	49.2	48.7	48.2	47.7	47.2
	0.47	**52.7**	**52.1**	**51.5**	51.0	50.4	49.8	49.3	48.8	48.3	47.8	47.4

然后根据进油节流孔尺寸的变化匹配适当的衔铁升程，进油节流孔直径的增大通过减薄衔铁升程调节垫片来补偿。如表 4-21 所列（表中深色部分为参数分级匹配后喷油量在限值要求范围以内，而字体加粗的部分为参数匹配后喷油量在限值要求范围以外），将表 4-18 中进油节流孔直径和衔铁升程的尺寸进行分级，不同级别的参数进行匹配后可获得稳定的喷油量。如在其他结构参数得到有效匹配的情况下，使 B1-C1 组合、B2-C2 组合以及 B3-C3 组合所获得的喷油量控制效果一致。

表 4-21　进油节流孔直径与衔铁升程匹配的喷油量　　（单位：mm³/st）

进油节流孔直径/mm		衔铁升程/mm									
		C1			C2			C3			
		0.035	0.04	0.045	0.05	0.055	0.06	0.065	0.07	0.075	0.08
B1	0.22	48.27	49.90	50.93	51.77	52.44	52.85	53.24	53.65	53.96	54.22
	0.222	47.57	49.27	50.43	51.16	51.79	52.24	52.76	53.07	53.34	53.58
	0.224	46.87	48.64	49.69	50.51	51.18	51.73	52.06	52.47	52.78	52.99
B2	0.226	**46.20**	48.00	49.11	49.92	50.60	51.12	51.50	51.91	52.26	52.40
	0.228	**45.55**	47.35	48.50	49.37	50.05	50.51	50.99	51.38	51.62	51.90
	0.23	**44.84**	46.76	47.92	48.85	49.47	49.96	50.40	50.86	51.13	51.40
	0.232	**44.14**	**46.13**	47.41	48.21	48.94	49.41	49.84	50.31	50.54	50.89
B3	0.234	**43.44**	**45.57**	46.83	47.68	48.39	48.96	49.41	49.78	50.12	50.36
	0.236	**42.78**	**44.89**	**46.28**	47.18	47.84	48.39	48.87	49.28	49.58	49.92
	0.238	**42.04**	**44.35**	**45.69**	46.61	47.40	47.94	48.42	48.75	49.11	49.39
	0.24	**41.28**	**43.78**	**45.18**	**46.17**	46.85	47.36	47.88	48.32	48.63	48.94

　　根据前文分析的阀组件中结构参数之间的关联关系，可以将三个结构参数分级后进行综合匹配，确定各零件结构参数的分级匹配关系。表 4-20 和表 4-21 中参数分级具有关联性，以进油节流孔尺寸划分等级为基础，可以实现三个结构参数的参数匹配，进而使整个组件获得稳定的喷油量。如 A1-B1-C1 组合、A2-B2-C2 组合以及 A3-B3-C3 组合所获得的喷油量控制效果一致。

4.4.2.2　针阀组件结构参数的重新匹配

　　在更换针阀组件时，若排除针阀组件偶件间隙的影响，喷孔直径增大需要加厚针阀升程调节垫片来补偿，通过减小针阀升程实现对喷油量的准确控制。表 4-22 是利用表 4-19 中的数据对结构参数进行分级（表中深色部分为参数分级匹配后喷油量在限值要求范围以内，而字体加粗的部分为参数匹配后喷油量在限值要求范围以外），不同级别的参数进行组合可获得稳定的喷油量。如将 D1-E3 组合、D2-E2 组合以及 D3-E1 组合所获得的喷油量控制效果一致。针阀升程的调节范围相对较大，使得参数匹配的适应性大大增强。

　　结合前文中结构参数分级匹配的数据可以发现，在使用过程中阀组件的进油节流孔直径、回油节流孔直径和衔铁升程都会因磨粒磨损而变大，从结构参数分级的情况来看，分别对应着 A3、B3 和 C3。同理，针阀组件的喷孔直径和针阀升程也会因磨粒磨损增大，从结构参数分级的情况来看，分别对应着 D3 和

E3。在所有结构参数中，衔铁升程和针阀升程是可以通过垫片厚度进行自由调节的，在其他结构参数变化不超过可用范围的情况下可以较为容易地实现参数的匹配。

表 4-22　针阀升程与喷孔直径匹配的喷油量　（单位：mm³/st）

针阀升程/mm		喷孔直径/mm										
		E1			E2				E3			
		0.145	0.146	0.147	0.148	0.149	0.15	0.151	0.152	0.153	0.154	0.155
D1	0.225	43.52	44.03	44.51	45.09	45.57	46.01	46.60	47.14	47.57	48.12	48.61
	0.23	44.04	44.58	45.13	45.63	46.19	46.56	47.08	47.61	48.17	48.72	49.20
	0.235	44.59	45.13	45.65	46.15	46.60	47.10	47.66	48.21	48.76	49.20	49.83
	0.24	45.09	45.61	46.14	46.67	47.21	47.69	48.32	48.76	49.30	49.81	50.30
D2	0.245	45.65	46.11	46.70	47.20	47.69	48.25	48.89	49.34	49.88	50.36	50.97
	0.25	46.15	46.67	47.22	47.77	48.23	48.78	49.34	49.95	50.40	50.94	51.54
	0.255	46.67	47.17	47.75	48.35	48.86	49.33	49.92	50.45	51.03	51.58	52.05
	0.26	47.14	47.68	48.29	48.84	49.43	49.89	50.54	51.03	51.58	52.16	52.68
D3	0.265	47.74	48.29	48.73	49.33	49.96	50.46	51.00	51.54	52.15	52.71	53.30
	0.27	48.25	48.74	49.31	49.91	50.42	50.98	51.62	52.12	52.68	53.27	53.88
	0.275	48.78	49.29	49.90	50.50	51.05	51.61	52.19	52.78	53.28	53.92	54.47

4.4.2.3　匹配模式的讨论及不同匹配方式的比较

通过对不同结构参数的交叉匹配可以实现再制造共轨喷油器性能的稳定，同时可以保证较高的零件再利用率。再制造共轨喷油器的配装需要将阀组件和针阀组件组合在一起。经过静态性能测试且在所有工况下测得的性能指标均在限值范围以内的再制造产品可认定为合格产品。

阀组件和针阀组件参数匹配的数据说明，不同等级参数的交叉匹配可以获得相同的喷油量控制效果。同时，阀组件的结构参数与针阀组件的结构参数可以相互独立，在组件性能稳定的条件下无须考虑与其他组件结构参数的匹配关系。因此，再制造共轨喷油器性能的稳定性可以通过分别控制阀组件和针阀组件的性能稳定性来实现，例如，A1-B1-C1-D1-E3 组合、A1-B1-C1-D2-E2 组合及A2-B2-C2-D2-E2 组合所获得的喷油量控制效果一致，这就是本章提出的以组件稳定性为核心的再制造共轨喷油器结构参数匹配模式。

结构参数的匹配模式不同会导致产品的一次装配合格率差异很大，由于装配不合格导致的重新拆装会降低生产率并增加生产成本。以组件稳定性为核心的再制造共轨喷油器结构参数匹配模式符合参数匹配的规律，可以大大降低参数匹配的难度。可以通过组件稳定性模式与随机匹配模式和均匀采样模式（Sobol 序列模式）的对比来验证该匹配模式的有效性。首先在 5 个结构参数的可利用范围内随机各选取 10 个规格（表 4-23），分别采用随机匹配模式和组件稳定性模式对各结构参数进行组合，利用仿真模型分析计算出不同参数匹配模式下的喷油特性，并利用静态性能测试要求来判定匹配效果是否满足要求，以此来说明再制造共轨喷油器的一次性装配合格率的差异。

表 4-23 结构参数随机选取 (单位：mm)

序　号	针阀升程	喷孔直径	衔铁升程	回油节流孔直径	进油节流孔直径
1	0.226	0.154	0.078	0.425	0.225
2	0.244	0.148	0.066	0.322	0.237
3	0.258	0.147	0.066	0.382	0.223
4	0.255	0.153	0.056	0.341	0.225
5	0.236	0.155	0.072	0.336	0.228
6	0.231	0.153	0.066	0.281	0.239
7	0.256	0.147	0.048	0.417	0.227
8	0.257	0.148	0.039	0.345	0.233
9	0.258	0.149	0.063	0.312	0.228
10	0.260	0.153	0.049	0.318	0.221

▶ 1. 随机匹配模式下的一次性装配合格率

利用 AMESim 仿真模型来计算结构参数随机匹配的效果，在此随机匹配出三组参数组合方式，参数匹配情况及喷油量计算结果见表 4-24、表 4-25 及表 4-26。在"喷油量"这一列中，字体加粗的部分为符合静态性能测试要求的匹配结果，其余部分为不满足静态性能测试要求的匹配结果（在此只验证喷油量是否在限值范围以内，即 $46.4 \sim 51.2 \text{mm}^3/\text{st}$）。通过观察随机匹配模式下的再制造共轨喷油器配装性能可以发现，三次随机匹配模式下再制造产品的一次性装配合格率分别为 40%、50% 及 20%。

▶ 2. Sobol 序列模式下的一次性装配合格率

在 4.3 节中利用 Sobol 序列进行参数敏感性分析的过程也是一种伪随机的参数匹配模式，是在多维空间内实现均匀采样的一种方式，采样数组转化为各零件的结构参数后可以直接输入仿真模型中进行喷油性能的仿真测试。这种采样方式区别于随机采样模式，采样空间为所有结构参数的可用范围区间，不适用于当前对比各匹配模式的数据分布状况。但 Sobol 序列代表了均匀采样的一种模式，在该采样模式下的再制造共轨喷油器一次性装配合格率也可以从某个侧面反映出不同匹配模式的差异。

表 4-24 结构参数随机匹配结果（1）

序号	针阀升程 /mm	喷孔直径 /mm	衔铁升程 /mm	回油节流孔直径 /mm	进油节流孔直径 /mm	喷油量 /（mm³/st）
1	0.226	0.154	0.078	0.425	0.225	52.96
2	0.244	0.148	0.066	0.322	0.237	**46.89**
3	0.258	0.147	0.066	0.382	0.223	52.15
4	0.255	0.153	0.056	0.341	0.225	53.45
5	0.236	0.155	0.072	0.336	0.228	52.74
6	0.231	0.153	0.066	0.281	0.239	**46.19**
7	0.256	0.147	0.048	0.417	0.227	**49.29**
8	0.257	0.148	0.039	0.345	0.233	45.70
9	0.258	0.149	0.063	0.312	0.228	**50.75**
10	0.260	0.153	0.049	0.318	0.221	54.07

表 4-25 结构参数随机匹配结果（2）

序号	针阀升程 /mm	喷孔直径 /mm	衔铁升程 /mm	回油节流孔直径 /mm	进油节流孔直径 /mm	喷油量 /（mm³/st）
1	0.260	0.154	0.072	0.322	0.225	55.73
2	0.256	0.155	0.048	0.318	0.221	54.50
3	0.255	0.148	0.063	0.312	0.228	**49.96**
4	0.231	0.153	0.039	0.425	0.233	**46.41**
5	0.236	0.147	0.078	0.281	0.228	**47.50**
6	0.226	0.153	0.066	0.382	0.225	51.31
7	0.244	0.147	0.066	0.341	0.237	**46.70**
8	0.258	0.148	0.056	0.336	0.223	51.50
9	0.257	0.149	0.066	0.417	0.239	**49.24**
10	0.258	0.153	0.049	0.345	0.227	52.32

表 4-26　结构参数随机匹配结果（3）

序号	针阀升程 /mm	喷孔直径 /mm	衔铁升程 /mm	回油节流孔直径 /mm	进油节流孔直径 /mm	喷油量 /（mm³/st）
1	0.236	0.147	0.039	0.341	0.223	45.68
2	0.255	0.155	0.066	0.318	0.233	52.79
3	0.258	0.147	0.056	0.425	0.228	**50.24**
4	0.256	0.148	0.049	0.345	0.239	46.13
5	0.226	0.148	0.072	0.312	0.221	**49.14**
6	0.260	0.153	0.078	0.417	0.227	55.85
7	0.231	0.149	0.066	0.336	0.237	46.29
8	0.258	0.153	0.048	0.322	0.225	52.38
9	0.257	0.153	0.063	0.281	0.228	52.01
10	0.244	0.154	0.066	0.382	0.225	54.09

采用 Sobol 序列模式分析再制造产品的一次性装配合格率时可以直接引用前文中多参数敏感性分析的过程数据，可直接统计仿真计算的 Y 值（Y 值为将计算参数矩阵的数据输入共轨喷油器 AMESim 仿真模型后的仿真计算结果，表示按照 Sobol 序列模式进行采样的结构参数匹配结果所装配而成的再制造共轨喷油器在静态性能测试中的喷油特性表现）。是否满足静态性能测试中喷油量限值范围的要求，以判断在 Sobol 序列模式下的参数匹配状况。Y 值汇总情况见表 4-27（表中字体加粗的部分为符合静态性能测试要求的匹配结果，其余部分为不满足静态性能测试要求的匹配结果），可以对照统计出在该模式下的再制造共轨喷油器一次性装配合格率为 67.86%，优于随机匹配模式。

表 4-27　结构参数 Sobol 序列模式匹配结果　　（单位：mm³/st）

序号	Y_A	Y_B	Y_{AB1}	Y_{AB2}	Y_{AB3}	Y_{AB4}	Y_{AB5}
1	**50.397**	46.196	**49.771**	**49.392**	**49.868**	**49.781**	**48.669**
2	**50.709**	**51.011**	**50.222**	**50.062**	**50.087**	**47.999**	53.637
3	**49.488**	**47.465**	**49.018**	**50.387**	**46.819**	**51.205**	**47.954**
4	55.574	54.388	55.805	55.745	55.092	53.424	56.420

▶▶ **3. 组件稳定性模式下的一次性装配合格率**

按照组件稳定性模式对所有零件的结构参数进行分组匹配测试，首先按照阀组件和针阀组件各参数的匹配关系将参数分类为 X1、X2、X3（X 代表 A、B、C、D、E），然后优先按照 A1-B1-C1 组合、A2-B2-C2 组合以及 A3-B3-C3 组合的方式将回油节流孔直径、进油节流孔直径和衔铁升程的尺寸进行匹配，同时按照 D1-E3 组合、D2-E2 组合以及 D3-E1 组合的方式将针阀升程和喷孔直径的尺寸进行匹配，最终将阀组件和针阀组件的匹配组随机组合在一起，就可以确保再制造产品满足静态性能测试的要求。由于是随机选择各结构参数，因此分布区域的数量有可能不能完全匹配在一起，无法实现对所有零件的 100% 再利用。可以将匹配关系相近的参数分为一组，优先满足敏感性较高的结构参数的尺寸要求，尽可能趋于组件稳定性模式，则有可能进一步提高零件的再利用率，获得更高的一次性装配合格率。

按照上述方法进行所有零件的结构参数匹配，匹配关系见表 4-28。然后将各结构参数组带入仿真模型进行仿真计算，验证满足静态测试性能要求的参数匹配结果。从仿真模型的计算结果来看（测试结果见表 4-29，在"喷油量"一列中，字体加粗的部分为符合静态性能测试要求的匹配结果，其余部分为不符合要求的匹配结果），再制造产品的一次性装配合格率可以达到 80%，远高于随机匹配的合格率。虽然无法实现 100% 匹配，但可以明显提升再制造共轨喷油器一次性装配的合格率。此外，零件数量较少是导致结构参数匹配合格数量有限的主要原因，随着零件数量的增加，实现准确匹配的结构参数组将更多，再制造产品的一次性装配合格率将进一步提高。

表 4-28 组件稳定性模式参数匹配 （单位：mm）

回油孔直径		进油孔直径		衔铁升程		针阀升程		喷孔直径	
A1	0.281	B1	0.221	C1	0.039	D2	0.258	E1	0.147
	0.312		0.223		0.048		0.26		0.147
	0.318		0.225	C2	0.049		0.256	E2	0.148
	0.322		0.225		0.056		0.257		0.148
	0.336		0.227		0.063		0.255		0.149
A2	0.341	B2	0.228		0.066	D1	0.226	E3	0.153
	0.345		0.228	C3	0.066		0.231		0.153
	0.382		0.233		0.066		0.236		0.153
	0.417	B3	0.237		0.072	D2	0.244		0.154
A3	0.425		0.239		0.078		0.258		0.155

表 4-29　结构参数组件稳定性模式匹配结果

序号	针阀升程 /mm	喷孔直径 /mm	衔铁升程 /mm	回油节流孔直径 /mm	进油节流孔 直径/mm	喷油量 /（mm³/st）
1	0.258	0.147	0.039	0.281	0.221	**46.62**
2	0.260	0.147	0.048	0.312	0.223	**49.68**
3	0.256	0.148	0.049	0.318	0.225	**49.46**
4	0.257	0.148	0.056	0.322	0.225	**50.53**
5	0.255	0.149	0.063	0.336	0.227	**51.13**
6	0.226	0.153	0.066	0.341	0.228	**50.19**
7	0.231	0.153	0.066	0.345	0.228	**50.75**
8	0.236	0.153	0.066	0.382	0.233	**50.46**
9	0.244	0.154	0.072	0.417	0.237	51.57
10	0.258	0.155	0.078	0.425	0.239	53.26

　　通过三种匹配模式下再制造共轨喷油器的一次性装配合格率的对比情况可以发现（图 4-41），组件稳定性模式下的一次性装配合格率最高，远高于随机模式和 Sobol 序列模式。需要注意的是，组件稳定性模式下的一次性装配合格率仅为 80%，这一结果并非不能提高甚至达到 100%，但是随机抽取的零件无法实现100% 的再利用。在批量化再制造生产过程中，零件数量的增加有助于一次性装配合格率的进一步提高。因此，在配装工艺中，参数匹配过程采用组件稳定性模式可以实现较高的一次性装配合格率，减少由于匹配不当导致的重新拆装，提高再制造产品的生产率并降低生产成本。

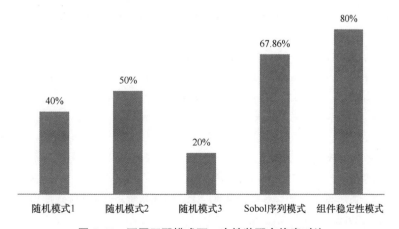

图 4-41　不同匹配模式下一次性装配合格率对比

参 考 文 献

［1］ AHISKA S S, KURTUL E, KING R E. Determining the value of product substitution for a sto-chastic manufacturing／remanufacturing system ［C］// Institute of Industrial and Systems Engineers（IISE）. Proceedings. San Juan：IIE Annual Conference, 2013：3924.

［2］ MANCARUSO E, SEQUINO L, VAGLIECO B M, et al. Coking Effect of Different FN Nozzles on Injection and Combustion in an Optically Accessible Diesel Engine ［R/OL］. SAE Technical Paper, 2013. https：//dx. doi. org/10. 4271/2013-24-0039.

［3］ D'AMBROSIO S, FERRARI A. Diesel injector coking：optical-chemical analysis of deposits and influence on injected flow-rate, fuel spray and engine performance ［J/OL］. Journal of Engineering for Gas Turbines and Power, 2012, 134（6）. https：//doi. org/10. 1115/1. 4005991.

［4］ LACEY P, GAIL S, KIENTZ J M, et al. Fuel quality and diesel injector deposits ［J］. SAE International Journal of Fuels and Lubricants, 2012, 5（3）：1187-1198.

［5］ CAPROTTI R, BHATTI N, NOBUYUKI I. Protecting diesel fuel injection systems ［R/OL］. SAE Technical Paper, 2011. https：//doi. org/10. 4271/2011-01-1927.

［6］ SOM S, AGGARWAL S K, EL-HANNOUNY E M, et al. Investigation of nozzle flow and cavitation characteristics in a diesel injector ［J/OL］. Journal of Engineering for Gas Turbines and Power, 132（4）：042802. https：//doi. org/10. 1115/1. 3203146.

［7］ BIANCHI G M, FALFARI S, PAROTTO M, et al. Advanced modeling of common rail injector dynamics and comparison with experiments ［R/OL］. SAE Technical Paper, 2003. https：//dx. doi. org/ 10. 4271/2003-01-0006.

［8］ CHEN P C, WANG W C, ROBERTS W L, et al. Spray and atomization of diesel fuel and its alternatives from a single-hole injector using a common rail fuel injection system ［J］. Fuel, 2013, 103：850-861.

［9］ MANIN J, KASTENGREN A, PAYRI R. Understanding the acoustic oscillations observed in the injection rate of a common-rail direct injection diesel injector ［J］. Journal of Engineering for Gas Turbines and Power, 2012, 134（12）：122801.

［10］ 郭树满, 苏万华, 陈礼勇, 等. 高压共轨电控单元喷油一致性研究 ［J］. 内燃机工程, 2012, 33（5）：52-56.

［11］ 宋国民, 杨福源, 欧阳明高, 等. 基于自适应模糊控制的共轨逐缸平衡算法研究 ［J］. 内燃机学报, 2005, 23（5）：451-456.

［12］ 郭树满. 高压共轨柴油机燃油喷射控制系统的开发及喷油一致性的研究 ［D］. 天津：天津大学, 2011.

［13］ 杨洪敏, 苏万华, 汪洋, 等. 高压共轨式喷油器的无量纲几何参数对喷油规律和喷油

特性一致性影响的研究 [J]. 内燃机学报, 2000, 18 (3): 244-249.

[14] 吴长水, 杨林, 王俊席, 等. 柴油机电控燃油喷射系统喷油特性韵方差分析 [J]. 内燃机工程, 2006, 27 (4): 31-34.

[15] 刘小会. 正态分布积分高精度数值计算的研究 [D]. 西安: 西安电子科技大学, 2012.

[16] 衡德正, 陈伟, 胡轶敏, 等. 基于 Sobol 序列的装配公差分析 [J]. 机械设计与制造, 2016 (12): 227-230.

[17] 关亚彬, 杨小辉, 方宗德. 基于参数敏感性分析的人字齿轮传动优化设计 [J]. 机械传动, 2016 (7): 67-70.

第 5 章

——

汽车零部件的高附加值再利用：以车控电子部件为例

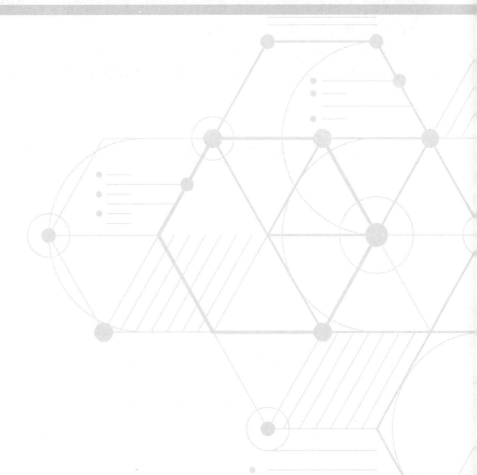

5.1 车控电子部件的再利用策略

5.1.1 车控电子部件再利用产业的机遇与挑战

退役车控电子部件剩余寿命长、再制造效益高、发展前景广阔，然而我国退役车控电子部件的回收利用尚未真正起步：旧件回收责任尚未明晰、回收渠道不完善、再制造产业技术不完善，车控电子部件本身的高技术、高经济附加值未能合理利用，这与车控电子部件本身技术复杂的特性有关。我国使用的车控电子部件绝大多数来自外资或外资控股的合资企业。美国德尔福、德国博世、日本电装等外国供应商占据了国内市场，公开的车控电子部件再制造技术资料很少。

通过系统分析我国退役车控电子部件回收再利用产业发展面临的环境与条件，设计回收再利用产业模式以及退役车控电子部件再利用与再制造技术方案，为实现退役车控电子部件高附加值回收再利用、促进我国退役车控电子部件再制造产业发展提供支撑。

我国退役车控电子部件回收再利用产业发展 SWOT（企业战略分析方法）矩阵见表 5-1。研究表明：我国退役车控电子部件回收再利用产业对于外部环境反应良好，机会多于挑战，内部处于优势期，应采取积极的增长型策略（SO 策略），大力推动发展。关键性策略分析如下。

表 5-1 我国退役车控电子部件回收再利用产业发展 SWOT 矩阵

	优势（Strengths）	劣势（Weaknesses）
内部因素	S1 报废数量巨大 S2 劳动力成本优势 S3 行业内部整合加速 S4 高附加值	W1 基础设施薄弱 W2 回收责任制尚未建立 W3 产业内部资源配置不合理 W4 环境污染严重制约产业发展 W5 低附加值回收方式
	机遇（Opportunities）	挑战（Threats）
外部因素	O1 国家加紧提供政策支持 O2 市场需求量巨大 O3 宏观经济环境有利于产业发展 O4 社会对环境保护、资源循环利用的要求	T1 测试、软件调校技术瓶颈 T2 行业市场化驱动不足 T3 关联产业绿色设计制造体系建设不足 T4 政策执行是否到位

1. 建立以汽车生产企业为主导的回收再利用体系

2009 年 1 月 1 日起正式实施的《中华人民共和国循环经济促进法》明确提

出建立生产者延伸责任制度。《汽车产品回收利用技术政策》要求"加强汽车生产者责任管理，在汽车生产、使用、报废回收等环节建立起以汽车生产企业为主导的完善的管理体系"。这为建立以汽车生产企业为主导的退役车控电子部件回收产业奠定了法律基础。汽车生产企业在技术、资金、人员、渠道等方面都具有独特优势，因而是产业的主要推动力量。

2. 成立行业组织，制定行业规范

建立行业组织是构建产业链的基础，制定行业规范、建立行业内部约束机制等都需要行业组织。行业规范是准入门槛，对于整个产业有序、高效地运作具有重要意义。

3. 加大投入，提升规模

退役车控电子部件回收产业"内部成员"包括：车控电子部件供应商（设计、制造）、整车生产企业（使用）、汽车回收拆解企业（拆解与分离）。产业内部应加大投入，产业"内部成员"将更多关注产业未来的发展，积极制订与增长型战略相适应的措施。

4. 将环境保护纳入行业规范建设

环境保护、资源循环利用是退役车控电子部件回收再利用产业发展的根本原因之一。目前，退役车控电子部件随意处置对环境造成了较大危害。因此，必须将环境保护纳入行业规范的建设。

5. 利用政策机遇，建设基础设施

基础设施建设是形成产业规模的基础，需要政府政策的倾斜，如增加专项资金拨款、调整税率等来帮助产业内企业扩大基础设施建设投资，或促使外部资金流入基础设施建设领域。

6. 行业内成员联合，研究开发测试、软件调校技术

退役车控电子部件回收处理中测试技术、软件调校技术瓶颈亟待解决。汽车生产企业以及车控电子部件供应商控制了核心技术，应通过行业内企业联合，共同应对退役车控电子部件回收再利用中的技术难题。

7. 开发面向回收再利用的设计、制造工艺流程

由于设计、制造、安装等工艺流程并未面向回收再利用，导致汽车报废后，仍有较长剩余寿命的车控电子部件由于针脚设计、拆解困难、测试困难、软件调校困难等原因在其再使用中存在较大困难。因此，需要开发面向再利用的设计、制造等工艺流程，在车控电子部件生命周期各个环节中考虑再利用问题。

▶▶ 5.1.2　车控电子部件再利用产业的发展策略

退役车控电子部件回收产业发展策略：以汽车生产企业为主导，建立生产者回收责任制；由行业性组织推动行业规范出台与行业体系建设；由广义的产业联盟推动产业内外部合作；政府出台政策，规范产业环境；加强流通渠道和基础设施建设；拓展视野，充分依靠外部技术和资金。具体发展策略如图 5-1 所示。

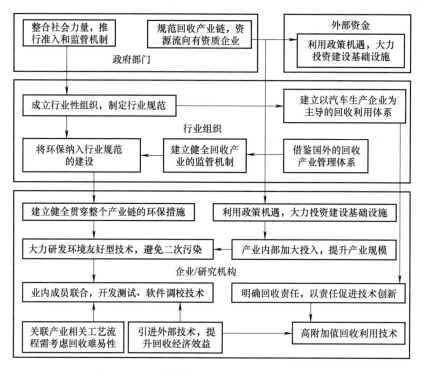

图 5-1　退役车控电子部件回收产业发展策略

汽车生产企业与车控电子部件供应商掌握关键技术，应承担回收退役车控电子部件责任，是回收产业的核心。由于回收产业的特殊性，政府在产业发展中应扮演更重要的角色。对生产者延伸责任制进行更详尽的立法，促使汽车生产企业进入回收产业中。对目前产业中的企业进行环保、能耗等项目的评估，出台企业准入和淘汰法律法规，整合现有资源。

车控电子部件设计可靠性高，退役后剩余寿命长，因此，回收利用优先策略是再使用＞再制造＞材料再利用＞无害化处理。在各种回收利用方式中，再使用、再制造环境影响最小，材料利用效率最高，经济及综合效益最高。因此，优先考虑再使用与再制造。对于已经淘汰的车型，在再制造过程中初测发现退役车控电子部件明显损坏，印制电路板与电子元器件等硬件无法替换或修复，质量控制试验不合格的，按照电子废弃物进行资源化材料回收再利用。车控电子部件的再制造中，一般只需要对极少量的零部件进行再制造加工或替换。而拆解、清洁、检测和软件调校以及质量控制是技术创新和成本投入的主要环节。针对退役车控电子部件软硬件的失效检测和故障分析诊断，是车控电子部件回收再利用的技术难点。

5.1.3　退役车控电子部件再制造技术方案

为实现退役车控电子部件的高附加值再利用，需要开发整套再制造技术方案，并突破其中的关键技术，主要包括无损高效拆解、绿色清洁、老化状态检测、硬件视觉检测、通用软件调校、产品质量控制等关键技术。

1. 无损高效拆解技术

针对退役车控电子部件连接牢固、难拆解的特点，研究无损高效拆解技术并开发专用拆解设备，便于后续清洁、检测、调校等再制造技术流程的顺利实施。

2. 绿色清洁技术

针对退役车控电子部件不同的污垢类型，研究绿色环保清洁工艺，实现绿色、高效清洁，并提出退役车控电子部件再制造现场清洁度评定技术规范。

3. 老化状态检测技术

针对退役车控电子部件老化状态的测评难题，以大众朗逸系列发动机电子控制单元、北汽 BC 系列车身控制模块作为研究对象，基于硬件在环技术，研究退役车控电子部件老化状态检测技术并开发相应的检测系统。通过检测退役车控电子部件对多个典型工况负荷的响应状态，以及精确测量关键电子元器件的性能参数，获得退役车控电子部件的老化状态曲线，为剔除临近失效的退役车控电子部件、保证再制造坯料的质量提供技术支撑。

4. 硬件视觉检测技术

针对退役车控电子部件的印制电路板、焊点及电子元器件无损检测问题，研究开发了基于三维景深合成的硬件视觉检测技术系统，为车控电子部件的再制造提供硬件条件。

5. 通用软件调校技术

针对车控电子部件软件调校问题，研究了退役车控电子部件通用软件调校技术，开发了基于 Wellon vp-490 编程器的通用软件调校系统，实现了多种型号退役车控电子部件的软件调校。

▶ 6. 产品质量控制技术

针对再制造电子产品苛刻的质量要求，在分析了不同环境因素对激发故障的有效性基础上，研究再制造车控电子部件产品质量控制技术与方法，并通过建立退役车控电子部件再制造剩余寿命评估模型，实现任意置信水平下再制造车控电子部件的剩余寿命预测。

5.2 退役车控电子部件的老化状态检测

▶ 5.2.1 退役发动机电子控制单元老化状态检测技术

在退役车控电子部件再制造过程中，拆解、清洁后进行功能与老化状态测试以保证再制造坯料的质量。

车用电控系统由传感器（传感元件）与开关信号、电控部件和执行器（执行元件）三部分组成。在车用电控系统中，传感器的功用是将汽车各部件运行的状态参数（各种非电量信号）转换成电量信号并传送至电控部件。电控部件又称为汽车电子控制单元或汽车电子控制器，是以单片微型计算机为核心所组成的电子控制装置，具有强大的数学运算、逻辑判断、数据处理与数据管理等功能。其主要功用是分析处理传感器采集的各种信息，并向受控装置（即执行器或执行元件）发出控制指令。执行器又称为执行元件，是电子控制系统的执行机构。执行器的功用是接收电控部件发出的指令，完成具体的执行动作。

▶ 5.2.1.1 发动机电子控制系统

汽车发动机电子控制系统一般由进气系统、燃油供给系统、点火系统、计算机控制系统四大部分组成。进气系统由空气滤清器、空气流量计、节气门、进气总管、进气歧管等组成，它为发动机可燃混合气提供所需空气。燃油供给系统由燃油泵、燃油滤清器、燃油压力调节器、喷油器和供油管等组成，它为发动机可燃混合气提供所需燃油。点火系统为发动机提供电火花，它由点火电子组件、点火线圈、火花塞、高压导线等组成。计算机控制系统由电子控制单元和各种传感器组成，它控制燃油喷射时间、喷射量以及点火时刻。汽车发动机电子控制系统结构框架如图 5-2 所示。

发动机电子控制单元是汽车发动机电子控制系统的核心，它根据发动机的不同工况，向发动机提供最佳空燃比的混合气和最佳点火时间，使发动机始终处在最佳工作状态，确保发动机的性能（动力性、经济性、排放性）达到最佳。发动机电子控制单元系统结构框架如图5-3所示。发动机电子控制单元根据各种

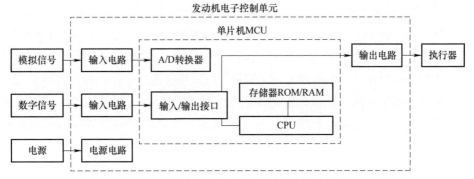

图5-2 汽车发动机电子控制系统结构框架

图5-3 发动机电子控制单元系统结构框架

传感器信号和开关信号进行运算，将结果传送给执行器，以实现包括电子燃油喷射控制、电子点火提前控制、怠速控制、排放控制、CAN 总线通信等在内的最优控制。

▶ 5.2.1.2 退役发动机电子控制单元老化状态检测原理

图 5-4 所示为研究开发的退役发动机电子控制单元硬件在环老化状态检测系统，适用机型为大众朗逸系列发动机电子控制单元。系统基于 LabVIEW FPGA 模块及 PXI 板卡开发。显示器 1 与工控机 7 组成信号模拟系统，进行传感器信号和标准执行信号模拟。模拟的传感器信号包括空气流量传感器信号、进气温度传感器信号、冷却液温度传感器信号、进气压力传感器信号、节气门开度传感器信号、尾气氧含量传感器信号、爆燃传感器信号、上止点位置传感器信号、曲轴位置传感器信号和车速传感器信号等；模拟的开关信号包括点火开关信号、空档起动开关信号、怠速开关信号、全负荷开关信号和空调请求信号等。

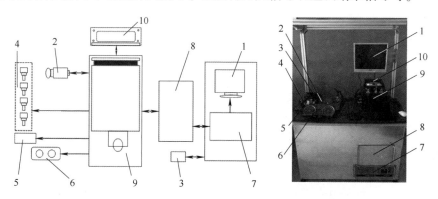

图 5-4　退役发动机电子控制单元硬件在环老化状态检测系统

1—显示器　2—锁芯及钥匙　3—加速踏板　4—喷油器　5—节气门　6—仪表盘

7—工控机　8—信号调理箱　9—夹具台　10—退役发动机电子控制单元

模拟的部分传感器信号与开关信号如图 5-5 左侧区域①所示。模拟的标准执行信号包括各缸点火线圈信号、各缸喷油器工作信号、油泵继电器信号、怠速直流电机信号、碳罐电磁阀信号、空调工作继电器信号和排气再循环电磁阀信号等。部分模拟执行信号由图 5-5 中"硬线信号反馈"和"CAN 信号反馈"体现。

信号模拟系统计算并存储了标准执行信号，将其与被测退役发动机电子控制单元执行信号对模拟传感器信号和模拟开关信号的变化响应进行比较，做出被测退役汽车发动机电子控制单元是否合格的判定：若对比结果一致，则判定被测退役汽车发动机电子控制单元合格，可以进行再利用；若对比结果不一致，则判定该被测退役汽车发动机电子控制单元不合格，不能进行再利用，并在图5-5所示界面中报警显示。

进行对比的退役发动机电子控制单元执行 CAN 信号包括转速信号、离合器信号、冷却液温度信号、制动信号（BLS）、制动冗余信号（BTS）、风扇转速信号、加速踏板信号、节气门开度信号等，如图5-5中区域③内信号。进行对比的退役发动机电子控制单元执行硬线信号包括两路加速踏板电压信号、碳罐电磁阀信号、节气门电源信号、节气门 M＋、节气门 M－、前氧传感器信号、后氧传感器信号等，如图5-5中区域②所示。所有模拟传感器信号与开关信号可进行连续模拟信号调整与开关控制，反复多次测试反馈信号响应状态是否一致可靠，从而判定退役发动机电子控制单元的工作状况，检测其老化状态。

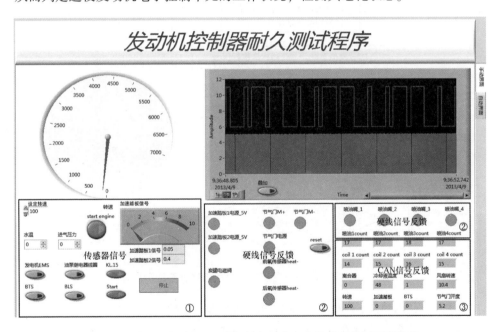

图 5-5　退役发动机电子控制单元硬件在环老化状态检测系统信号

老化状态检测原理如图5-6所示。开发的退役发动机电子控制单元硬件在环老化状态检测系统能够完成质量控制试验，即退役发动机电子控制单元进行高低温、潮湿、振动等外部环境模拟以实现老化实时在线检测，并能够实时自动记录检测数据。

5.2.1.3　退役发动机电子控制单元硬件在环老化状态检测系统

开发的退役发动机电子控制单元硬件在环老化状态检测系统由锁芯及钥匙、加速踏板、喷油器、节气门、仪表盘、信号调理箱、夹具台、工控机、PCI 板卡、显示器以及连接线束等组成，如图 5-4 所示。PCI 板卡包括 PCI-7831R 和 PCI-CAN，分别用于对硬线信号和 CAN 信号的读取和控制。PCI-7831R 板卡是一块可重配置的 FPGA（现场可编程门阵列）板卡，搭配 Virtex-II 1 百万门 FPGA，具有 8 路模拟输入、8 路模拟输出和 96 路数字 I/O 接口。本系统中，PCI-7831R 用于模拟曲轴/凸轮轴信号、检测喷油/点火脉冲和发动机电子控制单元之间硬线信号的交互。

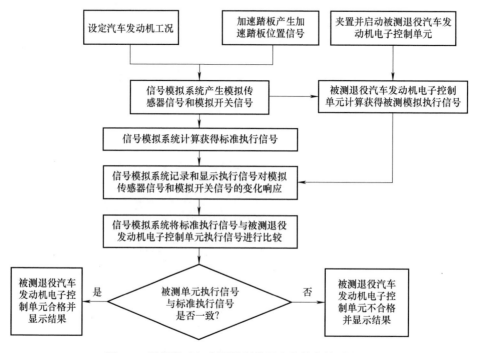

图 5-6 退役发动机电子控制单元老化状态检测原理

NI PCI-CAN/XS 2 系列是一款 1 端口收发器可选控制器局域网络（CAN）接口，用于与高速、低速或单线 CAN 设备的通信。NI PCI-CAN 板卡运用了 Philips SJA1000 CAN 控制器来实现高级功能，包括单一监听、自发自收（回波）、高级滤波模式和用于休眠/唤醒模式的新收发器。本系统中，PCI-CAN 卡用于和发动机电子控制单元之间的 CAN 通信。

退役发动机电子控制单元硬件在环老化状态检测系统原理如图 5-7 所示。由工控机组成的信号模拟系统模拟传感器与开关信号经过信号调理后传送至夹具台，夹具台将信号传送给被测退役发动机电子控制单元。负载板中的加速踏板用以控制传送给夹具台的加速踏板信号，负载板中的节气门、喷油器与仪表板可以真实地表现模拟系统的反馈执行信号。经被测退役发动机电子控制单元计算得到的执行信号通过夹具台与信号调理箱传回信号模拟系统，与标准执行信号进行比对。

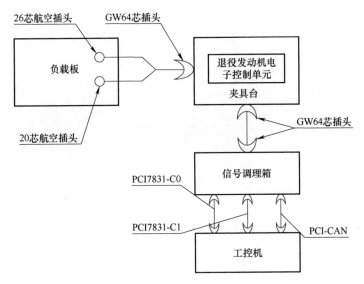

图 5-7　老化状态检测系统原理

质量控制试验系统原理如图 5-8 所示，测试界面如图 5-9 所示，与图 5-7 所示老化状态检测系统不同之处在于，被测发动机电子控制单元放置于高低温交变湿热试验箱或电磁振动试验系统中，用于模拟外部环境，通过线束与夹具台连接进行模拟信号与执行信号的传送。

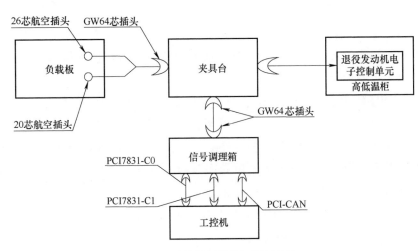

图 5-8　质量控制试验系统原理

图5-9　质量控制试验测试界面

▶▶ 5. 2. 1. 4　退役发动机电子控制单元老化状态检测技术流程

进行退役发动机电子控制单元老化状态检测时，首先将被测退役发动机电子控制单元夹持好，打开信号模拟系统进行信号的模拟与传送。老化状态检测流程如下（检测界面如图5-5所示）：

1）KL.15上电，节气门电源、加速踏板1电源_5V和加速踏板2电源_5V信号灯点亮，表示节气门传感器信号、加速踏板模拟信号正常传送至被测退役发动机电子控制单元。

2）上电默认转速为100r/min，将设定转速调整为怠速状态，约870 r/min，观察到四个喷油嘴喷油的频率加快，在界面上可以看到四个喷油嘴指示灯交替闪烁，喷油次数和点火次数逐渐上升（reset按钮可用于清零重新计数）。界面右下角显示被测退役发动机电子控制单元反馈的转速信号为870 r/min，说明被测退役发动机电子控制单元工作状态良好。

3）改变水温和进气压力值（对应模拟传感器输入0~5V），对应CAN反馈冷却液温度和节气门开度相应变化。

4）改变制动信号（BTS/BLS）的值，对应的CAN反馈信号相应变化。

5）改变加速踏板信号输入值，观察CAN反馈信号油门、节气门开度相应变化。

一般情况下每点火一次对应喷油一次，喷油次数和点火次数应相等，但在高转速状态下，如油门未给到位，导致有点火，但没有喷油，所以点火次数可能大于喷油次数。

6）前氧传感器 heat-、后氧传感器 heat-闪烁变化，说明被测退役发动机电子控制单元中对氧传感器信号处理正常。

质量控制试验测试界面如图5-9所示。首先设定测试时间，单击"开始自动测试"按钮，程序将自动开始上电启动，并按测试顺序进行自动测试。测试界面中显示并记录已测试次数、已测试时间，直到时间溢出自动停止测试。在"数据显示"列表框中，以表格形式记录测试时间和测试项目。测试程序反复多次自动选取多个典型工况，进行若干次老化状态测试。

质量控制试验测试流程如下：

1）设定条件：KL. 15 接通上电；读取值：节气门电源、加速踏板1电源_5V 和加速踏板2电源_5V。结果判定：当读取值为 True 时测试项通过，否则不通过。

2）当测试项节气门电源、加速踏板1电源_5V 和加速踏板2电源_5V 全部通过时，KL. 15 结果判定为 OK。

3）设定条件：设定转速 = 100r/min；读取值：待测退役发动机电子控制单元反馈转速 CAN 信息值1。设定条件：设定转速 = 870r/min；读取值：待测退役发动机电子控制单元反馈转速 CAN 信息值2。结果判定：根据待测退役发动机电子控制单元反馈转速 CAN 信息是否有变化确定测试项是否通过。

4）设定条件：将喷油计数值和点火计数值清零后计数；读取值：脉冲计数值1。设定条件：在开始计数2s后读取新的计数值；读取值：脉冲计数值2。结果判定：根据脉冲计数值是否有变化确定测试项是否通过。

5）设定条件：水温传感器电压 = 0V；读取值：冷却液温度1。设定条件：水温传感器电压 = 2V；读取值：冷却液温度2。结果判定：根据冷却液温度是否有变化确定测试项是否通过。

6）设定条件：进气压力传感器电压 = 0V；读取值：节气门开度1。设定条件：进气压力传感器电压 = 2V；读取值：节气门开度2。结果判定：根据节气门开度值是否有变化确定测试项是否通过。

7）设定条件：BTS = T，BLS = F；读取值：CAN 信息反馈 BTS、BLS。设定条件：BTS = F，BLS = T；读取值：CAN 信息反馈 BTS、BLS。结果判定：根据CAN 信息 BTS、BLS 值是否有变化确定测试项是否通过。

8）设定条件：加速踏板信号 =3；读取值：节气门开度值1。设定条件：加速踏板信号 =5；读取值：节气门开度值2。结果判定：根据节气门开度变化确定测试项是否通过。

测试数据保存见表5-2。

表5-2　质量控制试验自动测试数据保存

测试时间	测试项目	设定条件 1	读取值 1	设定条件 2	读取值 2	结果判定
11_27_11	节气门电源	kl15 上电	True	—	—	OK
11_27_11	加速踏板 1 电源	kl15 上电	True	—	—	OK
11_27_11	加速踏板 2 电源	kl15 上电	True	—	—	OK
11_27_11	kl15	kl15 上电	—	—	—	OK
11_27_17	曲轴、凸轮轴信号	设定转速 100 r/min	100	设定转速 870 r/min	870.25	OK
11_27_20	喷油嘴 1	脉冲计数	3	等待 2s	17	OK
11_27_20	喷油嘴 2	脉冲计数	3	等待 2s	17	OK
11_27_20	喷油嘴 3	脉冲计数	3	等待 2s	18	OK
11_27_20	喷油嘴 4	脉冲计数	3	等待 2s	18	OK
11_27_20	点火线圈 1	脉冲计数	3	等待 2s	18	OK
11_27_20	点火线圈 2	脉冲计数	3	等待 2s	17	OK
11_27_20	点火线圈 3	脉冲计数	3	等待 2s	18	OK
11_27_20	点火线圈 4	脉冲计数	3	等待 2s	17	OK
11_27_22	水温	水温传感器电压 =0V	48	水温传感器电压 =2V	37.5	OK
11_27_22	进气压力	进气压力传感器电压 =0V	4.8	进气压力传感器 =2V	4.4	OK
11_27_24	BTS	BTS = F	0	BTS = T	1	OK
11_27_24	BLS	BLS = T	0	BLS = F	1	OK
11_27_25	加速踏板 1 信号	加速踏板信号 =3	4	加速踏板信号 =5	10.4	OK
11_27_25	加速踏板 2 信号	加速踏板信号 =3	4	加速踏板信号 =5	10.4	OK

测试时间	测试项目	设定条件1	读取值1	设定条件2	读取值2	结果判定
11_27_25	节气门反馈1信号	加速踏板信号=3	4	加速踏板信号=5	10.4	OK
11_27_25	节气门反馈2信号	加速踏板信号=3	4	加速踏板信号=5	10.4	OK
11_27_25	节气门M＋	加速踏板信号=3	4	加速踏板信号=5	10.4	OK
11_27_25	节气门M－	加速踏板信号=3	4	加速踏板信号=5	10.4	OK

表5-2中第一列为测试时间,11_27_11表示11时27分11秒,容易计算出一次测试循环需要的时间为: 27分25秒-27分11秒=14秒。退役发动机电子控制单元硬件在环老化状态检测系统能够快速精确地对退役发动机电子控制单元进行自动检测,检测效率高,能够满足大批量检测的需要,突破了退役发动机电子控制单元再制造过程中功能测试与老化状态检测技术难题,为剔除临近失效的退役车控电子部件、保证再制造坯料的质量,提供了技术支撑。

5.2.2 退役车身控制模块老化状态检测技术

5.2.2.1 车身控制模块

车身控制模块（body control module, BCM）是重要的车控电子部件之一,某车身控制模块实物如图5-10所示。车身电子控制系统主要包括中央门锁控制、电动车窗控制、后视镜记忆、防盗报警控制、灯光控制、安全气囊控制、刮水器控制、行李舱控制等。这些应用系统通常以低数据率进行数据传送,同时需要大电流驱动模块来驱动电动机和执行机构。

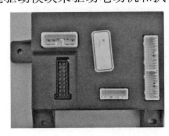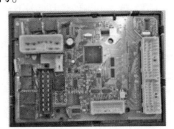

图5-10 某车身控制模块实物

▶ 5.2.2.2 退役车身控制模块老化状态检测原理

对于退役车身控制模块，被测系统可以看作数字电路集成系统。对该系统的检测主要是功能检测与老化状态检测，包括两方面的内容：一是逻辑功能检测，二是关键元器件电参量老化状态检测。检测内容及其信号特征见表5-3。

表5-3　退役车身控制模块检测内容及其信号特征

检测类别	功能名称	信号特征
逻辑功能检测	中央控制门锁控制功能	开关量
	车窗控制功能	开关量
	刮水器控制功能	开关量
	车内灯控制功能	开关量
	转向灯控制功能	开关量
	行李舱控制功能	开关量
	安全气囊控制功能	数字量/开关量
	防盗报警控制功能	数字量/开关量
电参量检测	玻璃升降器电流检测	模拟量
	转向灯电流检测	模拟量
	顶灯电流检测	模拟量
	报警喇叭电流检测	模拟量

根据表5-3对检测内容的描述，退役车身控制模块检测系统需要有数字量输入输出和模拟量输入输出的数据采集模块，以进行开关量、数字量以及模拟量信号的产生与采集。

在车身控制模块数字电路集成系统中，继电器容易出现老化。检测系统设计开发过程中检测与分析继电器老化状态参数值见表5-4。

表5-4　退役车身控制模块继电器老化状态检测参数

模块名称	检测参数名称
后视镜	后视镜打开、关闭触发高、低电压与电流
中央控制门锁	中央控制门锁触发高、低电压与电流
刮水器	前刮水器触发高、低电压与电流
	后刮水器触发高、低电压与电流

模 块 名 称	检测参数名称
行李舱	行李舱打开、关闭触发高、低电压与电流
车窗	左前车窗上升、下降触发高、低电压与电流
	右前车窗上升、下降触发高、低电压与电流
	左后车窗上升、下降触发高、低电压与电流
	右后车窗上升、下降触发高、低电压与电流

由于车身控制模块需要大电流驱动电动机和执行机构，为了确保老化状态检测稳定可靠、快速准确，负载不伤害车身控制模块同时准确记录测量数据，需要满足以下技术需求指标：

1）主电源容量 ≥70A，电压为 12V±0.1V，纹波 ≤10mV，负载响应时间 <10ms。

2）为保证测试精度以判定老化状态，测试过程中由于连接所引起的电源到退役车身控制模块上的总压降 <1V。

3）对退役车身控制模块引出脚 ≥1A 的测试点采用双针双线方式，对 0.1～1A 的测试点采用单针双线方式，对 <0.1A 的测试点采用单针单线方式。

4）对退役车身控制模块输出的负载按标称电流实施，负载采用电阻模拟。对继电器输出的负载，要求同时检测电流，以判定负载是否有效。

5）退役车身控制模块的输入、设备采样电阻压降在 0.5～1.2V 之间。

6）所有测试项目，测出的值应是滤除各种干扰后的数值。

7）只允许测试用顶针以针压作用在退役车身控制模块接插件上，以防对退役车身控制模块的电路板造成暗伤。

对于模拟车身控制模块实际工作负载与工况，检测退役车身控制模块对负载的响应状态和关键电子元器件的触点压降值，实现对退役车身控制模块功能与老化状态的自动化检测。研究开发的退役车身控制模块硬件在环老化状态检测系统实物图如图 5-11a 所示。系统采用 LabVIEW 进行编译，通过夹具台进行控制信号的输入输出与反馈信号的采集。

退役车身控制模块硬件在环老化状态检测系统原理如图 5-11b 所示。安捷伦 N5743A 可编程电源为车身硬件在环仿真系统（由实时处理器及 PXI 板卡组成）、双顶针气动夹具以及负载仿真模拟模块供电。由实时处理器及 PXI 板卡组成的硬件在环仿真系统模拟车身信号，通过信号调理模块与双顶针气动夹具与被测车身控制模块进行传送。负载仿真模拟负载信号，通过双顶针气动夹具传送给被测车身控制模块，被测车身控制模块对负载的响应传送给硬件在环仿真系统，硬件在环仿真对被测车身控制模块对负载的响应是否正确做出判定，并且实时记录继电器触点压降值，通过数据分析获得继电器老化状态。

a）实物图

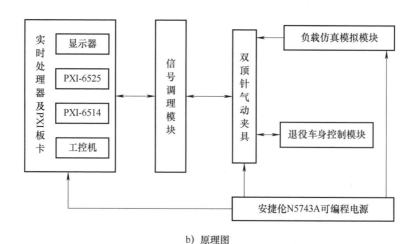

b）原理图

图 5-11　退役车身控制模块硬件在环老化状态检测系统

▶▶ 1. 双顶针气动夹具继电器老化状态电测技术

双顶针气动夹具是检测退役车身控制模块对负载响应状态及关键电子元器件触点压降值的关键技术部件。以车窗电动机控制为例，如图 5-12 所示，车身控制模块通过控制策略实现继电器 1 与 4 接通、继电器 2 与 3 断开，控制车窗电动机正转实现车窗上升。继电器 2 与 3 接通、继电器 1 与 4 断开时，控制车窗电动机反转实现车窗下降。

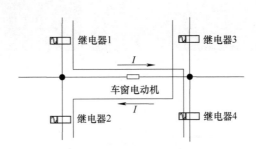

图 5-12　车窗升降控制原理

图 5-13a 所示为双顶针气动夹具实物，粗细两顶针同时与被测车身控制模块同一个针脚连接，实现对继电器触点压降值的精确测量，测量精度达到 10^{-4}V。双顶针气动夹具继电器老化状态电测技术原理如图 5-13b 所示。

测试系统模拟车身控制负载控制右前车窗上升，控制信号控制继电器 1 与 4 接通，此工作状态回路如图 5-13b 中箭头线所示，自"电源 KL30"开始，经过继电器 1、粗顶针、模拟负载电阻（模拟车窗电动机）、采样电阻、继电器 4，终止于"KL31"。

由于细顶针横截面面积远小于粗顶针，近似认为回路电流全部经过粗顶针回路（即图 5-13b 中的箭头线回路），采集 1 与 2 电路经过的电流近似为 0。继电器 1 两端的触点压降值为

$$U_{继1} = U_{KL30} - U_1$$

KL31 接地，采集 2 测得 V_2 即为继电器 4 的触点压降值。采样电路 1 测量采样电阻两端电压值 $U_采$，通过下式计算得到回路电流，以此验证继电器是否被正确触发。

$$I = \frac{U_采}{R_采}$$

双顶针技术设计有效避免了因车身控制模块针脚与顶针接触形成的电阻与电压，实现了继电器触点压降值 10^{-4}V 测量精度。

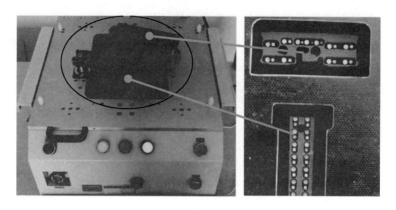

a）双顶针气动夹具实物

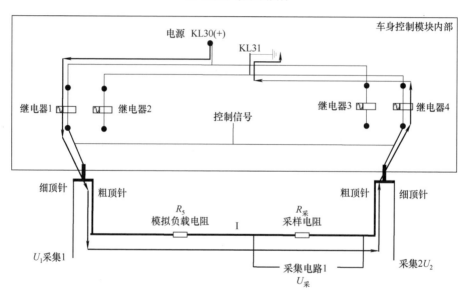

b）双顶针气动夹具继电器老化状态电测技术原理

图 5-13 双顶针气动夹具继电器老化状态电测技术

定义靠近"电源 KL30"的继电器 1 为高电压触点，靠近"KL31"的继电器为低电压触点。对北汽 BC 系列车身控制模块继电器进行 4 万次测试，基于测试数据绘制部分继电器老化状态曲线，如图 5-14 所示。

双顶针气动夹具通过气体压力将退役车身控制模块压紧在夹具台上，确保双顶针与退役车身控制模块针脚接触良好。气动夹紧示意如图 5-15 所示。气泵将压力气体泵出，经过气源处理装置 2 进行除油、除水、调压，并且对旋转夹紧缸 3 喷油润滑，通过两位两通电磁换向阀 5 对两个旋转夹紧缸 3 进行控制。当电磁阀断电时，压板处于放开状态；当电磁阀通电时，通过杆腔充气，使旋转夹紧缸3的压板旋转后夹紧实现对退役车身控制模块的压紧操作。夹紧力由气源调节装置2中的溢流减压阀调节确定，排气通过消声器4直接排入大气。

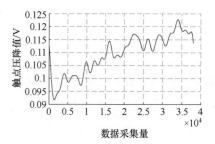

a）左前车窗上升高电压触点压降值老化状态曲线

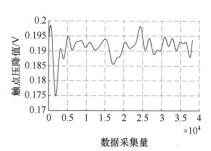

b）左前车窗上升低电压触点压降值老化状态曲线

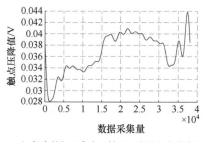

c）行李舱打开高电压触点压降值老化状态曲线

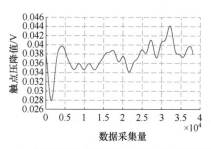

d）行李舱打开低电压触点压降值老化状态曲线

图 5-14　退役车身控制模块继电器老化状态曲线

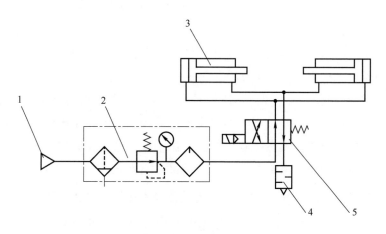

图 5-15　气动夹紧示意

1—气源　2—气源处理装置　3—旋转夹紧缸　4—消声器　5—电磁换向阀

▶ 2. 退役车身控制模块老化状态检测系统

退役车身控制模块老化状态检测系统软件构架如图 5-16 所示。软件系统是检测系统的重要组成部分，由板卡驱动层、硬件抽象执行层、业务层、操作管理层及 SQL 数据库组成，采用 LabVIEW 进行开发，同时需要添加 N5700 程序包，用来实现对安捷伦电源的控制。老化状态检测开始前需要对系统与退役车身控制模块初始化。

检测软件主要分为功能与老化状态检测（BCM_Test）和质量控制检测（Long_Test）两部分。功能与老化状态检测通过双顶针气动夹具传送信号，快速、自动化检测退役车身控制模块（BCM）功能与老化状态。质量控制检测通过线束连接退役车身控制模块与检测系统，退役车身控制模块放置于高低温湿热交变试验箱内，连接至电磁振动系统，进行质量控制检测。

功能与老化状态检测（BCM_Test）流程为：控制气动夹具夹紧，连通检测电路，进行测量信号采集。检测过程中，硬件在环仿真系统与负载模拟模块模拟驾驶人对车身中开关、车窗、刮水器、行李舱等设备的控制，在一个控制循环中顺序完成对车身控制模块中各个功能的检测。检测过程采用自动循环方式，完成多次顺序检测后，自动对比分析检测结果，对退役车身控制模块功能进行判定。检测界面如图 5-17 所示。

以开锁信号（Door Unlock Relay Output）为例，首先，启动检测过程，开始程序控制，通过对板卡的信号输入端控制，连通硬件电路；之后，进行数据采集，针对开锁信号的三个端口上触点、下触点、控制电流分别进行采集；然后，进行分析比较，将采集的数据进行整合，包括信号名称、信号容许最大值、信号容许最小值、信号测量值、是否在容许范围内、检测时间等，在界面表格中显示，同时存入指定地址；完成后进行下一个信号的检测。

质量控制检测（Long_Test）通过线束连接退役车身控制模块与检测系统，退役车身控制模块放置于高低温湿热交变试验箱内，连接至电磁振动系统。其程序主体与功能与老化状态检测不同之处在于没有通过夹具进行数据的传送与记录。显示量为检测是否正常，检测界面如图 5-18 所示。

▶ 5.2.2.3 退役车身控制模块老化状态检测技术流程、结果与特征

退役车身控制模块检测技术流程如图 5-19 所示。退役车身控制模块进行循环检测的结果如图 5-20 所示。

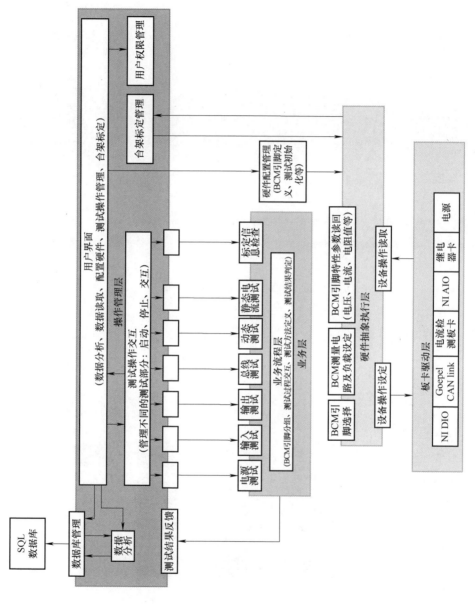

图5-16 退役车身控制模块老化状态检测系统软件构架

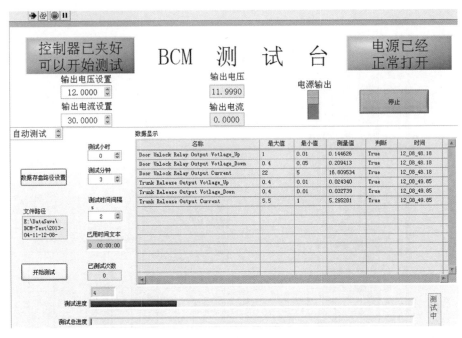

图 5-17　功能与老化状态检测界面

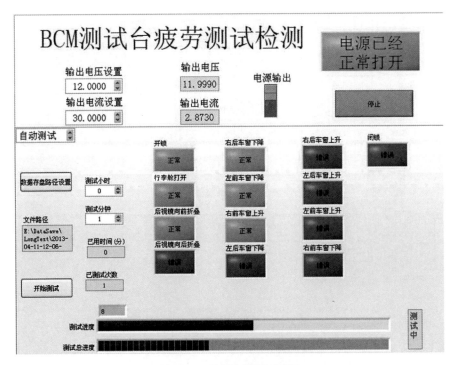

图 5-18　质量控制检测界面

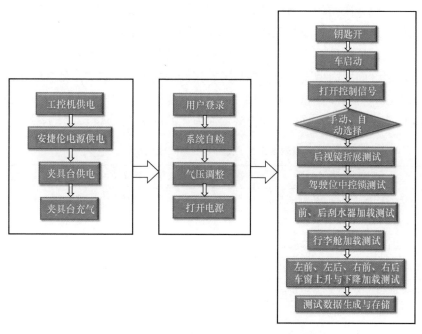

图 5-19　退役车身控制模块检测技术流程

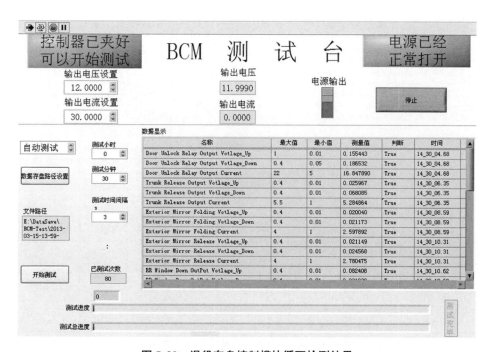

图 5-20　退役车身控制模块循环检测结果

截取其中一次循环所测得的数据，列入表5-5。表5-5中所列电流、电压标准最大值与最小值是车身控制模块供应商及整车厂原始设计要求，测量值是退役车身控制模块硬件在环老化状态检测系统的测量数值。系统根据测量值是否落在标准值区间之内做出判定，测量值在区间内判定为 TRUE，测量值在区间外判定为 FALSE。对于测试时间，10_28_12.89 表示 10 时 28 分 12.89 秒。通过精确的时间记录，可以计算出一次循环检测所用时间为 32.04s – 12.89s = 19.15s。

表 5-5　一次循环检测数据记录

检测项目	最大值	最小值	测量值	判定	检测时间
Door Unlock Relay Output Votlage_Up	1	0.01	0.615421	TRUE	10_28_12.89
Door Unlock Relay Output Votlage_Down	0.4	0.05	0.038509	TRUE	10_28_12.89
Door Unlock Relay Output Current	22	5	6.556879	TRUE	10_28_12.89
Trunk Release Output Votlage_Up	0.4	0.01	0.029724	TRUE	10_28_14.56
Trunk Release Output Votlage_Down	0.4	0.01	0.0458	TRUE	10_28_14.56
Trunk Release Output Current	5.5	1	2.690709	TRUE	10_28_14.56
Exterior Mirror Folding Votlage_Up	0.4	0.01	0.024636	TRUE	10_28_16.78
Exterior Mirror Folding Votlage_Down	0.4	0.01	0.025277	TRUE	10_28_16.78
Exterior Mirror Folding Current	4	1	2.774848	TRUE	10_28_16.78
Exterior Mirror Release Votlage_Up	0.4	0.01	0.026882	TRUE	10_28_18.50
Exterior Mirror Release Votlage_Down	0.4	0.01	0.030671	TRUE	10_28_18.50
Exterior Mirror Release Current	4	1	2.778299	TRUE	10_28_18.50
RR Window Down OutPut Votlage_Up	0.4	0.01	0.095715	TRUE	10_28_18.81
RR Window Down OutPut Votlage_Down	0.4	0.01	0.254334	TRUE	10_28_18.81
RR Window Down OutPut Current	17	8	11.545593	TRUE	10_28_18.81
FL Window Down OutPut Votlage_Up	0.4	0.01	0.107445	TRUE	10_28_20.53
FL Window Down OutPut Votlage_Down	0.4	0.01	0.216817	TRUE	10_28_20.53
FL Window Down OutPut Current	17	8	12.377209	TRUE	10_28_20.53
FR Window Up OutPut Votlage_Up	0.4	0.01	0.095078	TRUE	10_28_22.15
FR Window Up OutPut Votlage_Down	0.4	0.01	0.218995	TRUE	10_28_22.15
FR Window Up OutPut Current	17	8	16.437172	TRUE	10_28_22.15
RL Window Down OutPut Votlage_Up	0.4	0.01	0.130769	TRUE	10_28_23.76
RL Window Down OutPut Votlage_Down	0.4	0.01	0.227005	TRUE	10_28_23.76
RL Window Down OutPut Current	17	8	10.648675	TRUE	10_28_23.76

检 测 项 目	最大值	最小值	测量值	判定	检测时间
RR Window Up OutPut Votlage_Up	0.4	0.01	0.10256	TRUE	10_28_25.39
RR Window Up OutPut Votlage_Down	0.4	0.01	0.244452	TRUE	10_28_25.39
RR Window Up OutPut Current	17	8	12.945224	TRUE	10_28_25.39
RL Window Up OutPut Votlage_Up	0.4	0.01	0.137246	TRUE	10_28_27.00
RL Window Up OutPut Votlage_Down	0.4	0.01	0.221916	TRUE	10_28_27.00
RL Window Up OutPut Current	17	8	15.071087	TRUE	10_28_27.00
FL Window Up OutPut Votlage_Up	0.4	0.01	0.114604	TRUE	10_28_28.71
FL Window Up OutPut Votlage_Down	0.4	0.01	0.204911	TRUE	10_28_28.71
FL Window Up OutPut Current	17	8	11.749683	TRUE	10_28_28.71
FR Window Down OutPut Votlage_Up	0.4	0.01	0.146663	TRUE	10_28_30.53
FR Window Down OutPut Votlage_Down	0.4	0.01	0.228976	TRUE	10_28_30.53
FR Window Down OutPut Current	17	8	11.583626	TRUE	10_28_30.53
Door Lock Relay Output Votlage_Up	1	0.01	0.259651	TRUE	10_28_32.04
Door Lock Relay Output Votlage_Down	0.4	0.05	0.181526	TRUE	10_28_32.04
Door Lock Relay Output Current	22	5	21.665567	TRUE	10_28_32.04

退役车控电子部件的检测不同于生产线中新产品的检测，其主要特征如下：

1）检测对象不同。车控电子部件生产线中某一时期只生产一种新产品，因此，只需要针对此种新产品开发单一的检测设备即可。而在报废汽车回收过程中，在同一时间可能会回收不同生产厂家、不同品牌、不同型号的各种车辆。因此，需要开发出通用性较强的退役车控电子部件检测技术与系统，能够针对多种类型的退役车控电子部件进行检测。

2）检测精度要求不同。为确保退役车控电子部件能够进行安全可靠的再使用，需要检测出更精确的功能、性能及老化状态参数。因此，需要设计出检测精度更高的系统，同时，能够对检测结果进行自动记录与分析。

3）实现内部负载模拟可调，同时施加外部环境负载的在线检测。为确保退役车控电子部件能够进行安全可靠的再使用，需要对其剩余寿命做出准确的评估。因此，在对退役车控电子部件进行多工况负载模拟检测的同时，需要施加多种外部环境负载，进行实时在线检测。

5.3 退役车控电子部件的硬件检测与通用软件调校

5.3.1 退役车控电子部件硬件检测技术

在退役车控电子部件再制造过程中，拆解、清洁、功能与老化状态检测后，应进行硬件检测与软件调校，为再制造提供硬件与软件条件。针对退役车控电子部件的印制电路板、焊点及电子元器件无损检测问题，研究开发了基于三维景深合成的硬件视觉检测技术系统，为车控电子部件的再制造提供硬件条件。针对车控电子部件软件调校问题，研究了退役车控电子部件通用软件调校技术，开发了基于 Wellon vp-490 编程器的通用软件调校系统，实现了针对多种型号退役车控电子部件的软件调校。

5.3.1.1 退役车控电子部件硬件故障分析

印制电路板故障一般有两大类：一类为设计不当等原因引起的设计故障，另一类是由电路板或者元器件的物理缺陷造成的物理故障。物理故障是指由于印制电路板上元器件的参数改变等原因导致的功能性失效，分为间歇故障、静态故障和动态故障三种类型。

间歇故障是指由环境温度变化或者不良的工艺，例如虚焊等造成元件电气参数的变化从而引起的临时性故障。通常，此类故障表现为间断性的短路及开路等。

静态故障是由于工艺参数的不稳定或是制造工艺的缺陷造成的，它改变了电路板正确的拓扑结构，是一种永久性的故障。印制电路板故障中大约 60% 的故障属于静态故障，可将其划分为固定故障和安装故障两类。元件的安装故障主要有元件插错、漏插和插反等几种类型。退役车控电子部件已经过较长时间使用，证明不存在静态故障。

动态故障是由于电路或元件工作在其电气性能的极限状态造成的故障，主要类型有参数故障（如元件的老化）及时序故障（如元件延迟过大）等。约 40% 的印制电路板故障属于动态故障。对于退役车控电子部件而言，可能在工作过程中达到其电气性能的极限状态。因此，应当重点关注由元件老化等引起的动态故障。

印制电路板总成故障分布为：焊接错误占 75% 以上，包括开路、短路、焊锡不足、焊锡过多等；元器件错误占 8% ~ 10%；不到 10% 的故障为元器件电气参数不合格。因此，退役车控电子部件硬件检测主要是针对焊接质量。

图 5-21 所示的发动机电子控制单元与车身控制模块大量采用表面安装、插接、焊接等连接方式，并且生产过程中采用自动视觉检测与自动 X 光检测等先进检测方法。

a) 发动机电子控制单元　　　　　　b) 车身控制模块

图 5-21　车控电子部件

5.3.1.2　电子控制部件硬件检测技术

在电子产品中，印制电路板已成为最重要的组成部分，它是电子元器件的载体。印制电路板与电子元器件共同构成了印制电路板总成。印制电路板总成检测技术要求快速、无损、简单、准确，目前常用的有电气检测法和视觉检测法两类。电气检测采用惠斯通电桥测量网点间的阻抗特性来确定通导性。视觉检测通过视觉检查电子元件和印制电路的特征来找出缺陷。采用电气检测法寻找短路或断路比较准确，采用视觉检测法可以更容易检测到导体间不正确空隙的问题。印制电路板检测方法比较见表 5-6。

表 5-6　印制电路板检测方法比较

类别	检测设备	要求板的可访问性	夹具	成　本			输出能力
				程序成本	夹具成本	维护成本	
电气检测	在线检测	全部	针床	中	高	中	高
	功能检测	部分	针床	中高	中高	中高	中高
	针床式检测	全部	针床	低	中	高	中
	飞针系统	全部	无	中	无	中	低
视觉检测	人工目测	视线	无	低	无	低	低
	自动视觉检测	无	无	低	无	低	中
	自动 X 光检测	无	无	低	无	高	低
	激光系统	非覆盖	无	低	低	高	高

接触式电气检测法已经不能满足大规模集成复杂印制电路板更件检测及维

护需要。非接触式检测技术是提供印制电路板物理与化学性能数据的重要手段。视觉检测技术是目前主要的非接触式硬件检测技术，基于光学原理，综合采用图像分析、计算机和自动控制等多种技术，可对印制电路板总成的硬件缺陷进行检测和处理。由于属于非接触式检测，视觉检测技术不会对被检测部件造成破坏、损伤，能检测接触式检测设备检测不到的地方。此外，视觉检测技术的特点还包括操作容易、速度快、无夹具、成本低和可检测缺陷覆盖率高等，在众多检测技术中有突出优势。

自动 X 光检测利用不同物质对 X 光的吸收率不同，透视需要检测的部位，发现缺陷，主要用于检测超细间距和超高密度电路板以及装配工艺过程中产生的桥接、丢片、对准不良等缺陷，还可利用其层析成像技术检测集成芯片内部缺陷。自动 X 光检测是现在检测球栅阵列（ball grid array，BGA）焊接质量和被遮挡的锡焊的唯一方法。其主要优点是能够检测球栅阵列焊接质量和嵌入式元件，无夹具成本。

随着电子产业迅速发展，表面安装技术（surface mount technology，SMT）在电子工业中正得到越来越广泛的应用。在表面安装生产线上，自动 X 光检测系统用 X 光获取被测安装板的焊点图像，然后匹配标准图像来检测球栅阵列元件是否有缺焊、空洞等情况。

国外自动视觉检测技术与系统的研究始于 20 世纪 70 年代末，目前，能够生产自动视觉检测系统，技术也比较成熟的制造商主要有美国、以色列、日本以及德国的一些著名公司。

Chin 分析了自动视觉检测技术在检查印制电路板总成、集成芯片、半导光掩膜、汽车零部件和其他电器组件中的应用。Kochan 研究开发了完全自动化的印制电路板总成视觉检测系统，集成了 19 个固定摄像机，覆盖面积达 $6.45cm^2$，分辨力达到 1mm。Paul 等利用自动机器视觉进行印制线路板裸板检测。检测不合格的类型包括几何形状、间距不当以及表面不合格等，还可利用自动机器视觉进行通孔和表面安装电路板检查。

国内对印制电路板总成视觉检测技术与系统的研究已有 20 余年，技术能力和检测精度已取得了很大进步。研究内容与成果主要有以下三个方面。

▶ 1. 自动视觉检测方案与系统的设计搭建研究

武汉理工大学胡文娟将机器视觉技术应用到印制电路板裸板缺陷检测中，实现自动缺陷检测，具有非接触、速度快、柔性好等突出优点。崔怀峰将虚拟仪器技术应用到视觉检测技术中，通过分析印制电路板总成生产的实际环境以及缺陷来选择适当的光源、摄像头、镜头和图像采集卡，搭建印制电路板总成检测系统的硬件平台，利用 LabVIEW 与 IMAQ-VISION 软件相结合完成检测系统的软件开发。

杨富超等通过对表面安装焊点图像处理分析，设计并实现了由 LabVIEW 工作平台、CCD 摄像头、图像采集、系统标定、图像处理、三维重建及计算机等组成的表面安装片式元器件焊点质量信息计算机视觉检测系统，可有效地完成对表面安装片式元器件焊点质量信息的检测任务，并具有较强的扩展性。

陈世荣研究发现在印制电路板制造过程中，孔内无铜是造成产品报废的原因之一，通过对电路板孔切片显微分析，结合实际生产流程，对孔内无铜现象的产生原因及改进措施进行了分析和讨论。

▶ 2. 自动视觉检测系统图像处理技术研究

西安交通大学曹新华等提出了一种能够准确地给出印制电路板裸板开路故障位置的检测方法。这种方法基于图论中图的运算思想，同时提出将由"自学习"的结果求相应裸板的拓扑图转化为由一个完全图求它的最优树，使得上述的检测方法具有很大的实用性。

合肥工业大学李强采用维纳滤波方法进行印制电路板定位，研究了基于小波变换进行缺陷图像边缘提取的方法。

王李通过对表面安装生产中的自动 X 光质量检测的研究，利用滤波、二值化、边界检测等图像处理分析，得出表面安装中球栅阵列质量检测解决方案。

彭旭等利用腐蚀算法和中值滤波法滤掉 X 光图像中的大量噪声，编制了针对焊点出现桥接和漏焊等情况的分析软件，可实时显示和放大焊点检测图像，并可报警。

杨庆华等提出了通过比较标准图像与待测图像差异并分析差异区域边界进行印制电路板缺陷检测与识别的算法。

▶ 3. 电路板故障红外热像检测技术研究

Zhang 等阐述了印制电路板总成故障诊断中应用红外成像系统的必要性，介绍了红外成像系统的主要组成部分、工作原理、诊断方法、阈值标准的确定方法，以及印制电路板总成检测应用实例。

南京航空航天大学崔伟对电路板故障红外热像检测中的图像配准、图像融合、故障元件识别定位及故障判定等关键技术环节进行了研究。

综上所述，视觉检测技术具有非接触无损、操作容易、速度快、成本低等优点，并且国内对于印制电路板总成视觉检测技术与系统的研究已有了较大突破，因此，可用于退役车控电子部件硬件无损快速检测。

▶ 5.3.1.3　退役车控电子部件硬件特征分析

退役车控电子部件外表面虽有污物，但内部硬件保存完好，如图 5-22 所示。车控电子部件除设计可靠性远高于普通电子产品外，其外壳与印制电路板总成连接牢固，这也大大加强了对内部印制电路板总成的保护。

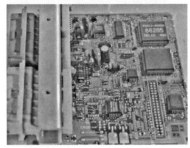

图 5-22　退役车控电子部件及其拆解后内部崭新的电路板

这些印制电路板总成在设计及生产过程中除经过自动视觉、自动 X 光检测外，还进行切片试验、时域反射试验、高低温加速循环等环境应力筛选试验。经过这些检测与试验，最终制造出可靠性高、质量好的车控电子部件。对大量退役车控电子部件进行拆解、观察、检测和试验，发现车控电子部件退役后功能完好，拆解后内部印制电路板总成崭新如初，保护良好，没有明显损坏与缺陷，为再制造提供了硬件条件。

对图 5-23 所示的退役车控电子部件，参照《手动微切片法》（IPC-TM-650 试验方法手册），选取不同种类典型表面安装、插接焊点等焊接方式进行切片观察检测，检测流程如图 5-24 所示，分析其内部特征。

进行手动微切片后，各个取样部件的显微观察如图 5-25。

通过对各取样部位进行手动微切片显微观察，发现取样部位 4 有焊接空洞，这是产品生产过程中形成的且未检测出，对使用过程没有影响。其余 6 个焊点均完好，且焊接质量好、可靠性高。因而，从退役车控电子部件硬件内部特征判断，满足再制造要求。

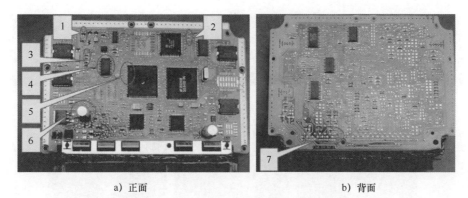

a) 正面　　　　　　　　　　　　　　　　　b) 背面

图 5-23　待切片观察检测的退役车控电子部件

1～7—样品取样部位

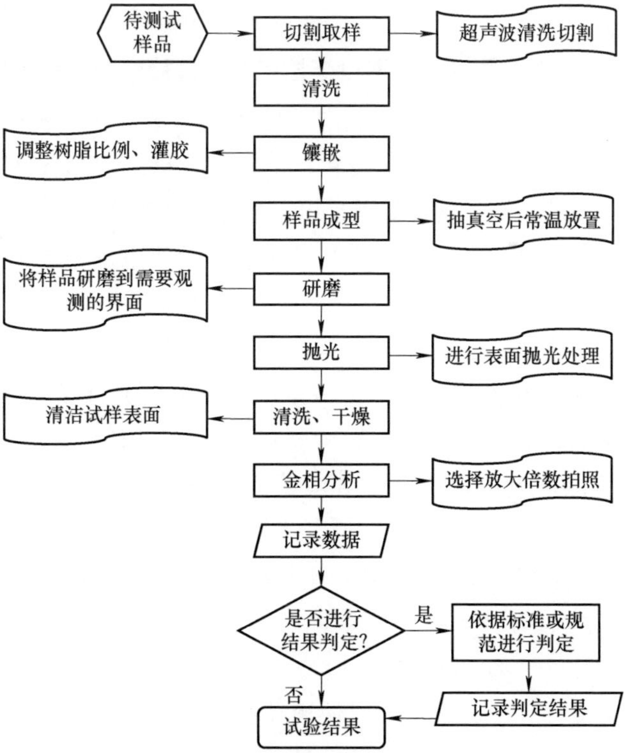

```
待测试样品 → 切割取样 → 超声波清洗切割
                ↓
调整树脂比例、灌胶 ← 清洗
                ↓
                镶嵌
                ↓
                样品成型 → 抽真空后常温放置
                ↓
将样品研磨到需要观测的界面 ← 研磨
                ↓
                抛光 → 进行表面抛光处理
                ↓
清洁试样表面 ← 清洗、干燥
                ↓
                金相分析 → 选择放大倍数拍照
                ↓
                记录数据
                ↓
            是否进行结果判定? —是→ 依据标准或规范进行判定
                ↓否                    ↓
             试验结果 ←—————— 记录判定结果
```

图 5-24　退役车控电子部件切片观察检测流程

通过对退役车控电子部件硬件外部、内部特征分析，外部印制电路板、电子元器件及其焊接良好时，内部焊点与元器件保护良好，满足再制造硬件要求。因此，视觉检测技术满足退役车控电子部件再制造硬件检测技术要求。

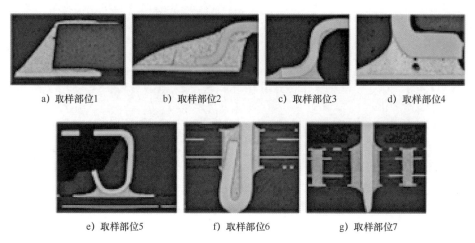

a) 取样部位1　　　b) 取样部位2　　　c) 取样部位3　　　d) 取样部位4

e) 取样部位5　　　　　f) 取样部位6　　　　　g) 取样部位7

图 5-25　切片样品显微观察

▶ 5.3.1.4　基于三维景深合成的退役车控电子部件硬件视觉检测技术

退役车控电子部件硬件检测系统应满足四个基本要求：全面准确可靠、检测速度快、价格优势与灵活性。退役车控电子部件硬件的全部缺陷应能够被准确检测出来，系统的检测速度须能满足再制造过程的需要，且价格要经济合理。由于退役车控电子部件来源于不同车型，既有发动机电子控制单元又有车身控制模块，还有防抱死控制系统以及安全气囊电子控制单元等各种电控部件，因此，系统需要具备检测大量不同种类与型号车控电子部件的兼容性。

退役车控电子部件印制电路板总成上，既有安装元件又有插接焊接元件，因此，印制电路板总成硬件表面并不平整光滑。在采用视觉检测系统检测硬件时，需要同时检测印制电路板、安装电子元器件，更重要的是检测焊点是否完好。

根据 5.3.1.3 小节中分析得到退役车控电子部件硬件内、外部特征，同时考虑硬件检测系统四个基本要求，采用非接触无损伤、快速、准确的视觉检测技术方法对退役车控电子部件硬件进行检测。

在车控电子部件生产装配线上，使用显微镜和电路板覆盖图组成的自动视觉检测系统找出丢失的元件、错误的安装位置和焊接缺陷。而退役车控电子部件硬件检测不同于产品生产线中的检测，不涉及电子元器件丢失、安装位置错误等静态故障。

在电子封装器件中，元器件、焊点、印制电路板对电子控制部件起着决定性作用。焊点在整个封装件中不但起着机械连接作用，还负责电气信号导通与传送等。焊点的可靠性在很大程度上决定了整个产品的可靠性。有研究表明，电子元器件70%的失效是由于焊点的失效引起的。因此，硬件视觉检测的重点也是焊点，同时检测电子元器件。

采用不具有景深合成功能的硬件视觉检测系统进行硬件检测，不能清晰观察焊点，不能同时检测、观察与焊点不处于同一景深的电子元器件，因而，无法实现全面、准确、可靠的检测，如图 5-26 所示。因此，硬件视觉检测系统应具备三维景深合成功能。

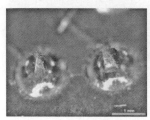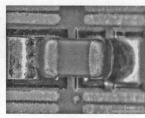

图 5-26　无景深合成功能的硬件视觉检测系统图像

退役车控电子部件超景深三维合成硬件视觉检测系统如图 5-27 所示，其主要组成部分为徕卡 M80 立体显微镜，其中央主物镜平行光光路光学变倍比为 1:8，主机倍率为 0.75 倍，目镜倍率为 10 倍，总放大倍率为 7.5~60 倍。配备的环形 LED 照明器带分区照明和偏振片，徕卡 IC80HD 原装数字摄像头具备 300 万物理像素。系统可由徕卡实时景深扩展软件包实现超景深三维图像自动合成。使用该系统对退役车控电子部件进行观察试验，效果如图 5-28 所示。

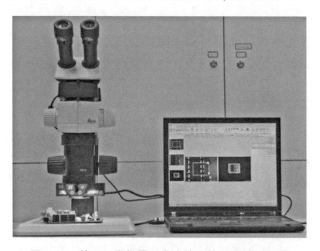

图 5-27　基于三维超景深合成的硬件视觉检测系统

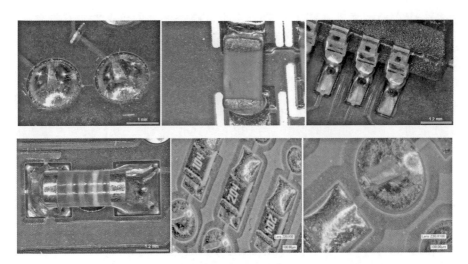

图 5-28　基于三维超景深合成的硬件视觉检测图像

从图 5-28 中可观察到，由于具有三维超景深自动合成功能，退役车控电子部件硬件视觉检测系统实现了对焊点与电子元器件的全面、无损、精确检测。通过对退役车控电子部件硬件进行直接、实时三维图像观察，可对印制电路板的焊接状态进行表观检测，发现连接损坏部位，同时可对电子元器件进行三维观察，确定其物理损坏情况，为车控电子部件再制造奠定硬件基础。

5.3.2　通用软件调校技术

目前，我国车控电子部件市场被国外供应商占据，并对我国实施严格的技术壁垒。车控电子部件软件源代码作为技术壁垒的最有力工具被供应商严格保密，难以获取。

如果能够成功构建开放、标准化的车控电子部件软件架构，不但能够提高软件开发效率，而且为退役车控电子部件再制造中软件调校提供便利。

我国经过大量生产、维修技术与市场实地调研，开展了通用软件调校技术研究，建立了基于 Wellon VP-490 编程器的通用软件调校系统，如图 5-29 所示。

该系统的特点是可靠性高、速度快、性价比高，通过集成化菜单式界面，装入、编辑和保存文件方便，支持数十个厂家生产的 PLD、E（E）PROM、FLASH、MCU 等可编程器件，对目前 AMD、飞思卡尔、飞利浦等公司生产的车控电子部件使用的软件可编程存储器可以快速、可靠地进行调校。该系统还可以测试 TTL & COMS 标准逻辑器件以及存储器，作为信号发生器产生方波信号，也可以作为频率计测量频率。

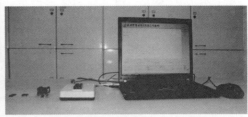

a) Wellon VP-490编程器   b) 适配器

图 5-29 基于 Wellon VP -490 编程器的退役车控电子部件通用软件调校系统

在软件调校前，需要将软件程序代码完好的标准可编程存储器从退役车控电子部件印制电路板上解焊取下，通过适配器与编程器连接，如图 5-30 所示。退役发动机电子控制单元所使用存储芯片为 AMD 公司生产的 AM29F800BB 型 E (E) PROM 可编程存储器，广泛应用于大众各车型中，用于存储车控电子部件软件程序代码。可编程存储器解离印制电路板后，安装入软件调校系统适配器进行软件调校更新。软件调校技术流程如图 5-31 所示。

图 5-30 解焊存储芯片

将完成调校后的新芯片重新焊入原印制电路板，使用老化状态测试系统进行检测，若功能、性能等指标正常，运行良好，则软件调校成功。

基于 Wellon VP-490 编程器的通用软件调校系统特征分析如下：

1）存储器与芯片技术发展迅猛，更新换代频繁。退役车控电子部件中使用的可编程存储器或已停产停售，可采用新型存储器代替，替代后需要进行严格测试，确保再制造件质量达到原型新品要求。

2）读取和刷写均为十六进制代码，对退役车控电子部件进行原型修复，尚未能进行升级。

3）车控电子部件的软件代码作为国外供应商技术壁垒的有力工具，对我国严格保密，难以获取。因此，我国应尽早实施基于生产者延伸责任的回收技术方案，建立汽车生产企业主导的退役车控电子部件回收利用体系。在车控电子部件研究开发工作中，积极抓紧研究开放、标准化的软件架构，增强软件通用性，为车控电子部件再制造奠定软件基础。

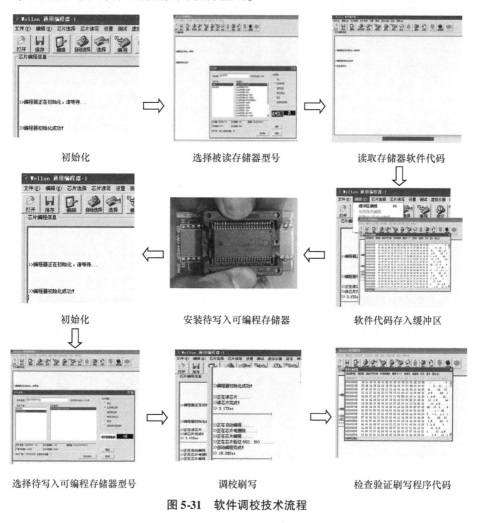

图 5-31　软件调校技术流程

5.4　再制造车控电子部件的质量控制

5.4.1　再制造车控电子部件质量控制技术

为保证再使用过程中安全可靠地工作，对再制造车控电子部件有苛刻的质量要求。本节开展了再制造车控电子部件的质量控制技术研究，在分析了不同环境因素对激发故障的有效性基础上，研究了再制造车控电子部件产品质量控制技术与方法，并通过建立退役车控电子部件再制造剩余寿命评估模型，实现了任意置信水平下再制造车控电子部件的剩余寿命预测。

车控电子部件安装在汽车不同部位，直接承受着各种气候环境和道路条件的严酷考验。其中，温度和湿度不仅受自然环境影响，还受到汽车本身小环境，如发动机及汽车行驶情况的影响。发动机电子控制单元必须能承受长期的高温考验。温度是造成绝缘腐蚀和损坏的主要原因，在湿度超过90%时使用更为不利。在温度变化较大的工况下，会由于热变形产生机械应力引起失效，如发生半导体连接处断裂、外壳密封性变坏等。

潮湿会引起电子部件的变化，这是由于水蒸气通过微孔或者扩散进入部件内部，引起物理化学反应。这种反应造成的结果是引起泄漏电流、击穿电压降低、绝缘材料膨胀和腐蚀等。

车控电子部件必须承受来自不同路面和发动机等引起的振动和冲击。振动和冲击的强度因所处部位不同而异，振动频率范围从零点几赫兹到两千赫兹。机械冲击和振动负荷会造成材料疲劳、连接线的断裂或松脱。

汽车在雨天和经过水洼地时，会被水浸湿，冬天会遭受冰冻。在海岸和海岛地区，受潮湿海风的侵蚀，车控电子部件会受到盐和酸的侵蚀，造成绝缘性能变差、焊点松脱、锈蚀等损坏。汽车在行驶中会激起灰尘和沙土飞扬，如果密封不好，灰尘和沙土会被吸附到车控电子部件内引起漏电和其他接触不良等故障。电子元器件的质量和性能可能受汽车上的汽油、机油、润滑油、制动液、防冻液及其挥发物的侵蚀而变差。

在发动机起动和转速低于充电转速时，由蓄电池供电；发动机转速超过充电转速时，由发电机给蓄电池充电，同时供电给其他设备。由于蓄电池放电程度不同，其输出电压会发生变化。调压器是用通断方式来控制发电机励磁电流的，这使得其输出电压常在标称电压附近波动。车控电子部件还要承受瞬变过电压、反向瞬变过电压、无线电干扰等环境影响。

总之，汽车在使用过程中，会遇到各种各样的环境条件，如图5-32所示，车控电子部件必须具备极高质量以经受这些考验。

车控电子部件的质量在很大程度上取决于制造过程的质量控制和用于剔除缺陷产品的筛选技术的有效性。对于退役车控电子部件，在生产过程中经历了严格的质量检测与缺陷产品筛选，并且经过一个生命周期的使用，进入失效率低且恒定的偶然失效期，如图5-33所示。

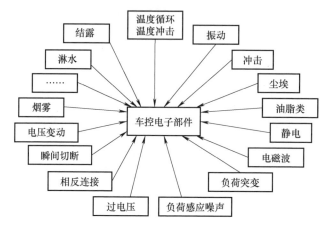

图 5-32　车控电子部件的工作环境

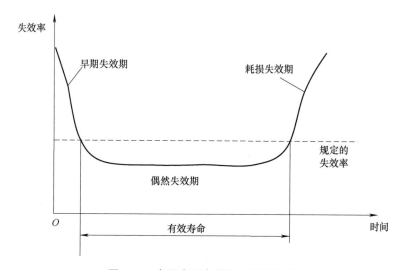

图 5-33　电子产品失效率 – 浴盆曲线

　　车控电子部件是由大量半导体器件、阻容元件、低压电器等组装而成的。对再制造车控电子部件而言，进行质量控制就是选择适当的环境应力筛选将临近失效的产品剔除，从而保证再制造产品质量。美国对 42 家企业进行调查，通过加权评分的方法，得出各种环境因素对激发故障的有效性，如图 5-34 所示。

　　根据图 5-34 以及 GJB 1032—1990《电子产品环境应力筛选方法》，最有效的筛选环境是温度循环和随机振动。通过大量实践证明，这两种应力筛选可以达到 90% 的筛选率，因此，被称为高效应力筛选。对于我国南方或东南亚湿热地区使用的汽车，交变湿热的筛选也十分重要。环境应力的筛选不仅取决于各应力特有的作用，还取决于其间的交互作用。例如使用温度循环和随机振动筛选时，筛选应力组合应是振动—温度循环—振动，第一次振动后一般要有几个循环的温度筛选。

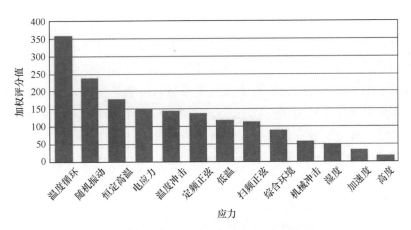

图 5-34　各种环境因素对激发电子控制单元故障的有效性

根据中华人民共和国国家标准《可靠性试验　第 1 部分：试验条件和统计检验原理》（GB/T 5080.1—2012）、《可靠性试验　第 2 部分：试验周期设计》（GB/T 5080.2—2012）、《环境试验　第 3 部分：支持文件及导则 低温和高温试验》（GB/T 2424.1—2015）、《电工电子产品环境试验湿热试验导则》（GB/T 2424.2—2005）、《道路车辆电气及电子设备的环境条件和试验　第 1 部分：一般规定》（GB/T 28046.1—2011）、《道路车辆电气及电子设备的环境条件和试验　第 2 部分：电气负荷》（GB/T 28046.2—2019）、《道路车辆电气及电子设备的环境条件和试验　第 3 部分：机械负荷》（GB/T 28046.3—2011）、《道路车辆电气及电子设备的环境条件和试验　第 4 部分：气候负荷》（GB/T 28046.4—2011），以及退役车控电子部件本身高可靠性、长剩余寿命的特点设计如图 5-35 所示的退役车控电子部件再制造质量控制技术方案，每个试验循环时长为 16.4h。

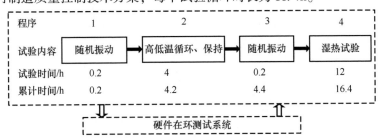

图 5-35　退役车控电子部件再制造质量控制技术方案

▶▶ 5.4.1.1 高低温循环、保持试验技术

高低温循环、保持试验技术是模拟温度交替变化环境对车控电子部件性能影响的试验。其目的是考核高、低温及其交替对车控电子部件的影响，确定其在高、低温及其交替条件下工作及储存的适应性。在实际使用中，这种温度变化的环境条件经常遇到。车控电子部件在高温条件下，冷却条件恶化，散热困难，电参数会发生较明显的变化或绝缘性能下降。低温同样会使车控电子部件的电参数发生变化，还会使材料变脆及零件材料冷缩产生应力等。将再制造车控电子部件置于低温环境下一段时间进行储存与工作，确定其抗低温能力。在高低温循环、保持试验中，高低温极限值一般取产品工作极限温度。根据气象记载，我国最低气温或地温几乎没有低于 -55℃ 的，最高气温为 47.6℃，平均最高温度在 43~45℃ 之间，最高地温为 75℃。还需要考虑各种微气候条件，如汽车发动机舱温度可达 100℃。

在退役车控电子部件再制造质量控制技术方案中，再制造发动机电子控制单元极端高温选择 120℃，极端低温选择 -40℃；再制造车身控制模块极端高温选择 75℃，极端低温选择 -40℃。高低温循环、保持试验方法如图 5-36a 所示。试验时，将再制造车控电子部件置于高低温交变湿热试验箱内，通过线束连接至测试系统，如图 5-36b 所示。

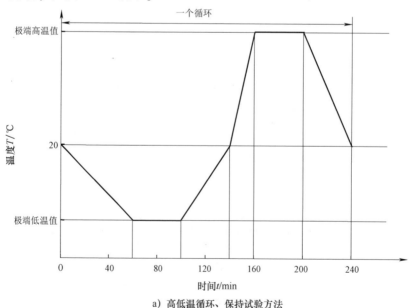

a）高低温循环、保持试验方法

图 5-36 高低温循环、保持试验技术

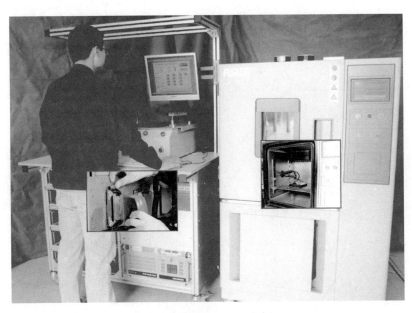

b）高低温循环、保持试验现场

图 5-36　高低温循环、保持试验技术（续）

　　被测车控电子部件达到极端低温值后通电工作，用尽可能短的时间检测其功能。在循环第 130~210min 期间通电工作。考虑到可能凝露，运行起动温度在 20℃。在极端低温值起动的长时间运行应防止电功率耗散产生的凝露，不允许对试验箱空气进行辅助烘干。高低温循环的气流应适当导引以使试验产品周围的温度场均匀。如果有多个试验产品同时进行试验，应使试验产品之间及试验箱壁之间有适当间隔，以便气流能在试验产品间、试验产品与箱壁间自由循环。

▶▶**5.4.1.2　随机振动试验技术**

　　再制造发动机电子控制单元随机振动功率谱密度如图 5-37a 所示，再制造车身控制模块随机振动功率谱密度如图 5-37b 所示。试验时，将再制造发动机电子控制单元或再制造车身控制模块固定于电磁振动系统的垂直扩展台面上，通过线束与测试系统连接，如图 5-37c 所示。

　　施振持续时间为 0.2h，施振方向的选择取决于产品的物理结构特点、内部部件布局以及产品对不同方向振动的灵敏度。一般只选取一个轴向施振即可有效完成试验，本试验选取便于安装的竖直方向为施振方向。根据 GJB 1032—1990《电子产品环境应力筛选方法》，选择再制造车控电子部件通电工作随机振动。

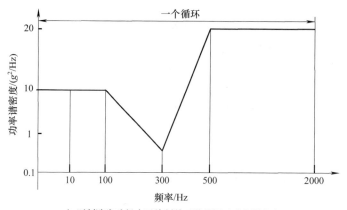

a）再制造发动机电子控制单元随机振动功率谱密度

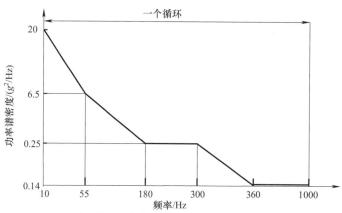

b）再制造车身控制模块随机振动功率谱密度

c）随机振动试验现场

图 5-37　随机振动试验技术

▶ 5.4.1.3　湿热试验技术

高温和高湿度同时作用，会加速金属配件的腐蚀和绝缘材料的老化。对于半导体器件，如果水汽渗透进管芯，会引起电参数变化。尤其在两种不同金属的键合处及焊接处，由于水汽渗入会产生电化学反应，从而使腐蚀速度大大加快。此外，在湿热环境中，管壳的电镀层可能会剥落，外引线可能生锈或锈断。因此，高温高湿环境是影响车控电子部件稳定性和可靠性的重要原因之一。在我国热带、亚热带地区，每年都有较长时期的湿热天气。根据气象资料记载，我国少数地区会出现达到55℃和接近100%相对湿度的情况。

根据 GB/T 2423.3—2016 /IEC 60068 – 2 – 78：2012《环境试验　第 2 部分：试验方法　试验 Cab：恒定湿热试验》，湿热试验的关键是严酷等级。严酷等级由试验时间、温度、相对湿度共同决定。退役车控电子部件再制造质量控制试验选择严酷湿热情况：温度为（40 ±2）℃，相对湿度为（85 ±3）%，试验持续时间为12h。

▶ 5.4.2　退役车控电子部件再制造剩余寿命评估

产品的质量指标具有时间性、综合性、统计性等特点，因而不像电气性能指标可以直接通过仪器、仪表测量，而是通过测定产品的故障时间（寿命）及故障数，再由数理统计方法确定，故质量控制试验又称为寿命试验。

进行寿命试验时，首先应规定失效的定义（失效判据）。合格的车控电子部件功能及特性参数在寿命试验中不发生变化为最理想。原则上，可以把每一个电子部件（单一元件或电子仪器）作为一个"黑匣子"来考虑。"黑匣子"必须满足一定的功能要求，其一般与其他系统以接口、输入/输出通道、电源接口等形式相连。导致不能满足规定条件的单一或综合的软硬件故障均视为任务故障。针对车控电子部件的实际工作状况，其故障判据应为：

1）信号处理系统是否具有输入信号转换功能。

2）电源驱动系统是否能正确提供电压输入和电压输出。

3）控制系统是否能根据输入信号提供正确的输出信号。

4）所有系统是否在任务期间内工作正常。

▶ 5.4.2.1　再制造车控电子部件质量分析

理论上，芯片等电子元器件物理老化微小而不影响正常使用，继电器等容易产生老化从而使控制产生偏差。车控电子部件，尤其是车身控制模块，使用了较多继电器。从拆车现场取得七只退役车身控制模块，采用图 5-35 所示退役车控电子部件再制造质量控制技术方案模拟外部环境应力，使用退役车身控制模块老化状态测试系统模拟车身负载工况进行测试，实时记录分析再制造车身控制模块对模拟负载的响应状态与继电器触点压降值。

测试结果表明，再制造车身控制模块对负载响应快速、准确，功能完好。截取部分测量触点压降值数据，采用 MATLAB 软件分析获得如图 5-38 所示的继电器触点压降值曲线，其中横坐标表示数据采集量，纵坐标表示继电器触点压降值，单位为 V。定义靠近"电源 KL30"的继电器为高电压触点，靠近"KL31"的继电器为低电压触点，参见图 5-13。

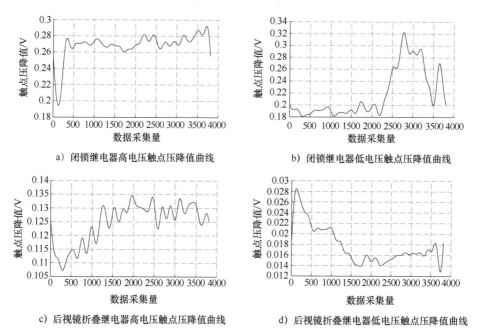

a）闭锁继电器高电压触点压降值曲线　　　　　b）闭锁继电器低电压触点压降值曲线

c）后视镜折叠继电器高电压触点压降值曲线　　d）后视镜折叠继电器低电压触点压降值曲线

图 5-38　再制造车身控制模块质量控制试验测试数据

再制造车身控制模块质量控制试验结果表明，退役车身控制模块经过再制造后，功能与性能良好，继电器等关键元器件性能参数变化微小，仍然在标准最大值（0.4V）、最小值（0.01V）范围内。这表明退役车控电子部件处于偶然失效期，再制造后可靠性高、剩余寿命长，满足再使用要求。

▶▶5.4.2.2　退役车控电子部件再制造剩余寿命评估框架

质量控制试验与再制造车控电子部件质量分析表明，退役车控电子部件可靠性高、剩余寿命长，再制造后质量优秀。图 5-39 所示为退役车控电子部件再制造剩余寿命评估框架。

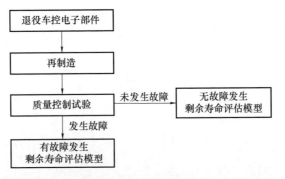

图 5-39　退役车控电子部件再制造剩余寿命评估框架

再制造车控电子部件质量控制试验采用无替换定时截尾试验（记作：N，无，τ）。美国军用标准可靠性预计手册 MIL-HDBK-217 假设所有的电子元件都服从指数分布，其失效率为常数，这种假设对于大多数电子产品是适合的。其概率密度函数为

$$f(t) = \lambda e^{-\lambda t}(t > 0) \tag{5-1}$$

分布函数为

$$F(t;\theta) = 1 - e^{-\frac{t}{\theta}}(t > 0) \tag{5-2}$$

▶ 5.4.2.3　质量控制试验无故障发生剩余寿命评估模型

退役车控电子部件作为高可靠性产品，再制造后质量控制试验中常出现所有试验样品到达截尾时间都没有发生故障。基于无故障数据分析技术方法，针对质量控制试验无故障发生剩余寿命评估进行建模。

首先对模型参数进行如下定义：

　　　　θ ——进行定时截尾试验样品平均寿命；

　　　　α ——置信水平；

　　　　θ_L ——平均寿命 θ 的 $1 - \alpha$ 水平最优置信下限；

　　$R(t)$ ——可靠度；

　　$R_L(t)$ ——可靠度 $R(t)$ 的 $1 - \alpha$ 水平最优置信下限；

　　$t(R)$ ——可靠寿命；

　　$t_L(R)$ ——可靠寿命 $t(R)$ 的 $1 - \alpha$ 水平最优置信下限。

抽取 n 个再制造车控电子部件进行定时截尾试验，到规定任务时间停止试验并未发生任何故障，产品的工作时间依次为 $t_1 \leqslant t_2 \leqslant \cdots \leqslant t_n$。

▶ 1. 平均寿命 θ 的 $1 - \alpha$ 水平最优置信下限

已知

$$\theta_L = \inf\left\{\theta: \prod_{i=1}^{n} R(t_i;\theta) > \alpha\right\} \tag{5-3}$$

则有

$$\prod_{i=1}^{n} R(t_i;\theta) = \alpha \tag{5-4}$$

那么

$$\prod_{i=1}^{n} e^{-\frac{t_i}{\theta}} = \alpha \tag{5-5}$$

容易得到平均寿命 θ 的 $1-\alpha$ 水平最优置信下限为

$$\theta_L = \frac{\sum\limits_{i=1}^{n} t_i}{-\ln\alpha} \tag{5-6}$$

⊪ 2. 可靠度 $R(t)$ 的 $1-\alpha$ 水平最优置信下限

$$R_L(t) = \alpha^{\frac{t}{\sum\limits_{i=1}^{n} t_i}} \tag{5-7}$$

⊪ 3. 可靠寿命 $t(R)$ 的 $1-\alpha$ 水平最优置信下限

当可靠度为 R 时，可靠寿命的单侧置信下限为

$$t_L(R) = \frac{\ln R}{\ln\alpha} \sum_{i=1}^{n} t_i \tag{5-8}$$

⊪ 5.4.2.4 质量控制试验有故障发生剩余寿命评估模型

现抽取 n 个样品进行无替换定时截尾试验（n，无，τ），截尾时间定为 t_0。这 n 个产品都经受了试验，其中（$n-r$）个产品在试验时间到达 t_0 时尚未失效。依照失效时间的先后记录试验停止前的失效时间，$t_1 \leqslant t_2 \leqslant \cdots \leqslant t_r \leqslant \cdots \leqslant t_0$（$r < n$）。

⊪ 1. 点估计

根据定时截尾样本数据，得到该样本的似然函数为

$$L(\theta) = \frac{n!}{(n-r)!} \lambda^r e^{-\lambda T_0} \tag{5-9}$$

式中，$T_0 = \sum\limits_{i=1}^{r} t_i + (n-r)t_0$，为试验总时间。

对 $L(\theta)$ 取对数并求导，然后求解似然方程，得到 θ 和 λ 的极大似然估计为

$$\hat{\theta} = \frac{T_0}{r} \tag{5-10}$$

$$\hat{\lambda} = \frac{r}{T_0} \tag{5-11}$$

▶ 2. 区间估计

对于定时截尾试验数据，失效率和平均寿命的精确置信区间比较复杂。因此，构造了它们的近似置信区间。根据定时截尾数据与定数截尾数据的关系，得出区间估计的近似方法。

对于无替换定时截尾试验，总试验时间 $T_0 = \sum\limits_{i=1}^{r} t_i + (n-r)t_0$，在 T_0 时间之前发生了 r 个失效，第 r 次失效发生的时间是 t_r，显然 $t_r \leqslant t_0$；第 $r+1$ 个失效发生的时间为 $t_{(r+1)} > t_0$，则以 t_r、t_0、$t_{(r+1)}$ 时刻截尾的三个总试验时间之间存在如下关系：

$$T_r = \sum_{i=1}^{r} t_i + (n-r)t_r \leqslant T_0 = \sum_{i=1}^{r} t_i + (n-r)t_0 \leqslant T_{(r+1)}$$
$$= \sum_{i=1}^{r+1} t_i + (n-r-1)t_{(r+1)} \tag{5-12}$$

于是有

$$\frac{2\lambda T_r}{\theta} \leqslant \frac{2\lambda T_0}{\theta} \leqslant \frac{2\lambda T_{(r+1)}}{\theta} \tag{5-13}$$

式中　T_r——发生 r 次失效，第 r 次失效的无替换定数截尾总试验时间；

$T_{(r+1)}$——发生 $r+1$ 次失效的无替换定数截尾总试验时间。

由伽马分布的性质可知

$$\frac{2\lambda T_r}{\theta} = 2\lambda T_r \sim \chi^2(2r) \tag{5-14}$$

$$\frac{2\lambda T_{(r+1)}}{\theta} = 2\lambda T_{(r+1)} \sim \chi^2(2r+2) \tag{5-15}$$

因此，利用 $\chi^2(2r)$ 分布的 $\frac{\alpha}{2}$ 分位数 $\chi^2_{\frac{\alpha}{2}}(2r)$ 和 $\chi^2(2r+2)$ 分布的 $1-\frac{\alpha}{2}$ 分位数 $\chi^2_{1-\frac{\alpha}{2}}(2r+2)$ 为端点构造一个近似置信区间，其实际的覆盖率（即枢轴量 $\frac{2T_0}{\theta} = 2\lambda T_0$ 落入该近似置信区间的概率）为 $1-\alpha$。

由此得到无替换定时截尾试验寿命下，平均寿命在置信水平 $1-\alpha$ 下的区间估计为

$$\begin{cases} \theta_L = \dfrac{2T_0}{\chi^2_{1-\frac{\alpha}{2}}(2r+2)} \\[4mm] \theta_U = \dfrac{2T_0}{\chi^2_{\frac{\alpha}{2}}(2r)} \end{cases} \tag{5-16}$$

相应的失效率的区间估计为

$$
\begin{cases}
\lambda_{\text{L}} = \dfrac{\chi^2_{\frac{\alpha}{2}}(2r)}{2T_0} \\[3mm]
\theta_{\text{U}} = \dfrac{\chi^2_{1-\frac{\alpha}{2}}(2r+2)}{2T_0}
\end{cases}
\tag{5-17}
$$

同理可以给出在置信水平 $1-\alpha$ 下，失效率的单侧置信上限为

$$
\lambda_{\text{U}} = \frac{\chi^2_{1-\frac{\alpha}{2}}(2r+2)}{2T_0}
\tag{5-18}
$$

平均寿命的单侧置信下限为

$$
\theta_{\text{L}} = \frac{2T_0}{\chi^2_{1-\frac{\alpha}{2}}(2r+2)}
\tag{5-19}
$$

▶ 5.4.2.5   退役车控电子部件再制造剩余寿命评估算例

取 7 只再制造车身控制模块，按照图 5-35 所示退役车控电子部件再制造质量控制技术方案施加环境模拟负载，采用退役车身测试系统循环模拟车身负载工况，质量控制试验时间选取 1 个试验循环（16.4h）。到达截尾时间时，7 只再制造车身控制模块未发生任何故障。查询车身控制模块行车记录，统计其工作时间，见表 5-7。

表 5-7 退役车身控制模块使用数据统计

序 号	1	2	3	4	5	6	7
工作时间 t_i/年	6	6.5	7	5	8	7	6.5
测试结果	合格	合格	合格	合格	合格	合格	合格

置信水平为 0.9 时，平均寿命 θ 置信下限为

$$
\theta_{\text{L}} = \frac{\sum\limits_{i=1}^{7} t_i}{-\ln 0.1} = 20 \text{ 年}
$$

7 只退役车身控制模块平均寿命为 20 年，其中 5 号使用年限最长为 8 年，再制造剩余寿命为 12 年，满足再使用要求。

在汽车回收拆解公司现场收集退役发动机电子控制单元共 20 块，再制造后进行质量控制试验。截尾时间选择 30 个试验循环，即 2000h。其中 2 个产品发生失效，它们的寿命分别是 800h、900h，则通过式（5-19）计算得到平均寿命 θ 置信水平 0.90 下的单侧置信下限。

总试验时间为

$$T_0 = \sum_{i=1}^{2} t_i + (20 - 2) \times 2000\text{h} = 37700\text{h}$$

$$\theta_L = \frac{2T_0}{\chi_{1-\frac{\alpha}{2}}^2(2r + 2)} = 7080\text{h}$$

以车辆每天工作 4h，每年工作 200 天计，20 只再制造发动机电子控制单元 90% 的最短剩余寿命为 8.85 年，满足再使用要求。

参 考 文 献

[1] 崔伟. 电路板故障红外热像检测关键技术研究 [D]. 南京：南京航空航天大学，2011.

[2] 李莹波. TIP 诊断仪中图像处理的算法研究 [D]. 成都：电子科技大学，2003.

[3] CHIN R T. Automated visual inspection techniques and applications：A bibliography [J]. Pattern Recognition，1982，15（4）：343-357.

[4] CHIN R T. Automated visual inspection：1981 to 1987 [J]. Computer Vision，Graphics，and Image Processing，1988，41（3）：346-381.

[5] ANNA K. Automatic inspection detects PCB faults [J]. Sensor Review，1986，6（1）：29-32.

[6] PAUL M，GRIFFIN J，RENE V，et al. Automated visual inspection of bare printed circuit boards [J]. Computers & Industrial Engineering，1990，18（4）：505-509.

[7] 胡文娟. 基于机器视觉的 PCB 光板缺陷检测技术研究 [D]. 武汉：武汉理工大学，2007.

[8] 崔怀峰. PCB 表面缺陷自动光学检测技术的研究 [D]. 江门：五邑大学，2010.

[9] 杨富超，吴媛，炎云. 基于 LabVIEW 的 SMT 焊点质量信息视觉检测系统 [J]. 电子技术应用，2012（2）：138-140.

[10] 陈世荣. 印刷电路板孔内无铜产生原因的研究 [J]. 广东工业大学学报，2002（4）：85-89.

[11] CAO X H，ZHANG Q N. A new method for testing bare PCB with open-circuit faults isolation [J]. Journal of Xiàn Jiaotong University，1990，24（5）：59-63.

[12] 李强. PCB 板缺陷自动检测技术的分析研究 [D]. 合肥：合肥工业大学，2002.

[13] 王李. SMT/BGA 焊点 X-Ray 视觉检测软件系统设计 [D]. 成都：西南交通大学，2010.

[14] 彭旭，龙绪明，夏浩延，等. SMT 焊点 X-Ray 检测系统的设计 [J]. 电子工艺技术，2011（4）：193-196+235.

[15] 杨庆华，陈亮，荀一，等. 基于机器视觉的 PCB 裸板缺陷自动检测方法 [J]. 中国机械工程，2012（22）：2661-2666.

[16] ZHANG G X，WU G Q，LIU Y Q，et al. Application of IR imaging technique to the fault diagnosis of printed circuit board（PCB）[J]. Laser and Infrared，1994，24（3）：26-28.

[17] 徐平. 电控及自动化设备可靠性工程技术 [M]. 北京：机械工业出版社，1997.

［18］任国玉，封国林，严中伟．中国极端气候变化观测研究回顾与展望［J］．气候与环境研究，2010，15（4）：337-352.

［19］周雅清，任国玉．中国大陆 1956~2008 年极端气温事件变化特征分析［J］．气候与环境研究，2010，15（4）：405-417.

［20］张幽彤，李建纯，李铁栓．车用发动机电控单元可靠性设计与分析［J］．北京理工大学学报，2004（8）：660-666.

［21］王宵锋．汽车可靠性工程［M］．北京：清华大学出版社，2007.

［22］陈家鼎，孙万龙，李补喜．关于无失效数据情形下的置信限［J］．应用数学学报，1995（1）：90-100.

［23］赵宇．可靠性数据分析［M］．北京：国防工业出版社，2011.

［24］全国电工电子产品标准技委会．设备可靠性试验 可靠性测定试验的点估计和区间估计方法：指数分布：GB/T 5080.4—1985［S］．北京：中国标准出版社，1985.